Informationstechnik

K. David / T. Benkner
Digitale Mobilfunksysteme

Informationstechnik

Herausgegeben von

Prof. Dr.-Ing. Norbert Fliege, Hamburg-Harburg

In der Informationstechnik wurden in den letzten Jahrzehnten klassische Bereiche wie lineare Systeme, Nachrichtenübertragung oder analoge Signalverarbeitung ständig weiterentwickelt. Hinzu kam eine Vielzahl neuer Anwendungsbereiche wie etwa digitale Kommunikation, digitale Signalverarbeitung oder Sprach- und Bildverarbeitung. Zu dieser Entwicklung haben insbesondere die steigende Komplexität der integrierten Halbleiterschaltungen und die Fortschritte in der Computertechnik beigetragen. Die heutige Informationstechnik ist durch hochkomplexe digitale Realisierungen gekennzeichnet.

In der Buchreihe „Informationstechnik" soll der internationale Stand der Methoden und Prinzipien der modernen Informationstechnik festgehalten, algorithmisch aufgearbeitet und einer breiten Schicht von Ingenieuren, Physikern und Informatikern in Universität und Industrie zugänglich gemacht werden. Unter Berücksichtigung der aktuellen Themen der Informationstechnik will die Buchreihe auch die neuesten und damit zukünftigen Entwicklungen auf diesem Gebiet reflektieren.

Digitale Mobilfunksysteme

Von Dr.-Ing. Klaus David,
DeTeMobil GmbH, Münster

und Dr.-Ing. Thorsten Benkner,
Universität – GH Siegen

Mit 217 Bildern und 42 Tabellen

B. G. Teubner Stuttgart 1996

Die Deutsche Bibliothek – CIP-Einheitsaufnahme

David, Klaus:
Digitale Mobilfunksysteme : mit 42 Tabellen / von Klaus David
und Thorsten Benkner. – Stuttgart : Teubner, 1996
  (Informationstechnik)
   ISBN 978-3-322-92768-2   ISBN 978-3-322-92767-5 (eBook)
   DOI 10.1007/978-3-322-92767-5
NE: Benkner, Thorsten:

Vorwort

Der Inhalt dieses Buches basiert auf einer seit Anfang 1993 an der Universität-Gesamthochschule Siegen im Rahmen eines Lehrauftrages angebotenen Vorlesung. Es bietet eine Einführung der Zukunftsbranche "Digitaler Mobilfunk" bis hin zu aktuellen Entwicklungen. Die Stoffauswahl innerhalb dieses komplexen und sehr innovativen Gebietes stellte dabei eine interessante Herausforderung für das vorliegende Buch dar.

Das Buch besteht aus zwei Teilen: In Teil 1 werden die übertragungstechnischen Grundlagen des Übertragungskanals (Kapitel 2), zellulare Netze (Kapitel 3) bis hin zu Modulationsverfahren (Kapitel 4), Codierung (Kapitel 5) und Vielfachzugriffsverfahren (Kapitel 6) behandelt. Während mehrere Teile dieses Stoffs wie z.B. Kanalcodierung oder Modulationsverfahren in einer Reihe "traditioneller" Lehrbücher behandelt werden, gehen diese üblicherweise kaum auf mobilfunkspezifische Aspekte ein. Dies wird in diesem Buch geleistet. Der zweite Teil behandelt, aufbauend auf den Grundlagen des ersten Teils, das weltweit führende zellulare Mobilfunksystem GSM (Kapitel 7) und weitere Mobilfunksysteme (Kapitel 8) bis hin zu zukünftigen Systemen.

Neben den langfristig gültigen Grundlagen ist die Aktualität des Stoffes auch dadurch sichergestellt, daß wesentliche Ergebnisse relevanter Mobilfunkkonferenzen der letzten Jahre berücksichtigt sind.

Zum Aufbau des Buches ist zu sagen, daß die einzelnen Kapitel insgesamt in ein Gesamtkonzept eingebunden sind. Die Lektüre der einzelnen Kapitel kann dennoch weitgehend unabhängig voneinander erfolgen, da jeweils in sich abgeschlossene Problemkreise behandelt werden. Damit ist das Buch nicht nur für Studenten der Ingenieur- und Naturwissenschaften geeignet, sondern ebenso für Praktiker, die sich aus ihrer spezifischen Situation heraus für besondere Teilaspekte des Mobilfunks interessieren bzw. sich effektiv in dieses zukunftsträchtige Gebiet einarbeiten wollen.

Den folgenden Herren möchten wir für konstruktive Kommentare danken:

Von der DeTeMobil GmbH den Herren Dipl.-Ing. A. Bockentin-Bottke, Dr. V. Brass, Dr. B. Eylert, Dr. H. Frey, Dipl.-Ing. U. Holstiege, Dipl.-Ing. D.

Kistowski, Dipl.-Ing. H. Klie, Dipl.-Ing. F. Knebelkamp, Dipl.-Ing. H. Kreie, Dr. R. Walsdorf und Dipl.-Ing. T. Wierlemann.

Von der Universität-GH Siegen den Herren Prof. Dr.-Ing. D. Ehrhardt und Dipl.-Ing. S. Pütz. Unser Dank gilt insbesondere auch den Herren Prof. Dr. rer. nat. C. Ruland und Prof. Dr.-Ing. R. Schwarte für die sehr gute Unterstützung dieser Arbeit und die Initiierung des Lehrauftrags.

Darüber hinaus möchten wir uns bei Herrn Prof. Dr.-Ing. W. Fuhrmann (FH Dieburg), Herrn Prof. Dr.-Ing. M. Bossert (Universität Ulm) und Dr.-Ing. U. Liebennow (Deutsche Telekom Forschungs- und Technologiezentrum, Darmstadt) bedanken.

Nicht zuletzt danken wir Herrn Dr. Schlembach (B.G. Teubner Verlag), der dieses Buch mitinitiiert hat.

Münster und Siegen, im September 1996   K. David und T. Benkner

Inhalt

1 Allgemeiner Überblick

Bevor im Detail auf die wesentlichen Effekte, Techniken, Netze und Dienste digitaler Mobilfunksysteme eingegangen wird, soll in diesem Kapitel in knapper und einfacher Form ein Überblick über die behandelten Themenkomplexe vermittelt werden.

Bereits um die Jahrhundertwende begannen erste Experimente mit auf Lastwagen montierten "Mobilfunk"-Stationen. Es dauerte jedoch über 90 Jahre, bis mit der Einführung der GSM-Netze eine stürmische Entwicklung der Mobilkommunikation einsetzte, deren Ende noch bei weitem nicht abzusehen ist. Abschnitt 1.1 zeichnet die Entwicklungsgeschichte der mobilen Kommunikation in Deutschland und Europa bis zu den heutigen Systemen nach. Viele Probleme in Mobilfunksystemen liegen in den spezifischen Eigenschaften des Mobilfunkkanals begründet. Abschnitt 1.2 führt in einige grundlegende Effekte dieses Kanaltyps ein und erklärt das Prinzip des zellularen Netzaufbaus sowie die Abläufe bei der Unterstützung der Teilnehmermobilität. Zur Orientierung wird in Abschnitt 1.3 auf den weiteren Inhalt und die Gliederung dieses Buches eingegangen. Hier soll insbesondere den Lesern ein Leitfaden für das weitere Vorgehen gegeben werden, die sich nur für Teilaspekte der digitalen Mobilfunksysteme interessieren bzw. schon Vorkenntnisse auf diesem Gebiet haben.

1.1 Einleitung

Die mobile Kommunikation gehört zu den am schnellsten wachsenden Segmenten der Zukunfts- und Wachstumsbranche Telekommunikation. Dabei steht die mobile Kommunikation weltweit erst am Anfang einer sich immer weiter beschleunigenden Entwicklung. Liberalisierung, Internationalisierung, Deregulierung, zusätzliche Frequenzen, die technologische Entwicklung der Mikroelektronik und das wachsende Mobilitätsbedürfnis der Kunden sind einige wichtige Faktoren für diese rasante Entwicklung im Mobilfunk. Es deutet sich immer stärker an, daß die Mobilkommunikation am Übergang zu einem Massenmarkt steht. Bild 1.1 zeigt die Marktentwicklung für Mobilkommunikation in Westeuropa. Bei optimistischem Verlauf der Entwicklung würde im Jahr 2010 rund jeder dritte Einwohner Westeuropas an der mobilen Kommunikation teilhaben.

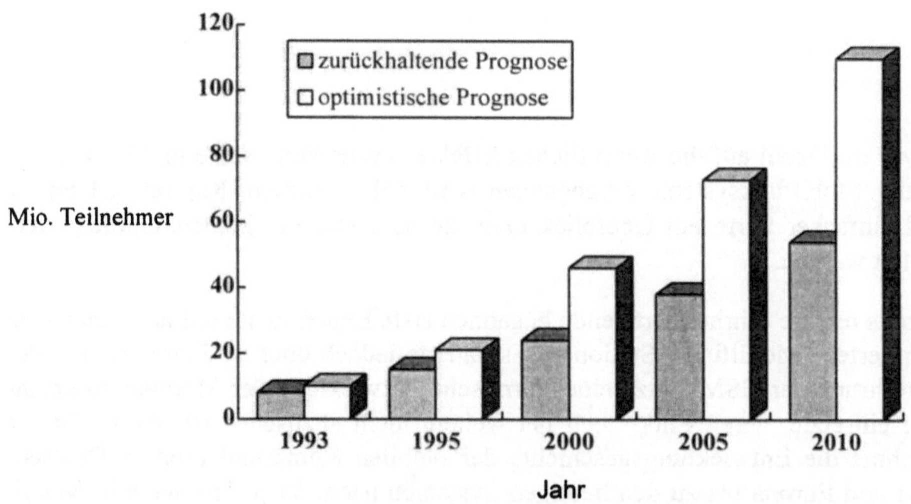

Bild 1.1: Marktentwicklung für Mobilkommunikation in Westeuropa für die Jahre 1993 bis 2010 [VDI94]

Nachdem Heinrich Hertz im Jahre 1887 den Nachweis der elektromagnetischen Welle lieferte, gelang Guglielmo Marconi um 1900 (1909 Nobelpreis in Physik) die Funkübertragung über den Ärmelkanal. Damit waren wesentliche Grundlagen für die drahtlose Kommunikation gelegt, deren weitere Entwicklung insbesondere auch durch die Militärs gefördert wurde.

Der öffentliche Mobilfunk in Deutschland startete 1926 mit einem Zugtelefon auf der Strecke Hamburg-Berlin. Dabei wurden pro Tag typischerweise einige 10 Gespräche geführt. 1958 wurde dann das A-Netz eröffnet. Die Gespräche waren handvermittelt und die maximale Teilnehmerzahl betrug ca. 13 000. Die A-Netz Autotelefone nahmen noch einen signifikanten Teil des Kofferraums in Anspruch. 1972 kam das B-Netz hinzu. Zu dieser Zeit gehörte das B-Netz zu den modernsten Systemen Europas. Es besaß eine automatische Vermittlung, bot grenzüberschreitende Kommunikation mit Österreich, Luxemburg, den Niederlanden und eine Teilnehmerzahl von bis zu ca. 27 000. Als 1977 der Betrieb des A-Netzes eingestellt wurde, nutzte man die dabei freigewordenen Frequenzen zur Frequenz- und damit Kapazitätserweiterung des B-Netzes in Form des sog. B2-Netzes. Nachteile des B/B2-Netzes waren die hohen Kosten und die geringe Kapazität. Auch mußte man zum Erreichen des Funktelefons den ungefähren Standort wissen, und ein Weiterreichen eines Gesprächs von einer Funkzelle zu einer nächsten (Handover) war nicht möglich, sondern das Gespräch brach dann ab.

Das 1986 eröffnete C-Netz (Probebetrieb ab 1.9.1985, Wirkbetrieb ab 1.5.1986) ermöglichte einen deutlichen Sprung der Teilnehmerzahl und der Leistungsmerkmale. So sind C-Netz Teilnehmer unter einer einheitlichen Vorwahl 0161 plus Teilnehmernummer unabhängig vom Standort erreichbar. Weitere Merkmale sind: eine fast 100 % Flächenabdeckung der gesamten BRD, Handover[1], Handgeräte, sogenannte "Handys", analoge Sprachübertragung hoher Qualität, Sprachverschleierung als Abhörschutz, digitale Organisationskanäle, Fax, Mailbox[2], umfangreiche Zusatzdienste wie Verkehrshinweise, Sekretariatsdienst, Pannenservice, Hotelbuchung etc. und die Chipkarte. Die mögliche Teilnehmerzahl beträgt über 800 000 und stellt damit einen deutlichen Anstieg gegenüber früheren Systemen dar.

Anfang der achtziger Jahre wurden auch in den anderen europäischen Ländern analoge Mobilfunksysteme, ähnlich dem C-Netz, eingeführt (siehe Bild 1.2). Diese sieben zellularen Funktelefonsysteme arbeiten in analoger Funkübertragungs-

---

1 Unterstützt von einer indirekten Entfernungsmessung.

2 Unter Mailbox versteht man einen im Netz integrierten Anrufbeantworter bzw. elektronischen Briefkasten, der auch Faxe empfangen kann.

technik im 450 und 900 MHz Bereich (siehe auch Anhang 1.1 für weitere techni-sche Einzelheiten). Obwohl die Dienste der einzelnen Systeme am Markt erfolg-reich sind, ist, abgesehen von wenigen Ausnahmen, eine grenzüberschreitende Nutzung (auch als Roaming bezeichnet) mangels eines einheitlichen technischen Standards nicht möglich.

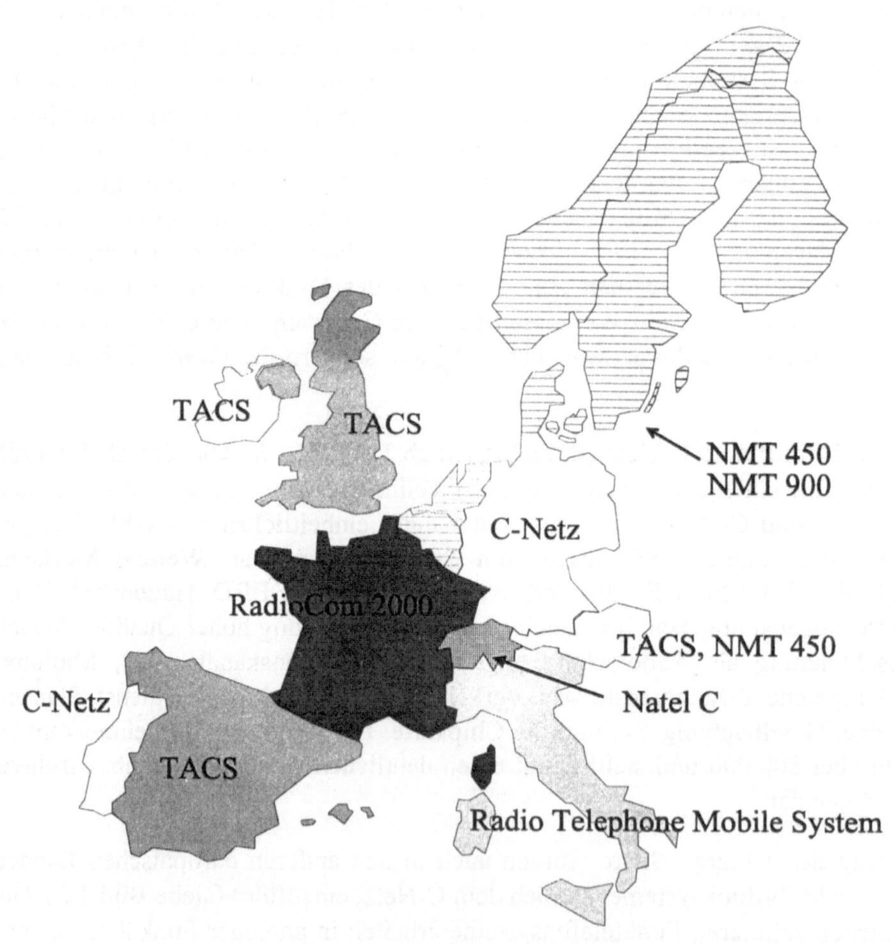

Bild 1.2: Funktelefonsysteme in Westeuropa (analog, zellular)

Dies ist natürlich für den Kunden unbefriedigend. Außerdem ist es schwierig, in großer Stückzahl Infrastruktur und Endgeräte zu produzieren, wenn es eine Vielzahl von Märkten und Systemen gibt. Dies führte, neben einer Reihe weiterer Gründe, wie der schnelle technische Fortschritt bei z.B. digitalen Sprachcodern und digitaler Signalverarbeitung insgesamt, zu Arbeiten an einem europaweit einheitlichen, digitalen System, dem GSM (*engl.* Global System for Mobile Communication). GSM wurde in Westeuropa ab 1992 in Betrieb genommen. Einige technische Details von GSM sind in Tabelle 1.1 zusammengefaßt, und in Kapitel 7 wird detailliert auf die technische Funktionsweise und die Leistungsmerkmale eingegangen. Für den Kunden bietet GSM eine Reihe von interessanten Möglichkeiten:

- europaweites Roaming
- umfangreiche Dienste (Sprache, Daten, Zusatz- und Mehrwertdienste)

Zugriff auf diese Dienste erhält der mobile Teilnehmer mit dem "klassischen" Autotelefon, dem portablen Telefon oder dem Handy. Ein Portable ist ein tragbares Endgerät von einigen kg Gewicht, während Handys bis unter 200 g wiegen.

Mittlerweile hat sich GSM auch außerhalb Westeuropas in insgesamt über 60 Ländern wie z.B.: Australien, China, Indien, Rußland, Singapur, Philippinen, Indonesien, Saudi Arabien,... etabliert und gehört damit zu einem sehr erfolgreichen Exportschlager Westeuropas.

Unter anderem hervorgerufen durch den großen Markt und die Konkurrenzsituation zwischen den Herstellern sind die Endgerätepreise für Handys von ca. 4000 DM (1992) auf unter 1000 DM (1996) gefallen. Zusammen mit dem Teilnehmervertrag betragen die Endgerätepreise teilweise auch deutlich weniger. Die Gesprächsgebühren (Verbindungspreise) fallen ebenfalls.

Auch bezüglich der Deregulierung der Netzbetreiber und der Vertriebswege wurden neue Wege gegangen, wie im folgenden am Beispiel Deutschlands gezeigt wird.

In Deutschland gibt es, wie in vielen anderen Ländern auch, für die Übertragung von Telefongesprächen ein Monopol[3], das in Deutschland von der Telekom wahrgenommen wird. Die EU hat beschlossen, diese Monopole spätestens 1998 zu beenden.

---

[3] Mit einigen Ausnahmen wie Corporate Networks (Firmennetze).

Tabelle 1.1: Wichtige Merkmale öffentlicher Mobilfunksysteme in der BRD

Netze	A	B/B2	C	D1/D2 (GSM)	E1 (DCS 1800)
Netzbetrieb	1958 - 1977	1972 - 1994	seit 1986	seit 1992	seit 1994
Frequenzbereich (MHz)	156 - 174	146 - 156/ 156 - 174	450,3 - 465,74	890 - 960	1710 - 1880
Kanalabstand (kHz)	50 (16 Kanäle)	20 (39/76 Kan.)	20/12.5/10 (222/459 K.)	200 (992 Kanäle)	200 (2976 K.)
Duplexabstand (MHz)	4,6	4,6	10	45	95
Endgerätepreise (DM)	mehrere 10000	10.000 - 22.000	1000 - 8000	schon unter 1000	schon unter 1000
max. Teilnehmerzahl	$\leq$ 13.000	$\leq$ 27.000	$\leq$ 800.000	einige Mio.	einige Mio.
Besonderheiten	handvermittelt Sendeleistg. 10 W (Mobilstation)	weitere Länder: Österreich, Luxemburg, Niederlande Sendeleistg. 20 W (Mobilstation) nahezu flächendeckend mit 150 Funkfeststationen kein Handover (automat. Zellwechsel)	weitere Länder: Portugal Handover digitale Signalisierung Sprache analog Vorwahl: 0161 $\approx$ 100 % Flächendeckung umfangreiche Dienste wie: - Mailbox - Fax mit Modem - Chipkarte	europaweit voll digital, an ISDN angelehnt abhörsicher Vorwahl: 0171 bzw. 0172 reserviert: 0170 und 0173 umfangreiche Dienste weitere Details siehe Kapitel 7	nahezu identisch mit GSM Vorwahl: 0177 reserviert: 0178 umfangreiche Dienste weitere Details siehe Kapitel 7

Im Mobilfunk, einem sehr jungen und äußerst dynamischen Bereich der Telekommunikation, wurde beschlossen, mit Einführung der digitalen Netze schon
1992 das Monopol aufzuheben.

In Deutschland wurden vom Bundesministerium für Post und Telekommunikation (BMPT) für digitale GSM-Netze zwei Lizenzen vergeben. Die erste erhielt
die DeTeMobil GmbH. Die zweite, in Konkurrenz zu anderen Bewerbern, Mannesmann Mobilfunk (MMO). Beide Betreiber haben ihre GSM-Netze, bei denen
es sich um zwei physikalisch getrennte Netze mit eigenen Sendestationen handelt, Mitte 1992 eröffnet.

Die DeTeMobil GmbH (Deutsche Telekom MobilNet GmbH), eine hundertpro-
zentige Tochter der Telekom, ist mit mehr als 2 Millionen Mobilfunkkunden
(Stand Ende 95) im analogen C-Netz und im digitalen D1-Netz (GSM) Europas
führender Mobilfunknetzbetreiber. Zusätzlich werden eine Reihe weiterer Mobil-
funkdienste wie: Funkruf (Euro-Message, Cityruf), Datenfunk (Modacom), Satellitenfunk (Inmarsat) und Bündelfunk (Chekker) angeboten. Nicht zuletzt gibt es
eine Reihe von Auslandsbeteiligungen, wie z.B. GSM-Netze in Moskau, Polen,
Tschechien, Österreich oder in Indonesien.

MMO ist Deutschlands erster privater Netzbetreiber und mit mehr als 1.200.000
Kunden (Stand Ende 95) einer der führenden GSM-Betreiber in Europa (D2-
Netz). Außer Mannesmann (51 %) sind weitere Gründungsteilhaber:

- Pacific Teleservices mit 26 %
- Cables & Wireless mit 5 %
- einige weitere Firmen und Banken

Mannesmann engagiert sich zusätzlich bei einer Reihe weiterer Mobilfunkaktivi-
täten wie z.B. die Beteiligung beim zweiten Datenfunknetz in Deutschland und
einige Auslandsbeteiligungen zeigen.

Zur weiteren Stimulation des Mobilfunks wurde eine dritte Lizenz vergeben, eine
DCS1800[4] Lizenz an das Konsortium E-Plus. Unter dem Markennamen E-Plus
wurde das E1-Netz Mitte 1994 in Berlin, Leipzig und Dresden eröffnet. Teilweise wird dieser Dienst in den USA auch als PCS (Personal Communication Servi-

---

[4] DCS1800 steht für Digital Cellular System 1800 und ist bis auf den Frequenz-
     bereich (1800 MHz) quasi identisch mit GSM (siehe Tabelle 1.1). Weitere
     Einzelheiten werden in Kapitel 7 erläutert.

ces) oder in Europa als PCN (Personal Communication Network) bezeichnet. PCS bzw. PCN Systeme sind zellulare Systeme, die geringe Preise und Handys betonen. Der Unterschied zwischen PCS bzw. PCN und zellularen Systemen wird immer geringer.

Teilhaber von E-Plus sind:

- 28 % Thyssen
- 28 % Veba
- 21 % Bellsouth
- 16 % Vodafone
- einige Banken und Firmen

Exemplarisch für Mobilfunklizenzen ist ein Auszug der Lizenzbedingungen für E-Plus gegeben (zugewiesenes Spektrum: $2 \cdot 15$ MHz[5]):

- Für E-Plus besteht folgende Versorgungspflicht:

  bis Ende 95   88% der Bevölkerung in den neuen Bundesländern

  bis 97   98% der Bevölkerung in der BRD

- Mindestqualität, z.B. Blockierungswahrscheinlichkeit < 5%

- Notrufdienste müssen unentgeltlich sein

- im Kriegsfall liegt die Nutzung ausschließlich beim Bund

- Service Provider müssen zugelassen werden

- Laufzeit bis 2012

- die Telekom kann gemeinsame Antennenstandorte gewähren

Zusätzlich zu den drei großen Netzbetreibern DeTeMobil, MMO und E-Plus gibt es in Deutschland noch eine Reihe weiterer, kleinerer Mobilfunknetzbetreiber, die Funkruf, Datenfunk oder Bündelfunk betreiben. Einige dieser weiteren Betreiber und Systeme werden in Kapitel 8 vorgestellt.

Auf der Vertriebsseite (siehe Bild 1.3) wurden als Neuerung sogenannte Service Provider (Diensteanbieter) eingeführt. Als Service Provider werden Firmen bezeichnet, die Zugang zu den Netzen (D1/D2/E1) kaufen und die Dienste dann

---

5 Über die Vergabe der restlichen $2 \cdot 60$ MHz Spektrum für DCS1800 wird in Zukunft entschieden (Stand 95).

dem Kunden anbieten. Dies soll eine zusätzliche Förderung des Mobilfunks bewirken. In Deutschland starteten 1992 rund 10 Service Provider. Durch Übernahmen und Mergers gestaltet sich die Anzahl und Situation sehr dynamisch. Beispiele von 1994 sind z.B.:

- Bosch Telecom
- Debitel (Mercedes)
- Hutchinson
- etc.

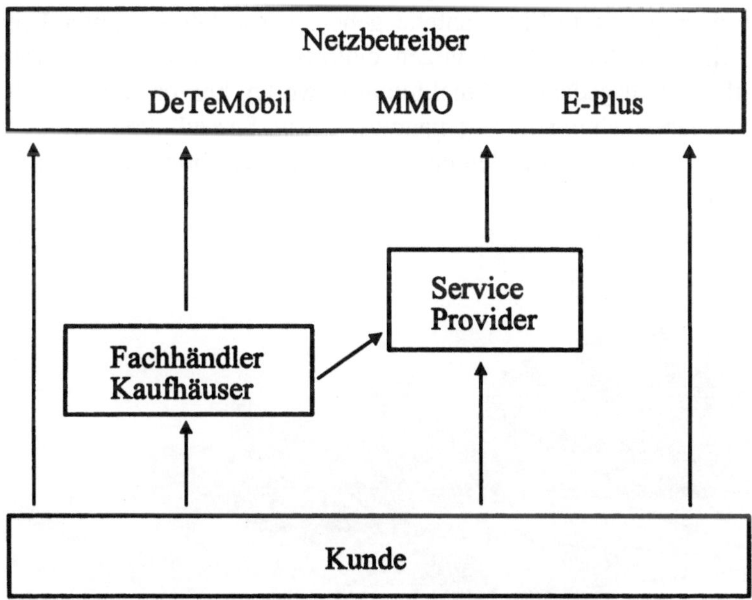

Bild 1.3: Vertriebswege von Mobilfunkdiensten in Deutschland

1.2 Einführung in einige Grundprobleme des Mobilfunks

1.2.1 Fading

Wie Bild 1.4 zeigt, kann es bei einer Funkverbindung zwischen der Basisstation (BS) und der Mobilstation (MS) neben einer möglichen Sichtverbindung (LOS, *engl.* Line Of Sight) weitere an Bergen, Gebäuden, Vegetation und Fahrzeugen reflektierte oder gebeugte Signalanteile geben. Diese können unter Umständen mit erheblichen Laufzeitverzögerungen eintreffen. Eine solche Mehrwegeausbreitung ruft zeitlich gedehnte Kanalimpulsantworten hervor, die je nach Umgebung Standardabweichungen, sogenanntes Delay Spread, von bis zu einigen 10 μs und damit unter Umständen ein Mehrfaches der Bitlänge (z.B. 3,69 μs bei GSM) aufweisen.

Bild 1.4: Veranschaulichung der direkten und indirekten Signalkomponenten

Ein weiterer, wesentlicher Effekt ist die konstruktive oder destruktive Überlagerung der verschiedenen Signalkomponenten beim Empfänger, je nach den relativen Phasenlagen. Dies ist die Ursache des Fading, genauer des Fast Fading, d.h. Signalschwankungen mit Einbrüchen von bis zu 40 dB über räumliche Distanzen von ca. einer halben Wellenlänge ($\lambda/2$) (siehe auch Bild 1.5). Die Wahrscheinlichkeitsdichteverteilung zur Beschreibung solcher Fadingeffekte ist die Rice-Verteilung mit den Extremen: Gaußverteilung für ausschließliche LOS-Verbindung und Rayleigh-Verteilung für den Fall ohne Sichtverbindung. $\lambda/2$ beträgt bei GSM etwa 16 cm. Dies entspricht bei 50 km/h einer zeitlichen Länge von ca. 10 ms. Den Effekt des Fading beobachtet man auch beim Autoradio, z.B. vor einer roten Ampel. Ein geringfügiges Vorfahren kann den Empfang signifikant verbessern oder verschlechtern.

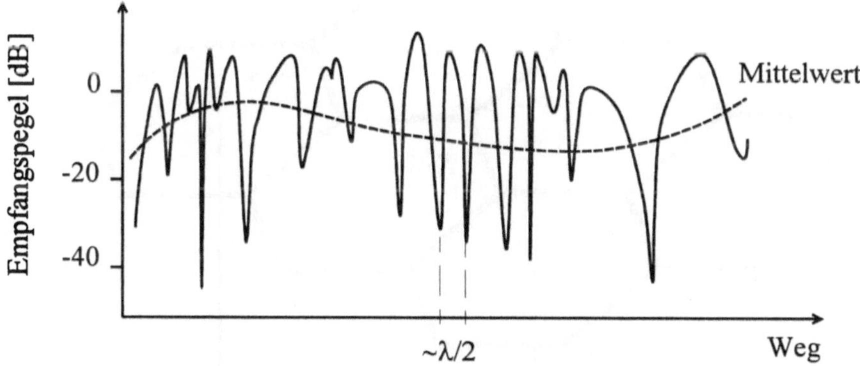

Bild 1.5: Ein typisches Fadingprofil

1.2.2 Zellularer Netzaufbau

Wie bei anderen Übertragungssystemen auch, wird im Mobilfunk pro Teilnehmerkanal eine bestimmte Bandbreite benötigt. In Kapitel 7 wird noch genauer gezeigt, daß man z.B. im D-Netz zum Telefonieren eine Bandbreite von 50 kHz pro Teilnehmerkanal benötigt, wobei der Zugriff auf einzelne Teilnehmerkanäle durch eine Kombination von Frequenz- (FDMA) und Zeitmultiplex (TDMA) erfolgt. Weiterhin muß man berücksichtigen, daß pro Netz zunächst nur ein Frequenzband von 10 MHz zur Verfügung steht, d.h., es können gleichzeitig von einer Sendestation maximal 200 Teilnehmerkanäle unterstützt werden. Man sieht sofort, daß dies eine viel zu kleine Zahl ist, um die alleine schon heute in Deutschland vorhandenen Teilnehmer von über 2 Millionen zuzulassen. Die naheliegende Idee, ein größeres Frequenzband als 10 MHz zur Verfügung zu stellen, ist in der Praxis kaum möglich, da Frequenzbänder eine sehr kostbare Ressource sind; ein Großteil ist für militärische Anwendungen reserviert, der Rest wird für Radio- und Fernsehübertragung, Radareinrichtungen für zivile Luftfahrt, Richtfunkverbindungen der Telekom, Satellitenverbindungen, Polizeifunk etc. und Mobilfunk belegt. Für "nur" eine Million Teilnehmer müßte man bereits 50 GHz Spektrum bereitstellen. Die verwendete Lösung liegt darin, größere Gebiete wie z.B. München, in mehrere Funkzellen (kurz Zellen, *engl.* Cells) mit typischen Radien von einigen Kilometern aufzuteilen (siehe Bild 1.6).

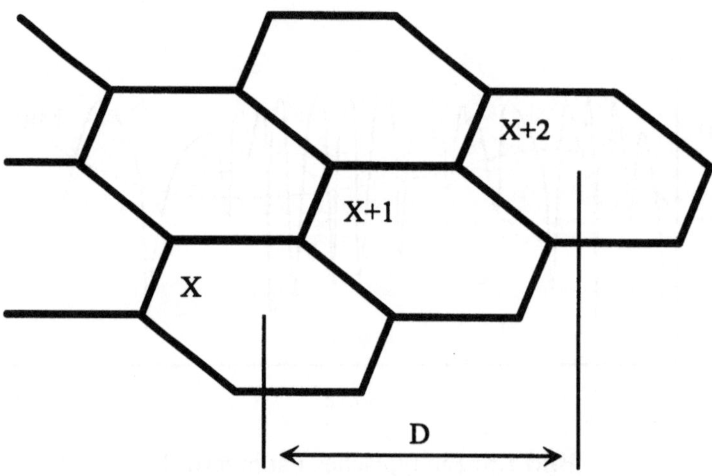

Bild 1.6: Aufbau eines zellularen Systems mit dem Wiederholabstand D

Der entscheidende Punkt ist nun, daß die Radiosignale von Teilnehmerkanälen, die in der Zelle X verwendet werden, durch die Funkfelddämpfung[6] so stark gedämpft sind, daß sie z.B. in der übernächsten Zelle X + 2 kaum noch Störungen bzw. Interferenzen erzeugen und daher wieder verwendet werden können. Man bezeichnet den kleinsten Abstand, der eine solche Wiederholung eines Teilnehmerkanals erlaubt, als Wiederverwendungsabstand D (*engl.* Reuse Distance).

---

[6] Details zur Funkfelddämpfung werden in Kapitel 2 näher untersucht.

Wie man leicht einsieht, sind durch solche "zellulare" Mobilfunksysteme, die man auch als "Raummultiplexsysteme" verstehen könnte, hohe Teilnehmerzahlen möglich. In Deutschland erreicht z.B. D1 mit ca. 3500 bis 4000 Sendern eine Flächendeckung von mindestens 95 % und eine geplante Teilnehmerzahl von einigen Millionen.

Die hier angesprochenen Überlegungen, die letztendlich auf Kapazitätsbetrachtungen hinauslaufen, stellen eine Schlüsselproblematik von Mobilfunksystemen dar und werden in Kapitel 3 (Funknetzplanung) genau untersucht.

1.2.3 Unterstützung der Teilnehmermobilität

In einem Mobilfunknetz wie z.B. GSM, in dem die Teilnehmer bzw. die Endgeräte mobil sind, enthält die Telefonnummer des angerufenen mobilen Teilnehmers keine Informationen über den Aufenthaltsort wie im Festnetz. Wie ist es trotzdem möglich, einen Teilnehmer zu erreichen?

Bild 1.7 zeigt ein vereinfachtes Szenario für das GSM-System. Ein mobiler Kunde, Herr Schulte, ist als D-Netz Teilnehmer an seinem Wohnort in Dortmund registriert. Dies bedeutet, daß er in der für Dortmund zuständigen Heimatdatei, dem HLR 1 (*engl.* Home Location Register) registriert ist. Herr Schulte sei nun nach Madrid verreist. In Madrid schaltet er sein Autotelefon ein. Nach der ersten Kontaktaufnahme des Endgerätes (MS, *engl.* Mobile Station) mit der Sendestation 2 (BS, *engl.* Base Station), dem sogenannten Einbuchen, wird von der Vermittlungsstelle 2 (MSC, *engl.* Mobile Switching Centre) festgestellt, daß Herr Schulte in Madrid nicht als Teilnehmer registriert ist, sondern in Dortmund. Daraufhin wird über das Festnetz (PSTN) das HLR 1 darüber informiert, daß sich Herr Schulte zur Zeit im Bereich der MSC 2 in Madrid aufhält (Pfeil 1). Wie im GSM-Kapitel noch genauer dargestellt wird, werden eine Reihe von Informationen, die z.B. zur Verschlüsselung notwendig sind, zur MSC 2 übertragen und in einer Besucherdatei (VLR, *engl.* Visitor Location Register) gespeichert (Pfeil 2). Nun ruft Herr Peters, Herrn Schulte, den er in der Umgebung von Dortmund vermutet, an. Das Gespräch wird zunächst zum HLR 1 vermittelt. Dort wird der Eintrag gelesen, daß der angerufene Teilnehmer sich zur Zeit in Madrid im Bereich des VLR 2 befindet und die Verbindung dorthin geschaltet. Zum Erstaunen von Herrn Peters berichtet ihm Herr Schulte live über das sonnige Wetter in Madrid! Diese Erreichbarkeit bezeichnet man als (internationales) Roaming.

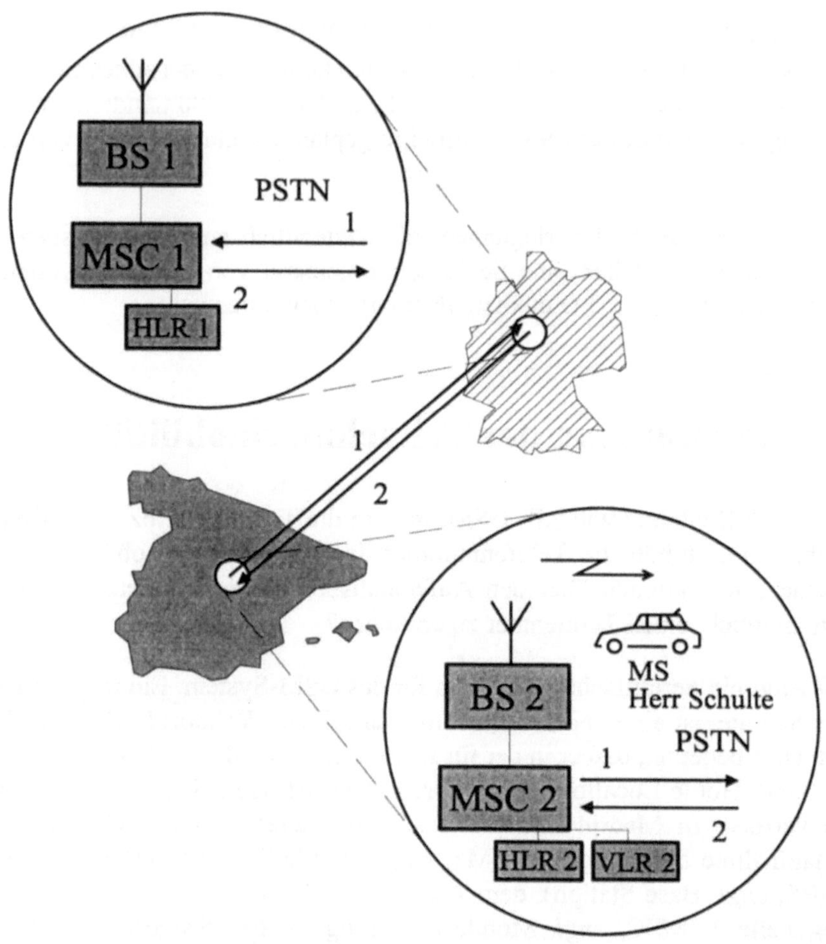

BS	Base Station	**HLR**	Home Location Register
MS	Mobile Station	**MSC**	Mobile Switching Centre
PSTN	Public Switched Telephone Network	**VLR**	Visitor Location Register

Bild 1.7: Vereinfachter Verbindungsaufbau mit internationalem Roaming bei
GSM

Eine weitere Art von Mobilitätsunterstützung besteht darin, Gespräche eines Endgerätes, das sich aus einer Zelle hinausbewegt, in die neue Zelle weiterzureichen, einen sogenannten Handover durchzuführen.

1.3 Inhalt und Gliederung des weiteren Buches

Unter den allgemeinen Begriff Funksystem fallen eine Vielzahl unterschiedlichster Systeme, von Polizeifunk, Radar bis hin zu Satellitennavigation. Im Rahmen dieses Buches verstehen wir unter Mobilfunk bzw. Mobilfunksystemen, die Funkübertragung zwischen zwei Stationen, von denen mindestens eine beweglich ist, also keinen Richtfunk.

Man kann Mobilfunksysteme einteilen...

 ... nach Art der mobilen Station

  - Landmobilfunk   *
  - Seefunk
  - Flugfunk   *

 ... nach Art der festen Stationen

  - terrestrische Stationen   *
  - Satelliten   *

 ... nach Diensten

  - Verteildienste (Rundfunk/Fernsehen)
  - Sprache   *
  - Daten   *
  - Navigation/Ortung (Global Positioning System (GPS), Radar)

 ... nach Übertragungs- und Netzart

  - analog
  - digital   *
  - zellulare Netze   *

Die markierten Punkte (*) werden dabei in diesem Buch näher betrachtet, allerdings mit der Einschränkung, daß Funksysteme von Behörden und Organisationen mit Sicherheitsaufgaben (BOS), z.B. Polizei, Feuerwehr und militärische Funksysteme nicht behandelt werden.

In **Kapitel 1** wurde ein **allgemeiner Überblick** über Mobile Kommunikation, deren rasante Marktentwicklung, einige wesentliche technische Probleme und zum Schluß über den weiteren Inhalt des Buches gegeben.

Grundlage zum Verständnis von Mobilfunknetzen und jedes übertragungstechnischen Systems ist die Kenntnis der wesentlichen Eigenschaften des Übertragungskanals. In **Kapitel 2** wird daher zunächst der **Mobilfunkkanal**, insbesondere die Effekte der Mehrwegeausbreitung wie Fading und Delay Spread, die Dopplerverschiebung und verschiedene Näherungen der Funkfelddämpfung dargestellt. Dies zeigt die ungünstigen Übertragungseigenschaften des Mobilfunkkanals mit plötzlichen Signaleinbrüchen von bis zu 40 dB, Laufzeitunterschieden, die ein Vielfaches der Bitlänge betragen können, und einer Funkfelddämpfung von bis zu 12 dB bei Entfernungsverdopplung.

Kapitel 3 beschäftigt sich mit dem zellularen Aufbau von Funknetzen. Basis der Betrachtungen ist die Aufteilung der Kanäle in sogenannte Cluster, so daß sich benachbarte Zellen nicht stören. Diese Störungen werden als Verhältnis zwischen Träger- (C) und Interferenzleistung (I) ausgedrückt. Zusammen mit verkehrstheoretischen Überlegungen kann man dann die Teilnehmerkapazität des Netzes berechnen. Ferner werden Verfahren zur weiteren Erhöhung der maximalen Teilnehmerzahl erläutert. Ein Beispiel hierfür sind Verfahren der dynamischen Kanalzuteilung (DCA, *engl.* Dynamic Channel Assignment). Den Abschluß des Kapitels bildet eine Einführung in den praktischen Prozeß der Funknetzplanung.

In **Kapitel 4** werden Modulations- und Demodulationsverfahren behandelt. Dabei werden zunächst die Prinzipien der Modulation an Hand der analogen Modulationsverfahren dargestellt. Danach folgen die digitalen Modulationsverfahren, bis hin zu GMSK (*engl.* Gaussian Minimum Shift Keying). Auch werden die verschiedenen Empfängertypen behandelt. In vielen Umgebungen betragen die Laufzeitunterschiede der Mehrwegeausbreitung, quantifiziert durch das sogenannte Delay Spread, ein Mehrfaches der Bitdauer. Dies erfordert Entzerrer bzw. Equalizer. Wie in Kapitel 1.2.1 gezeigt wird, ist ein wesentlicher Effekt der Mehrwegeausbreitung das Fading, mit Fadingeinbrüchen der Empfangsleistung bis etwa 40 dB. In Bild 1.8 ist die Auswirkung von rayleighverteiltem Fast Fading auf die Bitfehlerrate (BER, *engl.* Bit Error Rate) für MSK- und GMSK-Modulation dargestellt. Im Vergleich zu einem gaußschen Kanal sind bei einer Bitfehlerrate von 10^{-4} etwa 40 dB mehr Signal zu Rauschverhältnis erforderlich, was nicht praktisch realisierbar ist. Um dennoch zu tolerierbaren Fehlerraten zu gelangen, sind die in **Kapitel 5** beschriebenen **Fehlerschutzverfahren** (Block- und Faltungscodes, ARQ (*engl.* Automatic Repeat Request) und Interleaving) unerläßlich. Damit sind die wesentlichen Komponenten der in Bild 1.9 gezeigten Übertragungskette behandelt. Das Kapitel endet mit einer kurzen Darstellung der Prinzipien von Sprachcodern. In **Kapitel 6** werden die Grundlagen der **Vielfachzugriffsverfahren** behandelt. Dabei werden neben den "klassischen" Verfahren

FDMA und TDMA auch das derzeit für Mobilfunk häufig diskutierte CDMA-Verfahren und das sich noch in der Forschung befindliche SDMA dargestellt.

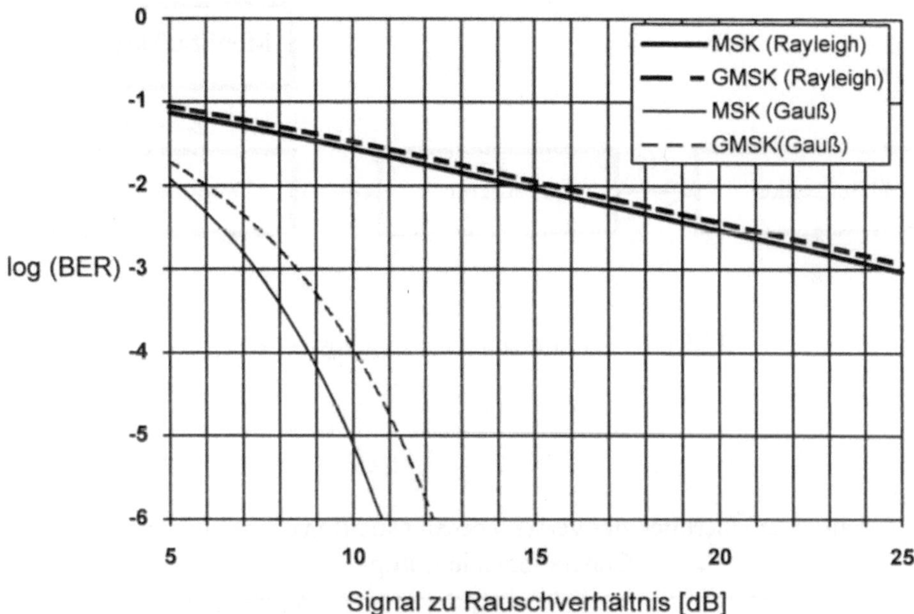

Bild 1.8: Bitfehlerrate (BER) von MSK und GMSK (BT = 0,25) als Funktion des Bit-Signal-/Rauschverhältnisses (Rayleigh-Fall: mittleres E_b/N_0)

Der letzte Teil des Buches widmet sich den **aktuellen Systemen**. Dies beginnt in **Kapitel 7** mit dem zur Zeit modernsten und erfolgreichsten zellularen System, dem europäischen "Global System for Mobile Communication", kurz **GSM**. An Hand dieses Systems werden die Details einer FDMA/TDMA-Luftschnittstelle wie Bursts, Signalisierung, Leistungsregelung und Sicherheitsmechanismen dargestellt. Auch zellulare Aspekte, wie Roaming, Handover und Frequenzspringen werden erläutert. Das Kapitel endet mit einer Darstellung der Kanal- und Sprachcodierung in GSM. Neben den zellularen Mobilfunktelefonsystemen[7] gibt es eine Reihe weiterer Systeme, die in **Kapitel 8 ("Weitere Mobilfunksysteme")** behan-

---

[7] Umgangssprachlich auch oft Autotelefonsysteme und unter Experten: "Cellular Systems" genannt.

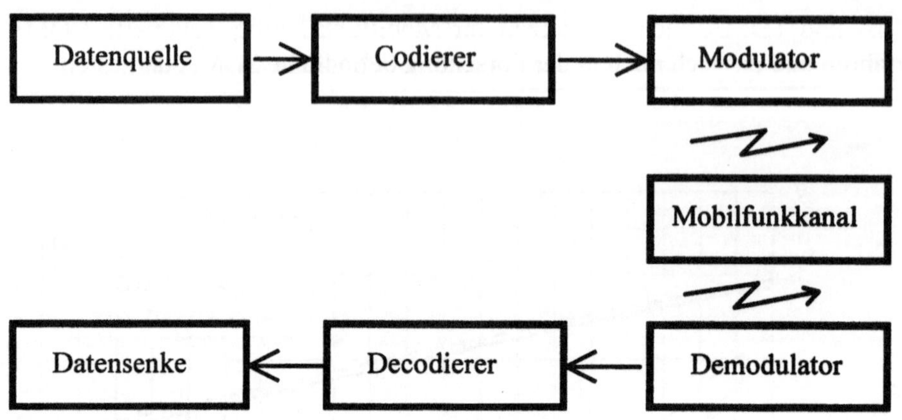

Bild 1.9: Vereinfachte Übertragungskette

Tabelle 1.2: Überblick der verschiedenen Mobilfunk Systemarten und Generationen in Europa

Systemart	1. Generation	2. Generation	3. Generation
zellulare Systeme	NMT C-Netz AMPS,...	GSM	UMTS (Universal Mobile Telecommunication System)
schnurlose Telefone	CT1 CT2 CT3	DECT	
Funkrufsysteme	Cityruf Euromessage	ERMES	
Bündel- und Datenfunk	MPT Mobitex/ RD-LAP	TETRA	
Weitere Systeme	Inmarsat A	TFTS INMARSAT	

delt werden. Dies umfaßt Schnurlostelefone, Funkruf-, Datenfunk-, Bündelfunk-, Flugtelefon- und Satellitensysteme. Damit sind die in Tabelle 1.2 gezeigten Systeme der 2. Generation betrachtet. Zum Schluß werden noch das sich vor der Einführung in den USA befindliche, zellulare Mobilfunksystem IS-95 (Qualcomm System), ein CDMA-System, und dann der Stand und die Perspektiven hin zu einer 3. Generation, dem UMTS (*engl.* Universal Mobile Telecommunication System) dargestellt.

Anhang A1.1

Kenndaten analoger zellularer Systeme

System	AMPS[8]	TACS[9]	Japan NTT	Radio-com	C-Netz	NMT[10] 450	NMT 900
Länder (u.a.)	USA	UK, I, A, E	Japan	F	D, P	SF, S, DK, N	SF, S, DK, N, CH
In Betrieb seit	1979	85, 90, 90, 90	79	85	86	alle 81	alle 86/87
Frequenz-bereich (MHz)	825-890	890-960	870-940	200 406-430 900	451-466	454-468	890-960
HF-Kanäle	666	1000	600	256	222	180	1999
Kanalraster (kHz)	30	25	25	12.5	20/12,5 /10	25	12,5
Duplex Ab-st. (MHz)	45	45	55	10/45	10	10	45
Bitrate Steuerkanal (kbit/s)	10	8	0.3	1.2	5.28	1.2	1.2
Modula-tionsverf. Steuerkanal	FSK	PSK	PSK	FFSK	FSK	FFSK	FFSK

---

8   AMPS: Advanced Mobile Phone System, 1986 wurde das Spektrum um 2 mal 5 MHz erweitert. Außerdem gibt es noch ein N-AMPS mit einer bis zu dreifachen Teilnehmerkapazität durch Verringerung des Kanalrasters von 30 auf 10 kHz.

9   TACS: Total Access Communication System, 1986 wurden weitere Kanäle freigegeben (ETACS).

10   NMT: Nordic Mobile Telephone System.

2 Mobilfunkkanal

Der Mobilfunkkanal ist die Grundlage der mobilen Kommunikation. Die Kenntnis der Effekte und ihrer Ursachen, die bei Übertragungen über diesen Kanaltyp auftreten, ist der Ausgangspunkt für das Verstehen der komplexen Zusammenhänge in modernen digitalen Mobilfunksystemen und für deren Design. Angefangen bei den Modulationsverfahren, der Kanalcodierung, über die Systemfunktionen bis hin zum Netzaufbau werden beinahe alle wesentlichen Komponenten eines Mobilfunkübertragungssystems durch die Kanaleigenschaften beeinflußt.

Der Mobilfunkkanal ist einer der ungünstigsten Übertragungskanäle, die in der Nachrichtentechnik vorkommen. Tabelle 2.1 gibt einen Überblick über die verschiedenen Effekte, die dafür verantwortlich sind und in diesem Kapitel behandelt werden. Kapitel 2.1 beschäftigt sich mit drei Effekten der Mehrwegeausbreitung, die erhebliche Pegelschwankungen und Signalverzerrungen hervorrufen:

- Das durch Interferenzen erzeugte "Fast Fading", welches zu schnellen und starken Signaleinbrüchen von bis zu 40 dB führt.

- Das Verschmieren der Datensymbole über einen Zeit- ("Delay Spread") und Frequenzbereich (Dopplerverschiebung).

Ausgehend von statistischen Untersuchungen des Signalverlaufs werden verschiedene, wichtige Kenngrößen des Mobilfunkkanals hergeleitet. Verfahren zur Verminderung der durch Mehrwegeausbreitung verursachten Effekte werden ebenso diskutiert wie durch Abschattungen erzeugtes "Slow Fading" und die Simulation von Fadingkanälen im Labor. Kapitel 2.2 behandelt die Wellenausbreitung in verschiedenen Umgebungen, ausgehend von der Freiraumausbreitung bis hin zu Pfadverlust- bzw. Funkfeldvorhersagemodellen. Rauschursachen und deren Einfluß auf die mobile Kommunikation werden abschließend in Kapitel 2.3 besprochen.

Tabelle 2.1: Übersicht der wesentlichen Effekte des Mobilfunkkanals

Typ bzw. Ursache	Effekt	Kapitel
Mehrwegeausbreitung	Fast Fading	2.1.2
	Delay Spread (Zeitdispersion)	2.1.4
Bewegung	Dopplerverschiebung (Frequenzdisp.)	2.1.3
Abschattungen	Slow Fading	2.2.5
Pfadverlust	Signaldämpfung	2.2

2.1 Mehrwegeausbreitung

2.1.1 Problematik der Mehrwegeausbreitung

Zwischen einer Basisstation und einer Mobilstation gibt es in der Regel mehrere mögliche Ausbreitungswege. Reflexion und Streuung von Wellen an Gebäuden, Bergen, Bäumen und anderen Hindernissen führen dazu, daß sich die Empfangsfeldstärke aus mehreren, im allgemeinen unterschiedlich starken und unterschiedlich verzögerten Komponenten zusammensetzt (siehe Bild 2.1.1). Die einzelnen Wellen können sich entweder konstruktiv oder destruktiv überlagern - je nachdem, wie groß die relative Phasendifferenz zwischen ihnen ist. Zwei baugleiche Empfänger, die nur ein kurzes Stück auseinander liegen, können so bereits Pegelunterschiede von 20 dB (Faktor 100) und mehr anzeigen. Ein mobiler Empfänger, der sich von einem Ort zum anderen bewegt, durchfährt Gebiete mit ständig wechselnden Phasenrelationen zwischen den verschiedenen, einfallenden Wellen. Dies führt zu stark wechselnden Empfangspegeln über der Entfernung - einen Effekt, den man als **Fading** bzw. genauer als **Fast Fading** bezeichnet (*engl.* to fade = abschwächen).

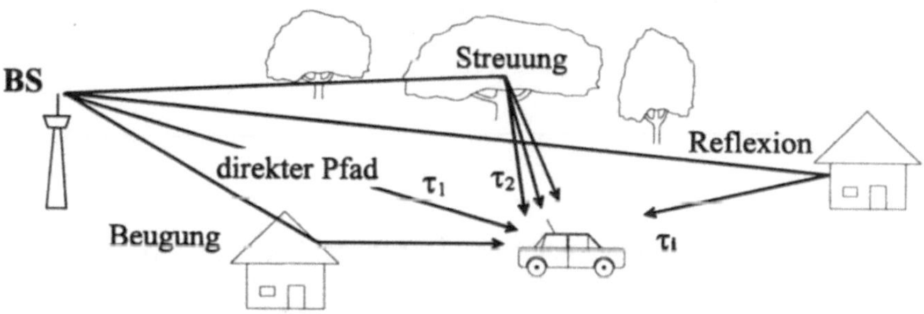

Bild 2.1.1: typische Mobilfunkumgebung (τ_i = Laufzeit des i-ten Pfads)

Bild 2.1.2 zeigt einen gemessenen Pegelverlauf über der gefahrenen Wegstrecke. Das dargestellte Signal ist durch sehr schnell aufeinander folgende, starke Pegeleinbrüche, auch Fadingeinbrüche genannt, gekennzeichnet. Die mittlere Entfernung zwischen den Pegeleinbrüchen liegt etwa bei der Hälfte der Sendewellenlänge ($\lambda/2$). Bei Sendefrequenzen im UHF-Bereich werden bereits bei einer Fahrzeuggeschwindigkeit von 50 km/h sehr viele Fadingeinbrüche pro Sekunde durchfahren.

In den Pegelverlauf aus Bild 2.1.2 läßt sich ein lokaler Mittelwert einzeichnen, der über kurze Distanzen konstant ist. Die langsamen Schwankungen dieses Mittelwertes werden nicht durch den Effekt der Mehrwegeausbreitung verursacht, sondern im wesentlichen durch Abschattungseffekte.

Dieses sogenannte "Slow Fading" oder "Shadow Fading" tritt auf, wenn die zurückgelegten Entfernungen groß genug sind, um eine signifikante Änderung des Pfadverlusts zu bewirken. Je nach Umgebung, Bebauung und Bewuchs liegen diese Entfernungsänderungen in der Größenordnung von einigen 10 m. Slow Fading wird in Kapitel 2.2 behandelt. Hier erfolgt zunächst eine nähere Betrachtung des "Fast Fading", also den schnellen, durch Mehrwegeausbreitung verursachten Pegeländerungen.

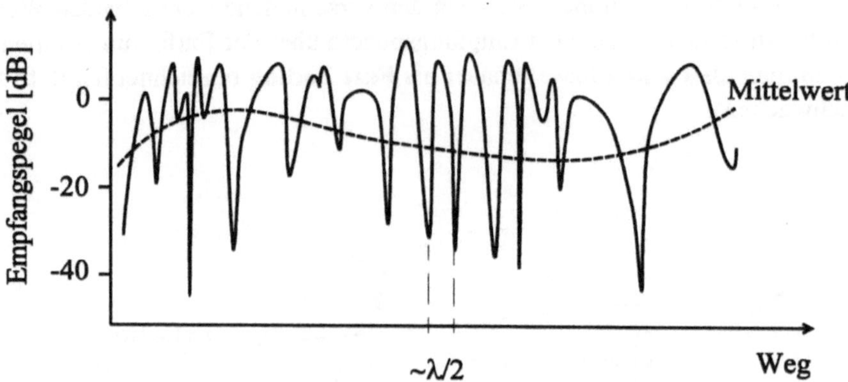

Bild 2.1.2: gemessener Empfangspegel über dem Ort

2.1.2 Hüllkurve und Phase des Empfangssignals

2.1.2.1 Einweg-Ausbreitung

Ein sinusförmiges Empfangssignal r(t) ist durch seine Amplitude A, seine Frequenz $f_0 = \omega_0/2\pi$ und seine Phasenlage φ_0 eindeutig gekennzeichnet:

$$r(t) = A\,exp\big[\,j(\omega_0 t + \varphi_0)\big] \tag{2.1.1}$$

Bewegt sich der Empfänger relativ zum Sender und treten keine Reflexionen des Sendesignals auf, ändert sich die Phasenlage des Empfangssignals mit dem zurückgelegten Weg. Ein Modell für diese Situation ist in Bild 2.1.3 dargestellt. Wenn sich der Abstand zwischen Sender und Empfänger verändert, trifft das Sendesignal mit einer dieser Wegänderung proportionalen Phasenänderung beim Empfänger auf. Vereinfachend wird hier angenommen, daß diese Wegänderung klein genug ist, damit der mittlere Pfadverlust nicht von dieser Änderung beeinflußt wird, die Ausbreitungsdämpfung also näherungsweise konstant ist. Für die in Bild 2.1.3 gezeigte Anordnung ergibt sich daher für r(t):

$$r(t) = A\,exp\big[\,j(2\pi f_0 t - \beta\,x\,cos\theta)\big] \tag{2.1.2}$$

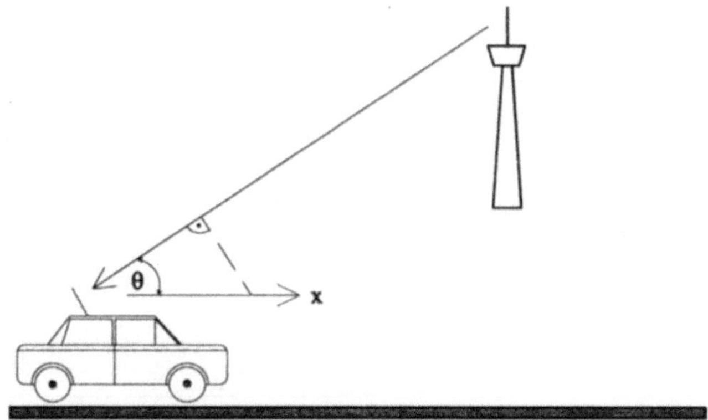

Bild 2.1.3: Einweg-Ausbreitung

mit der Wellenzahl $\beta = 2\pi/\lambda$. Der Empfänger bewegt sich mit der Geschwindigkeit v in der Richtung x und legt daher in der Zeit t den Weg x = v·t zurück. Somit erhält man für r(t):

$$r(t) = A\,exp\left[\,j2\pi\left(f_0 - \frac{v}{\lambda}cos\theta\right)t\right]\qquad(2.1.3)$$

Der Term $v/\lambda\cdot cos\theta$ entspricht der Dopplerfrequenz f_D (siehe Kapitel 2.1.3). Für den Betrag der Hüllkurve des Empfangssignals gilt daher:

$$\left|r(t)\right| = A = const.\qquad(2.1.4)$$

Der Empfangspegel wird demnach näherungsweise nicht von kleinen Wegänderungen beeinflußt. Es tritt also kein Fadingeffekt auf. Dies war zu erwarten, denn da nur ein Ausbreitungsweg vorhanden ist, kann es weder zu konstruktiver noch zu destruktiver Interferenz kommen.

2.1.2.2 Zweiwege-Ausbreitung

Das Ergebnis aus Gl.(2.1.4) ändert sich, wenn ein Reflexionspunkt existiert, da sich das Empfangssignal nun aus zwei Komponenten zusammensetzt. Bild 2.1.4 zeigt die entsprechende Situation. Die Ausbreitungsdämpfung sei auf beiden Wegen gleich groß, so daß für das Empfangssignal r(t) geschrieben werden kann (Phasendrehungen am Reflexionspunkt werden vernachlässigt):

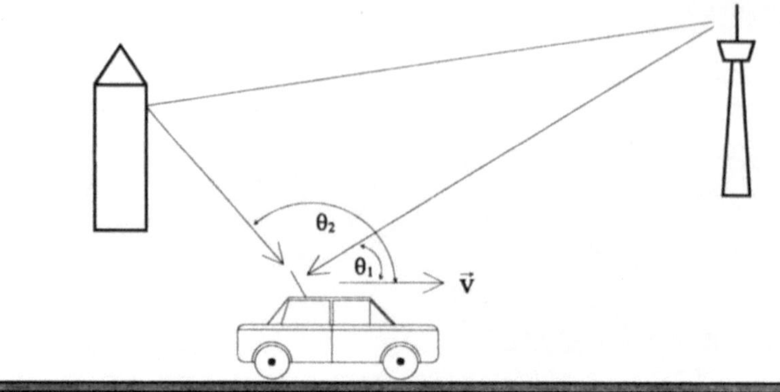

Bild 2.1.4: Zweiwege-Ausbreitung

$$r(t) = \frac{A}{2} \, exp(\,j2\pi f_0 t)\left[exp\!\left(-j2\pi \frac{vt}{\lambda}\cos\theta_1\right) + exp\!\left(-j2\pi \frac{vt}{\lambda}\cos\theta_2\right)\right] \qquad (2.1.5)$$

Nach Umformung gilt:

$$r(t) = \frac{A}{2} \, exp(\,j2\pi f_0 t)\, exp\!\left(-j2\pi \frac{vt}{\lambda}\frac{\cos\theta_1 + \cos\theta_2}{2}\right)\cdot$$
$$\left[exp\!\left(-j2\pi \frac{vt}{\lambda}\frac{\cos\theta_1 - \cos\theta_2}{2}\right) + exp\!\left(+j2\pi \frac{vt}{\lambda}\frac{\cos\theta_1 - \cos\theta_2}{2}\right)\right] \qquad (2.1.6)$$

Für den Betrag der Hüllkurve |r(t)| ergibt sich damit aus Gl.(2.1.6):

$$|r(t)| = A\left|\cos\!\left[2\pi \frac{vt}{2\lambda}(\cos\theta_1 - \cos\theta_2)\right]\right| \qquad (2.1.7)$$

Im Gegensatz zur Einweg-Ausbreitung ist |r(t)| nun nicht mehr konstant, sondern die Hüllkurve ist wegabhängig, es tritt Fast Fading auf.

Für z.B. $\theta_1 = 0$ und $\theta_2 = \pi$ erhält man die in Bild 2.1.5 dargestellte Hüllkurve:

$$|r(t)| = A\left|\cos\!\left(2\pi \frac{vt}{\lambda}\right)\right| \qquad (2.1.8)$$

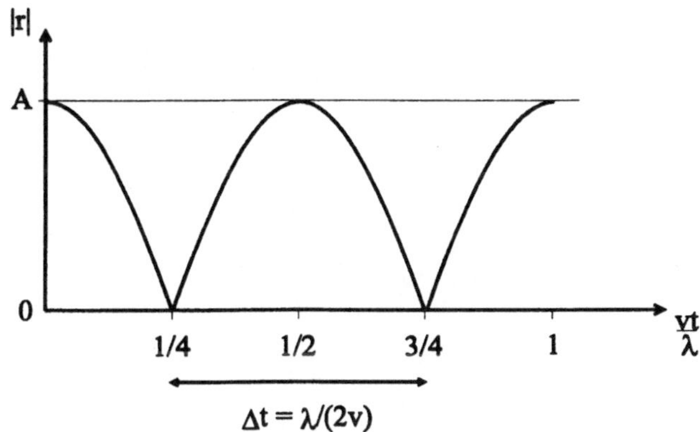

Bild 2.1.5: Hüllkurve eines Empfangssignals bei Zweiwege-Ausbreitung
(Beispiel)

Im zeitlichen Abstand $\Delta t = \lambda/(2v)$, entsprechend einem räumlichen Abstand von
$\Delta x = \lambda/2$, folgen Nullstellen aufeinander, d.h., die beiden einfallenden Wellen
löschen sich gegenseitig aus (destruktive Interferenz).

Für eine Trägerfrequenz $f_0 = 900$ MHz (GSM) und eine Fahrzeuggeschwindigkeit $v = 60$ km/h beträgt die Fading-Frequenz $f_F = 1/\Delta t$ bereits 100 Hz. Pro Sekunde werden also 100 Nullstellen durchfahren, die jeweils $\lambda/2 \approx 16$ cm voneinander entfernt sind.

2.1.2.3 N-Wege-Ausbreitung

Im allgemeinen treffen sehr viele Wellen aus unterschiedlichen Richtungen θ_i
und mit verschiedenen Amplituden a_i beim Empfänger ein. Das resultierende
Empfangssignal ergibt sich aus der vektoriellen Überlagerung all dieser Einzelwellen. Erreichen N Wellen aus den Richtungen θ_i mit den Amplituden a_i den
Empfänger, erhält man für das Summensignal:

$$r(t) = \sum_{i=1}^{N} a_i \, exp(j2\pi f_0 t) \, exp(-j\beta vt \cos\theta_i)$$

$$, \qquad (2.1.9)$$

$$= A \, exp(j\psi) \, exp(j2\pi f_0 t)$$

wobei

$$A = \sqrt{\left(\sum_{i=1}^{N} a_i \cos\psi_i\right)^2 + \left(\sum_{i=1}^{N} a_i \sin\psi_i\right)^2} \qquad (2.1.10)$$

$$\psi = arc\,tan\left(\frac{\displaystyle\sum_{i=1}^{N} a_i \sin\psi_i}{\displaystyle\sum_{i=1}^{N} a_i \cos\psi_i}\right) \qquad (2.1.11)$$

und

$$\psi_i = -\beta\, v\, t\, \cos\theta_i \quad ; \quad i = 1\dots N \qquad (2.1.12)$$

ist. Der allgemeine Fall mit unterschiedlichen a_i und θ_i ist nicht mehr so einfach zu überblicken wie der Zweiwege-Fall aus Kapitel 2.1.2.2. In der Regel sind die genauen Reflexionspunkte und Pfaddämpfungen nicht bekannt. Um verwertbare Aussagen über die zu erwartenden Empfangspegel zu bekommen, greift man daher für solche komplexen Systeme auf statistische Methoden zurück. Dies wird in den folgenden zwei Kapiteln näher betrachtet.

2.1.2.4 Statistik von Amplitude und Phase: Die Rayleigh-Verteilung

Die besonders in dicht bebauten Gegenden auftretende Situation mit $N \gg 1$ und ohne Sichtverbindung (**NLOS**, *engl.* Non Line of Sight) mit dem Sender, führt zu einer rayleighverteilten Amplitude des Empfangssignals, wie im folgenden gezeigt wird.

Das Summensignal r(t) aus Gl.(2.1.9) läßt sich auch etwas anders schreiben:

$$r(t) = (R + jI)\, exp(\,j2\pi f_0 t) \quad , \qquad (2.1.13)$$

wobei

$$R = \sum_{i=1}^{N} a_i \cos\psi_i \qquad (2.1.14)$$

und

$$I = \sum_{i=1}^{N} a_i \sin\psi_i \qquad (2.1.15)$$

ist. R und I sind der Real- und Imaginärteil eines komplexen Zeigers, der mit $\exp(j2\pi f_0 t)$ um den Nullpunkt rotiert. Der Zusammenhang zwischen den Parametern in Gl.(2.1.9) und Gl.(2.1.13) ist wie folgt:

$$A = \sqrt{R^2 + I^2} \tag{2.1.16}$$

$$\psi = arc\,tan\left(\frac{I}{R}\right) \tag{2.1.17}$$

Es ist praktisch unmöglich, aus dem Summensignal nach Gl.(2.1.9) die Amplituden a_i und Phasen ψ_i der Einzelwellen zu bestimmen. Aus diesem Grund werden die a_i und ψ_i als Zufallsvariablen behandelt.

Eine Größe, die aus zwei oder mehr Zufallsvariablen besteht, ist wieder eine Zufallsvariable. Real- und Imaginärteil (Gl.(2.1.14) und Gl.(2.1.15)) des Empfangssignals bestehen jeweils aus einer Summe von Zufallsvariablen:

$$R = \sum_{i=1}^{N} R_i \tag{2.1.18}$$

$$I = \sum_{i=1}^{N} I_i \tag{2.1.19}$$

Nimmt man die R_i und I_i als in [0;1] gleichverteilt an, ergibt sich für $N \gg 1$ eine Gaußverteilung für R und I mit der Standardabweichung σ. Die Wahrscheinlichkeitsdichteverteilungen $f_R(R)$ und $f_I(I)$ des Real- und Imaginärteils des resultierenden Empfangssignals lassen sich also wie folgt angeben:

$$f_R(R) = \frac{e^{-\frac{R^2}{2\sigma^2}}}{\sqrt{2\pi}\,\sigma} \tag{2.1.20}$$

$$f_I(I) = \frac{e^{-\frac{I^2}{2\sigma^2}}}{\sqrt{2\pi}\,\sigma} \tag{2.1.21}$$

Amplitude A und Phase ψ des Empfangssignals sind mit R und I über Gl.(2.1.16) und Gl.(2.1.17) verknüpft. Um die Wahrscheinlichkeitsdichtefunktion von A und ψ berechnen zu können, wird von der Verbundverteilungsdichtefunktion $f_{RI}(R,I)$ ausgegangen. Da R und I statistisch unabhängig voneinander sind, gilt:

$$f_{RI}(R,I) = f_R(R) \cdot f_I(I) \tag{2.1.22}$$

$$f_{RI}(R,I) = \frac{e^{-\frac{R^2+I^2}{2\sigma^2}}}{2\pi\sigma^2} \tag{2.1.23}$$

Durch Variablentransformation von $f_{RI}(R,I)$ nach $f_{A\psi}(A,\psi)$ mit:

$$f_{A\psi}(A,\psi) = f_{RI}(R,I) \cdot |J| \tag{2.1.24}$$

erhält man die Verbundverteilungsdichtefunktion der Amplitude A und der Phase ψ. J in Gl.(2.1.24) ist die Jakobische Determinante:

$$J = \frac{\partial(R,I)}{\partial(A,\psi)} = \begin{vmatrix} \dfrac{\partial R}{\partial A} & \dfrac{\partial I}{\partial A} \\ \dfrac{\partial R}{\partial \psi} & \dfrac{\partial I}{\partial \psi} \end{vmatrix} \tag{2.1.25}$$

$$J = A \tag{2.1.26}$$

Einsetzen von Gl.(2.1.23) und Gl.(2.1.26) in Gl.(2.1.24) führt zu:

$$f_{A\psi}(A,\psi) = \frac{A}{2\pi\sigma^2} e^{-\frac{A^2}{2\sigma^2}} \tag{2.1.27}$$

Bildet man die Randverteilungsdichte, d.h., integriert man Gl.(2.1.27) über A, kommt man zur gesuchten Wahrscheinlichkeitsdichteverteilung der Empfangsphase ψ:

$$f_\psi(\psi) = \int_0^\infty f_{A\psi}(A,\psi)\, dA = \begin{cases} \dfrac{1}{2\pi} & ; \quad 0 \le \psi < 2\pi \\[2mm] 0 & ; \quad sonst \end{cases} \tag{2.1.28}$$

Die Empfangsphase ist also im Bereich $0 \le \psi < 2\pi$ gleichverteilt. Der Grund hierfür ist, daß bei einer reinen Mehrwegeausbreitung, ohne eine dominante Komponente, aus allen Richtungen Signalanteile einfallen, die sich zum Summensignal zusammensetzen. Analog zu Gl.(2.1.28) läßt sich die Wahrscheinlichkeitsdichteverteilung $f_A(A)$ der Amplitude A durch Integration von Gl.(2.1.27) über ψ ermitteln:

$$f_A(A) = \int\limits_0^{2\pi} f_{A\psi}(A,\psi)\,d\psi \qquad (2.1.29)$$

$$f_A(A) = \frac{A}{\sigma^2}\, e^{-\frac{A^2}{2\sigma^2}} \qquad (2.1.30)$$

Gl.(2.1.30) ist eine Rayleigh-Verteilung mit dem Mittelwert E{A}, dem quadratischen Mittelwert E{A^2} und der Standardabweichung σ_A:

$$E\{A\} = \int\limits_0^\infty A\, f_A(A)\,dA = \sqrt{\frac{\pi}{2}}\,\sigma \qquad (2.1.31)$$

$$E\{A^2\} = \int\limits_0^\infty A^2\, f_A(A)\,dA = 2\sigma^2 \qquad (2.1.32)$$

$$\sigma_A = \sqrt{E\{A^2\} - E^2\{A\}} = \sqrt{2 - \frac{\pi}{2}}\,\sigma \qquad (2.1.33)$$

Die Rayleigh-Verteilung aus Gl.(2.1.30) ist in Bild 2.1.6 dargestellt.

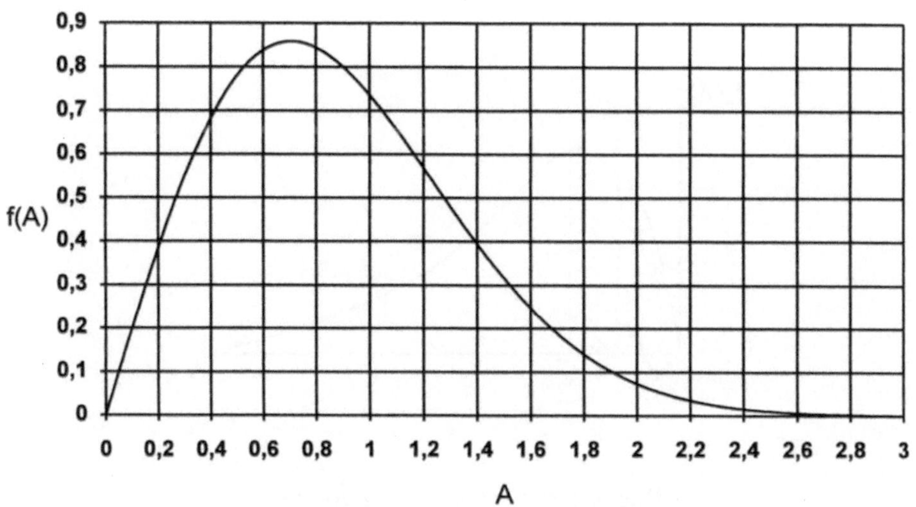

Bild 2.1.6: Rayleigh-Verteilung (E{A^2} = 1)

Beim Design von Mobilfunksystemen ist es wichtig zu wissen, mit welcher Wahrscheinlichkeit ein bestimmter Signalpegel unter- oder überschritten wird (siehe Bild 2.1.7). Für eine mittlere Empfangsleistung $E\{A^2\}$ und einem mindestens erforderlichen Empfangspegel A_{min} für eine ausreichend gute Übertragungsqualität erhält man so z.B. Informationen darüber, welche Sendeleistungen verwendet werden müssen, welche Codierung zum Fehlerschutz eingesetzt werden muß (siehe Kapitel 5) und weiteres mehr.

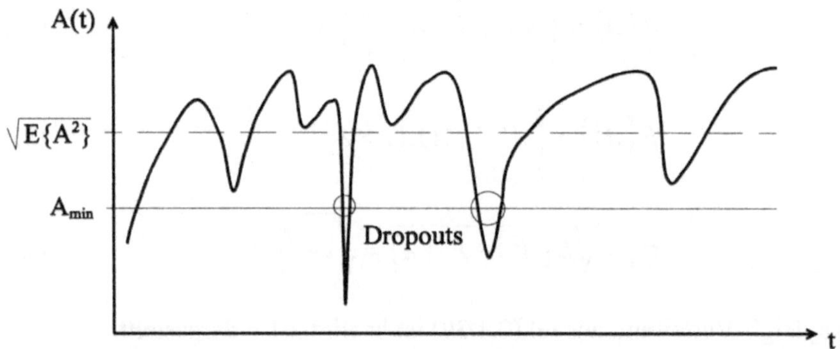

Bild 2.1.7: typischer Feldstärkeverlauf über der Zeit

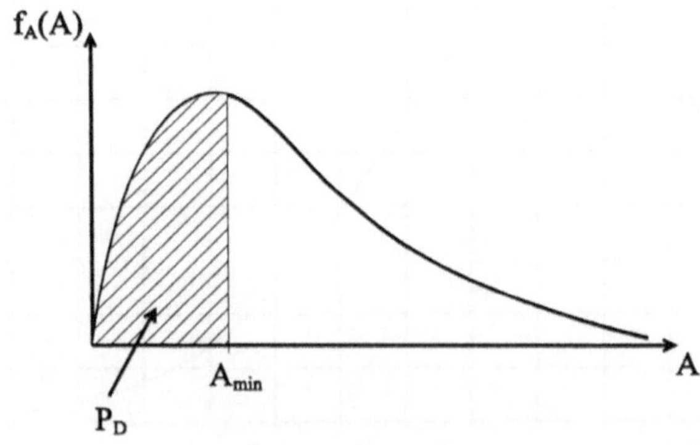

Bild 2.1.8: zur Ermittlung von P_D

Die Wahrscheinlichkeit P_D, daß ein Pegel A_{min} unterschritten wird, entspricht der schraffierten Fläche in Bild 2.1.8. Man erhält diesen Wert aus der Wahrscheinlichkeitsverteilung des Empfangssignals A, also der Integration der Wahrscheinlichkeitsdichteverteilung $f_A(A)$ aus Gl.(2.1.30):

$$P_D = \int_0^{A_{min}} f_A(A)\,dA = 1 - exp\left(-\frac{A_{min}^2}{E\{A^2\}}\right) \tag{2.1.34}$$

Die Funktion aus Gl.(2.1.34) ist in Bild 2.1.9, normiert auf den RMS-Wert (Effektivwert, $\underline{R}$oot $\underline{M}$ean $\underline{S}$quared = $\sqrt{E\{A^2\}}$), dargestellt. Es läßt sich aus diesem Diagramm leicht die Wahrscheinlichkeit für das Unter- oder Überschreiten eines beliebigen Signalpegels, relativ zum RMS-Wert, ablesen, z.B. findet man aus Bild 2.1.9, daß der Empfangspegel mit einer Wahrscheinlichkeit von 63 % unterhalb des RMS-Wertes liegt (0 dB relativer Pegel). Auch erkennt man leicht, daß 10 dB tiefe Fadingeinbrüche mit der Wahrscheinlichkeit 10^{-1}, 20 dB tiefe mit 10^{-2} und 40 dB tiefe Einbrüche mit der Wahrscheinlichkeit 10^{-4} auftreten.

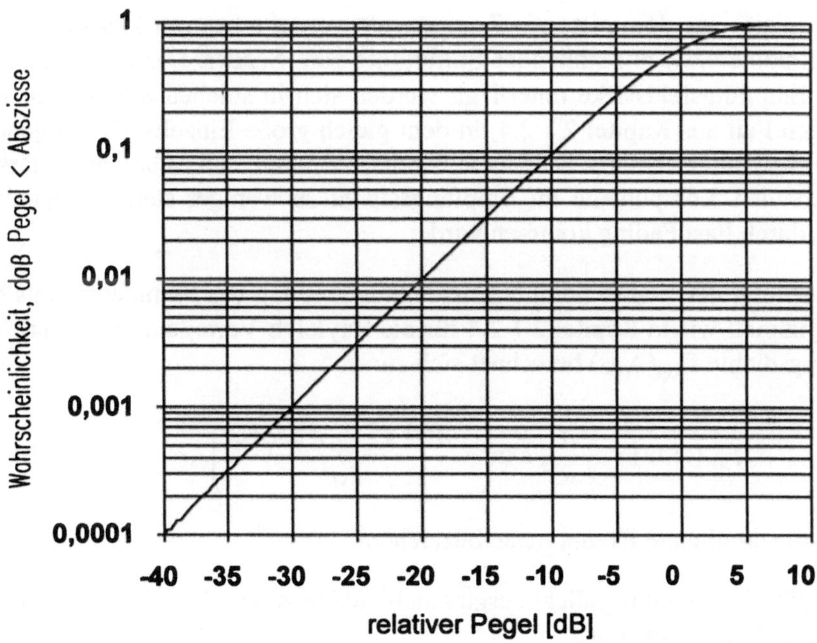

Bild 2.1.9: Wahrscheinlichkeit für das Unterschreiten eines bestimmten Signalpegels, relativ zum RMS-Wert.

2.1.2.5 Statistiken mit einer dominanten Signalkomponente: Die Rice-Verteilung

Den Betrachtungen in Kapitel 2.1.2.4 liegt zugrunde, daß die am Ort des Empfängers einfallenden Feldstärkekomponenten alle in etwa gleich stark sind. Dann können Real- und Imaginärteil des Summensignals als gaußverteilt angesetzt werden; dies führt wiederum zu einer rayleighverteilten Summenfeldstärke. Oft ist es tatsächlich so, daß in dicht bebauten Umgebungen eine Mobilstation keine Sichtverbindung zur Basisstation hat und es keine dominierenden Signalkomponenten aus einer bestimmten Richtung gibt. Die einzelnen Komponenten kommen meistens alle von Reflexionspunkten in der Nähe der Mobilstation. Alle Anteile stammen daher von einer gemeinsamen (Mutter-) Welle ab. Die Grunddämpfung ist deshalb bei allen Komponenten ähnlich hoch.

Es gibt jedoch auch Situationen, in denen sich eine dominierende Signalkomponente aus einer bestimmten Richtung bildet. Dies kann z.B. bei einer Sichtverbindung zwischen der Mobilstation und einer Basisstation der Fall sein. Auch kann es durch gute Reflexionseigenschaften eines bestimmten Punktes zu einer besonders starken Reflexionskomponente kommen. Tendenziell wächst die Wahrscheinlichkeit, eine dominierende Komponente vorzufinden, mit kleiner werdendem Zellradius bzw. mit sinkender Entfernung zum Sender. Die Statistiken, denen die Empfangsfeldstärke unterliegt, werden sich in solchen Situationen vom vorherigen Fall aus Kapitel 2.1.2.4, in dem gleich große Einzelwellen angenommen wurden, unterscheiden. Man kann bereits vermuten, daß es bei einer starken, dominierenden Komponente im Empfangssignal zu weniger starken Signaleinbrüchen durch Fast Fading kommen wird.

Die Herleitung der Wahrscheinlichkeitsdichteverteilung des Summensignals verläuft prinzipiell wie in Kapitel 2.1.2.4 für die Rayleigh-Verteilung. Die Verbundverteilungsdichte $f_{A\psi}(A,\psi)$ berechnet sich zu:

$$f_{A\psi}(A,\psi) = \frac{A}{2\pi\sigma^2} exp\left(-\frac{A^2 + s^2 - 2As\cos\psi}{2\sigma^2} \right) , \qquad (2.1.35)$$

wobei s die dominante Komponente bezeichnet.

Die Amplitudenverteilungsdichte ergibt sich analog zu Gl.(2.1.29) durch Integration von Gl.(2.1.35) über ψ:

$$f_A(A) = \frac{A}{\sigma^2} exp\left(-\frac{A^2 + s^2}{2\sigma^2} \right) I_0\left(\frac{As}{\sigma^2} \right) \qquad (2.1.36)$$

$I_0(x)$ ist hierbei die modifizierte Besselfunktion nullter Ordnung der ersten Art. Gl.(2.1.36) ist bekannt als Rice-Verteilung. Für $s/\sigma \to 0$ geht Gl.(2.1.36) in die Rayleigh-Verteilung nach Gl.(2.1.30) über. Existiert eine sehr starke dominante Komponente, d.h. $s/\sigma \gg 1$, erhält man mit:

$$I_0(x) \xrightarrow[x \gg 1]{} \frac{e^x}{\sqrt{2\pi x}} \qquad (2.1.37)$$

eine Gaußverteilung aus Gl.(2.1.36).

Man definiert den sogenannten "Riceschen Faktor" K als Verhältnis der Leistung der dominanten Komponente zu den anderen Signalkomponenten:

$$K = \frac{s^2}{2\sigma^2} \qquad (2.1.38)$$

In Bild 2.1.10 ist die Rice-Verteilung für verschiedene K-Faktoren dargestellt. Der Fall $K = 0$ (keine dominante Komponente) entspricht der Rayleigh-Verteilung aus Bild 2.1.6. Mit wachsendem K nähert sich die Rice-Verteilung schnell einer Gaußverteilung, wie aus dem Kurvenverlauf mit $K = 13$ dB $(= 20)$ deutlich wird.

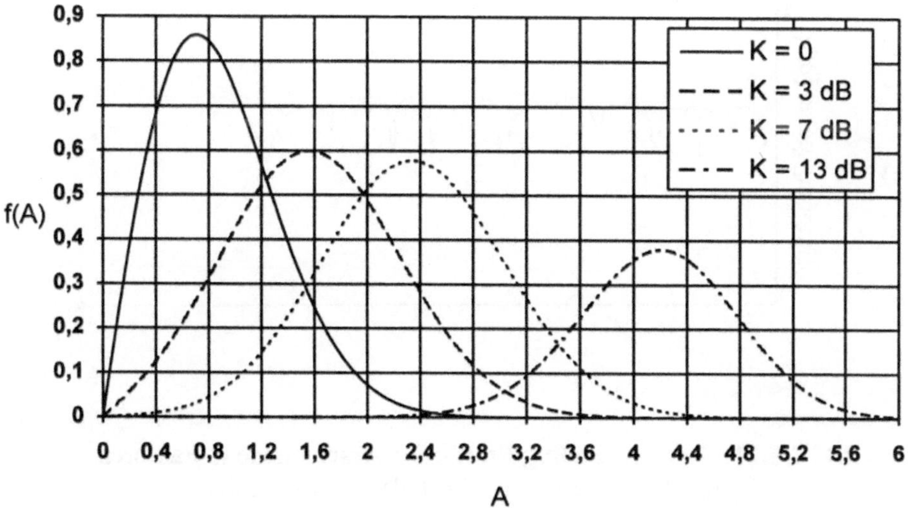

Bild 2.1.10: Rice-Verteilung für verschiedene K-Faktoren

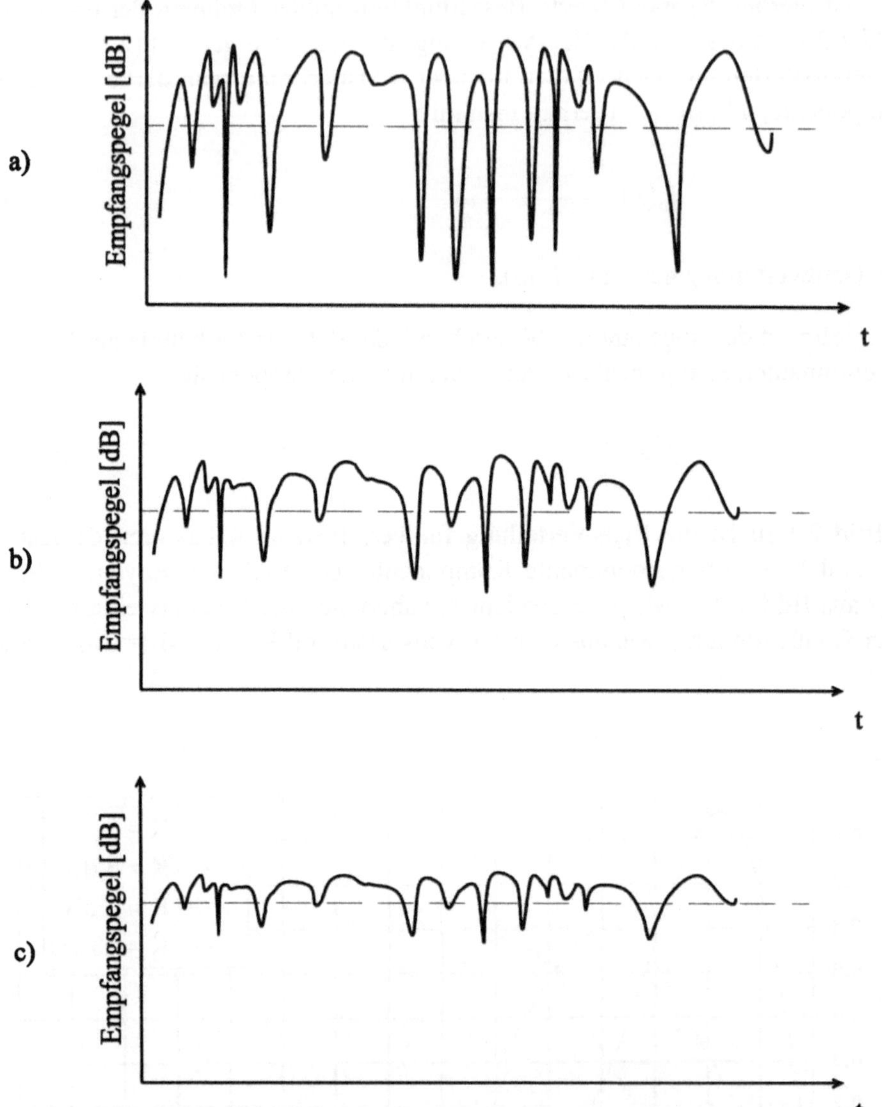

Bild 2.1.11: Ricesche Fading-Profile für verschiedene K-Faktoren
a) K = 0 (Rayleigh), b) K = 6 dB, c) K = 12 dB

Die Wahrscheinlichkeitsdichteverteilung der Empfangsphase ergibt sich durch Integration von Gl.(2.1.35) über A (vgl. Gl.(2.1.28)):

$$f_{\psi}(\psi) =$$

$$\frac{1}{2\pi} exp\left(-\frac{s^2}{2\sigma^2}\right)\left[1 + \sqrt{\frac{\pi}{2}}\frac{s\,cos\,\psi}{\sigma}exp\left(\frac{A^2\,cos^2\,\psi}{2\sigma^2}\right)\right] \cdot \left[1 + erf\left(\frac{s\,cos\,\psi}{\sigma\sqrt{2}}\right)\right] \qquad (2.1.39)$$

mit der Fehlerfunktion erf(x):

$$erf(x) = \frac{2}{\sqrt{\pi}}\int_0^x exp\left(-t^2\right)dt$$

Für $s/\sigma \to 0$ ist die Empfangsphase in $[0,2\pi)$ gleichverteilt, während sie für $s/\sigma \gg 1$ die Phasenlage der dominanten Signalkomponente annimmt.

Bild 2.1.11 zeigt ein Empfangssignal für verschiedene Ricesche Faktoren. Der Fall K = 0 entspricht Rayleigh-Fading. Es ist deutlich zu erkennen, daß sich die Tiefe der Signaleinbrüche mit steigendem K reduziert. Bei einer nur um 6 dB gegenüber den Streukomponenten stärkeren LOS-Komponente (*engl.* Line of Sight, Sichtverbindung) vermindern sich die Pegelschwankungen bereits beträchtlich (Bild 2.1.11b). Dies wirkt sich sehr günstig auf die Signalqualität aus.

2.1.3 Spektrale Empfangsleistungsdichte

2.1.3.1 Dopplerverschiebung

Ändert sich die Entfernung zwischen einem Sender und einem Empfänger, ändert sich auch die Phasenlage des Empfangssignals. Bild 2.1.12 zeigt einen mobilen Empfänger, der sich mit der Geschwindigkeit v von A nach B bewegt. Während der Zeit Δt legt der Empfänger die Entfernung d = v·Δt zurück; dies führt zu einer Änderung der Pfadlänge zwischen Sender und Empfänger von Δl = d·cosα. Die Empfangsphase φ ändert sich demnach nach Gl.(2.1.2) in der Zeit Δt um:

$$\Delta\varphi = -\beta\,\Delta l = -\frac{2\pi}{\lambda}v\,\Delta t\,cos\,\alpha \qquad (2.1.40)$$

Es kommt also zu einer zeitabhängigen Phasenänderung, entsprechend einer Frequenzverschiebung. Dies bezeichnet man auch als Frequenzdispersion und die Verschiebung als **"Dopplerfrequenz"** f_D:

$$f_D = -\frac{1}{2\pi}\frac{d\varphi}{dt} = f_m \cos\alpha \qquad\qquad (2.1.41)$$

mit der maximalen Dopplerfrequenz f_m:

$$f_m = \frac{v}{\lambda} \qquad\qquad (2.1.42)$$

Die beiden Extremwerte der Dopplerfrequenz ($f_D = + f_m$, $f_D = - f_m$) ergeben sich, wenn eine Mobilstation direkt auf eine Basisstation zufährt ($\alpha = 0$) oder davon wegfährt ($\alpha = \pi$). Betrachtet man z.B. einen mit 100 km/h fahrenden PKW und eine Sendefrequenz von 900 MHz (GSM), so beträgt die maximale Dopplerfrequenz 83 Hz. Als grobe "Faustregel" gilt, daß bei GSM-Systemen die maximale Dopplerfrequenz in Hz der Fahrzeuggeschwindigkeit in km/h entspricht.

Die hier vorgestellte Herleitung ist vereinfacht, führt allerdings für übliche MS-Geschwindigkeiten zum selben Ergebnis wie die allgemeine Herleitung aus der speziellen Relativitätstheorie.

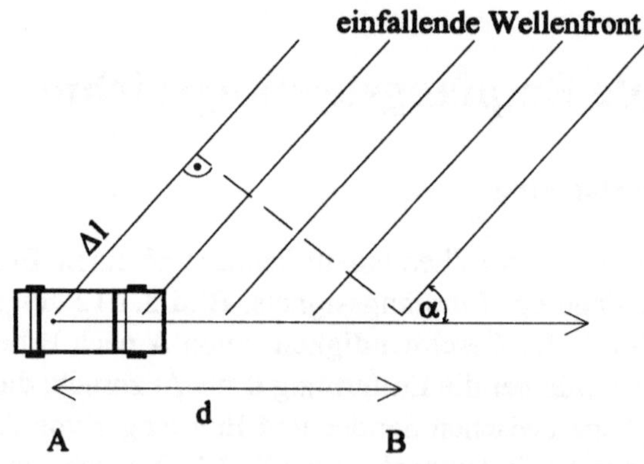

Bild 2.1.12: Zur Ermittlung der Dopplerverschiebung

2.1.3.2 Dopplerspektrum eines Fading-Signals

Für den Fall, daß eine sich bewegende Mobilstation eine große Zahl von Signalkomponenten aus unterschiedlichen Richtungen empfängt, erfahren diese Signalkomponenten jeweils eine bestimmte Dopplerverschiebung im Bereich

$[-f_m, +f_m]$. Dies hat zur Folge, daß eine diskrete, ausgesendete Spektrallinie (CW-Signal) beim Empfänger als aufgeweitetes Frequenzband der Breite $2\,f_m$ erscheint. Dieses Spektrum besitzt ein, je nach Umgebungs- und Antenneneigenschaften, charakteristisches Spektrum - das sogenannte **"Dopplerspektrum"**.

Wird analog zu Kapitel 2.1.2.4 angenommen, daß sich das Summenempfangssignal aus einer sehr großen Zahl von Einzelkomponenten $N \rightarrow \infty$ zusammensetzt, wird die Leistungsdichte im Einfallswinkelbereich $[\alpha, \alpha + d\alpha]$ kontinuierlich verteilt sein. Der in diesem Winkelbereich einfallende Anteil an der Gesamtleistung wird mit $p(\alpha)$ bezeichnet. Mit dem horizontalen Richtdiagramm $C^2(\alpha)$ der Antenne [ZIN73] beträgt daher die empfangene Leistung im Winkelbereich $d\alpha$:

$$S(\alpha)d\alpha = A\,C^2(\alpha)\,p(\alpha)\,d\alpha \qquad (2.1.43)$$

A ist dabei eine Konstante, die von der Sendeleistung, dem Pfadverlust sowie weiteren Verlusten abhängt. Die spektrale Leistungsdichte S(f) ergibt sich aus $S(\alpha)$ durch eine Variablentransformation gemäß:

$$S(f) = S(\alpha)|J| \qquad (2.1.44)$$

wobei $|J|$, wie in Gl.(2.1.24), die Jacobische Determinante ist:

$$|J| = \left|\frac{d\alpha}{df}\right| \qquad (2.1.45)$$

Mit Gl.(2.1.41) in Gl.(2.1.45) erhält man aus Gl.(2.1.44) für die spektrale Leistungsdichtefunktion des Empfangssignals:

$$S(f) = \frac{A\,p(\alpha)\,C^2(\alpha)}{f_m\sqrt{1-\left(\dfrac{f-f_0}{f_m}\right)^2}} \qquad (2.1.46)$$

f_0 ist hierbei die Sendefrequenz.

Ein vertikaler Monopol (Stabantenne) hat ein omnidirektionales Horizontalantennendiagramm mit $C^2(\alpha) = 1,5$. Sind die Reflexionsanteile zwischen den Richtungen 0 und 2π gleichverteilt, d.h. $p(\alpha) = 1/2\pi$, erhält man das in Bild 2.1.13 dargestellte "U-förmige" Dopplerspektrum:

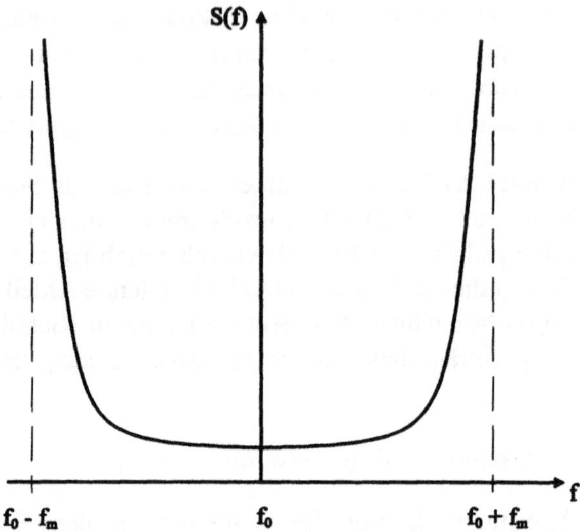

Bild 2.1.13: Dopplerspektrum eines unmodulierten Trägers

$$S(f) = \frac{3A}{4\pi f_m \sqrt{1 - \left(\dfrac{f - f_0}{f_m}\right)^2}} \tag{2.1.47}$$

2.1.4 Delay Spread und Kohärenzbandbreite

Die Mehrwegeausbreitung führt dazu, daß sich das Empfangssignal aus vielen unterschiedlich verzögerten Komponenten zusammensetzt, d.h., es liegt Zeitdispersion vor. Wird beim Sender ein kurzer Impuls $\delta(t)$ ausgesendet, werden am Empfangsort eine Vielzahl von unterschiedlich stark gedämpften Impulsen von verschiedenen Reflexionspunkten ankommen. Für die Kanalimpulsantwort $h(t)$ läßt sich also schreiben:

$$h(t) = \sum_{i=1}^{N} a_i\, \delta(t - \tau_i) \tag{2.1.48}$$

wobei a_i die Dämpfung der i-ten Komponente mit der Ausbreitungsverzögerung τ_i ist. Typische Kanalimpulsantworten sind in Bild 2.1.14 dargestellt. Die gezeigten Impulsantworten wurden [GSM95] entnommen und werden u.a. zum Test von GSM-Endgeräten benutzt. Je nach Umgebung ergeben sich unterschiedlich lange Impulsantworten. Dicht bebaute Gebiete weisen eine große Zahl von eng benachbarten Impulsen auf, während bergige Gebiete wenige, aber weit auseinanderliegende Komponenten erkennen lassen.

Kommen die τ_i in die Größenordnung der Dauer der zu übertragenden Datenbits, können sich benachbarte Bits gegenseitig störend beeinflussen. Es kommt zu Intersymbol-Interferenz und damit zu einer deutlichen Erhöhung der Bitfehlerrate. Dies kann soweit gehen, bis gar keine Informationsübertragung mehr möglich ist, wenn nicht entsprechende Gegenmaßnahmen wie z.B. Equalizer eingesetzt werden. Ein Maß für die bei einer bestimmten Kanalimpulsantwort entstehende Impulsaufweitung ist das **"Delay Spread"** Δ, definiert als das zweite zentrale Moment des Verzögerungs-Leistungsspektrums $|h(t)|^2$:

$$\Delta = \sqrt{\frac{\int \left(t - \bar{t}\right)^2 \left|h(t)\right|^2 dt}{\int \left|h(t)\right|^2 dt}} \tag{2.1.49}$$

mit der mittleren Ausbreitungsverzögerung (*engl.* "mean access delay"):

$$\bar{t} = \frac{\int t \left|h(t)\right|^2 dt}{\int \left|h(t)\right|^2 dt} \tag{2.1.50}$$

In Tabelle 2.1.1 sind typische Delay Spreads für verschiedene Umgebungen angegeben. Das Delay Spread ist für Sendefrequenzen oberhalb von etwa 30 MHz weitgehend frequenzunabhängig. Dies liegt daran, daß oberhalb dieses Bereichs die meisten potentiellen Reflektoren eine größere Ausdehnung als die Wellenlänge besitzen. Wenn daher die Anzahl der Reflektoren gleich bleibt, bleiben auch die verschiedenen Pfadlängen gleich und damit auch die Verzögerungen.

Je länger die Ausbreitungspfade werden, desto größer werden auch die Ausbreitungsverluste auf diesen Pfaden. Eine gute Näherung für die Wahrscheinlichkeitsdichtefunktion p(t) der Kanalimpulsantwort ist die negativ exponentielle Verteilung (siehe Bild 2.1.15) [LEE93]:

$$p(\tau) = \frac{1}{\Delta} \, exp\left(-\frac{\tau}{\Delta}\right) \tag{2.1.51}$$

p(t) ist die Wahrscheinlichkeit, ein Signal mit der Verzögerung τ zu empfangen.

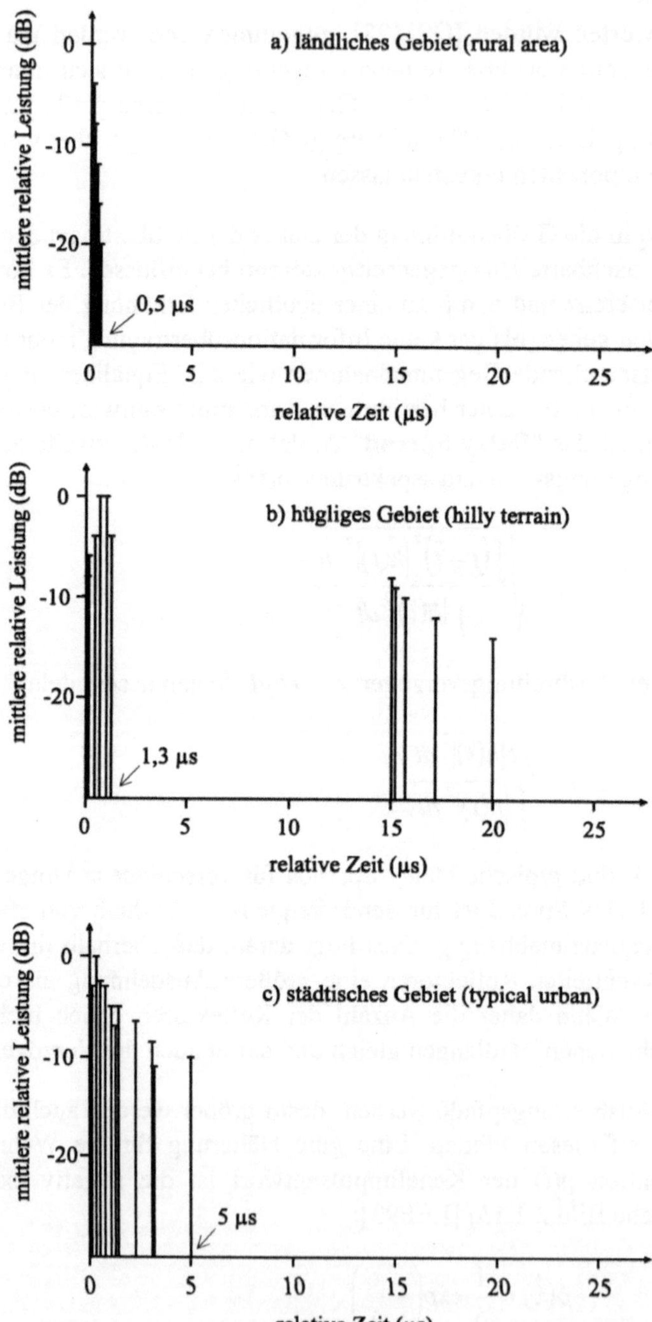

Bild 2.1.14: typische, für GSM spezifizierte Kanalimpulsantworten

Tabelle 2.1.1: typische Delay Spreads

Umgebung	Δ
innerhalb von Gebäuden	$< 0{,}1\ \mu s$
ländliches Gebiet	$< 0{,}2\ \mu s$
leicht bebautes Gebiet	$0{,}5\ \mu s$
Stadtgebiet	$3\ \mu s$

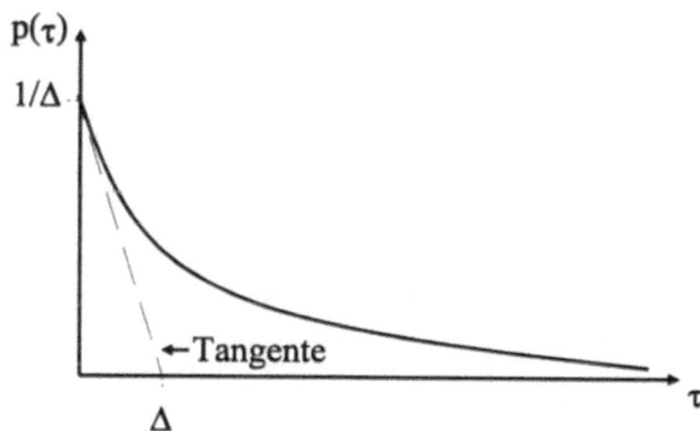

Bild 2.1.15: Wahrscheinlichkeitsdichteverteilung der Kanalimpulsantwort
(Näherung)

Ein Maß für die Sendebandbreite, ab der Signalverzerrungen durch große Delay
Spreads auftreten können, ist die Kohärenzbandbreite B_C. B_C gibt den Frequenz-
unterschied Δf an, ab dem die Dämpfung zweier Signale als unkorreliert angenommen werden kann, so daß der Korrelationskoeffizient $\rho(\Delta f,\tau)$ auf einen vorgegebenen Wert abfällt. Dieser vorzugebende Wert wird in der Literatur nicht
einheitlich verwendet. Übliche Werte sind 0,5 oder $1/e = 0{,}3678$. Hier soll nach
[JAK74] und [LEE93] der erste Wert gewählt werden. Der genaue Wert von
$\rho(\Delta f,\tau)$, ab dem so starke Signalverzerrungen auftreten, daß die Übertragungsqualität eines Systems unzureichend wird, hängt sehr vom verwendeten Modula-
tions- und Demodulationsverfahren ab.

Für zwei sinusförmige Signale $r_1(f_1,t_1)$ und $r_2(f_2,t_2)$ mit dem Frequenzunter-
schied $\Delta f = f_1 - f_2$ und dem Zeitunterschied $\tau = t_1 - t_2$ berechnet sich die Kreuzkorrelationsfunktion zu:

$$\rho(\Delta f,\tau) = \frac{E\{r_1 r_2\} - E\{r_1\}E\{r_2\}}{\sqrt{\left[E\{r_1^2\} - E^2\{r_1\}\right]\left[E\{r_2^2\} - E^2\{r_2\}\right]}} \qquad (2.1.52)$$

Man kann zeigen [LEE82], daß sich für $\rho(\Delta f,\tau)$ mit Gl.(2.1.51)

$$\rho(\Delta f,\tau) = \frac{J_0^2(2\pi f_m\tau)}{1 + (2\pi\Delta f)^2\,\Delta^2} \qquad (2.1.53)$$

ergibt, wobei f_m nach Gl.(2.1.42) die maximale Dopplerverschiebung v/λ ist. $J_0(x)$ ist die Besselsche Funktion erster Gattung 0-ter Ordnung. Gl.(2.1.53) ist für $\tau = 0$ in Bild 2.1.16 dargestellt. Mit $\rho(B_c,0) = 0{,}5$ ermittelt man aus Gl.(2.1.53) für die **Kohärenzbandbreite** B_c:

$$B_c = \frac{1}{2\pi\Delta} \qquad (2.1.54)$$

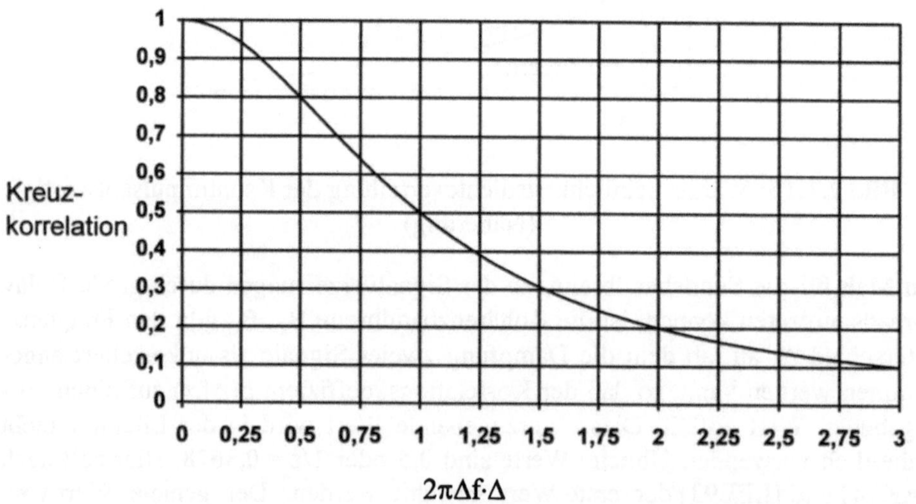

Bild 2.1.16: Kreuzkorrelationsfunktion des Fadingkanals

Ein Fadingkanal, über den mit einer Sendebandbreite kleiner als der Kohärenzbandbreite übertragen wird, bezeichnet man als "nicht-frequenzselektiv". Ein System mit einer solchen Sendebandbreite bezeichnet man auch als **Schmalbandsystem**. Im anderen Fall (einem sogenannten **Breitbandsystem**), d.h., die

Sendebandbreite ist größer als die Kohärenzbandbreite, handelt es sich um einen "frequenzselektiven" Kanal. Ob ein Kanal frequenzselektiv ist oder nicht, ist entscheidend für den Aufwand, der für Maßnahmen gegen Intersymbol-Interferenz aufgewendet werden muß, z.B. beträgt die Kohärenzbandbreite in städtischem Gebiet (Δ = 3 µs) etwa 53 kHz. Darum ist der Übertragungskanal im GSM-System (siehe Kapitel 7) mit seinen 200 kHz Sendebandbreite bereits frequenzselektiv.

Bei einem frequenzselektiven Kanal ist mehr Aufwand zur Vermeidung von unzulässiger Intersymbol-Interferenz nötig, andererseits sind die Fadingeinbrüche geringer, da immer nur ein Teil der gesamten Sendebandbreite von Fading betroffen ist.

Analog zur hier behandelten Ableitung der Kohärenzbandbreite erhält man die Kohärenzzeit T_c unter Verwendung von Gl.(2.1.53) und $\rho(0,T_c) = 0,5$.

2.1.5 Level Crossing Rate

Wie aus Bild 2.1.2 ersichtlich, ist der Empfangspegel sehr großen Schwankungen unterworfen, wenn sich Sender und Empfänger mit der Geschwindigkeit v relativ zueinander bewegen. Teilweise treten sehr starke Signaleinbrüche auf. Es läßt sich jedoch beobachten, daß die Häufigkeit, mit der Signaleinbrüche vorkommen, von der Tiefe dieser Einbrüche abhängig ist. Zeichnet man eine Linie bei einem bestimmten Signalpegel in den Verlauf aus Bild 2.1.2 ein, stellt man fest, daß bei kleineren Pegeln die Häufigkeit, mit der diese Linie vom Signalverlauf über- oder unterschritten wird, abnimmt. Für den richtigen Entwurf von Mobilfunkübertragungsstrecken, insbesondere der einzusetzenden Codierverfahren, ist es wichtig zu wissen, wie häufig bestimmte Signalpegel über- oder unterschritten werden. Eine quantitative Aussage hierzu läßt sich mit der "Level Crossing Rate" (LCR) machen. Die LCR $n(r_0)$ ist definiert als die Rate, mit der eine Funktion ein konstantes Niveau r_0 mit positiver Steigung schneidet:

$$n(r_0) = \int_0^\infty r'\, p(r_0, r')\, dr' \qquad\qquad (2.1.55)$$

hierbei ist r' die Ableitung des empfangenen Signalpegels r(t) nach der Zeit und $p(r_0, r')$ ist die Verbundverteilungsdichte von r und r' an der Stelle $r = r_0$.

In Mobilfunknetzen wird heute durchweg vertikale Sendepolarisation eingesetzt. Die Empfangsantennen reagieren daher auf die z-Komponente der elektrischen Feldstärke E_z. Allgemein läßt sich für den komplexen Feldstärkezeiger folgender Ansatz machen:

$$E_z = r\, e^{j\psi} \tag{2.1.56}$$

mit dem Betrag (Zeigerlänge) r und der Phasenlage ψ. Nach Kapitel 2.1.2.4 können Real- und Imaginärteil von E_z als gaußverteilte Variablen angesehen werden. Mit

$$\begin{aligned}
x &= r\cos\psi \\
y &= r\sin\psi \\
x' &= r'\cos\psi - r\,\psi'\sin\psi \\
y' &= r'\sin\psi + r\,\psi'\cos\psi
\end{aligned} \tag{2.1.57}$$

und

$$\begin{aligned}
E\{x\} &= E\{y\} = E\{x'\} = E\{y'\} = 0 \\
E\{x^2\} &= E\{y^2\} = \sigma^2 \\
E\{x'^2\} &= E\{y'^2\} = \varsigma^2 = (\beta v)^2 \frac{\sigma^2}{2}
\end{aligned} \tag{2.1.58}$$

erhält man für die Verbundverteilungsdichte der vier Variablen (x,y,x',y'):

$$p(x,y,x',y') = \frac{1}{(2\pi)^2\,\sigma^2\,\varsigma^2}\,exp\left(-\frac{1}{2}\left(\frac{x^2+y^2}{\sigma^2}+\frac{x'^2+y'^2}{\varsigma^2}\right)\right) \tag{2.1.59}$$

Analog zu Kapitel 2.1.2.4 wird der (x,y,x',y')-Raum mit Hilfe der Jacobischen Determinante $|J| = r^2$ in den (r,ψ,r',ψ')-Raum überführt:

$$p(r,\psi,r',\psi') = |J|\,p(x,y,x',y') \tag{2.1.60}$$

$$p(r,\psi,r',\psi') = \frac{r^2}{(2\pi)^2\,\sigma^2\,\varsigma^2}\,exp\left(-\frac{1}{2}\left(\frac{r^2}{\sigma^2}+\frac{r^2\psi'^2+r'^2}{\varsigma^2}\right)\right) \tag{2.1.61}$$

Um p(r,r') zu erhalten, also die Verbundverteilungsdichte von Signalpegel und dessen zeitlicher Änderung, müssen ψ und ψ' aus Gl.(2.1.61) eliminiert werden.

Dies erfolgt durch Integration von Gl.(2.1.61) über ψ und ψ' (Bildung der Randverteilungsdichte):

$$p(r,r') = \int\limits_{-\infty}^{\infty} \int\limits_{0}^{2\pi} p(r,\psi,r',\psi')\,d\psi\,d\psi' \tag{2.1.62}$$

$$p(r,r') = \frac{r}{\sqrt{2\pi}\,\sigma^2\,\varsigma}\, e^{-\frac{1}{2}\left(\frac{r^2}{\sigma^2}+\frac{r'^2}{\varsigma^2}\right)} \tag{2.1.63}$$

Gl.(2.1.63) eingesetzt in Gl.(2.1.55) ergibt die gesuchte LCR:

$$n(r = r_0) = \frac{r_0}{\sqrt{2\pi}\,\sigma^2\,\varsigma}\, e^{-\frac{r_0^2}{2\sigma^2}} \int\limits_{0}^{\infty} r'\, e^{-\frac{r'^2}{2\varsigma^2}}\,dr' \tag{2.1.64}$$

Normiert man den Empfangspegel auf seinen RMS-Wert (Wurzel aus dem quadratischen Mittelwert), erhält man:

$$n\left(R = \frac{r_0}{\sqrt{2\sigma^2}} \right) = n_0\, R\, e^{-R^2} \tag{2.1.65}$$

mit

$$n_0 = \sqrt{2\pi}\cdot f_m \tag{2.1.66}$$

und der maximalen Dopplerverschiebung f_m nach Gl.(2.1.42).

Gl.(2.1.65) ist in Bild 2.1.17 dargestellt. Man erkennt, daß das Maximum der LCR immer -3 dB ($R = 1/2$) unterhalb des mittleren Empfangspegels liegt. So beträgt die LCR (-20 dB) für einen mit 50 km/h fahrenden PKW im GSM-System ($f = 900$ MHz) ca. 10 Hz.

Die LCR ist für die verschiedenen elektromagnetischen Feldkomponenten etwas unterschiedlich. Die hier angegebenen Gleichungen beziehen sich auf die z-Komponente der elektrischen Feldstärke eines vertikal polarisierten Sendesignals. Ergebnisse bezüglich der magnetischen Feldstärkekomponenten H_x und H_y können z.B. [LEE82] oder [JAK74] entnommen werden.

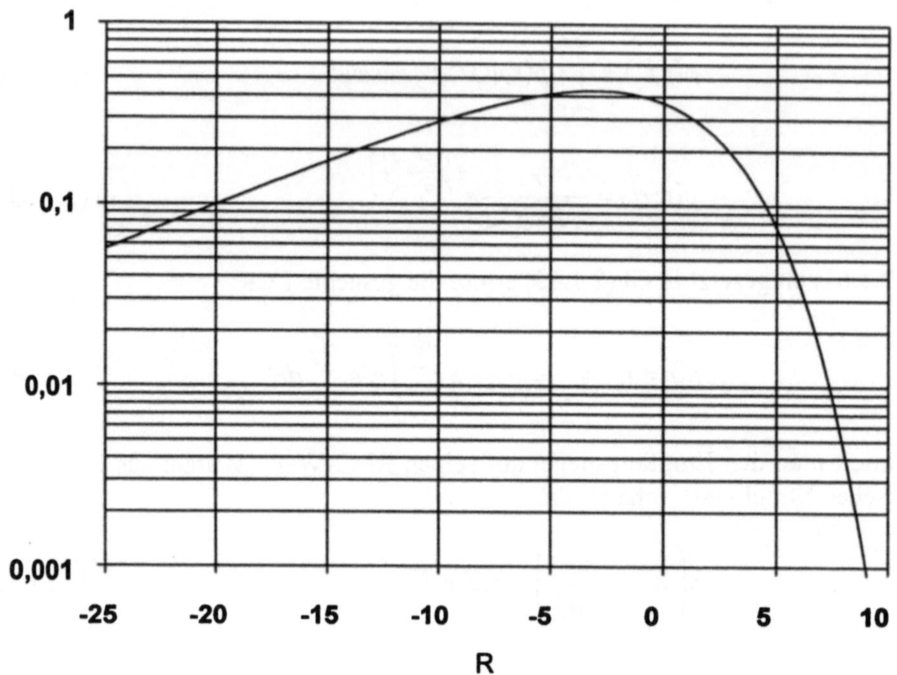

Bild 2.1.17: LCR eines Rayleigh Fading-Signals

2.1.6 Mittlere Dauer von Fadingeinbrüchen

Nicht nur die Rate, mit der bestimmte Pegelgrenzen über- oder unterschritten werden, sind für die richtige Auslegung eines Mobilfunksystems von Interesse - auch die Dauer von durch Fast Fading verursachten Signaleinbrüchen ist von großer Bedeutung. Für einen bestimmten Empfangspegel r_0 beträgt die mittlere Dauer t_F eines Signaleinbruchs unter diesen Wert:

$$t_F(r = r_0) = \frac{P(r < r_0)}{n(r = r_0)} \qquad (2.1.66)$$

P(r < r_0) ist die Wahrscheinlichkeit, daß der Wert r = r_0 unterschritten wird. Diese ist gleich der Dropout-Wahrscheinlichkeit P_D für $A_{min} = r_0$. Einsetzen von Gl.(2.1.34) und Gl.(2.1.65) in Gl.(2.1.66) ergibt:

$$t_F\left(R = \frac{r_0}{\sqrt{2\sigma^2}}\right) = \frac{1}{n_0}\frac{1}{R}\left(e^{R^2} - 1\right) \qquad (2.1.67)$$

t_F ist in Bild 2.1.18 in normierter Form dargestellt.

$t_F \cdot n_0$

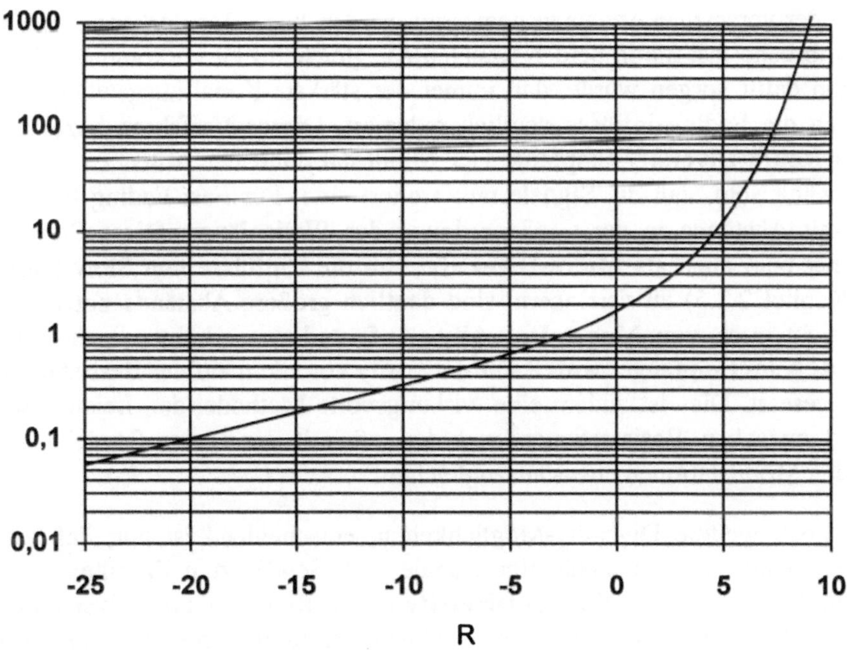

Bild 2.1.18: mittlere Dauer von Rayleigh Fadingeinbrüchen relativ zum RMS-Wert

Nach Gl.(2.1.67) ergeben sich für einen mit 50 km/h fahrenden PKW und einer Trägerfrequenz von f = 900 MHz (GSM) ca. 1,25 ms lange Signaleinbrüche von - 10 dB gegenüber dem Mittelwert. Dieser Wert liegt bereits in der Größenordnung einer GSM-Rahmenlänge (siehe Kapitel 7). Damit die Verbindungsqualität nicht zu sehr leidet, müssen entsprechende Gegenmaßnahmen eingeleitet werden.

Zu solchen Maßnahmen gehören die in Kapitel 2.1.7 behandelten Diversity-Verfahren, aber auch Codierungsverfahren bzw. Interleaving (siehe Kapitel 5).

2.1.7 Diversity- und Combining-Verfahren

Diversity-Verfahren können die Einflüsse von Fading vermindern. Der Grundgedanke hierbei ist, die Sendeinformationen aus unterschiedlichen, statistisch unabhängigen Fadingkanälen zu gewinnen. Durch Fading verursachte Signaleinbrüche erfolgen selten gleichzeitig auf zwei unkorrelierten Ausbreitungspfaden. Bild 2.1.19 zeigt zwei Signalverläufe eines Sendesignals, welches z.B. an zwei leicht voneinander versetzten Antennen gemessen werden kann. Man erkennt, daß die Signaleinbrüche fast nie in beiden Kanälen zur gleichen Zeit vorkommen. Wenn man dann dafür sorgen würde, daß immer der stärkste Kanal ausgewählt wird, hätte man die Fadingeinflüsse deutlich reduziert. Dieses Verfahren bezeichnet man als **Raum-Diversity**-Empfang. Der Mindestabstand der Antennen muß so groß gewählt sein, daß die Signale unkorreliert sind. Für Fast Fading bedeutet dies damit Abstände in der Größenordnung der Wellenlänge. Diese Situation bezeichnet man auch als **Micro-Diversity**. Um die Einflüsse von Slow Fading (siehe Kapitel 2.2.5) zu verringern, sind deutlich größere Abstände notwendig, man spricht auch von **Macro-Diversity**. Aufgrund des erhöhten technischen Aufwands beim Empfänger wird Raum-Diversity vor allem auf der Basisstationsseite eingesetzt. Dies ist zudem eine wirkungsvolle Methode, den Leistungsunterschied zwischen Basisstationen und den oft mit geringerer Sendeleistung sendenden Mobilstationen etwas auszugleichen.

Es gibt noch weitere Diversity-Möglichkeiten, entscheidend ist nur, daß zwei oder mehr voneinander unabhängige Kanäle vom Sender zum Empfänger vorkommen. Richtungs- bzw. **Winkel-Diversity** ist mit Raum-Diversity "verwandt". Hier wird z.B. mit Richtantennen aus verschiedenen Raumsegmenten empfangen. Handelt es sich um verschiedene Sendefrequenzen, bezeichnet man dies als **Frequenz-Diversity**. Es gibt auch die Möglichkeit, Informationen über eine größere Zeit verteilt mehrfach zu senden. Dies nennt man **Zeit-Diversity**. Aber auch unterschiedliche Polarisationen des Sendesignals lassen sich nutzbringend einsetzen, da Fading sich auf unterschiedliche Polarisationsrichtungen auch unterschiedlich auswirkt. Man spricht hier von **Polarisations-Diversity**. Nachteile der letzten drei Verfahren sind, daß Zeit- als auch Frequenz-Diversity zusätzliche Bandbreite benötigen und Polarisations-Diversity prinzipiell maximal zwei Kanäle zur Verfügung stellen kann.

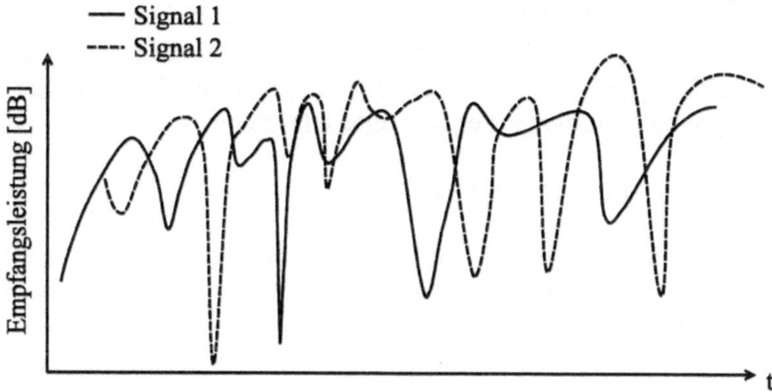

Bild 2.1.19: Unkorrelierte Fadingsignale

Hat man mittels einem der obigen Verfahren M unterschiedliche Fadingsignale erzeugt, ist der nächste Schritt das Kombinieren (*engl.* **Combining**) der Signale. Dazu werden im folgenden vier Methoden anhand von Raum-Diversity diskutiert.

2.1.7.1 Selection Combining

Die von M Empfängern gelieferten Basisbandsignale werden einer Entscheidungslogik zugeführt, die jeweils das beste der M Signale auswählt und dem Decoder zuführt (siehe Bild 2.1.20).

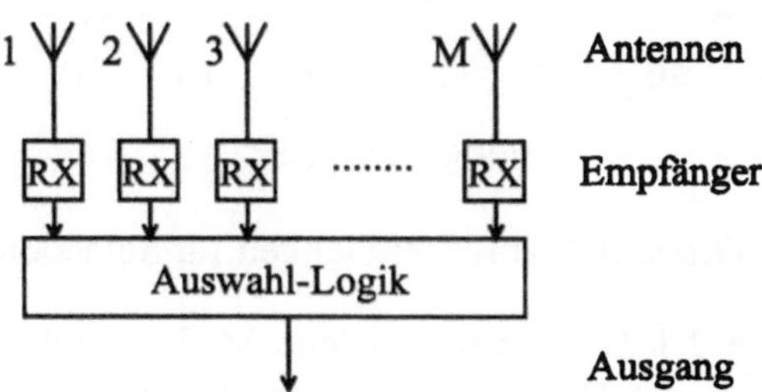

Bild 2.1.20: Selection Combining

Das Ausgangssignal hinter der Entscheidungslogik verläuft immer auf dem Maximum der M Einzelsignale. Mit der mittleren Signalleistung Γ_i eines Pfades i erhält man aus Gl.(2.1.34) die Wahrscheinlichkeit, daß im Pfad i mit der Augenblicksleistung γ_i ein bestimmter Pegel γ_s unterschritten wird:

$$P(\gamma_i < \gamma_s) = 1 - e^{-\gamma_s/\Gamma_i} \qquad (2.1.68)$$

Ist die mittlere Empfangsleistung in allen Pfaden gleich, d.h. $\Gamma_i = \Gamma \; \forall \; i \in [1,M]$, ergibt sich die Wahrscheinlichkeit, daß in allen Pfaden gleichzeitig der Pegel γ_s unterschritten wird, zu:

$$P(\gamma < \gamma_s) = \left(1 - e^{-\gamma_s/\Gamma}\right)^M \qquad (2.1.69)$$

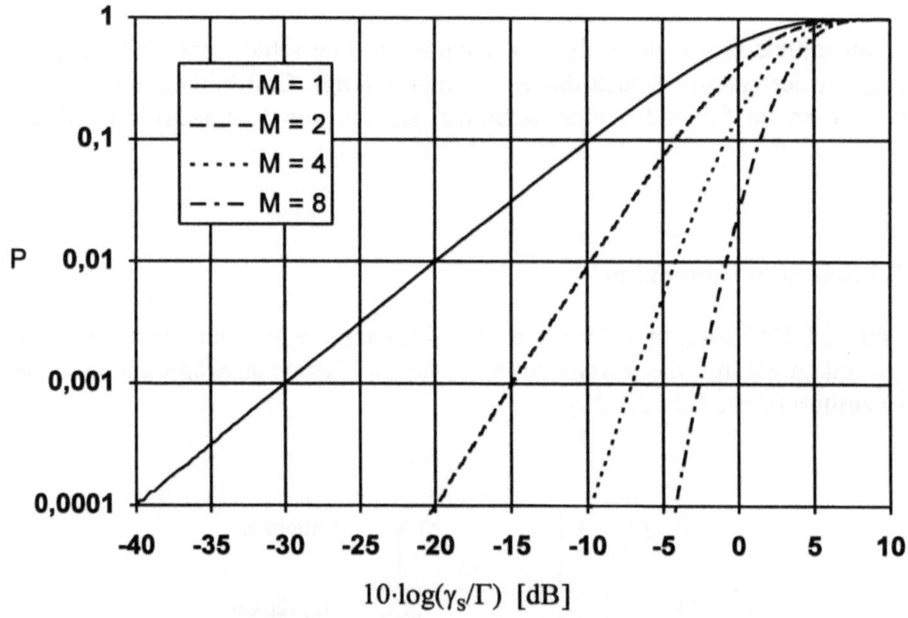

Bild 2.1.21: Dropout-Wahrscheinlichkeit für Selection Diversity

Gl.(2.1.69) ist in Bild 2.1.21 für verschiedene M dargestellt. Man erkennt eine deutliche Verringerung der Dropout-Wahrscheinlichkeit für steigende M. Geht man von einer Dropout-Wahrscheinlichkeit von 1 % aus, läßt sich bereits für M = 2 eine Reduktion der Sendeleistung um 10 dB erzielen, ohne daß die Verbindungsqualität darunter leidet. Hieraus wird die Bedeutung von Diversity-Verfahren besonders bei Basisstationsempfängern deutlich. Aufgrund der begrenzten

Akkukapazität von portablen Mobiltelefonen ist es im Sinne einer möglichst langen Betriebsdauer wichtig, die Sendeleistung gering zu halten. Eine Reduktion um den Faktor 10 kann die Betriebsdauer beträchtlich verlängern.

2.1.7.2 Switched Combining

Selection Combining führt zwar zu relativ guten Ergebnissen, ist aber wegen der nötigen M getrennten Empfänger sehr aufwendig zu implementieren. Switched Combining bietet hier einen Ausweg. Bei diesem Verfahren ist nur noch ein Empfänger nötig. Die Umschaltung zwischen den Antennen erfolgt vor dem Empfänger (siehe Bild 2.1.22).

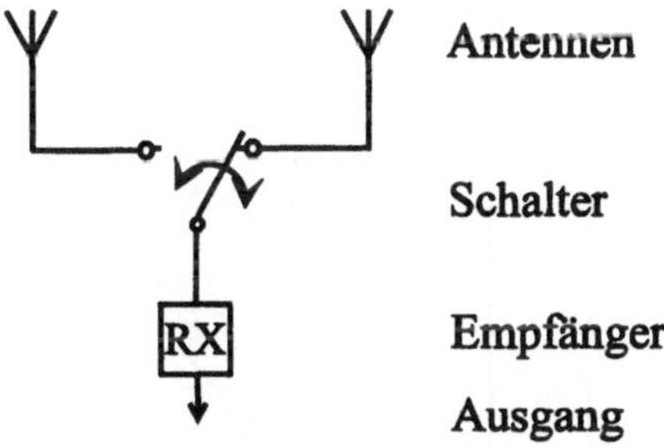

Bild 2.1.22: Switched Combining

Nimmt man eine Anordnung aus zwei Antennen an, wird das eine Antennensignal $r_1(t)$ solange zum Empfänger durchgeschaltet, bis es einen vorgegebenen Grenzwert A unterschreitet. Danach wird auf das zweite Signal $r_2(t)$ umgeschaltet - unabhängig vom momentanen Pegel dieses Signals. Man erhält so den Signalverlauf nach Bild 2.1.23.

Die Wahrscheinlichkeit, daß eines der Signale $r_i(t)$ kleiner als der Grenzwert A ist, ist nach Gl.(2.1.34):

$$p(A) = P(r_i < A) = 1 - e^{-A^2/\Gamma} \qquad (2.1.70)$$

mit der mittleren Signalleistung Γ. Nach [LEE82] beträgt die Dropout-Wahrscheinlichkeit des kombinierten Signals r(t):

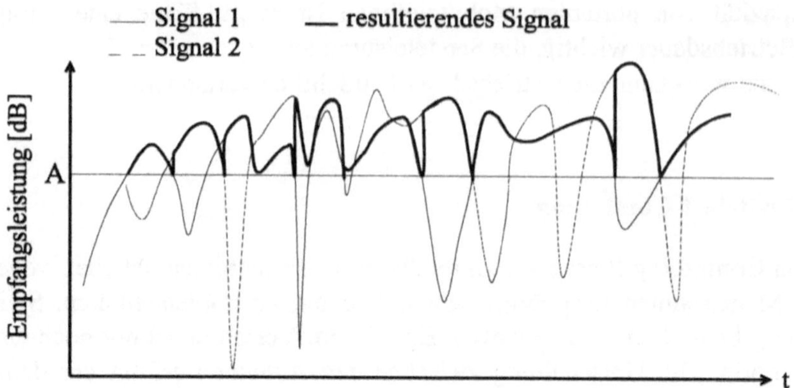

Bild 2.1.23: ein mit Switched Combining empfangenes Fading-Signal

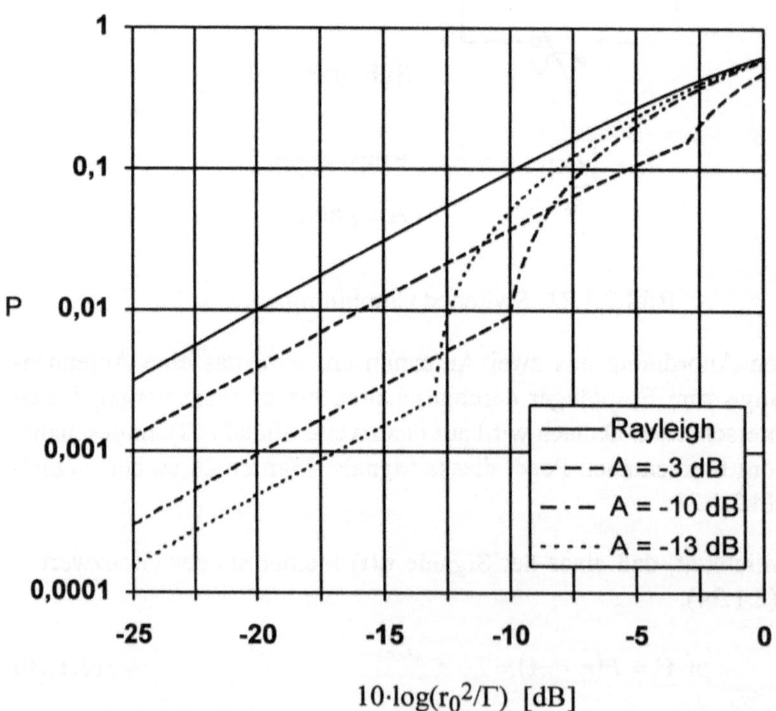

$$10 \cdot \log(r_0^2/\Gamma) \ [dB]$$

Bild 2.1.24: Dropout-Wahrscheinlichkeit bei Switched Combining

$$P(r < r_0) = \begin{cases} p(r_0) - p(A) + p(r_0)p(A) & ; \quad r_0 > A \\ p(r_0)p(A) & ; \quad r_0 \leq A \end{cases} \qquad (2.1.71)$$

Gl.(2.1.71) ist in Bild 2.1.24 für verschiedene Schwellwerte A dargestellt. Man erkennt, daß Switched Combining immer zu einer höheren Dropout-Wahrscheinlichkeit führt als Selection Combining. Lediglich am Schwellwert A weisen beide Verfahren die gleichen Eigenschaften auf. Verbesserungen lassen sich durch eine adaptive Einstellung des Schwellwertes A erzielen.

2.1.7.3 Maximal-Ratio Combining

Maximal-Ratio Combining ist die theoretisch beste, aber auch aufwendigste Möglichkeit, Fading-Signale zu kombinieren. Hierbei werden die M Einzelsignale gewichtet und phasenrichtig aufaddiert. Bild 2.1.25 zeigt das Prinzipschaltbild dieser Anordnung.

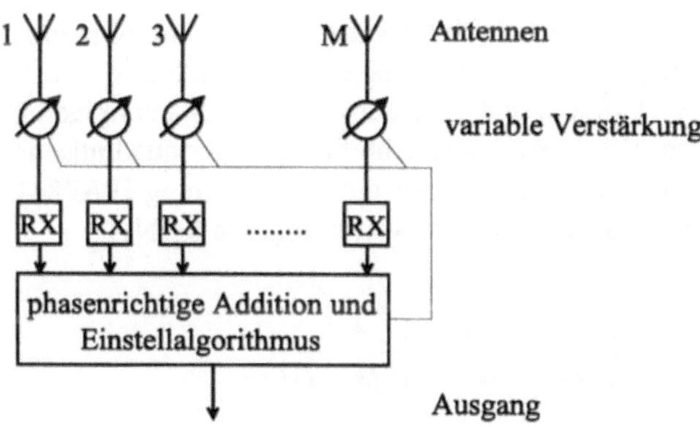

Bild 2.1.25: Maximal-Ratio Combining

Mit den Gewichtungsfaktoren a_i ergibt sich für das Summensignal r am Ausgang des Summierers:

$$r = \sum_{i=1}^{M} a_i r_i \qquad (2.1.72)$$

Die Rauschleistung beträgt:

$$N_T = N \sum_{i=1}^{M} a_i^2 \qquad ,$$

(2.1.73)

wobei jede Antenne die gleiche Rauschleistung N liefert. Die a_i werden adaptiv
so gewählt, daß gilt:

$$a_i^2 = \left(\frac{S}{N} \right)_i$$

(2.1.74)

$(S/N)_i$ ist hierbei das Signal-Rauschverhältnis des i-ten Kanals. Damit ergibt sich
für das Signal-Rauschverhältnis am Ausgang des Maximal-Ratio Summierers:

$$\frac{S_T}{N_T} = \sum_{i=1}^{M} \left(\frac{S}{N} \right)_i$$

(2.1.75)

bzw. für $(S/N)_i = S/N \;\; \forall \; i \in [1,M]$ erhält man:

$$\frac{S_T}{N_T} = M \cdot \frac{S}{N}$$

(2.1.76)

Das S/N verbessert sich also durch Maximal-Ratio Combining um den Faktor M.
Die r_i sind als komplexe Zeiger aufzufassen mit Realteil x_i und Imaginärteil y_i.
Nach Kapitel 2.1.2.4 sind x_i und y_i mittelwertfreie, unabhängige und gaußverteilte Zufallsvariablen. Die Verteilungsdichtefunktion der quadratischen Summe von
2M gaußverteilten Zufallsvariablen ist die χ^2-Verteilung [PAP84]. Damit ergibt
sich für die Wahrscheinlichkeitsdichteverteilung von S_T/N_T:

$$p\left(\frac{S_T}{N_T} \right) = \frac{1}{r_0} \left(\frac{r_0^2}{\Gamma} \right) \frac{e^{-\frac{r_0^2}{\Gamma}}}{(M-1)!}$$

(2.1.77)

Aus Gl.(2.1.75) erhält man die Dropout-Wahrscheinlichkeit:

$$P(r < r_0) = \int_{0}^{r_0^2/\Gamma} p\left(\frac{S_T}{N_T} \right) dr_0^2$$

(2.1.78)

$$= 1 - e^{-r_0^2/\Gamma} \sum_{i=1}^{M} \frac{\left(r_0^2 / \Gamma \right)^{i-1}}{(i-1)!}$$

P($r < r_0$) ist in Bild 2.1.26 dargestellt. Betrachtet man auch hier wieder die 1 % Dropout-Wahrscheinlichkeitsmarke, findet man für M = 2 einen Gewinn von 11,5 dB bzw. bei M = 4 von 19 dB. Dies entspricht einer Verbesserung gegenüber Selection Combining von 1,5 bzw. 3 dB. Diese Verbesserung wird allerdings durch den höheren Aufwand der phasenrichtigen Summierer "erkauft".

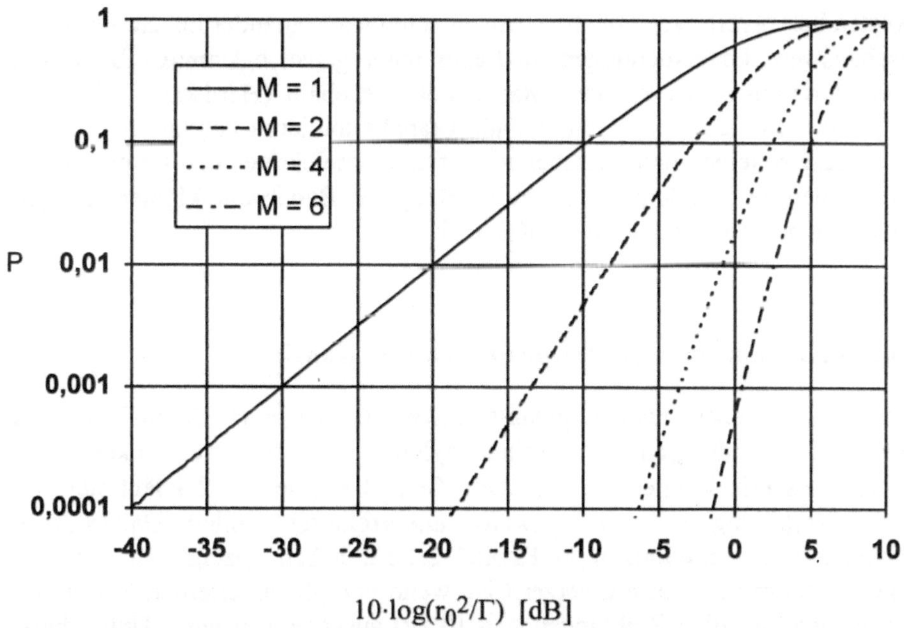

$$10 \cdot \log(r_0^2 / \Gamma) \ [\text{dB}]$$

Bild 2.1.26: Dropout-Wahrscheinlichkeit bei Maximal-Ratio Combining

2.1.7.4 Equal Gain Combining

Das Maximal-Ratio Verfahren aus Kapitel 2.1.7.3 liefert sehr gute Ergebnisse, ist jedoch besonders durch die adaptive Einstellung der Gewichtungsfaktoren a_i sehr aufwendig zu implementieren. Eine erhebliche Vereinfachung ergibt sich, wenn man die Koeffizienten a_i alle gleich 1 setzt. Equal Gain Combining erfordert für gleich gute Ergebnisse wie Maximal-Ratio Combining etwa 1 dB mehr Signal/Rauschverhältnis.

2.1.8 Kanalsimulation

Um Mobilfunkübertragungssysteme entwickeln und testen zu können, ist es notwendig, reproduzierbare und genau spezifizierte Fading-Übertragungskanäle zur Verfügung zu haben. Tests in realen Umgebungen sind starken statistischen Änderungen unterworfen, die vergleichende Messungen schwierig machen. Der Mobilfunkkanal ist immer von der Umgebung und vom Wetter beeinflußt, was auf ein und derselben Übertragungsstrecke stark unterschiedliche Kanalimpulsantworten hervorruft, wenn die Messungen zeitlich auseinander liegen. Es ist also wünschenswert, Untersuchungen im Labor unter genau bekannten Randbedingungen durchführen zu können. Man benötigt deshalb (Hardware- oder Software-) Kanalsimulatoren, die einen Fadingkanal simulieren können. Nach Kapitel 2.1.4 unterscheidet man zwischen nicht-frequenzselektiven und frequenzselektiven Kanälen, je nachdem, ob die zu übertragende Bandbreite kleiner oder größer als die Kohärenzbandbreite des Kanals ist.

2.1.8.1 Simulation von nicht-frequenzselektiven Kanälen

Die Simulation eines nicht-frequenzselektiven Kanals, auch Schmalbandkanal genannt, erfordert die Generierung eines rayleigh- bzw. riceverteilten komplexen Rauschsignals mit definiertem Spektrum. Gemäß Kapitel 2.1.2.4 läßt sich eine Rayleigh-Verteilung mit Hilfe zweier unkorrelierter weißer Gaußprozesse nachbilden. Die Herleitungen in Kapitel 2.1.3.2 haben gezeigt, daß das empfangene Spektrum U-förmig verzerrt ist, wenn von gleichverteilten Reflexionskomponenten aus allen Richtungen $\alpha \in [0;2\pi)$ ausgegangen wird. Unter diesen Voraussetzungen kann man ein Modell für einen nicht-frequenzselektiven Kanal angeben. Bild 2.1.27 zeigt das Prinzipschaltbild eines Basisband-Schmalbandkanalsimulators. Das komplexe Sendesignal $s(t) = s_i(t) + j\,s_q(t)$ wird mit dem komplexen Fadingprozeß multipliziert. Das Ergebnis ist ein komplexes, fadingbehaftetes Signal $r(t) = r_i(t) + j\,r_q(t)$. Im Falle eines Rice-Kanals können die Direktkomponenten

$$I_R = \sigma\sqrt{K} \cdot cos\big[(\omega_C + \omega_D)t\big]$$
$$Q_R = -\sigma\sqrt{K} \cdot sin\big[(\omega_C + \omega_D)t\big]$$

$$(2.1.79)$$

zugesetzt werden (vgl. Kapitel 2.1.2.5). Hierbei ist $\omega_C = 2\pi f_C$ die Trägerfrequenz und $\omega_D = 2\pi f_D$ die Dopplerverschiebung der Direktkomponente.

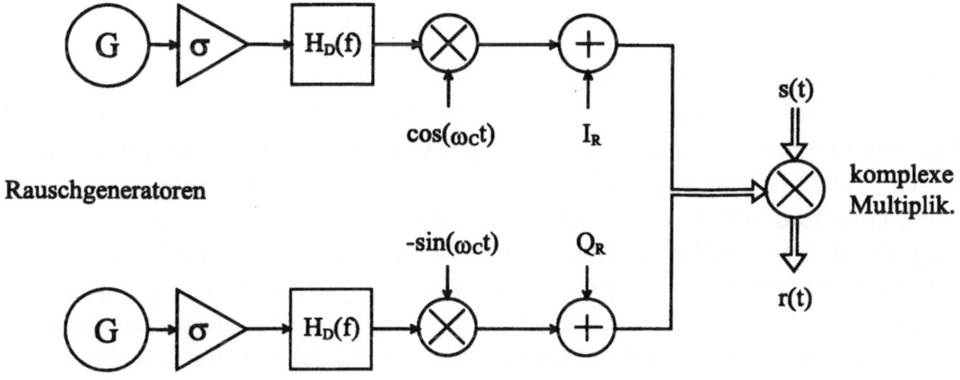

Bild 2.1.27: Modell eines Schmalband-Fadingsimulators

Die beiden Dopplerfilter müssen hierbei solche Übertragungsfunktionen $H_D(f)$ aufweisen, daß sich eine spektrale Leistungsdichte des Fadingsignals nach Gl.(2.1.44) ergibt. Man erhält daher für $H_D(f)$:

$$H_D(f) = \begin{cases} \dfrac{K}{\sqrt[4]{1-(f/f_m)^2}} & ; \quad |f| \leq f_m \\ 0 & ; \quad |f| > f_m \end{cases} \qquad (2.1.80)$$

bzw. die Impulsantwort $h_D(t)$ der Dopplerfilter durch inverse Fouriertransformation von Gl.(2.1.80):

$$h_D(t) = K \frac{J_{1/4}(2\pi f_m)}{\sqrt[4]{t}} \qquad (2.1.81)$$

Es ist jedoch unmöglich, ein Filter zu bauen, welches exakt die Übertragungsfunktion aus Gl.(2.1.80) bzw. die Impulsantwort aus Gl.(2.1.81) aufweist. Es gibt allerdings verschiedene Möglichkeiten, sich dem exakten Verlauf sehr gut anzunähern. Eine solche Möglichkeit, die besonders für eine digitale Implementation geeignet ist, ist z.B. in [VER93] beschrieben und basiert auf einer Multiratenfilterung. Ein Verfahren aus [JAK74] bildet die Übertragungsfunktion $H_D(f)$ im Spektralbereich durch eine bestimmte Anzahl von diskreten Oszillator- "Stützstellen" nach. Die Genauigkeit der Approximation hängt von der Anzahl der Oszillatoren ab.

2.1.8.2 Simulation von frequenzselektiven Kanälen

Ein frequenzselektiver Kanal weist nach Kapitel 2.1.4 ein Delay Spread auf, welches größer als die Dauer eines Datenbits ist. Daraus folgt, daß sich benachbarte Bits während der Übertragung gegenseitig beeinflussen können. Man bezeichnet diesen Effekt als **Intersymbol-Interferenz (ISI)**. ISI führt zu erhöhten Bitfehlerraten. Dies kann sogar so weit gehen, daß keine Informationsübertragung mehr möglich ist. Im Empfänger können solche Signalverzerrungen mit Hilfe von sogenannten Entzerrern bzw. Equalizern wieder teilweise rückgängig gemacht werden. Hierzu versucht man, im Empfänger die Kanalimpulsantwort während einer Trainingssequenz mit bekanntem Bitmuster zu schätzen. Bei bekannter Impulsantwort des Übertragungskanals können dann Signalverzerrungen korrigiert werden.

Bild 2.1.28a zeigt eine typische Kanalimpulsantwort. Teilt man die Zeitachse in diskrete Bereiche auf (siehe Bild 2.1.28b) und addiert die in jeden Bereich fallenden Komponenten der Impulsantwort vektoriell auf, erhält man die diskrete Kanalimpulsantwort in Bild 2.1.28c. Da sehr kleine Impulse nur noch einen geringen Einfluß haben, führt man einen Schwellwert ein, ab dem die Einzelimpulse berücksichtigt werden (siehe Bild 2.1.28d). Jede der einzelnen Komponenten der Impulsantwort besitzt eine Phase φ_i und einen Betrag a_i, wobei die φ_i in $[0;2\pi)$ gleichverteilt und die a_i rayleighverteilt sind. Für die komplexe, ins Basisband transformierte Impulsantwort $h(t)$ gilt daher:

$$h(t) = \sum_{i=1}^{N} a_i\, e^{j\varphi_i}\, \delta(t - \tau_i) = h_i(t) + j\, h_q(t) \qquad (2.1.82)$$

mit

$$h_i(t) = \sum_{i=1}^{N} a_i\, cos\,\varphi_i\, \delta(t - \tau_i) \qquad (2.1.83)$$

und

$$h_q(t) = \sum_{i=1}^{N} a_i\, sin\,\varphi_i\, \delta(t - \tau_i) \qquad (2.1.84)$$

Um die diskrete Basisband-Impulsantwort $h(t)$ des frequenzselektiven Kanals zu modellieren, sind demnach N einzelne Schmalbandmodelle nach Kapitel 2.1.8.1 nötig. Das Empfangssignal $r(t)$ ergibt sich aus der Faltung des komplexen (Basisband-) Sendesignals $s(t)$ mit der komplexen Kanalimpulsantwort $h(t)$:

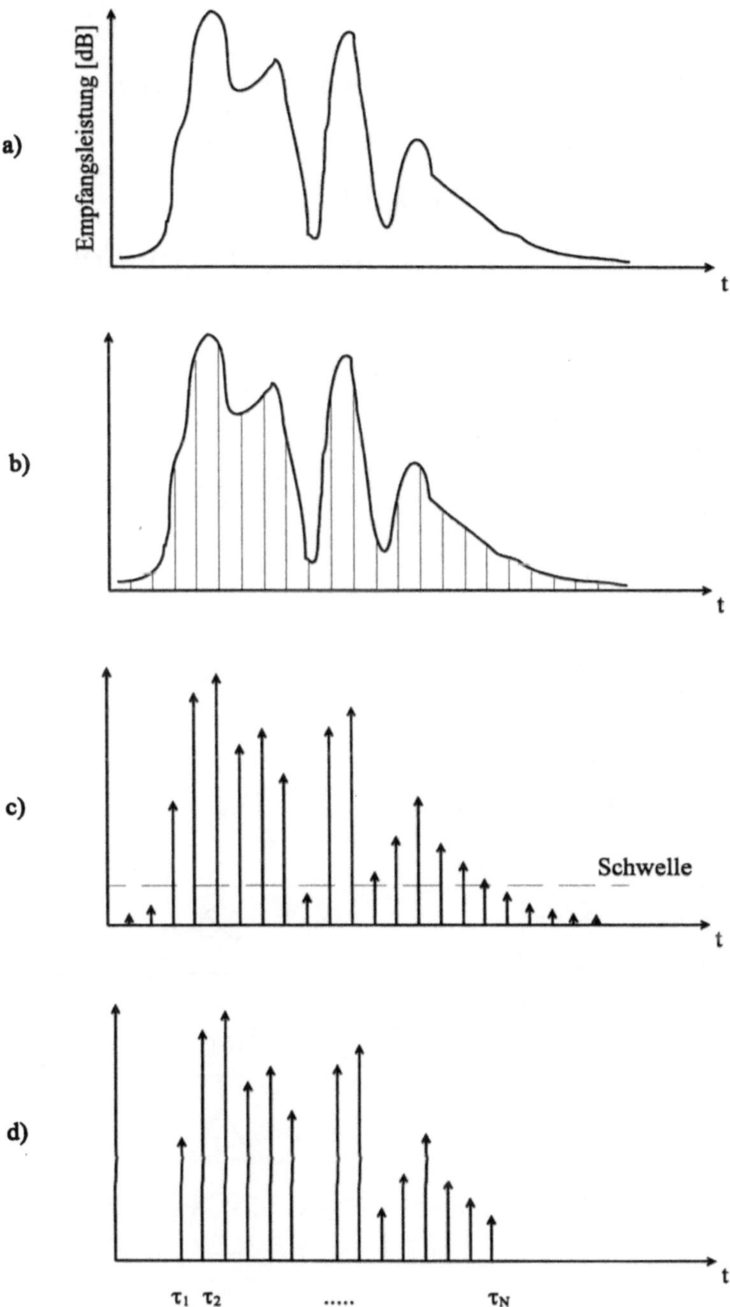

Bild 2.1.28: Impulsantwort eines Breitbandkanals

$$r(t) = s(t) * h(t) \tag{2.1.85}$$

Einsetzen der komplexen Komponenten von s(t) und h(t) ergibt:

$$\begin{aligned}
r(t) &= r_i(t) + j\, r_q(t) \\
&= \left[s_i(t) + j\, s_q(t) \right] * \left[h_i(t) + j\, h_q(t) \right] \\
&= \left[s_i(t) * h_i(t) - s_q(t) * h_q(t) \right] + j\left[s_i(t) * h_q(t) + s_q(t) * h_i(t) \right]
\end{aligned} \tag{2.1.86}$$

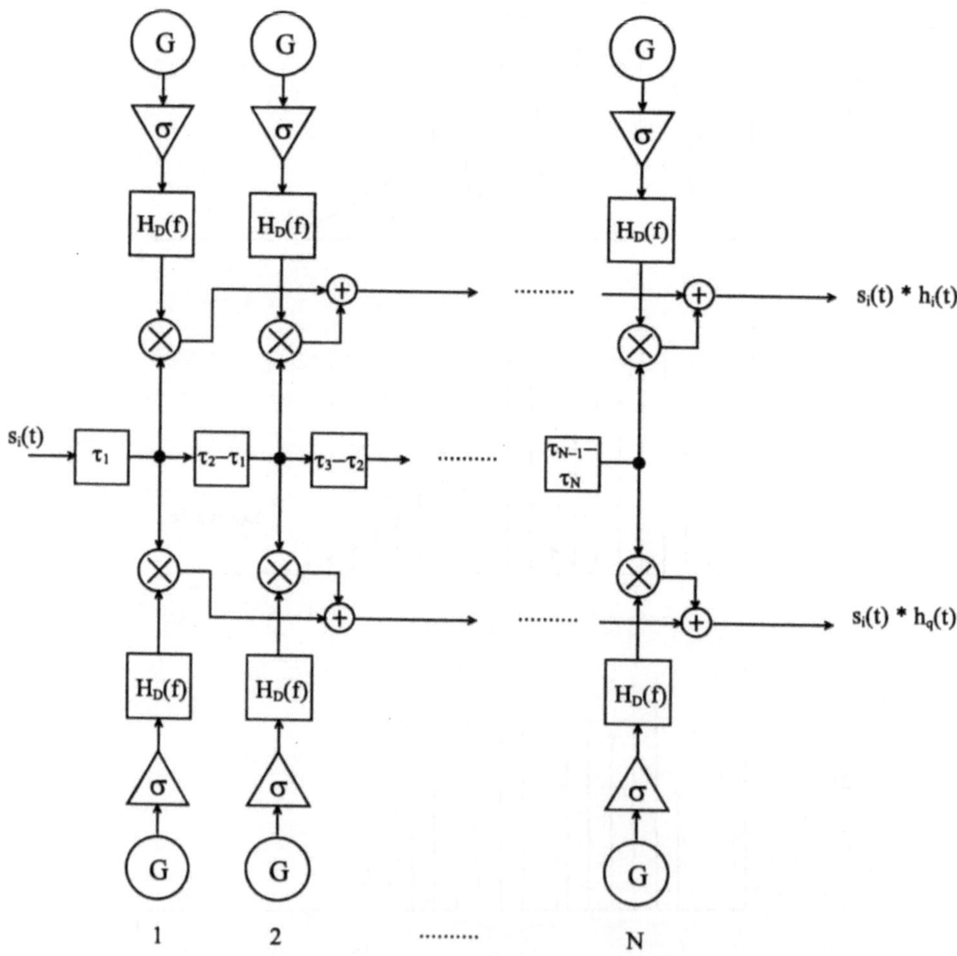

Bild 2.1.29: Breitband-Fadingsimulator: $s_i(t) * h_i(t)$ und $s_i(t) * h_q(t)$

Sowohl für $r_i(t)$ als auch für $r_q(t)$ sind N Verzögerungsglieder notwendig, deren Verzögerungszeiten den Abständen zwischen den τ_i entsprechen. Für den Fall von $s_i(t) * h_i(t)$ und $s_i(t) * h_q(t)$ sind die erforderlichen Operationen in Bild 2.1.29 wiedergegeben.

Die Dopplerfilter sind die gleichen wie in Kapitel 2.1.8.1. Es können jedoch prinzipiell in jedem Zweig verschiedene maximale Dopplerfrequenzen auftreten. Die Rauschgeneratoren sind statistisch unabhängig und liefern weißes gaußsches Rauschen. Bild 2.1.27 läßt sich auch sehr gut für eine Software-Simulation verwenden. So lassen sich bestimmte Komponenten eines Mobilfunkübertragungssystems wie z.B. Modulationsverfahren, Equalizer oder Codierungsverfahren auf ihre Eigenschaften in Fadingkanälen simulativ untersuchen und optimieren. Ein derartiger Kanalsimulator mit bis zu 12 Zweigen wird auch zum Endgerätetest und für die Abnahme von GSM-Endgeräten bzw. der Systemtechnik verwendet.

2.1.9 Kanalmessung

Die einfachste Methode, um die Kanalimpulsantwort h(t) zu messen, arbeitet im Zeitbereich und basiert auf der Aussendung sehr kurzer, steilflankiger Impulse und der anschließenden Registrierung der Empfangssignale. Nach Gl.(2.1.85) erhält man dann mit $s(t) \approx \delta(t)$ (Dirac-Stoß) das Empfangssignal:

$$r(t) \approx \delta(t) * h(t) = h(t) \qquad (2.1.87)$$

Praktisch ist es allerdings nicht möglich, Dirac-Stöße auszusenden. Der Störabstand bei Messungen dieser Art ist deshalb gering.

Das Meßverfahren läßt sich verbessern, wenn anstelle der Einzelimpulse eine pseudo-zufällige Sequenz (Pseudo-Noise- (PN-) Signal) ausgesendet wird. Dabei wird der Zusammenhang, daß ein im Frequenzbereich breitbandiges Signal im Zeitbereich näherungsweise eine Deltafunktion ergibt, verwendet. Man macht sich dabei die sehr guten Autokorrelationseigenschaften von PN-Sequenzen zunutze. In Kanalmeßgeräten, sogenannten "**Channel Soundern**", werden üblicherweise durch lineare Schieberegistergeneratoren erzeugte m-Sequenzen eingesetzt. PN-Sequenzen werden auch in der Spreizspektrumtechnik eingesetzt und noch ausgiebig in Kapitel 6.4.2 behandelt. In einem Vorgriff auf Kapitel 6.4.2.1 sei jedoch schon an dieser Stelle erwähnt, daß für die Autokorrelationsfunktion $\phi_{xx}(\tau)$ einer m-Sequenz x(t) der Periodenlänge $n = 2^m - 1$ mit dem Takt T_c näherungsweise gilt:

$$\phi_{xx}(t) \approx \begin{cases} 1 & \textit{für} \quad t = i \cdot n \cdot T_c \,; i = \ldots -1, -2, 0, 1, 2, \ldots \\ -1/n & \textit{sonst} \end{cases} \qquad (2.1.88)$$

Mit $n \gg 1$ und $|t| < n \cdot T_c$ erhält man daher:

$$\phi_{xx}(t) = x(t) * x^*(-t) \approx \delta(t) \qquad (2.1.89)$$

Ein Channel Sounder arbeitet so, daß das ausgesendete Signal $s(t) = x(t)$ nach der Übertragung über einen Kanal mit der Impulsantwort $h(t)$ im Empfänger mit dem Signal $x^*(-t)$ korreliert wird. Man erhält das Ausgangssignal

$$y(t) = x(t) * h(t) * x^*(-t) = \phi_{xx}(t) * h(t) \approx h(t) \qquad (2.1.90)$$

Bild 2.1.30 zeigt ein vereinfachtes Blockschaltbild eines Channel Sounders (Sender und Empfänger). Die Genauigkeit der Kanalmessung wird u.a. maßgeblich durch die Eigenschaften der verwendeten PN-Sequenz bzw. durch die Taktfrequenz $f_c = 1/T_c$ bestimmt.

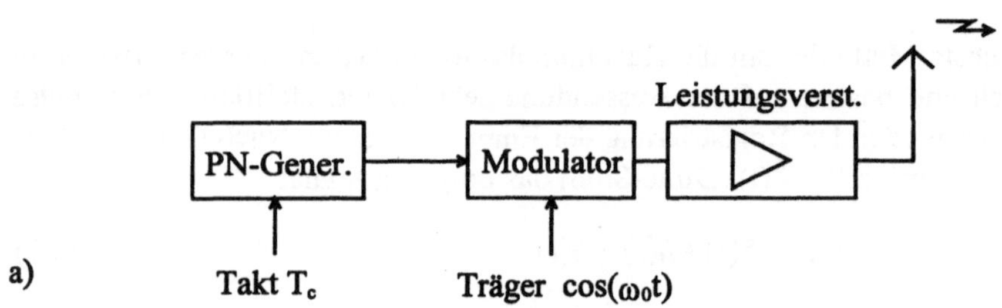

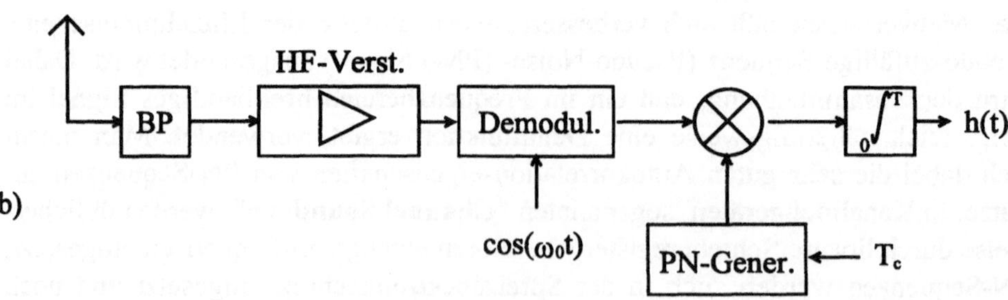

Bild 2.1.30: Vereinfachtes Blockschaltbild eines Channel Sounders, a) Sender, b) Empfänger

Das Auflösungsvermögen Δt wird durch f_c begrenzt und beträgt z.B. bei $f_c =$ 10 MHz $\Delta t = 0,1$ µs, entsprechend einem Pfadlauflängenunterschied von 30 m. Der Dynamikbereich D ist u.a. durch die Periodenlänge n begrenzt und kann z.B. bei n = 1023 (m = 10) maximal D = 1/n = 60 dB (typisch z.B. 40 dB) betragen. Auch die maximale Länge t_{max} der meßbaren Impulsantwort h(t) wird von n und f_c bestimmt: $t_{max} = n/f_c = 102,3$ µs mit n = 1023 und $f_c = 10$ MHz.

2.2 Ausbreitung und Pfadverlust

2.2.1 Ausbreitung im freien Raum

Befinden sich zwei Antennen im freien Raum und in der Entfernung d zueinander, beträgt die Leistung am Fußpunkt der Empfangsantenne:

$$P_E = P_S \left(\frac{\lambda}{4\pi d} \right)^2 G_S G_E \qquad (2.2.1)$$

wobei P_S die Sendeleistung, λ die Wellenlänge, G_S und G_E der Antennengewinn von Sende- bzw. Empfangsantenne sind. Gl.(2.2.1) ist als "Freiraumformel" bekannt. Oft ist eine Angabe des Pfadverlusts L_F in dB sinnvoll. Man erhält mit Gl.(2.2.1):

$$L_F(dB) = 10 \log \frac{P_E}{P_S} \qquad (2.2.2)$$
$$= 10 \log G_S + 10 \log G_E - 20 \log f - 20 \log d + 147,56$$

Reale Antennen senden und empfangen nie in bzw. aus allen Richtungen (vertikal und horizontal) gleich stark; es existieren immer eine oder mehrere Hauptstrahlrichtungen. Eine verlustlose fiktive Antenne mit isotroper Abstrahlung würde in allen Richtungen in der Entfernung d immer die gleiche Sendeleistungsdichte $P_S/(4\pi d^2)$ erzeugen. Wenn Abstrahlungsverluste (z.B. ohmsche Verluste im Strahler) bei der realen Antenne vernachlässigt werden, muß daher in der Hauptstrahlrichtung eine größere Leistungsdichte auftreten als bei einer isotrop abstrahlenden Antenne (gleiche Sendeleistungen vorausgesetzt). Das Verhältnis der Sendeleistungsdichten bei gerichteter und isotroper Abstrahlung wird als Richtfaktor bezeichnet. Bei einer verlustlosen Antenne entspricht der Richtfaktor dem Antennengewinn G. Die Näherung einer verlustlosen Antenne ist in vielen relevanten Fällen der Praxis zulässig. Teilweise wird der Antennengewinn auch relativ zum Gewinn $G_{\lambda/2}$ des $\lambda/2$-Dipols angegeben. Aus praktischen Gründen erfolgt die Angabe meist in dB, wobei durch einen Zusatz "i" oder "d" kenntlich gemacht wird, ob sich um einen Bezug auf den isotropen Strahler oder den $\lambda/2$-Dipol handelt ($G_{\lambda/2} = 2,15$ dBi $= 0$ dBd).

Das Produkt aus Sendeleistung P_S und Gewinn der Sendeantenne G_S wird häufig als **"Effektive Sendeleistung" EIRP** (*engl.* Effective Isotropic Radiated Power) bezeichnet. Die EIRP-Leistung einer Sendeeinrichtung gibt daher die Sendeleistung an, die in eine isotrop abstrahlende Antenne eingespeist werden müßte, um die gleiche Leistungsdichte beim Empfänger zu erzeugen. Darüber hinaus gibt es noch die ERP-Leistung (*engl.* Effective Radiated Power), welche ähnlich wie EIRP definiert ist, jedoch auf den $\lambda/2$-Dipol bezogen ist, d.h., EIRP $=$ ERP $+ 2,15$ dB.

Die Empfangsleistung nimmt quadratisch mit der Entfernung zwischen den beiden Antennen ab. Eine Verdopplung der Entfernung entspricht einem Ansteigen des Pfadverlusts um 6 dB - die Empfangsleistung sinkt also auf ein Viertel. Gl.(2.2.1) zeigt auch, daß die Dämpfung quadratisch mit der Frequenz ansteigt. Da sich jedoch mit steigender Sendefrequenz auch höhere Antennengewinne erzielen lassen, kann dieser Effekt wieder teilweise kompensiert werden. Gl.(2.2.1) ist nur für den Fall gültig, daß sich beide Antennen im freien Raum befinden, also keine Hindernisse oder Reflexionspunkte vorhanden sind.

2.2.2 Ausbreitung über ebene Gebiete

In Mobilfunkumgebungen sind die über die Luftschnittstelle zu überbrückenden Entfernungen d in aller Regel klein genug, damit die Krümmung der Erdoberfläche vernachlässigt werden kann. Ebenfalls kann davon ausgegangen werden, daß die Antennenhöhen immer klein gegenüber d sind. Unter diesen Voraussetzungen läßt sich ein einfaches theoretisches Modell für die Wellenausbreitung über ein ebenes Gebiet angeben. Bild 2.2.1 zeigt eine Basisstation und einen mobilen Teilnehmer in der Entfernung d zueinander. Es existieren zwei mögliche Ausbreitungswege vom Sender zum Empfänger - eine direkte Verbindung und eine am Boden reflektierte.

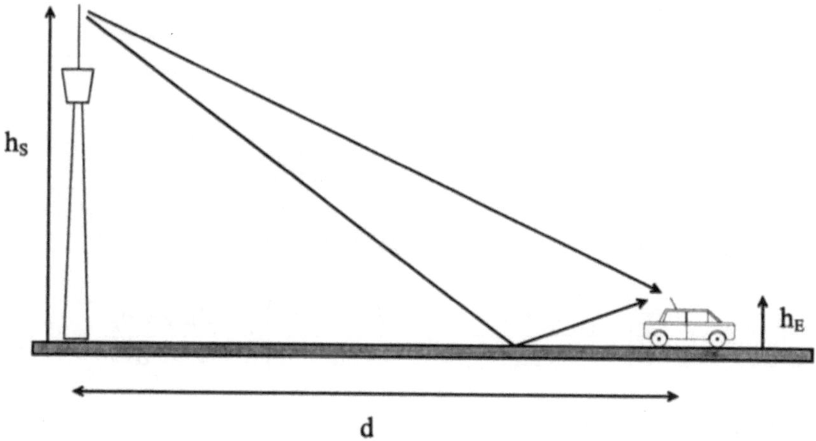

Bild 2.2.1: Ausbreitung über eine ebene Fläche

Dic Summenfeldstärke E besteht demnach aus zwei Komponenten:

$$E = \left(1 + r\,e^{j\Delta\varphi}\right) E_0 \tag{2.2.3}$$

hierbei ist r der Reflexionsfaktor und $\Delta\varphi$ der durch die unterschiedliche Lauflänge der beiden Wellen verursachte Phasenunterschied. Unter der Voraussetzung $d \gg h_S,\ h_E$ kann für den Reflexionsfaktor die Näherung $r \approx -1$ gemacht werden [PAR92]. Die Empfangsleistung P_E ist proportional zum Quadrat der Feldstärke. Daher gilt:

$$P_E = P_S \left(\frac{\lambda}{4\pi d}\right)^2 G_S G_E \left|1 - e^{j\Delta\varphi}\right|^2 \tag{2.2.4}$$

$$P_E = P_S \left(\frac{\lambda}{4\pi d}\right)^2 G_S G_E \left|1 - \cos\Delta\varphi - j\sin\Delta\varphi\right|^2$$

$$\tag{2.2.5}$$

$$\approx P_S \left(\frac{\lambda}{4\pi d}\right)^2 G_S G_E \,(\Delta\varphi)^2$$

Für den Phasenunterschied $\Delta\varphi$ erhält man:

$$\Delta\varphi = \beta\,\Delta d = \frac{2\pi}{\lambda}\,\Delta d$$

$$(2.2.6)$$

$$= \frac{2\pi}{\lambda}\left(\sqrt{(h_S + h_E)^2 + d^2} - \sqrt{(h_S - h_E)^2 + d^2}\right)$$

Wenn $d \gg (h_S + h_E)$ ist, kann Gl.(2.2.6) genähert werden zu:

$$\Delta\varphi \approx \frac{2\pi}{\lambda}\left(1 + \frac{(h_S + h_E)^2}{2d^2} - 1 - \frac{(h_S - h_E)^2}{2d^2}\right)d = \frac{2\pi}{\lambda}\frac{2h_S h_E}{d} \qquad (2.2.7)$$

Gl.(2.2.7) eingesetzt in Gl.(2.2.5) ergibt:

$$P_E = P_S\left(\frac{h_S h_E}{d^2}\right)^2 G_S G_E \qquad\qquad (2.2.8)$$

Gl.(2.2.8) unterscheidet sich von Gl.(2.2.1) im wesentlichen in zwei Punkten. Zunächst ist die Empfangsleistung nicht mehr quadratisch von der zu überbrükkenden Entfernung abhängig, sondern sie klingt sogar mit der vierten Potenz ab, d.h., eine Verdopplung der Entfernung führt zu einer Leistungsreduktion um den Faktor 16 (= 12 dB). Dies entspricht in etwa auch den experimentellen Meßwerten. Des weiteren folgt aus Gl.(2.2.8) eine quadratische Abhängigkeit von der Höhe der Basisstationsantenne. Auch hier ergibt sich eine gute Übereinstimmung zu den entsprechenden Meßergebnissen. Der Einfluß der Mobilstationsantennenhöhe wird durch Gl.(2.2.8) jedoch nicht korrekt wiedergegeben. Das Experiment zeigt bei einer Verdopplung der Antennenhöhe von 1,5 m auf 3 m lediglich eine Zunahme der Empfangsleistung von 3 dB [OKU68].

Es fällt bei Gl.(2.2.8) auf, daß keine Frequenzabhängigkeit mehr existiert, da sich die Wellenlänge λ herausgekürzt hat. Dies steht jedoch im Widerspruch zum Experiment. Real stellt man eine Abhängigkeit fest:

$$P_E \sim f^{-n} \qquad\qquad (2.2.9)$$

mit n = 2...3. Gl.(2.2.8) ist ferner nur dann gültig, wenn die Ausbreitung über relativ ebenes Gebiet und kurze Distanzen erfolgt. Die Grenze zwischen "eben" und "uneben" wird über das Rayleigh-Kriterium definiert:

$$C = \frac{4\pi\sigma}{\lambda}\sin\alpha \qquad\qquad (2.2.10)$$

wobei α der Einfallswinkel und σ die Standardabweichung der Unebenheiten von der mittleren Höhe der Fläche sind (siehe Bild 2.2.2). Für $C < 0,1$ kann eine Fläche bei der Wellenlänge λ als eben betrachtet werden.

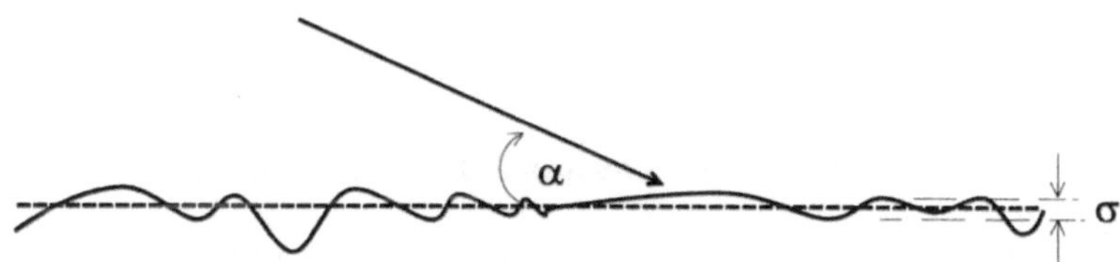

Bild 2.2.2: zum Rayleigh-Kriterium

2.2.3 Ausbreitung über unebene Gebiete

Unter realen Bedingungen erfolgt die Wellenausbreitung - von Ausnahmen wie z.B. auf hoher See, abgesehen - immer über unebene Gebiete hinweg. Bäume, Berge und Gebäude führen zu Abschattungen, Beugung und Brechung von Wellen. Alle diese Hindernisse exakt in die Pfadverlustberechnung einzubeziehen ist aus Gründen der enormen Komplexität praktisch nicht möglich. Nur bei bestimmten Spezialfällen lassen sich theoretische Pfadverlustformeln herleiten, die sich experimentell bestätigen lassen. Einer dieser Spezialfälle war die in Kapitel 2.2.1 behandelte Freiraumausbreitung oder die Ausbreitung über ebene Gebiete (Kapitel 2.2.2).

Ein quantitatives Maß für den Einfluß von Hindernissen im Ausbreitungsweg läßt sich mit Hilfe der Fresnel-Zonen angeben. Es handelt sich hierbei um Ellipsoide, die man sich um Sender und Empfänger vorstellen kann (siehe Bild 2.2.3). Je nachdem, wie weit Hindernisse in diese Ellipsoide hineinragen, wird der Pfadverlust mehr oder weniger stark davon beeinflußt.

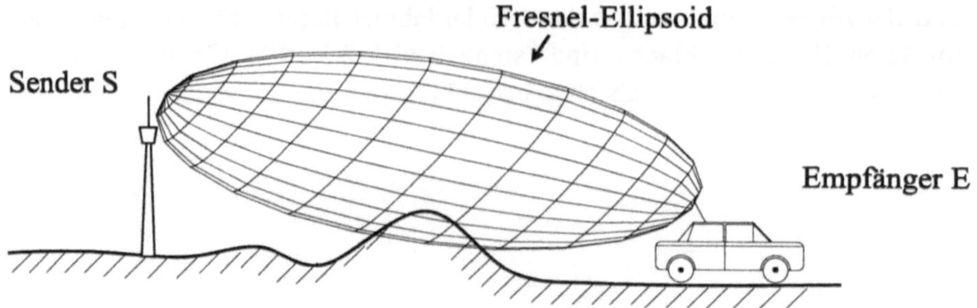

Bild 2.2.3: Ausbreitungspfad über ein Hindernis

Zeichnet man den Querschnitt der Ellipsoide an einer bestimmten Stelle d_1,d_2 zwischen Sender S und Empfänger E, erhält man konzentrische Kreise mit dem Ursprung auf der direkten Verbindungslinie SE (siehe Bild 2.2.4). Der n-te Kreis bildet die Menge aller Reflexionspunkte, die einen Wegunterschied von $n\lambda/2$ zur Verbindung SE verursachen würden. Alle ungeraden n führen zu destruktiver Interferenz am Empfänger E, während die geraden n konstruktive Interferenz bewirken. Die in Bild 2.2.4 dargestellten Zonen aus den konzentrischen Kreisen werden als Fresnel-Zonen bezeichnet. Der Radius des n-ten Kreises bzw. der n-ten Fresnel-Zone R_n beträgt:

$$R_n = \sqrt{\frac{n\lambda d_1 d_2}{d_1 + d_2}} \qquad\qquad (2.2.11)$$

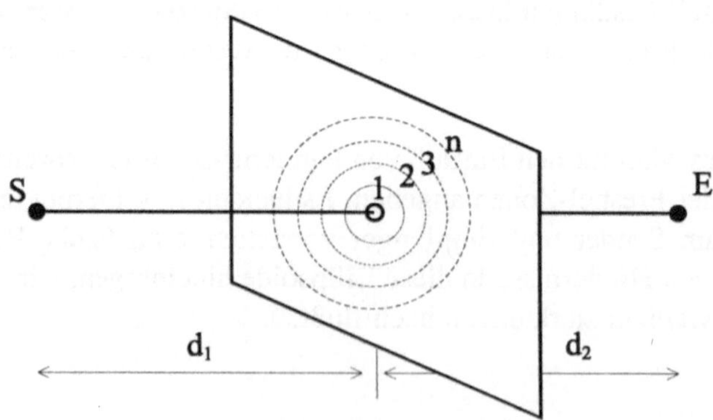

Bild 2.2.4: Fresnel-Zonen

Der Einfluß der Fresnel-Zonen alterniert mit n. Würde man an die in Bild 2.2.4 gezeigte Stelle eine unendlich ausgedehnte Scheibe mit einem Loch in der Mitte montieren, würde die Feldstärke am Empfangsort mit größer werdendem Lochradius in etwa um den Freiraumwert oszillieren.

Die Fresnel-Zonen mit kleinem n haben einen größeren Einfluß auf das Empfangssignal als solche höherer Ordnung. Praktisch sieht es so aus, daß mit der Freiraumformel nach Gl.(2.2.1) gerechnet werden kann, wenn die erste Fresnel-Zone frei bleibt.

Wenn das Ausbreitungshindernis ein einzelnes Objekt ist, wie z.B. ein Berg, kann es für eine Berechnung des Pfadverlusts vorteilhaft sein, dieses Objekt als eine idealisierte Beugungskante darzustellen (siehe Bild 2.2.5). Ragt eine solche Kante mit der Höhe h in den Ausbreitungsweg hinein, läßt sich die Feldstärke E am Empfangsort mit Hilfe des Fresnel-Integrals F(v) berechnen:

$$F(v) = \frac{1+j}{2} \int\limits_{v}^{\infty} e^{-j\frac{\pi}{2}u^2} du \qquad (2.2.12)$$

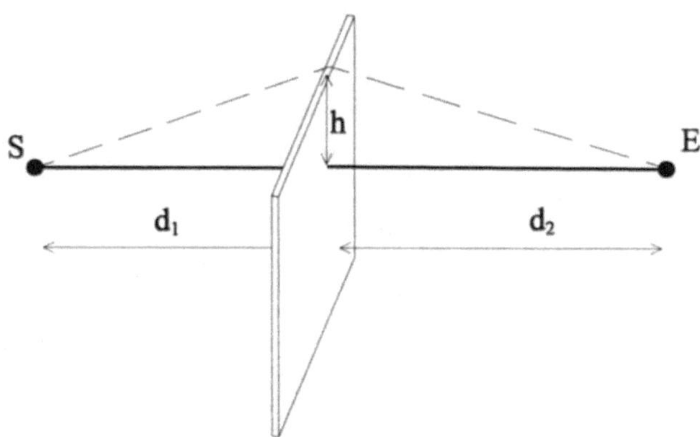

Bild 2.2.5: Beugung an einer Kante

F(v) ist hierbei gleich dem Verhältnis von der ohne Ausbreitungshindernis beim Empfänger ankommenden Feldstärke E_0 (Freiraumfall) zur mit Beugung auftretenden Feldstärke E. Der Fresnelsche Beugungsparameter v beinhaltet die Eigenschaften des Ausbreitungshindernisses, nämlich dessen Höhe und Position:

$$v = h \sqrt{\frac{2}{\lambda} \frac{d_1 + d_2}{d_1 d_2}} \qquad (2.2.13)$$

Gl. (2.2.12) ist als Funktion von v in Bild 2.2.6 dargestellt. Man erkennt, daß für $v = 0$ ($h = 0$) ein zusätzlicher Pfadverlust von 6 dB ($E = 1/2\ E_0$) auftritt. Dies ist unmittelbar einleuchtend, denn an diesem Punkt wird exakt die halbe Ebene zwischen Sender und Empfänger verdeckt. Weiterhin erkennt man, daß für $v = -0{,}8$ die zusätzliche Dämpfung verschwindet. Dieser Wert entspricht etwa 56 % der ersten Fresnel-Zone.

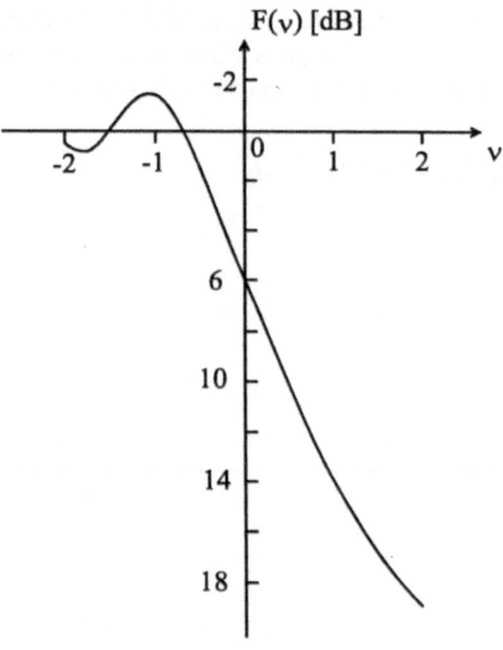

Bild 2.2.6: Beugungsverlust als Funktion des Fresnelschen Parameters v

2.2.4 Pfadverlust-Vorhersagemodelle

Die Beschreibung der Ausbreitung elektromagnetischer Wellen in realen Umgebungsbedingungen mit Bergen, Tälern, Häusern und Bewuchs ist mit theoretischen Modellen nur in sehr eingeschränktem Maß möglich. Zum praktischen Entwurf von Mobilfunknetzen bzw. zur richtigen Plazierung von Basisstationen ist es jedoch von sehr großer Wichtigkeit, Vorhersagen über die zu erwartenden Empfangspegel machen zu können. Zu diesem Zweck wurden sehr viele empirische Ausbreitungsmodelle aus zum Teil sehr umfangreichen Meßreihen entwickelt. Die hier vorgestellten Modelle können lediglich Aussagen zum Mittelwert des Pfadverlusts machen, d.h., die in Kapitel 2.1 diskutierten Effekte der Mehrwegeausbreitung werden nicht berücksichtigt.

2.2.4.1 Vorhersagemodell nach Lee

Es handelt sich hier um ein sehr einfach handhabbares Vorhersagemodell, welches aus Auswertungen von Pfadverlustmeßreihen bei einer Frequenz von $f_0 = 900$ MHz in den USA entstanden ist [LEE93]. Die Empfangsleistung P_E ergibt sich danach zu:

$$P_E = P_0 \left(\frac{r}{r_0} \right)^{-\gamma} \left(\frac{f}{f_0} \right)^{-n} \kappa_0 \qquad (2.2.14)$$

bzw. im logarithmischen Maßstab:

$$P_E = P_0 - \gamma \, log \left(\frac{r}{r_0} \right) - n \, log \left(\frac{f}{f_0} \right) + \kappa_0 \qquad (2.2.15)$$

P_0 ist eine Referenzempfangsleistung in der Entfernung $r_0 = 1$ km. κ_0 ist ein Korrekturfaktor, der sich aus den spezifischen Gegebenheiten von Sender und Empfänger wie folgt ergibt:

$$\kappa_0 = \prod_{i=1}^{5} \kappa_i \qquad (2.2.16)$$

mit den einzelnen Korrekturtermen:

$$\kappa_1 = \left(\frac{\textit{Höhe der Basisstationsantenne}}{30,48\,m} \right)^2 \qquad (2.2.17)$$

$$\kappa_2 = \left(\frac{\textit{Höhe der Mobilstationsantenne}}{3\,m} \right)^\nu \qquad (2.2.18)$$

($\nu = 1$ für Mobilstationsantennenhöhen $h_{MS} < 3$ m bzw. $\nu = 2$ für $h_{MS} > 10$ m)

$$\kappa_3 = \frac{\textit{Sendeleistung}}{10\,W} \qquad (2.2.19)$$

$$\kappa_4 = \frac{\textit{BS Antennengewinn über } \frac{\lambda}{2} \textit{ Dipol}}{4} \qquad (2.2.20)$$

$$\kappa_5 = \textit{MS Antennengewinn über } \frac{\lambda}{2} \textit{ Dipol} \qquad (2.2.21)$$

Die Messungen aus [LEE93] basieren auf folgendem Übertragungssystem:

Sendefrequenz :	900 MHz
Höhe der Basisstationsantenne :	30,48 m (100 ft)
Sendeleistung :	10 W
Gewinn der Basisstationsantenne :	6 dB über dem $\lambda/2$ Dipol
Höhe der Mobilstationsantenne :	3 m
Gewinn der Mobilstationsantenne :	0 dB über dem $\lambda/2$ Dipol

Die Abhängigkeit des Pfadverlusts von der Frequenz wird über den Parameter n modelliert. n liegt typischerweise zwischen 2 und 3 für Frequenzen im Bereich 30 MHz bis 2 GHz und Entfernungen zwischen 2 und 30 km. Entsprechende Meßergebnisse zeigen eine Topographie- und Frequenzabhängigkeit von n. Es wird empfohlen, für vorstädtische oder ländliche Gebiete bei Arbeitsfrequenzen unterhalb von 450 MHz n = 2 zu wählen. Für Stadtgebiete und Sendefrequenzen oberhalb von 450 MHz wird n = 3 gewählt.

Die Parameter P_0 und γ wurden für verschiedene Umgebungen empirisch ermittelt und sind in Tabelle 2.2.1 aufgeführt. Bild 2.2.7 zeigt die Empfangsleistung in dBm als Funktion der Entfernung zum Sender in verschiedenen Umgebungen.

Tabelle 2.2.1: Ausbreitungsparameter für das Vorhersagemodell nach Lee

Umgebung	P_0 (dBm)	γ (dB/Dekade)
Freiraumausbreitung	-41	20
ländliches, offenes Gebiet	-40	43,5
Vorstadt, Kleinstadt	-54	38,4
Stadtgebiete		
- Philadelphia	-62,5	36,8
- Newark	-55	43,1
- Tokyo	-78	30,5

In bergigen Gebieten muß für die Höhe der Basisstationsantenne eine sogenannte effektive Höhe h_e berücksichtigt werden. Diese effektive Höhe wird dann anstelle der tatsächlichen Höhe in Gl.(2.2.17) eingesetzt. h_e erhält man, indem die Ebene, auf der sich der nächste Reflexionspunkt zum Empfänger befindet, bis zum Sender "verlängert" wird (siehe Bild 2.2.8).

Beispiel 2.2.1: Mit Hilfe des Vorhersagemodells nach Lee soll die Empfangsleistung in der Entfernung r = 2 km von einer Basisstation mit der effektiven Antennenhöhe h_e = 30 m bestimmt werden. Die weiteren Parameter sind:

Sendefrequenz:	f = 1800 MHz
Sendeleistung:	P_S = 1 W
Gewinn der BS-Antenne:	7,7 dBi
Höhe der MS-Antenne:	1,5 m
Gewinn der MS-Antenne:	2 dBd
Ausbreitungsumgebung:	Vorstadt, Kleinstadt

Zunächst wird der Korrekturfaktor κ_0 ermittelt. κ_0 setzt sich aus 5 Termen κ_1 bis κ_5 zusammen (Gl.(2.2.17) bis Gl.(2.2.21)). Zuvor müssen jedoch noch die Anga-

ben zum Antennengewinn in einen linearen Maßstab umgerechnet werden (be-
achte: 0 dBd = 2,15 dBi). Man erhält daher:

$$\kappa_0 = \left(\frac{30\,m}{30,48\,m}\right)^2 \cdot \left(\frac{1,5\,m}{3\,m}\right)^1 \cdot \left(\frac{1\,W}{10\,W}\right) \cdot \left(\frac{5,9}{4}\right) \cdot (2,6) = -7,3\,dB$$

Aus Tabelle 2.2.1 ermittelt man für die Ausbreitungssituation "Vorstadt/Klein-
stadt": $\gamma = 38{,}4$ und $P_0 = -54$ dBm. Einsetzen in Gl.(2.2.15) ($n = 3$) ergibt die
Empfangsleistung:

$$P_E = -73{,}8 \text{ dBm.}$$

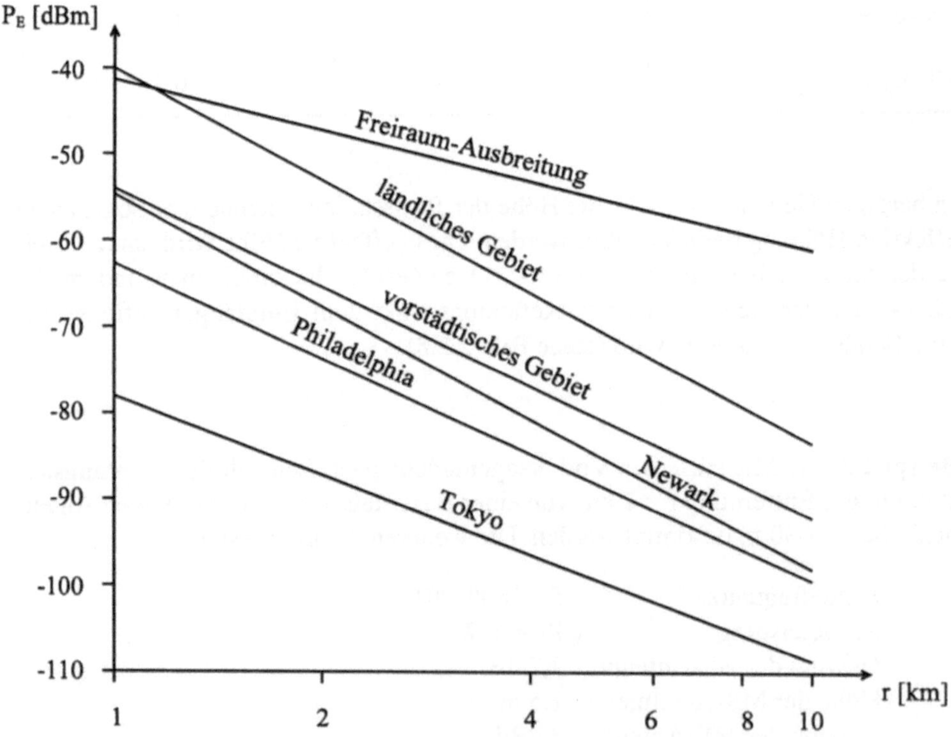

Bild 2.2.7: Empfangsleistung in verschiedenen Gebieten

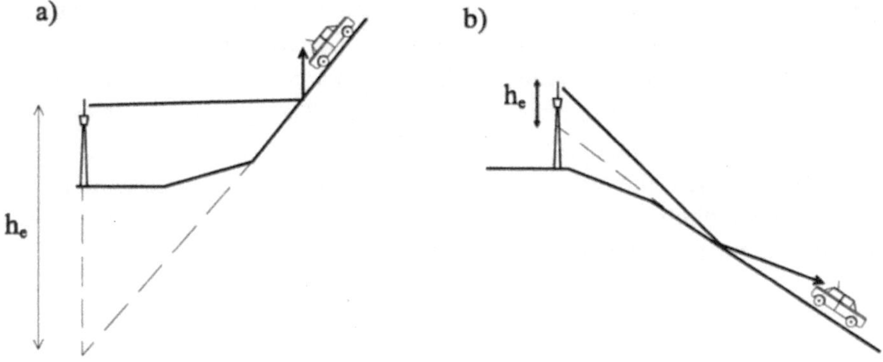

Bild 2.2.8: zur Bestimmung der effektiven Antennenhöhe

2.2.4.2 Vorhersagemodell nach Okumura

Okumura *et al.* [OKU68] führten sehr umfangreiche Feldstärkemessungen in bzw. in der Umgebung von Tokyo durch. Es wurden Ausbreitungsmessungen sowohl im VHF-Bereich (200 MHz) als auch im UHF-Bereich (453, 922, 1310, 1430, 1920 MHz) in verschiedenen Situationen mit variierenden Antennenhöhen, Entfernungen und topographischen Gegebenheiten vorgenommen. Die Ergebnisse sind in Form von Graphen verfügbar und erlauben anhand von entsprechenden Korrekturtermen Feldstärkevorhersagen über den Frequenzbereich 150 MHz bis 2 GHz, Entfernungen zwischen 1 und 100 km mit effektiven Antennenhöhen der Basisstation von 30 bis 1000 m.

Die Bestimmung des Pfadverlusts zwischen Sender und Empfänger geht zunächst von der Freiraumdämpfung L_F nach Gl.(2.2.2) aus. Hinzu kommen Korrekturterme $A_{mu}(f,d)$, die die Sendefrequenz f und Entfernung d berücksichtigen, sowie weitere Terme H_{tu} und H_{ru}, welche von den Höhen der Basis- bzw. Mobilstationsantennen abhängig sind. Somit ergibt sich der gesamte Pfadverlust L zu:

$$L = L_F + A_{mu} + H_{tu} + H_{ru} \qquad (2.2.22)$$

A_{mu} ist ein Grundzuschlag, der zur Freiraumausbreitung addiert werden muß, und kann Bild 2.2.9 entnommen werden. Man erkennt, daß sich der Zuschlag A_{mu} durchweg in der Größenordnung 20 dB/Dekade bewegt. Zusammen mit der Freiraumdämpfungszunahme von 20 dB/Dekade erhält man somit etwa 40 dB/

Dekade. Ein Ergebnis, welches durch die einfachen theoretischen Untersuchungen aus Kapitel 2.2.2 (Gl.(2.2.8)) verifiziert wird. Der Korrekturterm H_{tu} zur Berücksichtigung der effektiven Antennenhöhe h_e kann Bild 2.2.10 entnommen werden. H_{tu} liegt in der Größenordnung von 20 dB/Dekade und bestätigt damit gleichfalls das Ergebnis aus Gl.(2.2.8). Aus Bild 2.2.11 wird deutlich, daß für Mobilstationsantennen, die höher als ca. 3 m sind, derselbe Zusammenhang gilt. Lediglich Antennenhöhen, die kleiner als 3 bis 4 m sind, führen zu einer Minderung der Pfadverluststeigung auf 10 dB/Dekade.

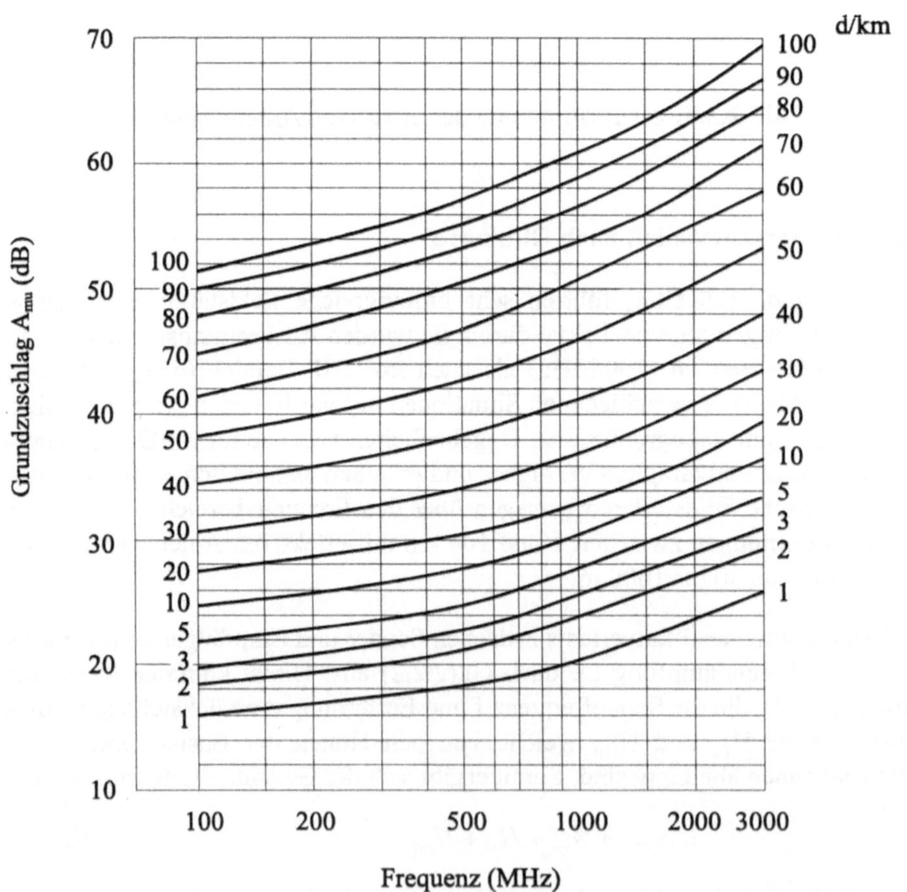

Bild 2.2.9: Grundzuschlag zur Freiraumdämpfung in städtischer Umgebung über quasi-ebenem Gebiet (h_{te} = 200 m, h_{re} = 3 m) [OKU68]

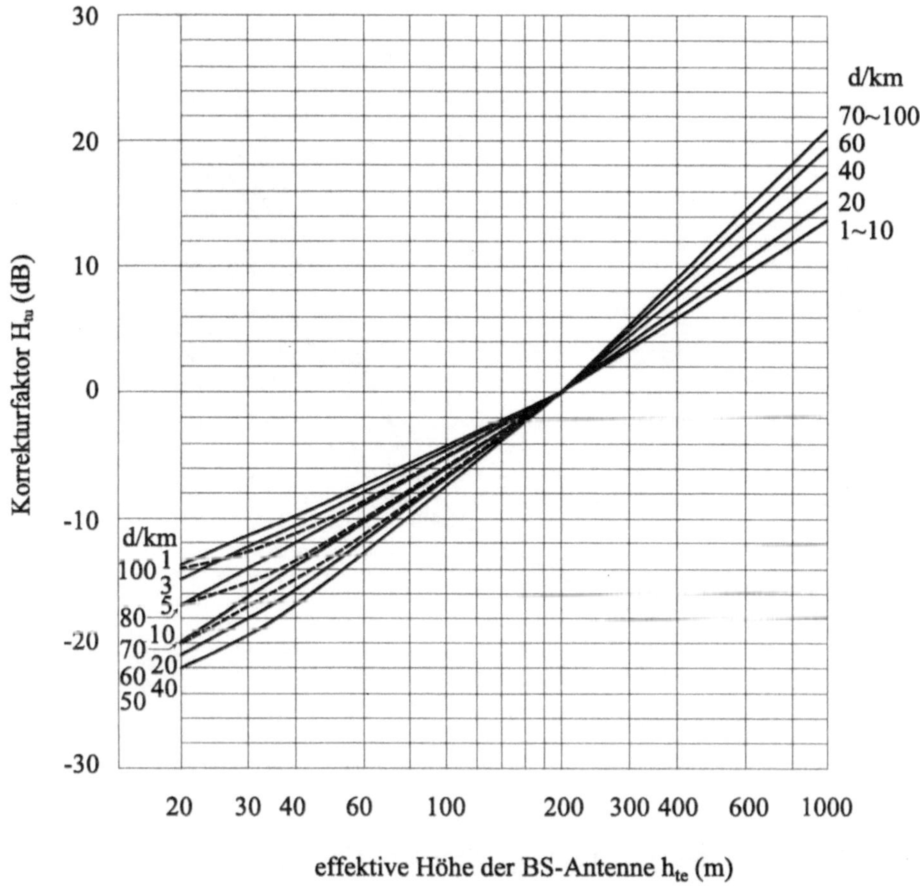

Bild 2.2.10: Korrekturfaktor H_{tu} für unterschiedliche effektive Antennenhöhen der Basisstation [OKU68]

Die effektive Höhe h_{te} der Basisstationsantenne mit der Höhe h_t erhält man aus dem zugrundeliegenden Geländeprofil in Richtung zur Empfangsstation (siehe Bild 2.2.12). h_{te} ist die Höhe über dem durchschnittlichen Höhenniveau. Je nach genauem Geländeprofil werden bei Okumura noch weitere Korrekturterme zugefügt. So kann der Grad der "Unebenheit" eines Geländes durch die "Schwankungsbreite" Δh des Geländeprofils über eine Entfernung von 10 km in Richtung vom Empfänger zum Sender berücksichtigt werden.

Des weiteren können im Modell von Okumura einzelne, hohe Berge im Ausbreitungsweg durch ihre relative Höhe zum mittleren Niveau berücksichtigt werden.

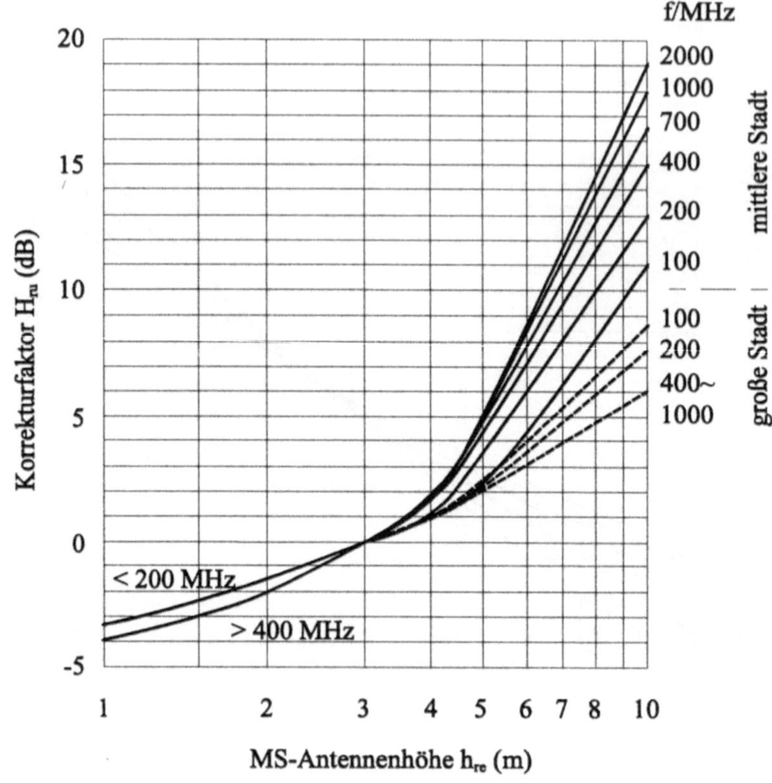

Bild 2.2.11: Korrekturfaktor H_{ru} für unterschiedliche Mobilstationsantennenhöhen [OKU68]

Aber auch eine bestimmte mittlere Neigung des Geländes θ_m kann in die Pfad-
verlustvorhersage einbezogen werden. In Gebieten mit großen Seen oder Buchten
auf der Ausbreitungsstrecke kann dies über die prozentuale Wasserstrecke auf
dem Weg zum Empfänger modelliert werden. Für alle diese Spezialfälle gibt es
entsprechende Korrekturterme, die graphischen Darstellungen in [OKU68] entnommen werden können.

Das Okumura-Modell wird heute sehr oft als Grundlage zum Design von Funknetzen eingesetzt. Dies erfolgt in der Regel mit Rechnerunterstützung. Alle Meß-
und Korrekturkurven werden hierbei im Speicher des Rechners abgelegt und entsprechend interpoliert. Zusammen mit einer Geländedatenbasis, teilweise auch
mit Satellitenunterstützung, können so genaue Vorhersagen des Pfadverlusts vorgenommen werden.

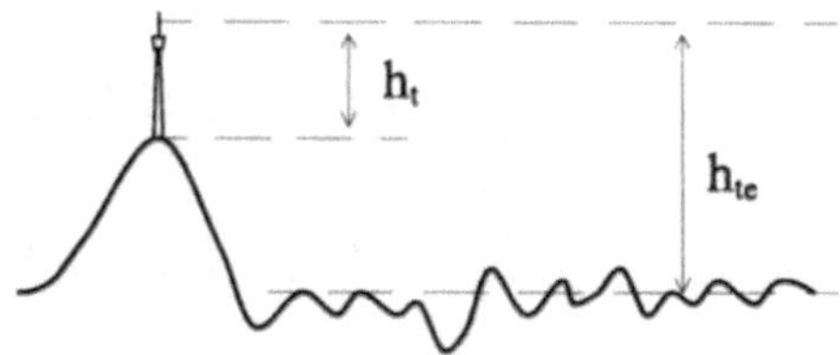

Bild 2.2.12: Ermittlung der effektiven Antennenhöhe der Basisstation

2.2.4.3 Vorhersagemodell nach Hata

Für einfache und schnelle Abschätzungen des Pfadverlusts ist das Modell nach Okumura zu aufwendig. Hata extrapolierte deshalb die graphischen Ergebnisse von Okumura, so daß einfach zu handhabende mathematische Gleichungen angegeben werden können [HAT80]. Hatas Modell ist jedoch nur in quasi-ebenem Gelände und nur bei bestimmten Parametern gültig:

Sendefrequenz f:	150 - 1500 MHz
Höhe der Basisstationsantenne h_{BS}:	30 - 200 m
Höhe der Mobilstationsantenne h_{MS}:	1 - 10 m
Entfernung d:	1 - 20 km

Werden diese Rahmenbedingungen eingehalten, kann der Pfadverlust in städtischem, vorstädtischem und ländlichem Gebiet mit den Formeln nach Hata berechnet werden. So erhält man den Pfadverlust in städtischer Umgebung L_{Hu} aus:

$$L_{Hu}[dB] = 69,55 + 26,16\,log\frac{f}{MHz} - 13,82\,log\frac{h_{BS}}{m} - a(h_{MS})$$
$$+ \left(44,9 - 6,55\,log\frac{h_{BS}}{m}\right)log\frac{d}{km} \qquad (2.2.23)$$

wobei $a(h_{MS})$ ein Korrekturterm ist, der in kleinen und mittelgroßen Städten

$$a(h_{MS}) = \left(1,1\,log\frac{f}{MHz} - 0,7\right)\frac{h_{MS}}{m} - \left(1,56\,log\frac{f}{MHz} - 0,8\right) \qquad (2.2.24)$$

beträgt. In Großstädten gilt:

$$a(h_{MS}) = \begin{cases} 8,29\left[log\left(1,54\dfrac{h_{MS}}{m}\right)\right]^2 - 1,1 \quad ; \quad f \leq 200\,MHz \\[2mm] 3,2\left[log\left(11,75\dfrac{h_{MS}}{m}\right)\right]^2 - 4,97\,; \quad f \geq 400\,MHz \end{cases} \qquad (2.2.25)$$

Für vorstädtische Gebiete mit weniger dichter Bebauung ist ein weiterer Korrekturterm erforderlich, so daß sich für den Pfadverlust L_{Hs} ergibt:

$$L_{Hs}[dB] = L_{Hu} - 2\left[log\frac{f}{28\,MHz}\right]^2 - 5,4 \qquad (2.2.26)$$

Für ländliche Umgebungen mit nur wenig Bebauung muß Gl.(2.2.23) in anderer Weise umgeformt werden. Man erhält für den Pfadverlust L_{Hr}:

$$L_{Hr}[dB] = L_{Hu} - 4,78\left[log\frac{f}{MHz}\right]^2 + 18,33\,log\frac{f}{MHz} - 40,94 \qquad (2.2.27)$$

Hatas Formeln haben zu einer deutlich einfacheren Handhabung der Ergebnisse von Okumura geführt. Diese Vereinfachungen müssen allerdings mit einer höheren Ungenauigkeit der Vorhersagen gegenüber dem Modell nach Okumura "bezahlt" werden. Es ergeben sich Abweichungen im Bereich der oben angegebenen Parameter in der Größenordnung von 1 dB, was jedoch in aller Regel vernachlässigbar ist. In Spezialfällen, wie z.B. einem gemischten Land-Wasserpfad, treten wesentlich höhere Abweichungen auf.

2.2.5 Statistik des Signalmittelwertes

Betrachtet man ein Fading-Signal über dem Ort, erkennt man, daß das Fading-Profil, also die Abfolge von Maxima und Minima, aus zwei Komponenten besteht (siehe Bild 2.1.2). Die Grundamplitude des Fading-Signals schwankt mit einer niedrigen Frequenz um den mittleren Pfadverlust, wie er in den Kapiteln 2.2.1 bis 2.2.4 ermittelt wurde. Zusätzlich beobachtet man die sehr schnellen Fluktuationen des durch Mehrwegeausbreitung verursachten Fast Fadings (siehe Kapitel 2.1). Für die Amplitude s(y) des Fading-Signals kann deshalb folgender Ansatz gemacht werden:

$$s(y) = m(y) \cdot r(y) \quad , \qquad (2.2.28)$$

wobei r(y) die schnellen Signalschwankungen des Fast Fading beschreibt und m(y) die langsameren. Für diese langsamen Signalschwankungen sind Abschattungen durch Bäume, Häuser etc. verantwortlich. Man bezeichnet diesen Effekt daher als "Slow Fading".

m(y) kann aus s(y) durch Mittelung des Signalverlaufs über eine ausreichend große Distanz L extrahiert werden. Ein Schätzwert m'(y) von m(y) wird wie folgt berechnet:

$$m'(y) = \frac{1}{2L} \int\limits_{y-L}^{y+L} s(y)\,dy = \frac{1}{2L} \int\limits_{y-L}^{y+L} m(y)r(y)\,dy \qquad (2.2.29)$$

Mit m'(y) $\rightarrow$ m(y) folgt:

$$m'(y) = \frac{1}{2L} \int\limits_{y-L}^{y+L} r(y)\,dy \rightarrow 1 \qquad (2.2.30)$$

L muß ausreichend groß bemessen werden, um diese Bedingung zu erfüllen. Jedoch darf L andererseits auch nicht zu groß werden, weil sonst die Details des Slow Fading mit ausgemittelt werden. Nach [LEE82] liegen geeignete Werte für 2L im Bereich 40 λ bis 200 λ.

Eine exakte statistische Formulierung für das Slow Fading läßt sich nicht angeben. Jedoch haben Messungen in unterschiedlichen Umgebungen gezeigt, daß sich die Verteilungsdichte von m(y) sehr gut mit einer Lognormal-Verteilung beschreiben läßt. Es handelt sich dabei um eine Gaußverteilung im logarithmischen Maßstab. Wird der vom Fast Fading befreite Empfangspegel m(y) in dB aufgetragen, erhält man eine gaußförmige Verteilungsdichtefunktion um den mittleren Pfadverlustwert.

Die Gaußverteilung ist durch ihre Standardabweichung σ_0 und ihren Mittelwert μ eindeutig gekennzeichnet. Die Verteilungsdichtefunktion des Signals m(y) ergibt sich somit zu:

$$p(m) = \begin{cases} \dfrac{1}{\sqrt{2\pi}\sigma_0\, m}\, exp\left(-\dfrac{(ln\,m - \mu)^2}{2\sigma_0^2}\right) & ; \quad m > 0 \\ 0 & ; \quad m \leq 0 \end{cases} \qquad (2.2.31)$$

Die Standardabweichung σ_0 hängt sehr stark von der Ausbreitungsumgebung ab. Typische Werte liegen zwischen etwa 4 dB und 8 dB. Besonders dicht bebaute

Gebiete weisen in der Regel ein höheres σ_0 auf als weniger dicht bebaute Umgebungen.

Eine exakte physikalische Erklärung, warum das Slow Fading Signal lognormalverteilt ist, gibt es nicht. Es handelt sich hier lediglich um ein empirisches Rechenmodell, welches aber meist zu ausreichend guten Ergebnissen führt. Nimmt man jedoch an, daß die Verteilungsdichte der Ausbreitungshindernisse auf dem Weg zwischen Sender und Empfänger gleichverteilt ist, und berücksichtigt, daß sich der gesamte Pfadverlust multiplikativ aus Einzeldämpfungen zusammensetzt, findet man eine anschauliche Erklärung für die Lognormal-Verteilung des Slow Fading. Die Multiplikation von einer großen Zahl von gleichverteilten Zufallsvariablen führt nämlich auf eine Lognormal-Verteilung.

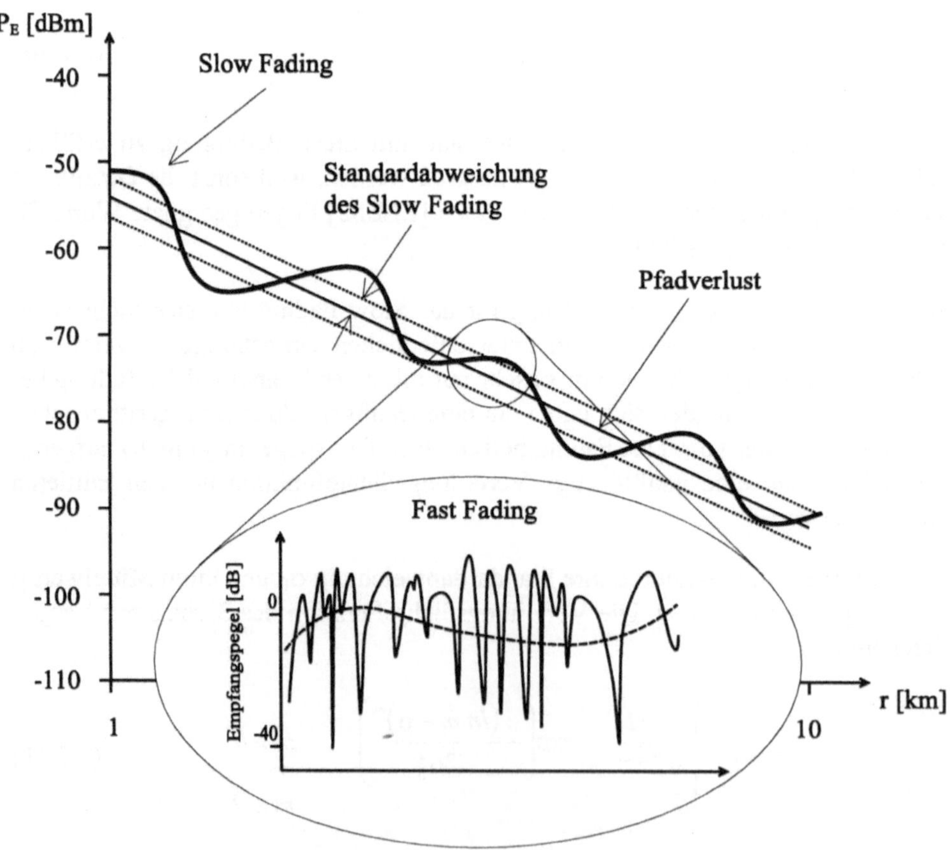

Bild 2.2.13: Gesamtübersicht zur Pegelbestimmung

Die statistischen Eigenschaften des Gesamtsignals s sind ebenfalls nicht exakt angebbar. Es gibt hier verschiedene Modelle zur Beschreibung der Verteilungsdichtefunktion wie z.B. die Nakagami-m Verteilung [NAK60] oder die Suzuki-Verteilung [SUZ77]. Die zuletzt genannte ist eine "Mischung" aus Rayleigh- und Lognormal-Verteilung. Sie kann jedoch nur in einer Integraldarstellung angegeben werden und ist analytisch nicht einfach zu handhaben [PAR92].

Damit sind alle wesentlichen Effekte zur Pegelbestimmung an einem Punkt mit einer Entfernung d vom Sender gegeben. Bild 2.2.13 zeigt einen Gesamtüberblick. Da ist zunächst der entfernungsabhängige Pfadverlust (Kapitel 2.2.1-4). Der tatsächliche Pegel schwankt um diesen Pfadverlustpegel infolge des Slow Fadings. Jedem Wert des Slow Fadings ist wiederum das Fast Fading überlagert, wie die Vergrößerung in Bild 2.2.13 zeigt.

2.2.6 Einfluß der Atmosphäre

In den für Mobilfunknetze interessanten Frequenzbereichen kann die Wellenausbreitung stark durch Regen, Schnee oder Nebel beeinflußt werden. Es gibt viele experimentelle Studien, die sich mit der Dämpfung von Mikrowellen bei Regen unterschiedlicher Stärke beschäftigt haben [HOG69]. Man kann generell sagen, daß der Einfluß von Regen mit der Sendefrequenz steigt. Besonders signifikante, nicht vernachlässigbare Dämpfungen können oberhalb von ca. 10 GHz auftreten. Diese Zusatzdämpfungen im Bereich von 10 dB/km und mehr müssen beim Entwurf von Mobilfunknetzen bei sehr hohen Übertragungsfrequenzen beachtet werden. Es gibt bereits Planungen für breitbandige Netze bei Sendefrequenzen um 60 GHz.

Bei so hohen Frequenzen treten noch zusätzliche Dämpfungseffekte durch Resonanzerscheinungen von Sauerstoff und Wassermolekülen auf. Werden diese Moleküle durch die elektromagnetischen Wellen des Senders in Schwingung versetzt, muß für diese Anregung Energie aufgewendet werden. Die Energie wird dem Wellenfeld des Senders entzogen und macht sich als zusätzliche Übertragungsdämpfung bemerkbar. Unsere Atmosphäre besteht zu einem großen Teil aus Sauerstoff (O_2) und Wasserdampf (H_2O). Liegt die Sendefrequenz in der Nähe der Resonanzfrequenzen dieser Moleküle, treten sehr hohe Zusatzdämpfungen von über 10 dB/km auf. In Bild 2.2.14 sind die Dämpfungsverläufe von Sauerstoff und Wasserdampf in der Erdatmosphäre über der Frequenz aufgetragen. Die

erste Resonanzfrequenz des Wassermoleküls liegt bei 22 GHz, die des Sauerstoffs bei 60 GHz.

Eine hohe Absorptionsdämpfung kann unter bestimmten Bedingungen durchaus
gewollt sein. So wird das geplante MBS (Mobile Broadband System, siehe Kapitel 8.8) bei 60 GHz, also auf der Resonanzfrequenz des Sauerstoffs, arbeiten. Die
hohe Absorptionsdämpfung von 14 dB/km erlaubt eine enge räumliche Begrenzung der Funkzellen. Insbesondere für den Indoor-Bereich ist dies günstig, da so
Interferenzen aus Nachbargebäuden leichter unterdrückt werden können, die
räumliche Wiederverwendung von Sendefrequenzen also gesteigert werden kann.

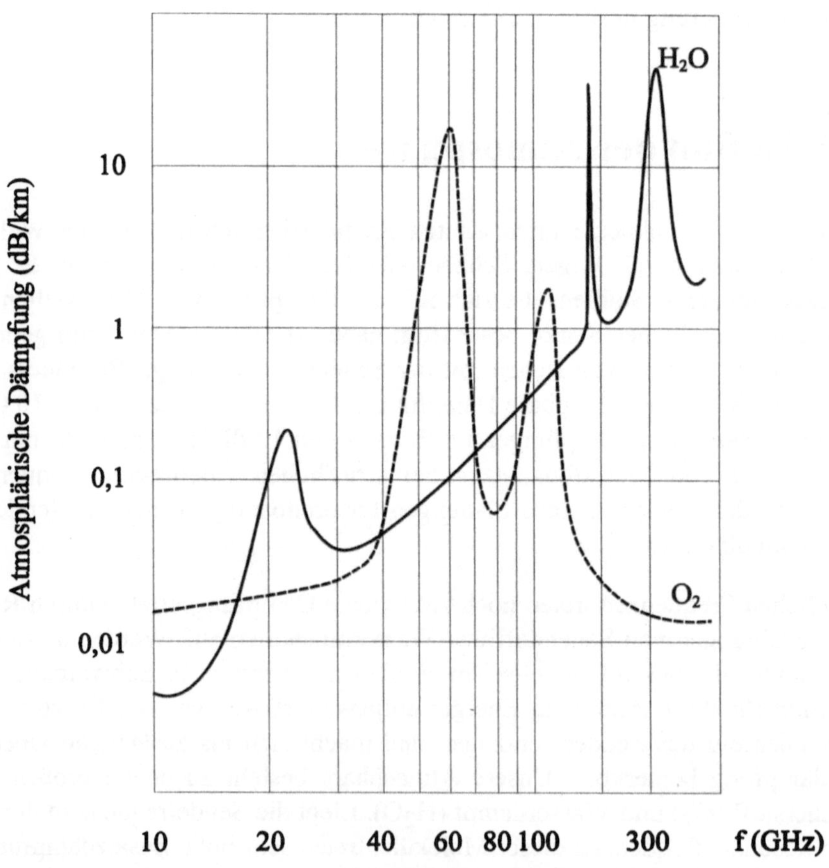

Bild 2.2.14: Signaldämpfung durch Sauerstoff und Wasserdampf in der
Erdatmosphäre

2.3 Rauschen

2.3.1 Rausch-/Interferenzbegrenzte Systeme

Sind nur ein Sender und ein Empfänger in einem Netz vorhanden (Punkt-zu-Punkt Verbindung), ist die minimal erforderliche Sendeleistung durch das vorhandene Rauschen festgelegt. Für eine bestimmte Verbindungsqualität ist ein bestimmtes Verhältnis S/N (Signalleistung S zu Rauschleistung N) erforderlich. Durch eine groß genug gewählte Sendeleistung kann dieses Verhältnis theoretisch eingehalten werden. In der Praxis ergeben sich natürlich Beschränkungen bei der maximalen Senderausgangsleistung durch den Leistungsverbrauch, die Gerätegröße, Gesundheitsschutz etc. Heutige Mobilfunkübertragungssysteme erfordern S/N-Werte in der Größenordnung von etwa 10 dB. Wie bereits in den vorangegangenen Kapiteln eingehend erläutert wurde, treten bei der Übertragung im Mobilfunkkanal sehr starke Pegelschwankungen des Signals auf, so daß ein ausreichend großer Sicherheitsabstand zum erforderlichen Mindest-S/N nötig ist. Aufgrund der Signaleinbrüche von bis zu 40 dB ist dies allerdings nicht immer möglich, weshalb es zu gelegentlichen, kurzen "Aussetzern" ("Dropouts") während der Übertragung kommt. Mit Hilfe der Kanalcodierung (siehe Kapitel 5) können Bitfehler, die durch solche Signaleinbrüche hervorgerufen werden, bis zu einem bestimmten Grad korrigiert werden.

Es gibt unterschiedliche Rauschursachen, die bei einer Funkübertragung eine Rolle spielen können. Ob und inwieweit Rauschen bei Mobilfunksystemen berücksichtigt werden muß, hängt stark vom betrachteten System ab. Bei Übertragungen über kurze Distanzen ist es oft unproblematisch "genügend" Sendeleistung einzusetzen, damit ein ausreichendes S/N erreicht werden kann.

Wie in Kapitel 3 noch ausgiebig erläutert wird, ist die Leistungsfähigkeit moderner digitaler Mobilfunksysteme oft nicht durch das Rauschen begrenzt, sondern durch die Interferenz von anderen Sendern, die in gewisser Entfernung die gleichen Sendefrequenzen wiederverwenden. In einem zellularen Mobilfunknetz ist das Verhältnis von Signalleistung zu Interferenzleistung unabhängig von der Sendeleistung, wenn alle Sender mit der gleichen Leistung senden. Dies bedeutet, daß der Einfluß des Rauschens durch eine ausreichend hohe Sendeleistung reduziert werden kann, die interferenzbedingten Übertragungsfehler jedoch nicht. Man spricht in diesem Fall von Gleichkanalstörungen. Durch eine richtige Dimensionierung bzw. eine entsprechende Funknetzplanung müssen Gleichkanalstörungen gering gehalten werden. Die Interferenz aus anderen Funkzellen ist der eigentlich begrenzende Faktor für die Teilnehmerkapazität in zellularen Mobilfunknetzen.

2.3.2 Thermisches Rauschen

Jedes verlustbehaftete System im thermodynamischen Gleichgewicht weist geringe statistische Schwankungserscheinungen auf, die von den temperaturabhängigen Schwingungen der Elementarteilchen verursacht werden. Thermisches Rauschen ist ein grundlegender Rauschmechanismus, der u.a. in allen elektronischen Bauteilen auftritt und Grenzen für die Detektion von kleinen Signalen setzt.

Nach Nyquist kann an den Klemmen jedes ohmschen Widerstands R auf einer Temperatur T (in Kelvin) eine Spannung U_N von:

$$U_N = \sqrt{4kTBR} \tag{2.3.1}$$

gemessen werden (siehe Bild 2.3.1). Dabei ist $k = 1{,}38 \cdot 10^{-23}$ Ws/K die Boltzmann-Konstante und B die Meßbandbreite. Bei Leistungsanpassung des Meßgerätes ($R_i = R$) beträgt die maximal dem Widerstand R entnehmbare Rauschleistung P_N:

$$P_N = \frac{\left(U_N / 2\right)^2}{R} = kTB \tag{2.3.2}$$

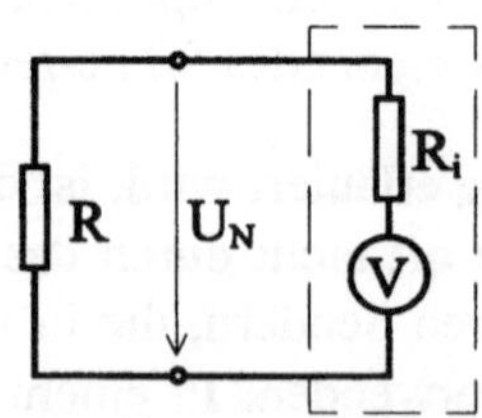

Bild 2.3.1: Thermisch rauschender ohmscher Widerstand

Bis zu einer Frequenz von etwa 10^{13} Hz (Infrarotbereich) ist die spektrale Leistungsdichte des thermischen Rauschens konstant. Man kann daher für alle praktischen Problemstellungen in der Nachrichtentechnik von einem weißen ther-

mischen Rauschen ausgehen, d.h. für die zweiseitige spektrale Leistungsdichte
N(f) gilt:

$$N(f) = \frac{1}{2} kT \tag{2.3.3}$$

Reale Systeme sind immer bandbreitenbegrenzt. Am Ausgang solch eines, zunächst als verlustlos angesehenen Systems mit der Übertragungsfunktion H(f)
beträgt die Rauschleistung N:

$$N = \int_{-\infty}^{\infty} N(f) |H(f)|^2 \, df \tag{2.3.4}$$

Für jedes System läßt sich eine äquivalente Rauschbandbreite B_N derart defi-
nieren, daß gilt:

$$N = kTB_N |H(f)|^2_{max} \tag{2.3.5}$$

mit

$$B_N = \frac{1}{|H(f)|^2_{max}} \int_{-\infty}^{\infty} |H(f)|^2 \, df \tag{2.3.6}$$

Erweitert man die betrachteten Systeme auf verlustbehaftete Systeme, so läßt sich
das Rauschverhalten jedes Systems durch seine äquivalente Rauschbandbreite B_N
und seine Rauschtemperatur T_N kennzeichnen. T_N ist hierbei nicht notwendigerweise die physikalische Temperatur, auf der sich das System befindet, sondern
kennzeichnet allgemein die Rauschleistung N_{sys}, die das System selbst verursacht:

$$N_{sys} = kT_N B_N \tag{2.3.7}$$

Weist eine Mobilfunkantenne z.B. eine Rauschtemperatur von $T_N = 300$ K auf
und beträgt die Rauschbandbreite $B_N = 250$ kHz, so ergibt sich eine Rauschleistung von -120 dBm.

In aktiven elektronischen Bauelementen entsteht nicht nur thermisches Rauschen,
sondern Rauschprozesse in Halbleitern erzeugen zusätzlich Rauschleistung, so
daß T_N ganz erheblich über der physikalischen Temperatur des Systems liegen
kann. Auf diese zusätzlichen Rauschursachen wie Schrotrauschen oder 1/f-Rau-

schen, soll hier nicht weiter eingegangen werden. Der interessierte Leser findet u.a. in [GRA84] weitere Informationen zu diesem Spezialgebiet.

2.3.3 Weitere Rauscheinflüsse

Nicht nur das thermische Rauschen spielt in Mobilfunksystemen eine Rolle, sondern noch weitere Rauschursachen, die über die Empfangsantenne bzw. während der Übertragung zum Sendesignal, hinzukommen.

Einen sehr großen Anteil am gesamten Rauschen eines empfangenen Signals hat das antropogene Rauschen, also "künstliches", vom Menschen geschaffenes Rauschen (man-made noise). Hierzu zählen impulsförmige Störungen von KFZ-Zündungen, Leuchtstofflampen, Haartrocknern, Schweißgeräten, Starkstromschaltern und viele weitere Rauschquellen aus dem häuslichen und industriellen Bereich. Antropogenes Rauschen tritt bis zu Frequenzen von etwa 7 GHz deutlich in Erscheinung.

Im Bereich von 0 bis ca. 50 MHz (unterer VHF-Bereich) dominiert atmosphärisches Rauschen, welches durch weltweite Gewittertätigkeit verursacht wird. Dieses Rauschen klingt allerdings sehr schnell mit steigender Frequenz ab und hat in den für digitale Mobilfunksysteme relevanten Frequenzbereichen keinerlei Bedeutung mehr.

Galaktisches Rauschen wird durch die Strahlung von Himmelskörpern, insbesondere der Sonne, verursacht. Der Einfluß dieser Rauschquellen hängt sehr stark von der Ausrichtung bzw. dem Antennendiagramm der verwendeten Empfangsantenne ab. Dieser Rauschtyp tritt besonders im Frequenzbereich 20 MHz bis etwa 2 GHz in Erscheinung, ist aber gegenüber dem antropogenen Rauschen nicht dominant.

Bei sehr hohen Sendefrequenzen im Mikrowellenbereich dominiert das Dämpfungsrauschen der Atmosphäre. Wie bereits in Kapitel 2.2.6 behandelt wurde, werden die Sauerstoff- und Wassermoleküle in der Atmosphäre durch das Sendesignal zu Schwingungen angeregt. Dies führt zu einer erhöhten Streckendämpfung und damit zu Rauschen. Besonders im Bereich der Resonanzfrequenzen treten sehr hohe Rauschtemperaturen auf.

Über das gesamte Spektrum tritt noch die sehr geringe kosmische Hintergrundstrahlung von 3,4 K auf. Diese Strahlung ist ein "Überbleibsel" des Urknalls und

hat wegen der geringen Rauschtemperatur keine Bedeutung für die Mobilfunkübertragung. In Bild 2.3.2 sind die Rauschtemperaturen der behandelten Rausch-
typen über der Frequenz aufgetragen.

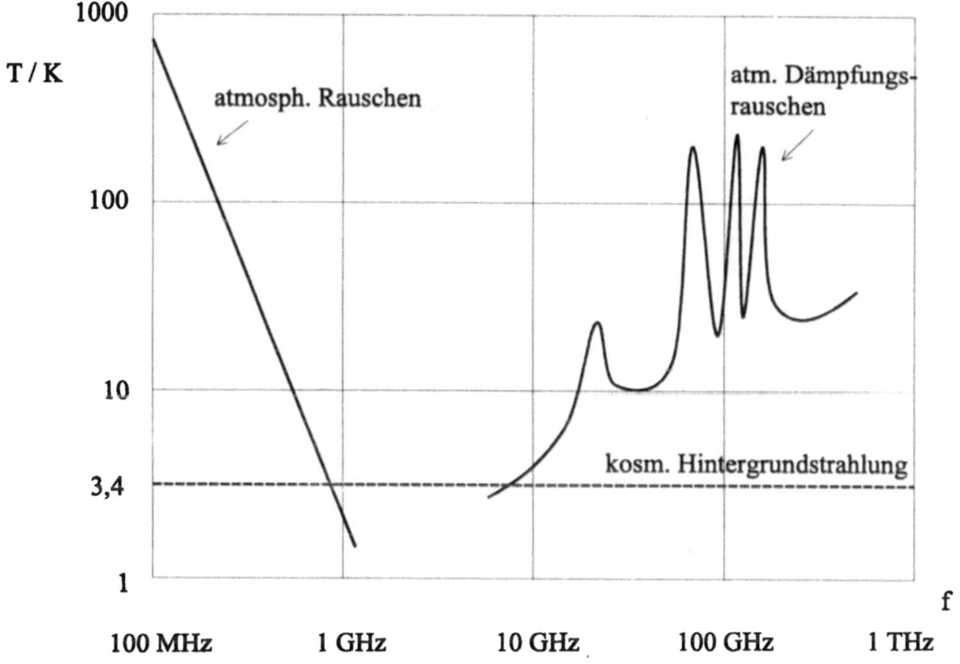

Bild 2.3.2: Typische Rauschtemperaturen verschiedener Rauschquellen

3 Zellulare Netze

Mobilfunksysteme, die auf eine hohe Teilnehmerzahl abzielen, werden typischerweise zellular aufgebaut, d.h., die gesamte zu versorgende Fläche wird in kleinere Funkzonen - sogenannte Funkzellen - unterteilt. Je kleiner die Funkzonen werden, desto mehr Mobilfunkteilnehmer können bei limitiertem Frequenzspektrum pro Fläche versorgt werden. Aber nicht nur eine hohe Systemkapazität ist der Grund für einen zellularen Netzaufbau, auch die entfernungsabhängige Dämpfung auf dem Ausbreitungsweg zwischen Sender und Empfänger begrenzt die Größe einer Funkzelle.

Das Prinzip und die Techniken des zellularen Netzaufbaus werden in Kapitel 3.1 beschrieben. Insbesondere das Verhältnis von Signal- zu Gleichkanalstörleistung, der Gleichkanalstörabstand, wird hier eine große Rolle spielen. Um die Teilnehmerkapazität von Mobilfunksystemen berechnen zu können, schließen sich in Kapitel 3.2 einige Betrachtungen aus der Verkehrs- und Bedientheorie an. Die effektive Zuteilung der knappen Ressource Spektrum ist in vielen Mobilfunknetzen von großer Bedeutung. Kapitel 3.3 behandelt daher die Grundlagen von statischer und dynamischer Kanalzuteilung. Nachdem die prinzipielle Funktionsweise von zellularen Netzen bekannt ist, wird in Kapitel 3.4 die Vorgehensweise bei der praktischen Planung von zellularen Mobilfunknetzen erörtert.

3.1 Zellularer Netzaufbau

Bei der Ausbreitung elektromagnetischer Wellen im freien Raum nimmt im Fernfeld die Feldstärke linear und die Leistung quadratisch mit der Entfernung zum Sender ab (siehe Kapitel 2.2.1). Aufgrund von topographischen Gegebenheiten, Bebauung, Bewuchs etc., sinkt die Empfangsleistung jedoch bei terrestrischen Funknetzen noch sehr viel schneller. Die mittlere Empfangsleistung ist näherungsweise proportional zu $r^{-\gamma}$, wobei r die Entfernung zwischen Sender und Empfänger und γ meist zwischen zwei und fünf liegt (siehe Kapitel 2.2). Bei einer vorgegebenen maximalen Sendeleistung und einer bestimmten Mindestempfangsleistung für einen ausreichend guten Empfang ist damit die Größe einer Funkzone begrenzt.

Das Prinzip, das hinter einem zellularen Aufbau von Mobilfunknetzen steht, ist die absichtliche Begrenzung der Funkzone durch eine geringe Sendeleistung. Auf diese Weise lassen sich die knappen Sendefrequenzen in einer ausreichend großen Entfernung wiederverwenden, ohne daß sich die Kanäle gegenseitig störend beeinflussen. Zwei weit genug voneinander entfernte Mobilfunkteilnehmer können so beide gleichzeitig den gleichen Kanal benutzen.

In einem ebenen Gebiet mit um den Sender symmetrischen Wellenausbreitungsverhältnissen wäre die Funkzone durch einen Kreis begrenzt. In der Realität herrschen jedoch oft räumlich mitunter stark inhomogene Ausbreitungsbedingungen vor, die zu einer starken "Deformation" dieser Kreise führen. Bei vielen Untersuchungen in zellularen Netzen genügt eine grobe Näherung für die Funkzonengrenze. Insbesondere weil mit Kreisen kein überlappungsfreies und lückenloses Muster aufgebaut werden kann, approximiert man die Funkzonen für theoretische Betrachtungen üblicherweise durch regelmäßige Hexagone [DON78].

Damit sich direkt benachbarte Zellen nicht gegenseitig stören, führt man sogenannte **"Cluster"** von Zellen ein. Unter einem Cluster versteht man dabei eine Gruppe von N Zellen, auf die die zur Verfügung stehenden Kanäle aufgeteilt werden. Dabei kann N nur ganz bestimmte, diskrete Werte annehmen, die sich aus folgendem Zusammenhang ergeben (zur Herleitung siehe Anhang A3.1):

$$N = i^2 + ij + j^2 \qquad mit\ i, j \in \{0, 1, 2, 3 ...\} \tag{3.1.1}$$

Mögliche Werte für N sind damit 1,3,4,7,9,12,13,16,19... . In Bild 3.1.1 ist beispielhaft das Zellmuster für die Clustergröße N = 7 mit jeweils einer Trägerfrequenz ($f_1...f_7$) pro Zelle abgebildet. Typische Clustergrößen in GSM-Netzen liegen bei N = 7, 9, 12.

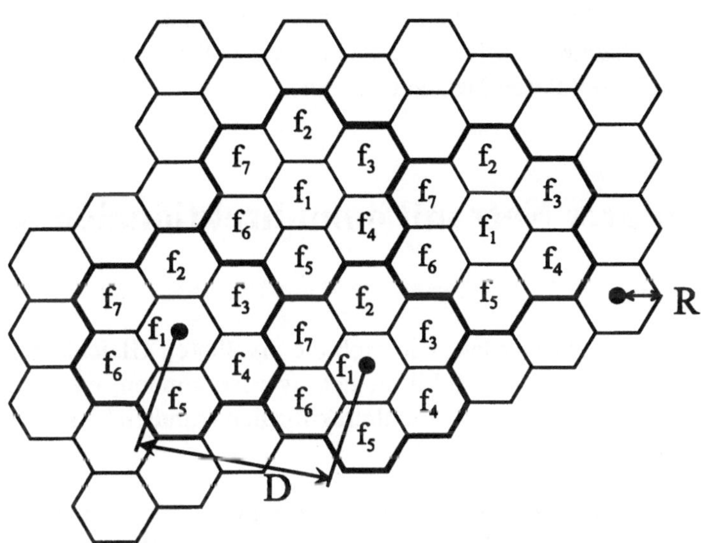

Bild 3.1.1: Zellstruktur für die Clustergröße N = 7

Durch die gewählte Geometrie besteht zwischen dem Zellradius R, der Clustergröße N und dem **Wiederverwendungsabstand** D folgender Zusammenhang (Herleitung in Anhang A3.1):

$$D = \sqrt{3N} \cdot R \tag{3.1.2}$$

Der Quotient D/R wird üblicherweise als normierter Wiederverwendungsabstand q bezeichnet.

Damit sich die einzelnen Funkzellen möglichst wenig gegenseitig stören, ist ein ausreichend großer Wiederverwendungsabstand D erforderlich. Man erkennt aus Gl.(3.1.2), daß D für gegebene Zellgrößen nur durch größere Cluster vergrößert werden kann. Bei gegebenem Spektrum sinkt mit wachsender Clustergröße die Anzahl der Kanäle pro Zelle. Dies folgt unmittelbar daraus, daß die zur Verfügung stehenden Kanäle eines Clusters auf dessen Zellen verteilt werden müssen. Damit wird die Anzahl möglicher Funkteilnehmer pro Zelle kleiner.

Ein wesentliches Ziel beim Design von zellularen Mobilfunknetzen ist es jedoch, möglichst viele Teilnehmer mit möglichst kleinem Frequenzspektrum zu bedienen. Man möchte deshalb die Clustergröße klein halten. Je kleiner N allerdings wird, desto höher wird auch die Wahrscheinlichkeit, daß sich die Zellen gegenseitig stören, wie im folgenden Kapitel noch gezeigt wird. Diese Gleichkanalstörungen (*engl.* Cochannel Interference) sind ein wesentlicher Faktor, der die Teilnehmerkapazität in zellularen Netzen begrenzt.

3.1.1 Zellulares Netz mit omnidirektionalen Antennen

Zunächst soll untersucht werden, wie groß die erwähnten Gleichkanalstöranteile in einem zellular aufgebauten Mobilfunknetz werden können, wenn die beteiligten Mobil- und Basisstationen mit omnidirektionalen (rundstrahlenden) Antennen ausgestattet sind.

In einem interferenzbegrenzten System (siehe Kapitel 2.3.3) ist für die Verbindungsqualität das **Signal- zu Interferenzleistungsverhältnis C/I** (*engl.* C = Carrier, I = Interference), auch Gleichkanalstörabstand genannt, wichtig. Eine einfache Abschätzung für dieses Verhältnis läßt sich für ein homogenes Netz, in dem alle Basisstationen mit gleicher Leistung senden, leicht angeben. Der Einfachheit halber beschränken sich die folgenden Betrachtungen auf den Downlink, also die Übertragungsrichtung BS $\rightarrow$ MS. Die Empfangsleistung wird dabei als zu $r^{-\gamma}$ proportional angenommen (siehe Kapitel 2.2).

$$\frac{C}{I} = \frac{r^{-\gamma}}{\sum_{i=1}^{K} d_i^{-\gamma}} \tag{3.1.3}$$

Hierbei bezeichnet K die Anzahl der Gleichkanalzellen (Cochannel Zellen) und d_i den Abstand von der i-ten Gleichkanalzelle zur betrachteten Mobilstation ($i = 1...K$). Die Mobilstation in der zentralen Referenzzelle befindet sich in der Entfernung r zu ihrer Basisstation. Unabhängig von der Clustergröße hat jede Zelle immer genau sechs zugehörige nächste Gleichkanalzellen (siehe Bild 3.1.2). Ist $r = R$ (Zellrand) und $d_i \gg r$ ($d_i \approx D$), läßt sich Gl.(3.1.3) vereinfachen. Man gelangt nun zu folgendem Ausdruck:

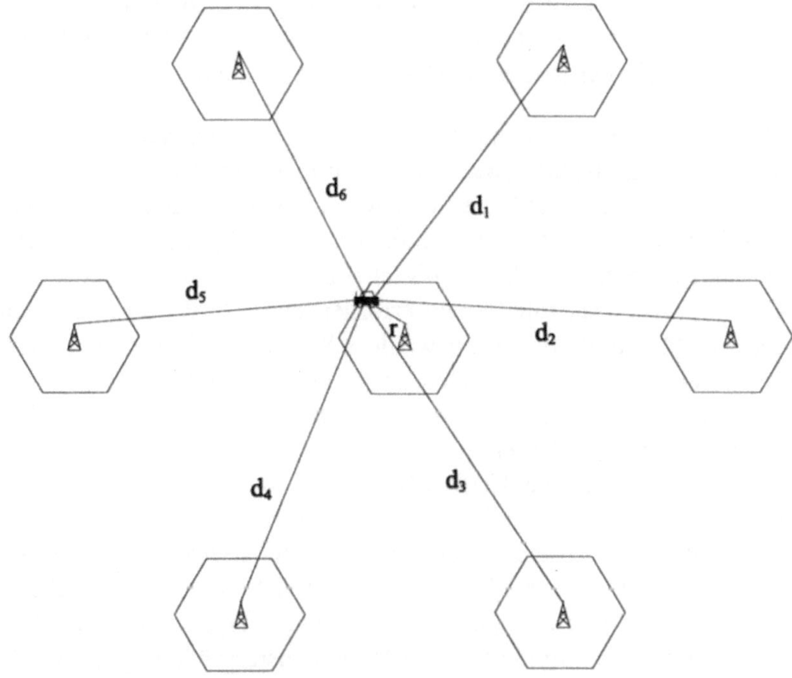

Bild 3.1.2: Gleichkanalinterferenz der sechs nächsten Cochannel Zellen

$$\frac{C}{I} = \frac{1}{6} q^{\gamma} \tag{3.1.4}$$

Es wurde dabei berücksichtigt, daß die stärksten Störungen durch die am nächsten gelegenen sechs Cochannel Zellen verursacht werden (K = 6). Der Einfluß der weiter entfernten Cochannel Zellen kann vernachlässigt werden. Eine etwas genauere Rechnung geht von der Forderung $d_i \approx D$ ab und führt zu nachstehendem Ergebnis:

$$\frac{C}{I} = \frac{R^{-\gamma}}{2(D-R)^{-\gamma} + 2D^{-\gamma} + 2(D+R)^{-\gamma}} \tag{3.1.5}$$

$$= \frac{1}{2(q-1)^{-\gamma} + 2q^{-\gamma} + 2(q+1)^{-\gamma}}$$

Hier wurden in Gl.(3.1.3) für die Entfernungen d_1 bis d_6 folgende Werte einge-setzt: $d_1 = d_4 = D$, $d_2 = d_3 = D + R$, $d_5 = d_6 = D - R$. Gl.(3.1.5) beschreibt also den ungünstigsten Fall, der in diesem Modell eintreten kann.

Aus den Gln.(3.1.3) - (3.1.5) ist ersichtlich, daß der Gleichkanalstörabstand nicht von der Sendeleistung abhängt (wenn alle Stationen mit der gleichen Sendelei-stung senden). Man wird deshalb die Sendeleistung der Stationen so wählen kön-nen, daß sich immer ein ausreichend starker Empfangspegel ergibt, Rauschen al-so vernachlässigt werden kann. Das C/I-Verhältnis ist demnach nur eine Funktion von der Clustergröße. Das mindestens erforderliche C/I für eine ausreichende Verbindungsqualität hängt von dem gewählten Kanalzugriffsverfahren, dem Mo-dulationsverfahren und der verwendeten Codierung ab und beträgt z.B. bei GSM ca. 9 dB. Aufgrund von Fadingprozessen (siehe Kapitel 2.2) ist jedoch immer ein mehr oder weniger großer "Sicherheitsabstand" zu diesem minimalen Wert erfor-derlich. In GSM-Netzen gelten 15 dB Mindest-C/I als vorsichtiger Wert für die Auslegung des Systems. In Tabelle 3.1.1 sind die mit Gl.(3.1.4) und (3.1.5) er-mittelten Gleichkanalstörabstände für verschiedene Clustergrößen aufgeführt. Man erkennt, daß der Unterschied zwischen den C/I-Werten nach Gl.(3.1.4) und Gl.(3.1.5) bei größeren Clustern geringer wird. Dies folgt daraus, daß D immer größer gegen R wird. Die mindestens benötigte Clustergröße liegt also aufgrund der C/I-Grenze fest. Damit liegt aber auch die Anzahl der Kanäle pro Zelle und folglich auch die maximale Teilnehmerzahl des Netzes fest.

Tabelle 3.1.1: Gleichkanalstörabstände (des Downlinks) verschiedener Cluster-größen ($\gamma = 4$)

Clustergröße	3	4	7	9	12	13
Gl.(3.1.4) C/I [dB]	11,3	13,8	18,7	20,9	23,3	24
Gl.(3.1.5) C/I [dB]	8	11,4	17,3	19,8	22,5	23,3

Eine wichtige Bedeutung der Gln.(3.1.4) und (3.1.5) ist, daß sie die Verbindung zwischen Übertragungstechnik und zellularen Netzen darstellen.

Die Clustergröße $N = 1$ wurde nicht aufgeführt, da hier der Gleichkanalstörab-stand negative Werte annehmen kann und dieser Fall daher, außer in Spezialfäl-len (siehe CDMA, Kapitel 6), bedeutungslos ist. Es soll an dieser Stelle nochmals darauf hingewiesen werden, daß die Gln.(3.1.3) - (3.1.5) Näherungen sind. In der Realität treten zusätzlich mitunter starke Fading/Abschattungseffekte hinzu, die den Gleichkanalstörabstand negativ beeinflussen können (siehe Kapitel 2). Für eine reale Planung ist es wichtig, diese Effekte zu berücksichtigen, um für ein gefordertes C/I eine bestimmte Versorgungswahrscheinlichkeit von z.B. 90 % oder 95 % zu garantieren (siehe auch Kapitel 3.4.2.3).

3.1.2 Zellulares Netz mit gerichteten Basisstations-antennen

Wie bereits im vorangegangenen Kapitel gezeigt wurde, besitzt jede Zelle aufgrund der hexagonalen Struktur immer genau sechs nächste Cochannel Zellen, von denen die am stärksten störenden Interferenzen hervorgerufen werden. Durch den Einsatz von Richtantennen an den Basisstationen läßt sich eine Zelle in Sektoren mit verschiedenen Kanalgruppen aufteilen. Dies hat zur Folge, daß weniger Gleichkanalstörer von der Basisstation "gesehen" werden und sie zudem selber weniger Störungen verursacht. Man verwendet in der Regel 120° oder 60° Sektorantennen und erhält damit die in Bild 3.1.3 gezeigte Situation für eine Clustergröße von N = 7.

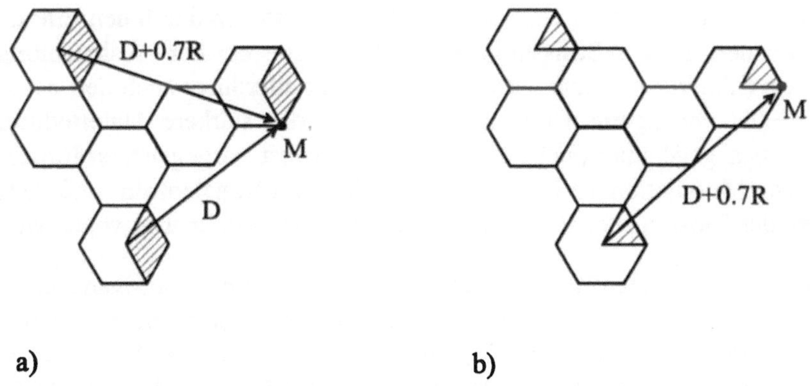

Bild 3.1.3: Zellstruktur bei Einsatz von 120° (a) und 60° (b) Sektorantennen in einem N = 7 Cluster

Werden Antennen mit einem ausreichend hohen Vor-Rückverhältnis (> ca. 15 dB) verwendet, müssen nun im Drei-Sektor-Fall nur noch zwei Interferenz-Basisstationen bei der Berechnung des Gleichkanalstörabstands berücksichtigt werden. Es soll wieder der ungünstigste Fall untersucht werden ("worst case"), bei dem sich die Mobilstation am Zellrand (Position M) befindet. Zur besseren Übersicht werden die Entfernungen zu den Störern mit D und D + 0,7 R genähert. Man erhält damit folgendes Ergebnis für das C/I:

$$\frac{C}{I} = \frac{R^{-\gamma}}{(D+0,7R)^{-\gamma} + D^{-\gamma}} = \frac{1}{(q+0,7)^{-\gamma} + q^{-\gamma}} \qquad (3.1.6)$$

Mit $q = \sqrt{3N} = \sqrt{21}$ und $\gamma = 4$ ergibt sich ein Gleichkanalstörabstand von 24,5 dB, also eine Verbesserung um ca. 7 dB gegenüber dem omnidirektionalen Fall.

Werden sechs Richtantennen pro Basisstation mit jeweils 60° Öffnungswinkel eingesetzt, muß nur noch eine Interferenzzelle berücksichtigt werden. Der Gleichkanalstörabstand ergibt sich im "worst case" zu:

$$\frac{C}{I} = \frac{R^{-\gamma}}{(D+0,7R)^{-\gamma}} = (q+0,7)^{\gamma} \qquad (3.1.7)$$

Dies führt auf ein C/I-Verhältnis im N = 7 Cluster von 29 dB, also fast 12 dB Verbesserung gegenüber dem omnidirektionalen Fall.

Neben der Reduktion der Gleichkanalinterferenz entstehen durch den Einsatz von Sektorantennen an den Basisstationen auch Vorteile bei der Ausleuchtung des Zellgebiets (höherer Antennengewinn). Dem steht allerdings auch der, besonders im 60° Fall, verringerte Bündelgewinn durch die stärkere Unterteilung der Kanalgruppen gegenüber (siehe Kapitel 3.2). Bei fest vorgegebenen Randbedingungen wie Modulationsverfahren, Topographie und Kanalanzahl muß demnach zwischen der Clustergröße und dem Grad der Sektorisierung abgewogen werden.

Die in den beiden letzten Kapiteln hergeleiteten C/I-Formeln bezogen sich immer auf leicht handhabbare "worst case" Situationen und berücksichtigten auch keine mobilfunktypischen Fadingprozesse und Abschattungen, die den Gleichkanalstörabstand negativ beeinflussen können. Im folgenden sind deshalb C/I-Ergebnisse angegeben, die mit Hilfe einer Computersimulation in einem mit Lognormal-Fading (σ = 6 dB) behafteten Mobilfunkkanal (siehe Kapitel 2.2.5) ermittelt worden sind. Während der Simulation wurden je 2000 Mobilstationen gleichverteilt zufällig in der Referenzzelle plaziert und der jeweilige Gleichkanalstörabstand unter Berücksichtigung des Lognormal-Fadings berechnet. Tabelle 3.1.2 zeigt die ermittelten mittleren Gleichkanalstörabstände sowie den jeweiligen minimalen C/I-Wert, der bei 90 % der Mobilstationen erreicht wird.

Bei genauerer Betrachtung der Tabelle 3.1.2 fällt auf, daß bei der Clustergröße N = 12 im 120° sektorisierten Fall schlechtere Ergebnisse erzielt werden als mit dem N = 9 Cluster. Im Falle der 60° Sektorisierung ist das mittlere C/I sogar kleiner als im N = 7 Cluster. Dies liegt daran, daß im N = 12 Cluster bei der 120° Sektorisierung statt zwei nun drei Gleichkanalstörer wirksam werden und im Fall der 60° Sektoren statt einem Störer zwei.

Tabelle 3.1.2: Mittlere und 90 % C/I-Werte [dB] mit und ohne Sektorisierung, unter Berücksichtigung von Lognormal-Fading (σ = 6 dB) und γ = 4

Sek./Cluster	3 mittl./90 %	4 mittl./90 %	7 mittl./90 %	9 mittl./90 %	12 mittl./90 %
360°	18,3/5,7	20,7/8,1	25,6/12,8	27,8/14,5	30,4/17,9
120°	24,3/11,9	29,2/16,6	33,6/20,5	35,9/23,1	35,4/22,8
60°	27,4/14,5	34,9/20,8	39,0/25,5	40,7/27,1	38,1/24,7

3.1.3 Handover

Bewegt sich eine Mobilstation aus dem Versorgungsbereich ihrer Basisstation heraus, muß die Verbindung über eine andere Basisstation geführt werden. Ältere Mobilfunksysteme wie z.B. das ehemalige deutsche B/B2-Netz boten nicht die Möglichkeit einer automatischen Umschaltung auf eine andere Basisstation. Wurde die Funkverbindung zum mobilen Teilnehmer schlechter, mußte die Übertragung beendet und eine neue Verbindung zu einer anderen Basisstation aufgebaut werden. Spätere Systeme wie z.B. das C-Netz, erlaubten einen automatischen Wechsel der Funkzone, ohne daß die Qualität der laufenden Verbindung davon wesentlich störend beeinflußt wurde. Man bezeichnet diesen Vorgang als "Handover" oder synonym als "Handoff". Wenn für den Teilnehmer keine Verbindungsunterbrechung erkennbar ist, spricht man von einem "Seamless Handover" (nahtloser Handover).

Der Handover (HO) ist ein sehr zeitkritischer Vorgang in Mobilfunksystemen, da die Kontinuität laufender Verbindungen gewährleistet werden muß. Er hat einen bedeutenden Einfluß auf die Kapazität und die Leistungsfähigkeit zellularer Netze und besteht aus drei Phasen: Messung, Handover-Einleitung, Umschaltung zur Zielbasisstation.

Während der Mobilfunkübertragung werden ständig Messungen durchgeführt, um die Notwendigkeit eines Handover zu erkennen. Ein Handover-Algorithmus kann seine Entscheidung, ob und wann ein Wechsel der Funkzone erforderlich bzw. sinnvoll ist, von verschiedenen Kriterien abhängig machen. Neben der Empfangsleistung sind dies vor allem auch Qualitätskriterien wie Bitfehlerraten oder Störabstände. Zusätzlich kann die Entfernung von der momentanen Basisstation anhand der Signallaufzeit mit in die Entscheidungsfindung einfließen. Durch die in Kapitel 2 beschriebenen Fadingprozesse ist der Empfangspegel einer Basis- bzw. Mobilstation oft sehr starken Schwankungen unterworfen. Dies kann die Ermittlung eines geeigneten Handover-Zeitpunkts sehr schwierig machen. Handover bedeuten einen hohen Steuer- und Signalisierungsaufwand im Netz und sollten deshalb nur dann erfolgen, wenn es nötig ist. Unnötige Handover, z.B. im Falle von nur kurzen Fadingeinbrüchen, sollen hingegen vermieden werden.

Nachdem der Handover-Algorithmus eine Handover-Entscheidung getroffen hat, werden im Netz die notwendigen Vorbereitungen getroffen. Dazu gehören die Durchschaltung von Festnetzverbindungen von der Mobilvermittlungsstelle zur neuen Basisstation und die Auswahl eines neuen, geeigneten Übertragungskanals. Weitere Aktionen bezüglich der Teilnehmer- bzw. Mobilitätsverwaltung können, je nach Mobilfunksystem, hinzukommen. Erst in der dritten Phase erfolgt dann die endgültige Umschaltung zur neuen Basisstation.

Je nachdem wie ein Handover-Algorithmus arbeitet und wo er angeordnet ist (Mobil- oder Basisstation), unterscheidet man zwischen netzgesteuertem HO (z.B. C-Netz), mobilstationsunterstütztem HO (z.B. GSM) oder mobilstationsgesteuertem HO (z.B. DECT). Im erstgenannten Fall wird die Handover-Entscheidung ausschließlich von den Basisstationen anhand der eigenen Meßergebnisse getroffen. Der HO wird vom Festnetz aus eingeleitet. Beim mobilstationsunterstützten HO wird der Wechsel der Basisstation zwar immer noch vom Festnetz aus eingeleitet, jedoch werden auch Meßergebnisse von Seiten der Mobilstation in die Entscheidungsfindung einbezogen. Zu diesem Zweck werden in bestimmten Zeitabschnitten Meßwerte von den Mobilstationen zu ihren Basisstationen übertragen. Diese Meßtelegramme können auch, wie im Falle von GSM, Pegel-meßwerte benachbarter Basisstationen beinhalten. Der mobilstationsgesteuerte HO wird von den Mobilstationen allein eingeleitet und durchgeführt.

Nach der Art, wie ein neuer Verbindungsweg aufgebaut wird und wie zwischen altem und neuem Weg umgeschaltet wird, lassen sich Handover-Vorgänge in drei verschiedene Klassen einteilen: HO mit festem Umschaltpunkt, HO mit varia-blem Umschaltpunkt und Soft-Handover. In Bild 3.1.4 sind die drei Prinzipien dargestellt.

Bei einem Handover mit festem Umschaltpunkt (siehe Bild 3.1.4a) wird vom Netz der Umschaltvorgang derart vorbereitet, daß bereits eine neue Leitung von der Mobilvermittlungsstelle zur neuen Basisstation durchgeschaltet wird, bevor die eigentliche Umschaltung erfolgt. Auf diese Weise kann die Verbindungsun-terbrechung während des Handover-Vorgangs kurz gehalten werden; sie kann aber dennoch auftreten und sich als störendes "Knacken" bemerkbar machen. Nach dem Verbindungsaufbau zwischen der Vermittlungsstelle und der neuen Basisstation wird gleichzeitig auf den neuen Weg geschaltet, und es werden die Teilnehmerdaten umgeleitet. Ein Handover mit festem Umschaltpunkt ist mei-stens netzgesteuert; das Umschaltkommando auf einen neuen Kanal kommt in diesem Fall von der Mobilvermittlungsstelle. Ein Vorteil des HO mit festem Um-schaltpunkt ist, daß zu jeder Zeit nur ein Kanal auf der Luftschnittstelle belegt wird. Ein Beispiel für dieses Verfahren findet sich im analogen C-Netz.

Im Fall des Handover mit variablem Umschaltpunkt (siehe Bild 3.1.4b) wird die Mobilfunkverbindung für einen kurzen Zeitabschnitt gleichzeitig zu zwei Basis-stationen geführt. Die alte Verbindung ist noch solange aktiv, bis alle nötigen Vorbereitungen zum endgültigen Handover beendet sind. Erst dann wird die be-reits funktionierende, zweite Übertragungsstrecke aktiviert und die alte Verbin-dung gelöst. Die Mobilstation muß daher während des Handover-Vorgangs gleichzeitig auf zwei Kanälen senden und empfangen. Dieser Handover-Typus eignet sich deshalb besonders für Mobilfunksysteme auf Basis von Zeitmultiplex-verfahren (siehe Kapitel 6.3) und mobilstationsgesteuertem HO. Er wird z.B. im DECT-System eingesetzt (siehe Kapitel 8.1.2).

a) Handover mit festem Umschaltpunkt

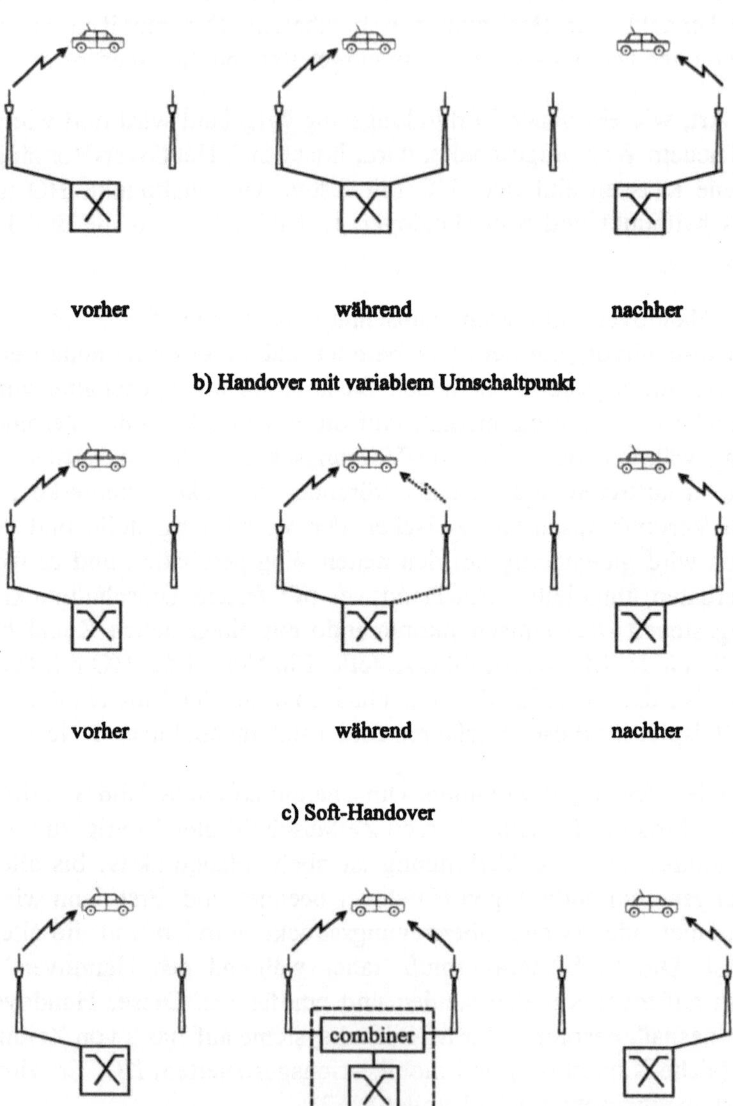

Bild 3.1.4: Handover-Strategien

Eine interessante Handover-Variante ist der Soft-HO (siehe Bild 3.1.4c). Ähnlich wie beim Handover mit variablem Umschaltpunkt besteht gleichzeitig eine Verbindung zu zwei Basisstationen. Hier werden jedoch beide Verbindungen benutzt, um einen gemeinsamen Datenstrom an der Mobilvermittlungsstelle zu erzeugen. Die Umschaltzeit spielt beim Soft-HO keine große Rolle. Es wird über einen längeren Zeitraum hinweg immer gerade das Signal ausgewählt, welches gerade am stärksten bzw. am wenigsten gestört ist. Das Prinzip des Soft-HO kann leicht dahingehend erweitert werden, daß die Mobilstation während der gesamten Verbindungsdauer mit zwei oder mehr Basisstationen gleichzeitig verbunden ist. Man nennt dieses Prinzip auch "Makro-Diversity" in Anlehnung an die bereits in Kapitel 2.1.7 behandelten (Mikro-) Diversity Verfahren zur Verminderung von "Dropouts" durch Mehrwegeausbreitung (Fast Fading). Teilweise werden Makro-Diversity und Soft-Handover auch synonym verwendet. Makro-Diversity kann die Übertragungsqualität in Situationen mit Slow Fading deutlich steigern, da automatisch immer die Ausbreitungsrichtung ausgewählt wird, die am wenigsten abgeschattet ist. Da ständig Verbindung zu mehreren Basisstationen gehalten wird, ist eine entsprechend hohe Übertragungskapazität erforderlich. Soft-Handover wird im CDMA-Mobilfunksystem IS-95 (siehe Kapitel 8.7) eingesetzt.

Ein weiterer Unterscheidungspunkt bei Handover-Verfahren betrifft den Signalisierungsweg über den der Handover eingeleitet wird: Es gibt rückwärts- und vorwärtsgesteuerte Handover. Im Fall des rückwärtsgesteuerten HO werden alle Informationen zwischen Mobil- und Basisstation, die den Handover-Vorgang betreffen, über die bisherige, alte Verbindung übertragen. Ein HO mit festem Umschaltpunkt ist daher immer rückwärtsgesteuert. Beim vorwärtsgesteuerten HO werden die relevanten Informationen bereits über die Luftschnittstelle zur neuen Zielbasisstation übertragen. Die notwendigen Schritte, wie der Verbindungsaufbau zur Mobilvermittlungsstelle, werden von der Zielbasisstation aus eingeleitet. Ein vorwärtsgesteuerter HO ist deshalb nur möglich, wenn die Kanalzuteilung von der Mobilstation aus gesteuert wird, wie es z.B. im DECT-System der Fall ist.

In Kapitel 7.3.7 wird detailliert der mobilstationsunterstützte Handover-Algorithmus des GSM-Systems behandelt.

3.1.4 Weitere Zellstrukturen

3.1.4.1 Mikrozellulare Netze

Eine effektive Methode, um die Teilnehmerkapazität eines zellularen Mobilfunk-
systems bei konstanten spektralen Ressourcen beträchtlich zu erhöhen, ist die
Verringerung des Zellradius. Pro Flächeneinheit hat man so eine höhere Übertra-
gungsbandbreite zur Verfügung und kann mehr Teilnehmer versorgen. Besonders
Orte mit sehr hohem Telefonverkehr, wie z.B. stark befahrene Straßen, Kreuzun-
gen, Innenstadtbereiche usw., bieten sich für eine Mikrozell-Versorgung an. Von
Mikrozellen spricht man bei Zellen mit Radien, die kleiner als etwa 1 km sind.
Die Antennen von Mikrozell-Basisstationen sind gewöhnlich niedrig montiert
(Straßenlampenhöhe), um den Ausleuchtungsbereich klein zu halten. Da zur Versorgung einer größeren Fläche mit Mikrozellen viele Basisstationen benötigt
werden, ist der Aufbau eines mikrozellularen Netzes sehr kostenintensiv und
daher nur bei besonders hohem Anrufaufkommen sinnvoll.

Ein weiteres Problem beim Betrieb eines mikrozellularen Netzes ist die relativ
hohe Handover-Rate. Schnelle Mobilstationen bewegen sich in kurzer Zeit durch
die kleinen Mikrozellen und verursachen so sehr viele Handover. Unter der Voraussetzung einer räumlich homogenen Teilnehmerverteilung in der Ebene ist die
Anzahl der Teilnehmer T pro Zelle proportional zum Quadrat des Zellradius R:

$$T \sim R^2 \tag{3.1.8}$$

Die Handover-Wahrscheinlichkeit P_{HO} ist proportional zum Zellradius:

$$P_{HO} \sim R \tag{3.1.9}$$

Damit erhält man für die Handover-Rate R_{HO}, als Verhältnis der Handover-Vorgänge zur Teilnehmerzahl einer Zelle, folgenden Zusammenhang:

$$R_{HO} = \frac{P_{HO}}{T} \sim \frac{1}{R} \tag{3.1.10}$$

Die Handover-Rate ist also umgekehrt proportional zum Zellradius.

Mikrozell-Basisstationen arbeiten gewöhnlich mit geringen Sendeleistungen im
Milliwatt-Bereich und verwenden Antennen in geringer Höhe, üblicherweise
zwischen etwa 5 und 15 m. So kann die Sendereichweite auf einen kleinen Bereich um die Basisstation begrenzt werden, und die verwendeten Kanäle können

bald wiederverwendet werden. Aufgrund der geringen Zellgröße sind auch auf der Mobilstationsseite nur geringe Sendeleistungen erforderlich; dies wirkt sich sehr günstig auf die Betriebsdauer von portablen Mobiltelefonen ("Handys") aus.

3.1.4.2 Hierarchische Zellstrukturen

Mikrozellulare Netze weisen eine hohe spektrale Effizienz auf und erlauben den Einsatz von geringen Sendeleistungen. In Gebieten mit räumlich stark heterogener Lastverteilung sind sie jedoch aufgrund der hohen Anzahl von Basisstationen nicht kosteneffektiv. Zudem bereiten die hohen Handover-Raten Probleme bei der Netzsteuerung und können die Dienstgüte vermindern. Einen Auswcg bicten hier hierarchische Zellstrukturen aus Mikrozellen, die von großen Makrozellen überdeckt werden. Bild 3.1.5 zeigt solch eine hybride Netzstruktur. Mit der Makrozelle kann leicht eine große Fläche abgedeckt werden. Da die Gebiete mit hoher Teilnehmerdichte in aller Regel örtlich begrenzt sind (sogenannte "Hotspots"), lassen sie sich leicht durch kleinere Mikrozellen oder sogar Picozellen mit Zellradien bis hinunter zu einigen 100 m versorgen.

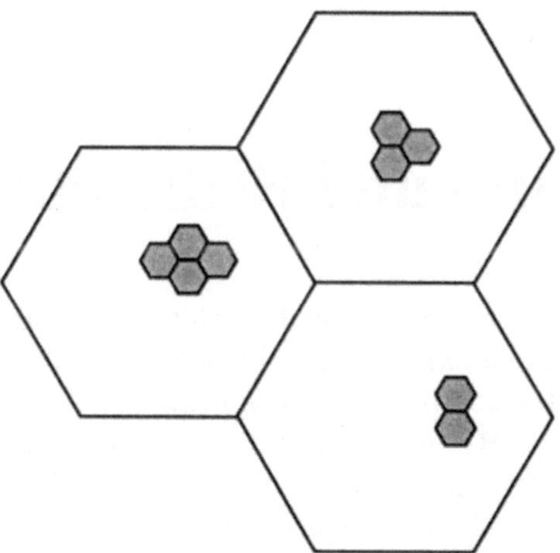

Bild 3.1.5: Hierarchische Zellstruktur

Neben der guten Anpassung an die tatsächliche räumliche Lastverteilung bieten hierarchische Netze noch weitere Vorteile. So läßt sich die in reinen Mikrozellnetzen auftretende Handover-Problematik dadurch vermindern, indem schnell bewegliche Mobilstationen primär Kanäle aus den Makro-Schirmzellen zugeteilt bekommen. Ferner kann eine Senkung der Blockierrate im Netz erreicht werden, wenn es auch den Teilnehmern im Bereich der Mikrozellen erlaubt wird, bei voll ausgelasteten Mikrozellen auf Kanäle der übergeordneten Makrozelle auszuweichen. Man erhält so einen den dynamischen Kanalzuteilungsverfahren ähnlichen Effekt, der durch eine größere Flexibilität zu einer Kapazitätssteigerung des Netzes führt (Näheres hierzu wird in Kapitel 3.3 behandelt).

Hierarchische Zellstrukturen sind eine Kombination von Makrozellen, Mikrozellen und evtl. Picozellen. Da in den großen Makrozellen sehr viel höhere Sendeleistungen, sowohl an den Basisstationen wie auch bei den Mobilstationen, eingesetzt werden müssen als in den Mikrozellen, kann es in diesen zu einer großen Interferenzgefahr kommen. Die Mikrozellen selbst verursachen jedoch nur geringe Störungen in den Makrozellen außerhalb der eigenen Schirmzelle. In der Praxis ist deshalb eine Bandseparation zwischen den verschiedenen Zellstrukturen (Mikro- und Makrozellen) erforderlich, so daß sich zwei getrennte Netze ergeben. Dies ist jedoch mit Kapazitätseinbußen verbunden. Nur bei bestimmten Zellstrukturen und einer optimalen Sendeleistungseinstellung der Mikrozellen läßt sich die Bandseparation vermeiden [BEN95a].

3.2 Verkehrs- und Bedientheorie

In Kommunikationsnetzen wäre es in höchstem Maße unwirtschaftlich, wenn man jedem Netzteilnehmer exklusiv und auf Dauer Kanalkapazität zur Verfügung stellen würde. Deshalb bietet man nur einen mehr oder weniger großen Vorrat an Systemressourcen wie z.B. Funkkanälen, Vermittlungseinrichtungen oder Festnetzkanälen einer großen Anzahl von Netzteilnehmern gemeinsam an. Dies ist möglich, weil natürlich nicht alle Teilnehmer 24 Stunden am Tag ohne Unterbrechung telefonieren, sondern im Mittel nur wenige Minuten pro Stunde. Die Systemressourcen werden also auf die Teilnehmer in geeigneter Weise aufgeteilt. Daher kann es zu mehr oder weniger starken Beeinträchtigungen der Dienstgüte kommen, wie z.B. Wartezeiten oder Besetztzeichen. Es ist ein Netzplanungsziel, für eine vorgegebene Teilnehmerzahl die Ressourcen richtig zu bemessen, d.h., eine bestimmte Mindestdienstgüte nicht zu unterschreiten, aber gleichzeitig aus wirtschaftlichen Gründen nicht zuviel Kapazität einzusetzen.

Die Verkehrs- und Bedientheorie stellt für diesen Zweck die geeigneten Werkzeuge bereit. Bediensysteme sind abstrakte Modelle, welche zur Beschreibung des Ablaufgeschehens innerhalb realer Systeme (Nachrichtenvermittlungssysteme, Rechnersysteme, Nachrichten- bzw. Mobilfunknetze) geeignet sind. Komponenten eines Bediensystems sind:

- Ankunftsprozeß der Bedienanforderungen
- Bedienprozeß
- Struktur und Betriebsart des Bediensystems

Ankunfts- und Bedienprozesse werden im allgemeinen in Form von Wahrscheinlichkeitsverteilungsfunktionen für die zufallsabhängigen Interankunftsabstände t_A bzw. Bediendauern t_B vorgegeben. Struktur und Betriebsart eines Bediensystems beschreiben die Anzahl und Anordnung von Bedieneinheiten und Warteplätzen (z.B. bei paketvermittelten Netzknoten) sowie die Art und Weise der Abfertigung von Bedienanforderungen (z.B. Telefonanrufen).

Die Analyse des Ablaufgeschehens von Bediensystemen erfolgt mittels stochastischer Prozesse. Im folgenden werden nach einer Betrachtung der Ankunfts- und Bedienprozesse die zwei grundlegenden Modelle eines **Verlust-** und eines **Wartesystems** betrachtet.

Die theoretischen Grundlagen der Verkehrs- und Bedientheorie wurden bereits in den zwanziger Jahren von dem dänischen Mathematiker Anger Krarup Erlang (1878 - 1929) entwickelt. Es handelt sich hier um eine sehr vielseitige und erfolgreiche Theorie, die nicht nur im Bereich der Telekommunikation breite Anwendung gefunden hat.

3.2.1 Begriffe und Größen der Verkehrs- und Bedientheorie

3.2.1.1 Verkehrsangebot

Das Verkehrsangebot A im Sinne der Verkehrs- und Bedientheorie hat nichts mit dem Straßenverkehr, also der Bewegung von Kraftfahrzeugen zu tun, sondern ist als die relative Dauer einer Belegung pro Zeiteinheit definiert. Die Einheit des

Verkehrs ist **Erlang** (abgekürzt **Erl**), in Gedenken an A.K. Erlang. Es handelt sich um eine dimensionslose, sogenannte Pseudoeinheit, d.h., Erl ist keine physikalische Einheit, sondern wurde aus ähnlichen Gründen wie z.B. dB oder Bit eingeführt, um anzuzeigen, daß es sich hier um eine verkehrstheoretische Größe handelt. Betrachtet man z.B. eine Leitung, die während 30 min pro Stunde belegt ist, so entspricht dies einem Verkehr von A = 30 min/60 min = 0,5 Erl. Ein typischer Wert für das Verkehrsangebot eines Mobilfunkteilnehmers ist z.B. 20 mErl, d.h., in 2 % der Zeit (72 s pro Std.) führt er ein Telefonat.

Bezeichnet man mit λ die mittlere Ankunftsrate und mit $1/\mu$ die mittlere Belegungsdauer, so ist A gegeben durch:

$$A = \frac{\lambda}{\mu} \qquad\qquad (3.2.1)$$

Das Verkehrsangebot ist demnach gleich der Anzahl von Ankünften während der Belegungsdauer. Bei einer einzigen Leitung entspricht A der Belegungswahrscheinlichkeit dieser Leitung.

3.2.1.2 Ankunftsprozeß

Durch den Ankunftsprozeß werden die statistischen Eigenschaften der Ankünfte in einem System beschrieben. Für Anwendungen in der Telefonvermittlungstechnik geht man von einer zufälligen und statistisch unabhängigen Generierung von Gesprächsankünften aus, d.h., jeder Netzteilnehmer telefoniert im Beobachtungszeitraum zu zufälligen Zeitpunkten und unabhängig von anderen Teilnehmern. Dies ist in der Realität nicht ganz so, denn wenn z.B. zwei Teilnehmer miteinander telefonieren, besteht natürlich eine Abhängigkeit zwischen diesen Gesprächen. Für eine große Zahl von Teilnehmern können diese Korrelationen jedoch vernachlässigt werden.

Es wird deshalb ein Modell zugrunde gelegt, in dem die Wahrscheinlichkeit, daß ein Anruf im Zeitintervall (t, t + Δt] auftritt, $\lambda \cdot \Delta$t beträgt, nicht von der Vergangenheit abhängt (gedächtnislos) und konstant ist. Ferner kann man davon ausgehen, daß die Wahrscheinlichkeit, daß mehr als ein neuer Anruf in (t, t + Δt] auftritt, für Δt $\rightarrow$ 0 verschwindet.

Unter diesen Voraussetzungen soll die Wahrscheinlichkeit p(k) berechnet werden, daß im Zeitraum (0, T] k Ankünfte auftreten. Das Intervall (0, T] wird zunächst nach Bild 3.2.1 in m kleinere Intervalle Δt = T/m aufgeteilt. Die

Wahrscheinlichkeit, daß in k dieser kleineren Intervalle Ankünfte auftreten, beträgt $(\lambda\Delta t)^k(1-\lambda\Delta t)^{m-k}$ für $\Delta t \to 0$. Da es insgesamt $\binom{m}{k}$ Möglichkeiten gibt, k aus m Ereignissen auszuwählen, folgt für p(k):

$$p(k) = \lim_{m\to\infty} \binom{m}{k}\left(\frac{\lambda T}{m}\right)^k\left(1-\frac{\lambda T}{m}\right)^{m-k}$$

$$= \lim_{m\to\infty} \frac{(\lambda T)^k}{k!}\left(1-\frac{\lambda T}{m}\right)^{m-k}\frac{m\cdot(m-1)\cdot\ldots\cdot(m-k+1)}{m^k} \qquad (3.2.2)$$

$$= \frac{(\lambda T)^k}{k!}\,exp(-\lambda T)$$

mit

$$\lim_{m\to\infty}\left(1+\frac{x}{m}\right)^m = e^x$$

und $m \gg k$. Gl.(3.2.2) beschreibt eine **Poisson-Verteilung** mit dem Mittelwert und der Varianz $\lambda\cdot T$. Die zeitunabhängige Konstante λ wird üblicherweise als Ankunftsrate bezeichnet.

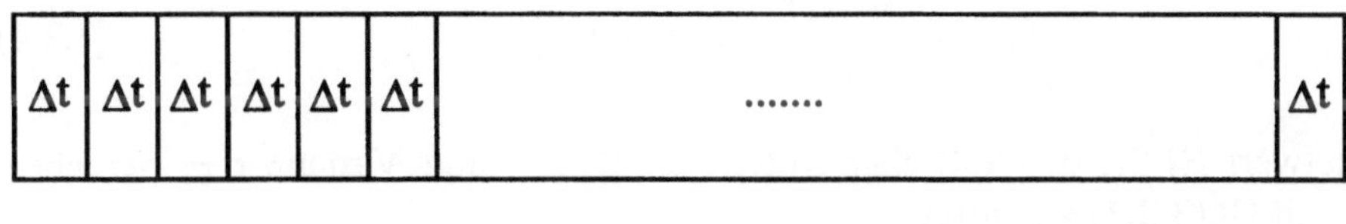

Bild 3.2.1: Unterteilung eines Intervalls T in m Unterintervalle

Oft interessiert man sich in der Verkehrs- und Bedientheorie für die Zeit zwischen zwei Ankünften, die sogenannte Interankunftszeit t_A. Die Verteilungsfunktion der Interankunftszeit $F(t_A) = 1 - p(0)$, also die Wahrscheinlichkeit, daß im Intervall $(0, t_A]$ eine Ankunft erzeugt wird, berechnet sich mit Gl.(3.2.2) zu:

$$F(t_A) = 1 - exp(-\lambda t_A) \tag{3.2.3}$$

Die Interankunftszeit t_A ist also negativ exponentiell verteilt. Gl.(3.2.3) ist in Bild 3.2.2 skizziert.

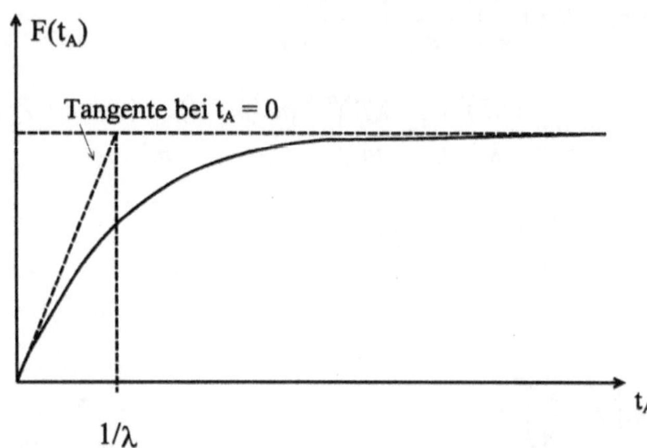

Bild 3.2.2: Verteilungsfunktion der Interankunftszeit t_A

Die Verteilungsdichtefunktion $f(t_A)$ der Interankunftszeit erhält man durch Differenzieren von Gl.(3.2.3):

$$f(t_A) = \frac{dF(t_A)}{dt_A} = \lambda\, exp(-\lambda t_A) \tag{3.2.4}$$

Mittelwert $E\{T\}$, quadratischer Mittelwert $E\{T^2\}$ und Varianz σ_T^2 berechnen sich mit Gl.(3.2.4) wie folgt:

$$E\{T\} = \int_0^\infty t_A\, f(t_A)\, dt_A = \frac{1}{\lambda} \tag{3.2.5}$$

$$E\{T^2\} = \int_0^\infty t_A^2\, f(t_A)\, dt_A = \frac{2}{\lambda^2} \tag{3.2.6}$$

$$\sigma_T^2 = E\{T^2\} - (E\{T\})^2 = \frac{1}{\lambda^2} \tag{3.2.7}$$

Die negativ exponentielle Verteilungsfunktion besitzt als einzige zeitkontinuierliche Funktion die sogenannte Markoff-Eigenschaft (nach dem russischen Mathematiker A.A. Markoff, 1856 - 1922), d.h., es handelt sich um einen gedächtnislosen Prozeß, dessen Vergangenheit sich nicht auf seine Zukunft auswirkt. Betrachtet man z.B. die Wahrscheinlichkeit $P(T \leq t_1 + t \mid T > t_1)$, daß ein Ereignis T vor Ablauf der Zeit $t_1 + t$ eintritt, unter der Voraussetzung, daß es bis zur Zeit t_1 noch nicht eingetreten ist, so gilt:

$$P\left(T \leq t_1 + t \mid T > t_1\right) = \frac{P\left(T \leq t_1 + t\right) \cap P\left(T > t_1\right)}{P\left(T > t_1\right)}$$

$$= \frac{P\left(t_1 < T \leq t + t_1\right)}{P\left(T > t_1\right)}$$

$$= \frac{\left[1 - exp\left(-\lambda(t_1 + t)\right)\right] - \left[1 - exp\left(-\lambda t_1\right)\right]}{1 - \left[1 - exp\left(-\lambda t_1\right)\right]}$$

$$= \frac{exp\left(-\lambda t_1\right)\left[1 - exp\left(-\lambda t\right)\right]}{exp\left(-\lambda t_1\right)}$$

$$= 1 - exp\left(-\lambda t\right)$$

Daraus folgt: $\qquad P\left(T \leq t_1 + t \mid T > t_1\right) = P\left(T \leq t\right)$

d.h., $P(T \leq t_1 + t \mid T > t_1)$ ist unabhängig vom Zeitpunkt t_1. Die Vergangenheit des Prozesses wirkt sich demnach nicht auf seine Zukunft aus, wie auch in der Ableitung von Gl.(3.2.2) vorausgesetzt wurde.

3.2.1.3 Bedienprozeß

Der Bedienprozeß beschreibt den Vorgang, der zur Abarbeitung einer Ankunft (z.B. eines Telefongesprächs) nötig ist. Im einfachsten Fall geht man davon aus, daß die Bedienzeit t_B zufällig ist, wie z.B. die Länge eines Telefongesprächs. Unter dieser Voraussetzung ist die Wahrscheinlichkeit, daß das Telefonat im Intervall $(t, t + \Delta t]$ zu Ende ist, unabhängig von t, gleich $\mu \cdot \Delta t$.

Die Verteilungsfunktion der Bedienzeit $G(t_B)$, also die Wahrscheinlichkeit, daß die Bedienzeit kleiner als t_B ist, kann ähnlich wie die Verteilungsfunktion der Ankunftszeit (Kapitel 3.2.1.2) durch Unterteilung des Intervalls $(0, t_B]$ in m Unterintervalle der Größe $\Delta t = T/m$ ermittelt werden (siehe Bild 3.2.1). Man erhält daher für $G(t_B)$:

$$G(t_B) = 1 - \lim_{m \to \infty}\left(1 - \frac{\mu t_B}{m}\right)^m = 1 - exp(-\mu t_B) \tag{3.2.8}$$

Die Bedienzeit ist also ebenso wie die Interankunftszeit negativ exponentiell verteilt. Mittelwert, quadratischer Mittelwert und Varianz ergeben sich analog zu den Gln.(3.2.5) - (3.2.7). Gl.(3.2.8) steht in sehr guter Übereinstimmung zur Charakteristik des realen Telefonverkehrs und ist daher eine weit verbreitete Grundlage für die Berechnung von Telefonnetzen mit Hilfe der Verkehrs- und Bedientheorie.

3.2.1.4 Kendallsche Notation

Die nach D.G. Kendall benannte Kurzschreibweise zur Klassifikation von Systemen der Verkehrs- und Bedientheorie hat folgende Form:

AP|BP|BE - OPT.

Hierbei kennzeichnet AP den Ankunftsprozeß, BP den Bedienprozeß, BE ist die Anzahl der Bedieneinheiten und OPT sind optionale Kennungen wie z.B. die Anzahl der Plätze im System. Häufig verwendete Abkürzungen sind:

M :   Markoff-Prozeß (negativ exponentielle Verteilung)
D :   Deterministischer Prozeß
G :   Allgemeiner Prozeß (General)

So kennzeichnet z.B. M|M|m - s ein System mit Markoff-Ankunfts- und Bedienprozessen, m Bedieneinheiten und s-m Speicherplätzen.

3.2.2 Die Erlangschen Formeln

3.2.2.1 Erlangsche Verlustformel

Eine Funkzelle stellt sich im Sinne der Verkehrs- und Bedientheorie näherungs-
weise als ein M|M|m - Verlustsystem dar, d.h., der Ankunftsprozeß unterliegt ei-
ner negativ exponentiellen Verteilungsfunktion (Markoff-Prozeß), die Bediendauer (Länge eines Telefonats) ist ebenfalls negativ exponentiell verteilt, und in
der Zelle seien m Funkkanäle verfügbar. Es stehen keine Warteplätze zur Verfügung, d.h., sind alle Funkkanäle belegt, werden alle weiteren Anrufer abgewiesen
(Besetztzeichen) und müssen gegebenenfalls zu einem späteren Zeitpunkt einen
neuen Versuch unternehmen. Im folgenden wird für dieses, in Bild 3.2.3 skizzierte System, die Erlangsche Verlustformel abgeleitet.

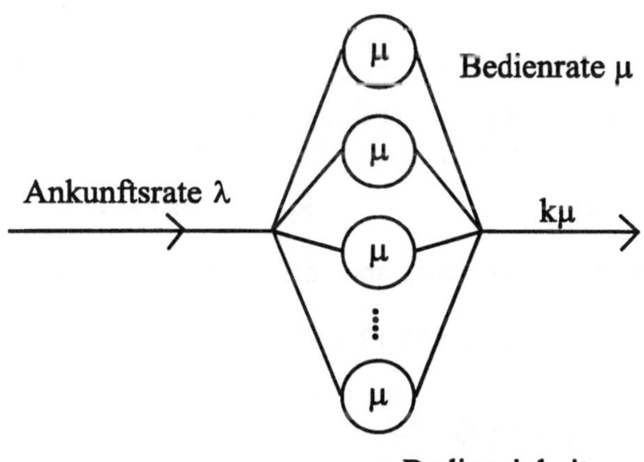

Bild 3.2.3: M|M|m - Verlustsystem

Die Anzahl der sich im System befindlichen Ankünfte, also der laufenden Tele-
fonate, werde mit k bezeichnet. $P_k(t)$ wird als die Wahrscheinlichkeit definiert,
zum Zeitpunkt t k Anforderungen im System vorzufinden. Unter der Voraussetzung, daß ein Gleichgewichtszustand existiert, gilt:

$$P_k(t) \to P_k \quad \text{für} \quad \frac{dP_k(t)}{dt} \to 0 \tag{3.2.9}$$

Man kann dann das Zustandsdiagramm nach Bild 3.2.4 aufstellen, in dem höhere Zustände mit der Ankunftsrate λ erreicht werden und niedrigere Zustände mit der Rate $k\mu$.

Stellt man für jeden Zustand die Gleichgewichtsbedingung auf, d.h. gilt: Zufluß = Abfluß, findet man eine Rekursionsformel für die Zustandswahrscheinlichkeiten P_k:

$$\lambda\, P_0 = \mu\, P_1 \tag{3.2.10}$$

$$\lambda\, P_{k-1} = k\mu\, P_k \tag{3.2.11}$$

$$P_k = \frac{\lambda}{k\mu}\, P_{k-1} \tag{3.2.12}$$

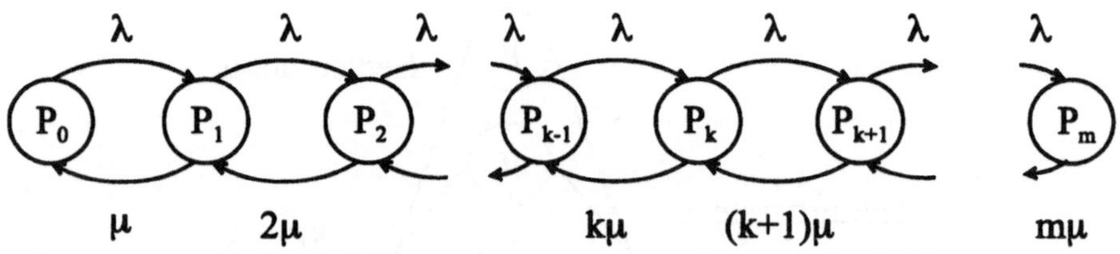

Bild 3.2.4: Zustandsdiagramm des M|M|m - Verlustsystems

Sukzessive Anwendung von Gl.(3.2.12) ergibt:

$$P_k = \frac{A^k}{k!}\, P_0 \;, \tag{3.2.13}$$

wobei $A = \lambda/\mu$ das Verkehrsangebot ist (siehe Kapitel 3.2.1.1). Die einzige Unbekannte in Gl.(3.2.13) ist P_0, also die Wahrscheinlichkeit, daß das System leer ist. Da die Summe aller Zustandswahrscheinlichkeiten immer 1 ergeben muß, gilt:

$$\sum_{i=0}^{m} P_i = 1 \tag{3.2.14}$$

Gl.(3.2.14) wird auch als Normalisierungsbedingung bezeichnet. Es folgt daher:

$$P_0 \sum_{i=0}^{m} \frac{A^i}{i!} = 1 \tag{3.2.15}$$

bzw.

$$P_0 = \frac{1}{\sum_{i=0}^{m} \frac{A^i}{i!}} \qquad (3.2.16)$$

Gl.(3.2.16) eingesetzt in Gl.(3.2.13) ergibt für die Zustandswahrscheinlichkeiten:

$$P_k = \frac{\frac{A^k}{k!}}{\sum_{i=0}^{m} \frac{A^i}{i!}} \quad \forall\, k \in [0,m] \qquad (3.2.17)$$

Gl.(3.2.17) ist die sogenannte Erlang-Verteilung.

In der Regel interessiert den Netzplaner die Blockierungswahrscheinlichkeit B, also die Wahrscheinlichkeit, daß ein Anruf aus Mangel an verfügbaren Funkkanälen abgewiesen werden muß. Dies entspricht der Wahrscheinlichkeit, daß alle Kanäle belegt sind, also $B = P_m$. Man erhält so die **Erlangsche Verlustformel** (auch **Erlang-B Formel** genannt):

$$B = \frac{\frac{A^m}{m!}}{\sum_{i=0}^{m} \frac{A^i}{i!}} \qquad (3.2.18)$$

Gl.(3.2.18) ist in Bild 3.2.5 für verschiedene m als Funktion des Verkehrsangebots A dargestellt. Man erkennt gut die Nichtlinearität von Gl.(3.2.18). Diese ist der Grund dafür, daß Leitungen bzw. Funkkanäle in großen Bündeln wesentlich besser ausgenutzt werden als in kleinen. Betrachtet man z.B. die Kurve für m = 2, so wird bereits bei A = 0,59 Erl eine Blockierung von 10 % erreicht. Bei einer Verdopplung der Leitungen/Kanäle auf m = 4 wird hingegen erst bei A = 2,05 Erl die 10 % Marke erreicht. Eine Erhöhung der Anzahl der Bedieneinheiten führt also zu einer überproportionalen Erhöhung des möglichen Verkehrsangebots. Diesen Effekt bezeichnet man deshalb auch als **"Bündelgewinn"**.

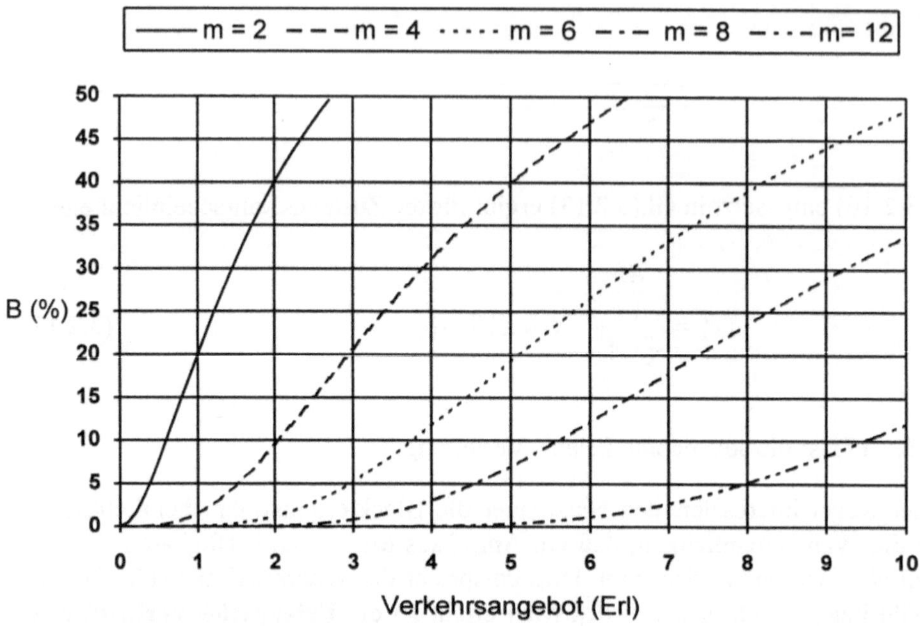

Bild 3.2.5: Blockierraten als Funktion des Verkehrsangebots für m Funkkanäle

In der Praxis wird man für konkrete Designaufgaben die Blockierung nicht selbst nach Gl.(3.2.18) berechnen, sondern Tabellenwerke wie z.B. [SIE80] oder entsprechende Rechnerprogramme benutzen.

Beispiel 3.2.1: Es befinden sich 40 Mobilstationen mit einem Verkehrsaufkommen von je 25 mErl in einer mit 3 Kanälen bestückten Funkzelle. Gesucht ist die Blockierung B.

Das gesamte Verkehrsangebot A berechnet sich zu 40·25 mErl = 1 Erl. Man erhält damit die Blockierungswahrscheinlichkeit

$$B = \frac{\dfrac{1^3}{3!}}{1 + 1 + \dfrac{1^2}{2!} + \dfrac{1^3}{3!}} = 0,0625 \ .$$

Die Wahrscheinlichkeit, daß ein Anruf abgewiesen werden muß, beträgt daher 6,25 %.

3.2.2.2 Erlangsche Warteformel

Werden im Besetzt-Zustand die Anrufe nicht abgewiesen, sondern in eine Warteschlange eingereiht, spricht man von einem Wartesystem. Hier soll davon ausgegangen werden, daß immer genügend Warteplätze vorhanden sind, es also zu
keinem Speicherüberlauf kommen kann (allgemeinere Fälle findet man z.B. in
[KLE75]). Dieses System ist also ein M|M|m - ∞ Wartesystem. Besonders An-
wendungen im Bereich der Datenkommunikation lassen sich gut durch dieses System beschreiben, da hier oft Pufferspeicher vorgesehen sind, in denen die Anforderungen ggf. warten können, wenn die Übertragungskapazität erschöpft ist.
Auch zur Analyse von Handover-Vorgängen in Mobilfunknetzen ist das M|M|m -
∞ Wartesystem nützlich. Eine weitere Anwendung besteht darin, neuen Anrufs-
wünschen über Warteschlangen Zugang zum Mobilfunksystem zu geben. Dies
erfolgt z.B. im C-Netz. Bild 3.2.6 zeigt dieses System in schematischer Darstellung.

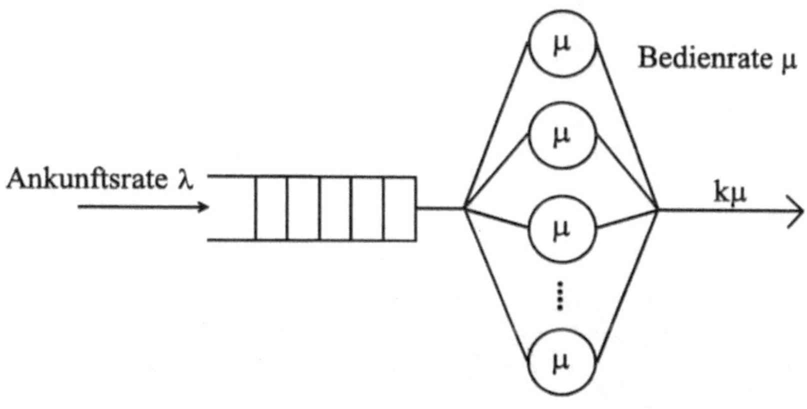

Bild 3.2.6: M|M|m - ∞ Wartesystem

Die Verlustwahrscheinlichkeit eines M|M|m - ∞ Wartesystems ist Null, da ja im-
mer genügend Warteplätze vorhanden sind. In diesem System ist es von besonderem Interesse, die Wartewahrscheinlichkeit, die mittlere Wartezeit sowie die
mittlere Warteschlangenlänge zu kennen. An diese Größen gelangt man mit
prinzipiell den gleichen Schritten wie in Kapitel 3.2.2.1. Zunächst wird wieder
das Zustandsdiagramm benötigt. Hieraus werden dann durch Aufstellen der
Gleichgewichtsbedingungen die Zustandswahrscheinlichkeiten P_k ermittelt, die

ihrerseits zum Berechnen der gewünschten Größen herangezogen werden. In
Bild 3.2.7 ist das Zustandsdiagramm des M|M|m - ∞ Wartesystems dargestellt.

Es fällt auf, daß es im Gegensatz zu Bild 3.2.4 unendlich ausgedehnt ist und die
Bedienrate für k > m den konstanten Wert m·μ annimmt. Nach Aufstellen der
Gleichgewichtsgleichungen für P_k erhält man:

$$P_k = \begin{cases} \dfrac{A^k}{k!} \cdot P_0 & ; \quad k < m \\[3mm] \dfrac{A^m}{m!} \cdot \dfrac{1}{m^{k-m}} \cdot P_0 & ; \quad k \geq m \end{cases} \tag{3.2.19}$$

und analog zu Gl.(3.2.14):

$$\sum_{i=0}^{\infty} P_i = 1 \quad \Rightarrow \quad \sum_{i=0}^{m-1} \frac{A^i}{i!} \cdot P_0 + \sum_{i=m}^{\infty} \frac{A^i}{i!} \cdot \frac{1}{m^{i-m}} \cdot P_0 = 1$$

$$P_0 = \left(\sum_{i=0}^{m-1} \frac{A^i}{i!} + \frac{A^m}{m!} \sum_{j=0}^{\infty} (A/m)^j \right)^{-1}$$

$$P_0 = \left(\sum_{i=0}^{m-1} \frac{A^i}{i!} + \frac{A^m}{m!} \frac{m}{m-A} \right)^{-1} \qquad \forall \; A < m \tag{3.2.20}$$

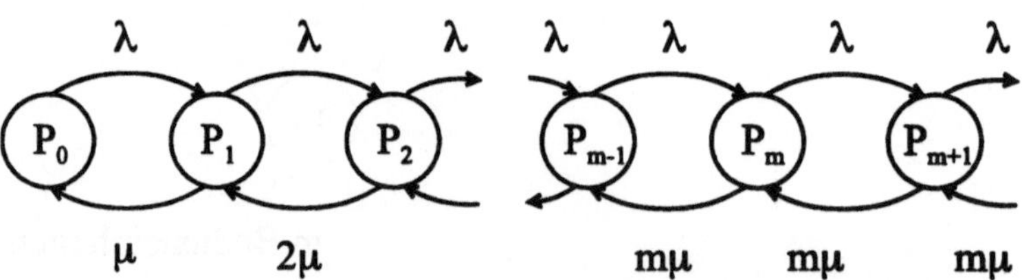

Bild 3.2.7: Zustandsdiagramm des M|M|m - ∞ Wartesystems

Die Bedingung A < m ist die Stationaritätsbedingung für reine Wartesysteme. Im
Falle A > m würde die Warteschlange wegen dauernder Überlast unbegrenzt an-
wachsen. Die Wahrscheinlichkeit P_w, daß ein Anruf warten muß, ist gleich der
Wahrscheinlichkeit, daß sich m oder mehr Anrufer im System befinden:

$$P_w = \sum_{k=m}^{\infty} P_k = \frac{\dfrac{A^m}{m!}\dfrac{m}{m-A}}{\displaystyle\sum_{i=0}^{m-1}\dfrac{A^i}{i!} + \dfrac{A^m}{m!}\dfrac{m}{m-A}} \qquad (3.2.21)$$

Gl.(3.2.21) ist bekannt als **Erlangsche Warteformel** oder **Erlang-C Formel**. P_w ist in Bild 3.2.8 als Funktion von A/m aufgetragen. Man stellt einen überproportionalen Anstieg der Systemkapazität für eine vorgegebene Wartewahrscheinlichkeit mit steigender Bündelgröße fest. Genau wie im M|M|m - Verlustsystem erhält man auch hier einen "Bündelgewinn".

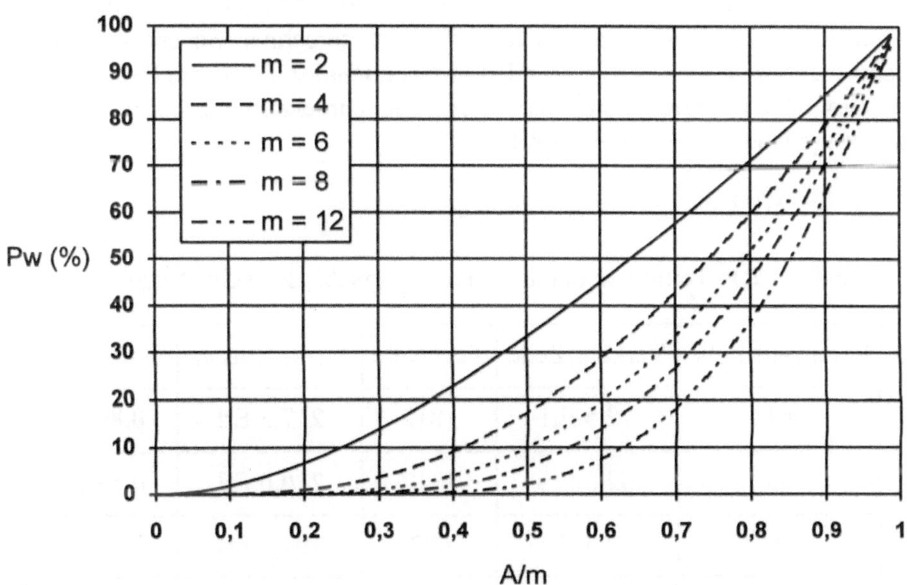

Bild 3.2.8: Wartewahrscheinlichkeit des M|M|m - ∞ Wartesystems als Funktion des Verkehrsangebots/(m Funkkanäle)

3.2.3 Teilnehmerkapazität

Makrozellen mit fester Kanalzuteilung (FCA, *engl.* Fixed Channel Assignment) lassen sich im Sinne der Verkehrs- und Bedientheorie näherungsweise als

M|M|m - Verlustsystem beschreiben, wobei m die Anzahl der betrachteten Zelle zugeteilten Kanäle ist. Der Ausdruck Kanal ist hier allgemein als Ressource zur Verarbeitung einer Anforderung (Telefongespräch) zu betrachten. Es kann sich dabei z.B. um Frequenzkanäle eines FDMA-Systems, einen Zeitschlitz eines TDMA-Systems oder eine Kombination aus beidem handeln. Die bei einer vorgegebenen Blockiergrenze und Kanalzahl m pro Zelle tragbare Verkehrslast läßt sich mit Hilfe der Erlang-B Formel nach Gl.(3.2.18) berechnen bzw. entsprechenden Tabellenwerken entnehmen [SIE80].

Beispiel 3.2.2: Wir betrachten ein zellulares Mobilfunknetz, das über insgesamt 252 Kanäle verfügt, welche zu gleichen Teilen auf die Zellen aufgeteilt werden sollen. Die Wahrscheinlichkeit, daß ein neuer Anruf aufgrund fehlender Funkkanäle abgewiesen wird, soll höchstens 2 % betragen. Es wird ferner mit einer mittleren Gesprächsankunftsrate von $\lambda = 0,8$ Anrufen/Std. pro Teilnehmer und einer mittleren Gesprächsdauer von $\mu^{-1} = 3$ min. gerechnet. So erhält man ein Verkehrsangebot von $A = \lambda/\mu = 40$ mErl pro Teilnehmer. Für diese Bedingungen sind nachstehend die errechneten maximalen Teilnehmerzahlen pro Zelle und pro Cluster aufgelistet (siehe Tabelle 3.2.1).

Tabelle 3.2.1: Teilnehmerkapazitäten für verschiedene Clustergrößen

N	Kanalzahl/Zelle	Verkehr/Zelle	Tln./Zelle	Verk./Cluster	Verk./Kanal
3	84	72,5 Erl	1812	217,5 Erl	0,86 Erl
4	63	52,5 Erl	1312	210,0 Erl	0,83 Erl
7	36	27,3 Erl	682	191,1 Erl	0,76 Erl
9	28	20,2 Erl	505	181,8 Erl	0,72 Erl
12	21	14,0 Erl	350	168,0 Erl	0,66 Erl

Wie das Beispiel 3.2.2 gezeigt hat, sinkt die maximale Teilnehmerzahl pro Zelle überproportional mit steigender Clustergröße. Selbst die Teilnehmerzahl pro Cluster, in dem ja der gesamte Kanalvorrat verwendet wird, sinkt bei größeren Clustern. Dies resultiert aus der Nichtlinearität der Erlang-B Formel, d.h., aus dem mit kleiner werdender Kanalzahl/Zelle sinkenden Bündelgewinn (siehe Kapitel 3.2.1). Dies erkennt man auch am Verkehr pro Kanal.

Um die Erlang-B Formel nach Gl.(3.2.18) anwenden zu können, müssen sowohl der Interankunftsabstand als auch die Bediendauer negativ exponentiell verteilt sein (Markoff-Prozeß). Bei einer großen Zelle (Makrozelle) ist diese Bedingung mit ausreichender Genauigkeit erfüllt. Mit kleinerem Zellradius wird der Einfluß von Handover-Vorgängen jedoch immer signifikanter. Dies hat zur Folge, daß die statistischen Eigenschaften von Ankunfts- und Bedienprozessen verändert werden. Dadurch, daß ein Fahrzeug eine Zelle verlassen kann, wird die Bediendauer, d.h. die Länge der Verbindung in der betreffenden Zelle, im Mittel kleiner. Gleichzeitig erzeugen durch Handover-Vorgänge in die Zelle gelangende Mobilstationen zusätzliche Ankünfte. Eine exakte, analytische Berechnung der Blockierraten in Mikrozellen oder gar Picozellen ist kaum möglich. Man kann jedoch meist auf Näherungslösungen zurückgreifen, wie z.B. eine leichte Modifikation der Ankunfts- und Bedienraten unter Beibehaltung der negativ exponentiellen Charakteristik [GUE87].

3.3 Kanalzuteilungsverfahren

Nachdem einer Basisstation ein Verbindungswunsch seitens einer Mobilstation oder aus dem Festnetz mitgeteilt wurde, muß ein geeigneter Funkkanal sowohl für den Uplink als auch für den Downlink zugeteilt werden. Es gibt zwei prinzipielle Methoden der Kanalzuteilung, die statische (**FCA**, *engl.* **Fixed Channel Assignment**) und die dynamische (**DCA**, *engl.* **Dynamic Channel Assignment**). Bei beiden Methoden müssen die Randbedingungen, die durch Gleich- und Nachbarkanalstörer gegeben sind, bei der Kanalvergabe berücksichtigt werden. Wenn im folgenden von einem Kanal die Rede ist, muß es sich nicht notwendigerweise um einen Frequenzkanal handeln, es kann z.B. auch durchaus ein Zeitschlitz in einem Zeitmultiplexrahmen gemeint sein. Kanal dient hier lediglich als Ausdruck für die Ressource, die nötig ist, um den Bedarf einer Verbindung abzudecken.

3.3.1 Statische Kanalzuteilung

Die statische Kanalzuteilung (FCA) ist ein sehr einfaches Kanalzuteilungsverfahren. Die Menge der im gesamten System zur Verfügung stehenden Kanäle wird dabei in kleinere Gruppen unterteilt, wobei die Anzahl der Gruppen der in Kapitel 3.1 erläuterten Clustergröße entspricht. Im Wiederverwendungsabstand D können die Kanalgruppen erneut zugeteilt werden, ohne daß es zu störenden gegenseitigen Beeinflussungen kommt. Während des Netzbetriebs kann diese Zuteilung nicht dynamisch geändert werden. Sind alle zugeteilten Kanäle innerhalb einer Zelle belegt, gibt es keine Möglichkeit mehr, weitere Verbindungswünsche anzunehmen.

In großen Zellen (Makrozellen) mit Zellradien von 10 km und mehr kann die Blockierung, also die Wahrscheinlichkeit, daß eine neue Verbindung abgewiesen werden muß, mit der Erlang-B Formel nach Gl.(3.2.18) bei gegebenem Verkehrsangebot und gegebener Kanalzahl der Zelle berechnet werden. Ein FCA-System stellt sich also näherungsweise als M|M|m - Verlustsystem dar. Wird der Zellradius kleiner, müssen die Einflüsse von Handover [HON86] und evtl. Rückwirkungen der Kanalbelegung auf den Ankunftsprozeß berücksichtigt werden (Engset-Formel, siehe [KLE75]).

Viele heute betriebene, zellulare Mobilfunksysteme verwenden das FCA-Verfahren. Dies hat im wesentlichen zwei Gründe: Zum einen benötigt FCA nur eine moderate Ausrüstung der Basisstationen mit Sendern/Empfängern und nur wenig Steuerungsaufwand, zum anderen sind die heutigen Teilnehmerzahlen zellularer Mobilfunknetze noch nicht so hoch, daß dies angesichts des limitierten Frequenzspektrums ein Problem wäre. Stark steigende Teilnehmerzahlen - man erwartet etwa 100 Mio. Mobilfunkkunden bis zum Jahr 2005 allein in Europa - werden es jedoch schon bald erforderlich machen, mit den knappen Frequenzressourcen sparsamer umzugehen und intelligentere, verkehrs- und/oder interferenzadaptive Kanalzuteilungsverfahren einzusetzen.

3.3.2 Dynamische Kanalzuteilung

Die erwarteten Teilnehmerzahlen für Mobilfunknetze, insbesondere der dritten Generation, erfordern eine deutliche Erhöhung der spektralen Effizienz solcher Systeme. Es gibt verschiedene Ansatzpunkte für Kapazitätssteigerungen, siehe Kapitel 6.8, die zum Teil auch kombiniert werden können, wie z.B. die Reduzierung der Übertragungsrate ("Half Rate Coder"), die diskontinuierliche Übertragung ("DTX", *engl.* Discontinuous Transmission) und der Übergang von großen Makrozellen mit Zellradien von bis zu 35 km zu Mikrozellen oder gar Picozellen mit Radien bis in den Bereich von 100 m. So lassen sich die vorhandenen Funkkanäle sehr viel eher wiederverwenden.

Eine weitere, interessante Möglichkeit ist die dynamische Kanalzuteilung. Dieses Konzept ermöglicht die intelligente Verteilung der dem Netz zur Verfügung stehenden, limitierten spektralen Ressourcen und erlaubt eine dynamische Zuweisung von Übertragungskapazität an die Funkzellen. Da sich insbesondere kleinzellulare Netze durch eine stark inhomogene Lastverteilung auszeichnen, läßt sich so eine deutliche Erhöhung der Teilnehmerkapazität erzielen, wie folgendes einfache Beispiel zeigen soll (siehe Bild 3.3.1).

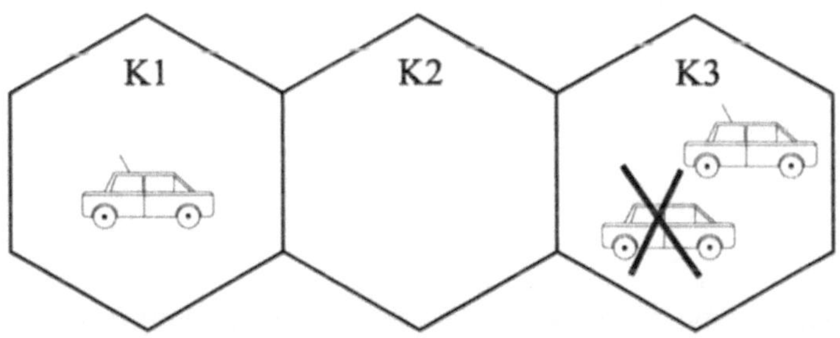

Bild 3.3.1: Prinzip der statischen Kanalzuteilung (FCA)

Es wird zunächst ein sehr einfaches Netz aus nur drei Zellen mit jeweils einem Funkkanal (K1, K2, K3) betrachtet. Solange sich nur eine aktive Mobilstation in einer Zelle aufhält, tritt keine Blockierung auf. Kommt jedoch ein weiterer Teilnehmer hinzu, muß er vom Netz abgewiesen werden, da in der betreffenden Zelle keine Ressourcen mehr zur Verfügung stehen, obgleich in einer Nachbarzelle evtl. noch freie Kanäle verfügbar sind. Das einfache FCA-Verfahren erlaubt daher nur eine sehr unvollkommene Ausschöpfung der Netzressourcen.

Das nächste Beispiel in Bild 3.3.2 zeigt die prinzipielle Vorgehensweise eines DCA-Verfahrens. Bei der gleichen Situation, wie sie für den FCA-Fall beschrieben wurde, lassen sich hier durch die dynamische Verteilung der Funkkanäle in der dritten Zelle beide Verbindungen aufbauen, es kommt also zu keiner Blokkierung. Der momentan nicht benötigte Kanal K2 aus der mittleren Zelle wird an die dritte Zelle "verliehen". Bei solchen Verteilungsvorgängen muß natürlich immer beachtetet werden, daß es zu keinen gegenseitigen Störungen aufgrund von zu geringen Gleichkanalstörabständen kommt und daß im System die hardware-mäßigen Voraussetzungen hierfür gegeben sind.

Besonders die mikro- und picozellularen Strukturen ermöglichen es, die prognostizierten Teilnehmerzahlen in Mobilfunknetzen unterzubringen. In solchen Netzen beobachtet man eine hochgradig inhomogene Lastverteilung, die sowohl schnellen Variationen (zeitliche Verkehrsänderungen, Änderungen der Interferenzsituation, häufige Handover-Vorgänge) als auch mittleren bzw. langsamen Variationen (Änderungen in der Zellumgebung, z.B. durch Witterungseinflüsse oder neue Gebäude, Erweiterungen des Netzes) unterworfen ist.

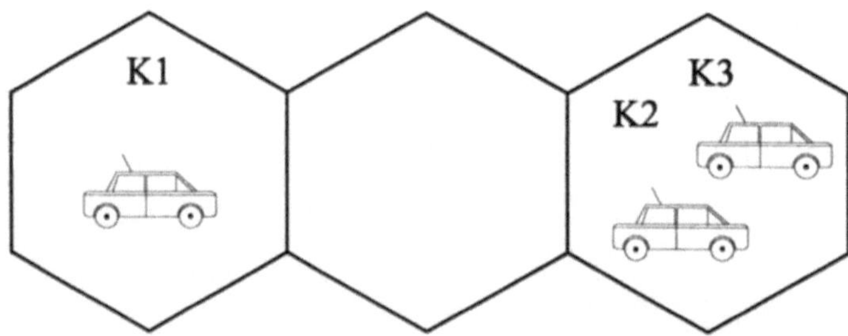

Bild 3.3.2: Funktionsweise eines dynamischen Kanalzuteilungsverfahrens (DCA)

Statische Kanalzuteilungsverfahren ergeben bei diesen starken Variationen eine schlechtere spektrale Effizienz des Netzes. In Bild 3.3.3 ist der Zusammenhang zwischen Zellradius und getragener Last dargestellt. Man erkennt, daß sie im FCA-Fall mit geringer werdendem Zellradius abnimmt, während sich das adaptive DCA als sehr viel weniger vom Zellradius beeinflußt zeigt.

Dynamische Kanalzuteilungsverfahren lassen sich in drei Hauptgruppen unterteilen: **verkehrsadaptive-**, **signaladaptive-** und **interferenzadaptive** Verfahren. Die erstgenannte Gruppe erhöht die Netzkapazität durch eine flexiblere Vergabe der Kanäle im System in Abhängigkeit von der augenblicklichen, tatsächlichen Belastung der Zellen. Das Konzept der signaladaptiven Kanalzuteilungsverfahren basiert darauf, daß starke Signale einen größeren Interferenzleistungsanteil tolerieren können als schwache, denn entscheidend ist nicht die absolute Störleistung, sondern das Verhältnis von gewünschter Signalleistung C zur Interferenzleistung I. Mobilstationen in der Nähe ihrer Basisstation könnten deshalb mit einer kleineren Clustergröße mit entsprechend geringerem Wiederverwendungsabstand auskommen als solche, die sich am Rand einer Zelle befinden. Die dritte Gruppe sind die interferenzadaptiven DCA-Verfahren. Hier wird die Interferenzleistung auf den Kanälen mit in die Kanalzuteilungsentscheidung einbezogen. Es gibt auch noch Kombinationen aus den drei aufgeführten Verfahren. Nachstehend werden einige typische Vertreter dieser drei Gruppen beschrieben.

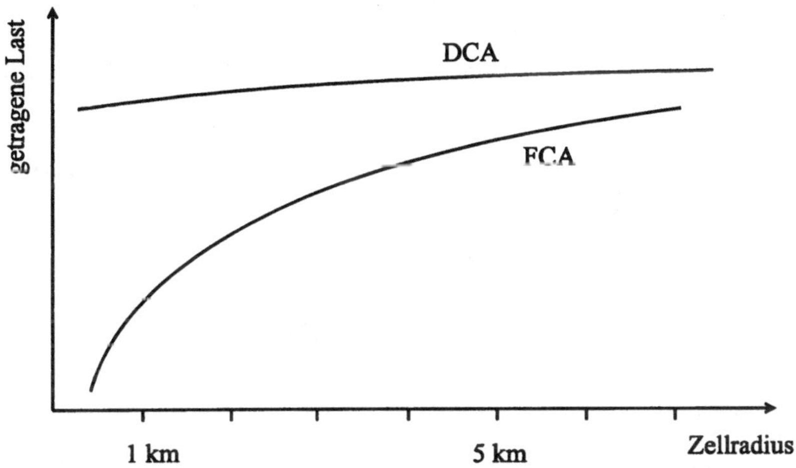

Bild 3.3.3: Zusammenhang zwischen getragener Last und Zellradius (konstante Teilnehmerzahl)

3.3.2.1 Verkehrsadaptive DCA-Verfahren

Die verkehrsadaptive Kanalzuteilung basiert auf einer im Netzplanungsprozeß erstellten Kompatibilitätsmatrix. Unabhängig von der exakten Position einer Mobilstation in einer Zelle gibt die Kompatibilitätsmatrix Auskunft darüber, ob zwei Basisstationen kompatibel sind, also die gleichen Kanäle benutzen dürfen, ohne daß es zu übermäßigen Störungen durch Gleichkanalinterferenzen kommt. Um überall innerhalb einer Zelle eine ausreichend gute Verbindungsqualität zu gewährleisten, muß die Kompatibilitätsmatrix für den ungünstigsten Fall erstellt werden, d.h., wenn sich die Mobilstation am Zellrand befindet.

Das einfachste verkehrsadaptive DCA-Verfahren ist die "First Available" Strategie (FA) [COX72]. Hierbei wird zunächst geprüft, ob der zu vergebende Kanal bereits in der eigenen Basisstation benutzt wird. Wenn nicht, wird getestet, ob eine andere Basisstation, die näher als der erlaubte Wiederverwendungsabstand D nach Gl.(3.1.2) entfernt ist, den betreffenden Kanal benutzt. Erst nachdem so festgestellt wurde, ob Störungen zu erwarten sind, wird der betreffende Kanal zugeteilt oder auch nicht zugeteilt. Es wird dann der nächste Kanal des Gesamt-Kanalvorrats getestet. Erst wenn alle Tests negativ verlaufen, wird der Anruf abgewiesen. In [COX72] wurde für ein eindimensionales Zellmuster mit Hilfe einer Computersimulation gezeigt, daß sich bei einer homogenen Lastverteilung etwa 15 % mehr Teilnehmer im Netz unterbringen lassen, als es mit einem reinen FCA Kanalzuteilungsverfahren möglich wäre. Bei heterogenen Lastverteilungen, wie sie in der Realität häufig auftreten, sind noch weit höhere DCA-Kapazitätsgewinne in der Größenordnung von bis zu einigen 100 % möglich.

Bei vielen DCA-Verfahren tritt im Hochlastbereich ein auf den ersten Blick sehr sonderbarer Effekt auf. Ab einem bestimmten Verkehrsangebot wird die Blokkierrate der dynamischen Kanalzuteilungsverfahren höher als beim äquivalenten (gleiche Gesamtanzahl von Kanälen) statischen Zuteilungsverfahren. Dieser Zusammenhang ist in Bild 3.3.4 dargestellt. Die Erklärung für diesen Effekt liegt im statistischen Anrufverhalten in einem Netz. Dadurch, daß die Anrufeingänge räumlich und zeitlich statistisch verteilt erfolgen, sind bei vielen DCA-Kanalzuteilungsverfahren die Gleichkanalzellen im Mittel weiter voneinander entfernt als es der minimale Wiederverwendungsabstand erfordern würde. Bei FCA hingegen sind die Gleichkanalzellen hingegen immer entsprechend dem Mindestabstand angeordnet, es fehlt allerdings eine Adaptivität an temporär inhomogenen Lastsituationen. Dieser Nachteil wird jedoch bei sehr hoher Last in den Zellen und demnach hoher Blockierung immer geringer.

Dieses Verhalten läßt sich durch etwas verfeinerte Techniken verbessern. Das "Nearest Neighbour" (NN-) Verfahren versucht, den Abstand zu den Gleichkanalzellen zu minimieren, wobei allerdings der Mindestwiederverwendungsabstand D immer eingehalten werden muß. Wenn mehr als ein freier Kanal zur Verfügung steht, wird immer der mit dem geringsten Wiederverwendungsabstand ausgewählt, sofern er größer als D nach Gl.(3.1.2) ist. Das NN-Verfahren erreicht so bereits 25 % Laststeigerung bei homogener, mittlerer Lastverteilung gegenüber FCA [COX72]. Das prinzipielle Verhalten im Hochlastbereich nach Bild 3.3.4 bleibt jedoch erhalten.

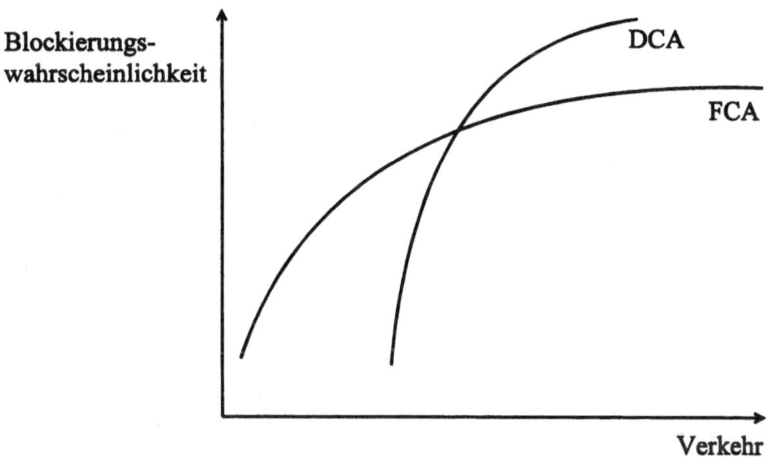

Bild 3.3.4: Zusammenhang zwischen angebotenem Verkehr und zugehöriger
Blockierung bei statischer (FCA) und dynamischer (DCA) Kanalzuteilung

Bereits in den 70er Jahren wurden sogenannte hybride Kanalzuteilungsverfahren
("HCA", *engl.* Hybrid Channel Assignment) vorgeschlagen, die die Vorteile von
DCA im Niedriglastbereich mit denen von FCA im Hochlastbereich kombinieren
sollten. Diese Verfahren arbeiten mit einem bestimmten, an die Zellen unter Be-
achtung des minimalen Wiederverwendungsabstandes fest zugeteilten Kanalkon-
tingent und einem zusätzlichen "Pool" von Kanälen, aus denen sich alle Zellen
gleichberechtigt bedienen dürfen, solange es die Interferenzsituation im Netz zu-
läßt. Auf diese Weise lassen sich die DCA-Vorteile weiter in den Hochlastbereich ausdehnen [KAH78].

Bild 3.3.5 zeigt simulativ ermittelte Blockierraten in einem zweidimensionalen
Netz aus hexagonalen Zellen, einer Clustergröße von $N = 7$ und insgesamt 70
Kanälen im System. Von den 10 statisch zugeteilten Kanälen pro Zelle des FCA-
Systems gibt das HCA (8/2) - Verfahren zwei Kanäle pro Zelle an den gemeinsamen "DCA-Pool" ab. Die Grundlast des Netzes wird von den verbleibenden
acht Kanälen pro Zelle abgedeckt. Die dynamischen Kanäle führen zu einer größeren Flexibilität bei temporären Lastinhomogenitäten. Die größere Dynamik des
HCA (5/5) - Systems führt im Niedriglastbereich zu einer sehr geringen Blockierrate, die jedoch bei Lasterhöhung schnell ansteigt.

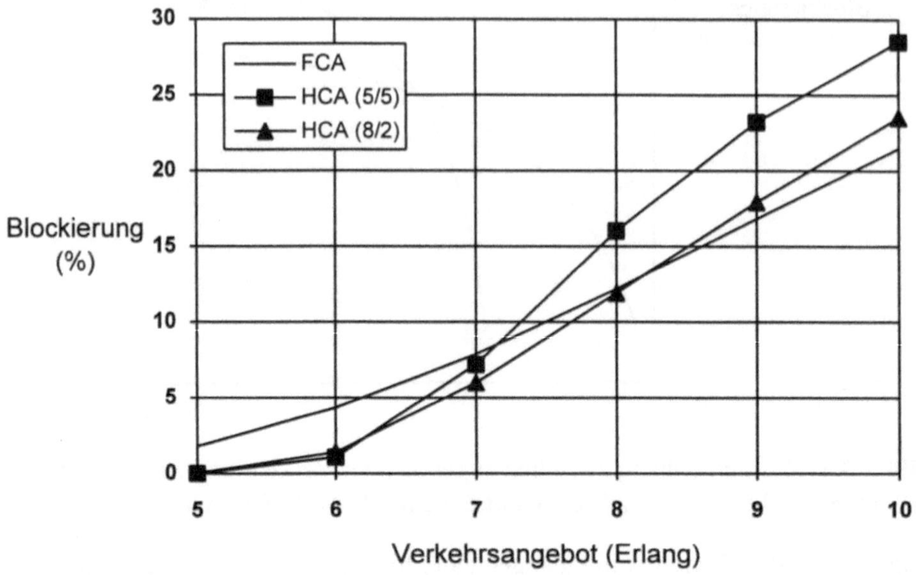

Bild 3.3.5: Blockierraten hybrider Kanalzuteilungsverfahren (HCA)

Weitere Verbesserungen im Blockierverhalten von verkehrsadaptiven Kanalzuteilungsverfahren lassen sich durch Umordnen von Kanälen während des laufenden Betriebs durch Intrazell-Handover erzielen. So ist es bei den HCA-Verfahren sehr sinnvoll, die Gespräche auf den dynamischen Kanälen sobald wie möglich auf statische Kanäle umzuleiten, wenn diese frei werden [COX73].

Später wurden sogenannte "Borrowing" Verfahren diskutiert. Es handelt sich dabei um eine ganze Familie von Strategien, denen gemein ist, daß versucht wird, sich zusätzliche Kanäle von Nachbarzellen temporär zu borgen, wenn in der eigenen Zelle keine Kapazitäten mehr frei sind. Dieses Ausleihen ist natürlich nur dann erlaubt, wenn keine anderen Zellen hiervon negativ beeinflußt werden. Das einfachste dieser Verfahren, das "Simple Borrowing" (SB) leiht von der Nachbarzelle mit den meisten freien Kanälen dann einen Kanal aus, wenn der eigene Vorrat erschöpft ist und in den entsprechenden Cochannel Zellen dieser Kanal nicht benutzt wird. Anschließend wird der Kanal in der ausleihenden Zelle und den vom Leihvorgang beeinflußten Cochannel Zellen der Spenderzelle gesperrt. Dies hat zur Folge, daß für diese eine Verbindung insgesamt vier Kanäle belegt werden (siehe Bild 3.3.6). Dennoch bietet bereits dieses einfache Verfahren, besonders bei inhomogener Verkehrsverteilung, Vorteile gegenüber der statischen Kanalzuteilung [AND73], [ENG73].

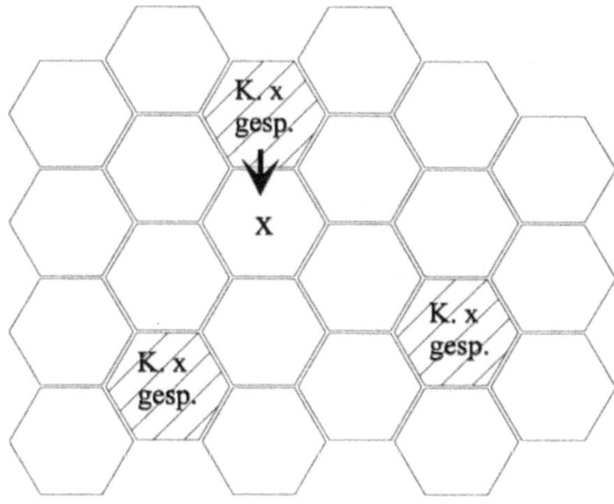

Bild 3.3.6: Prinzip des "Simple Borrowing"

Das einfache SB-Verfahren läßt sich, ähnlich wie die HCA-Verfahren, durch Umordnung mittels Intrazell-Handover verbessern. In [ELN82] wird ein Verfahren namens "Borrowing with Channel Ordering" (BCO) beschrieben. Die nominellen, statisch zugeteilten Kanäle sind hierbei so geordnet, daß Kanäle mit niedriger Ordnungsnummer bevorzugt für eigene (lokale) Verbindungen benutzt werden, während die Kanäle höherer Ordnung zuerst verliehen werden. Endet eine lokale Verbindung auf einem Kanal mit niedriger Ordnungsnummer, wird das lokale Gespräch mit der höchsten Kanalnummer auf diesen Kanal umgeschaltet. Bild 3.3.7a) zeigt solch eine Situation für den Fall, daß insgesamt 10 Kanäle in der betreffenden Zelle nominell zugeteilt sind, von denen im Moment allerdings nur 8 benutzt werden. Wird ein lokales Gespräch in einer Zelle beendet, die zusätzliche Kanäle von einer Nachbarzelle geborgt hat, wird der geliehene Kanal mit der niedrigsten Ordnungsnummer zurückgegeben und die betreffende Verbindung auf den freiwerdenden eigenen Kanal umgeleitet.

In Bild 3.3.7b) ist die Kanalbelegung zweier Zellen skizziert. Zelle 1 hat dabei die Kanäle 1 bis 10 nominell zugeteilt bekommen und sich zusätzlich die beiden Kanäle 19 und 20 aus Zelle 2 mit den nominellen Kanälen 11 bis 20 geliehen. Die Verbindung auf Kanal 19 wird nun auf den freiwerdenden eigenen Kanal 7 umgeschaltet. Ebenso werden freiwerdende geliehene Kanäle hoher Ordnung sofort mit Verbindungen von geborgten Kanälen niedrigerer Ordnung besetzt (siehe Bild 3.3.7c). Durch diese ständigen Umordnungsprozesse werden die geliehenen

Kanäle in der Spenderzelle sowie die beiden gesperrten Kanäle in den entsprechenden Gleichkanalzellen möglichst schnell wieder freigegeben.

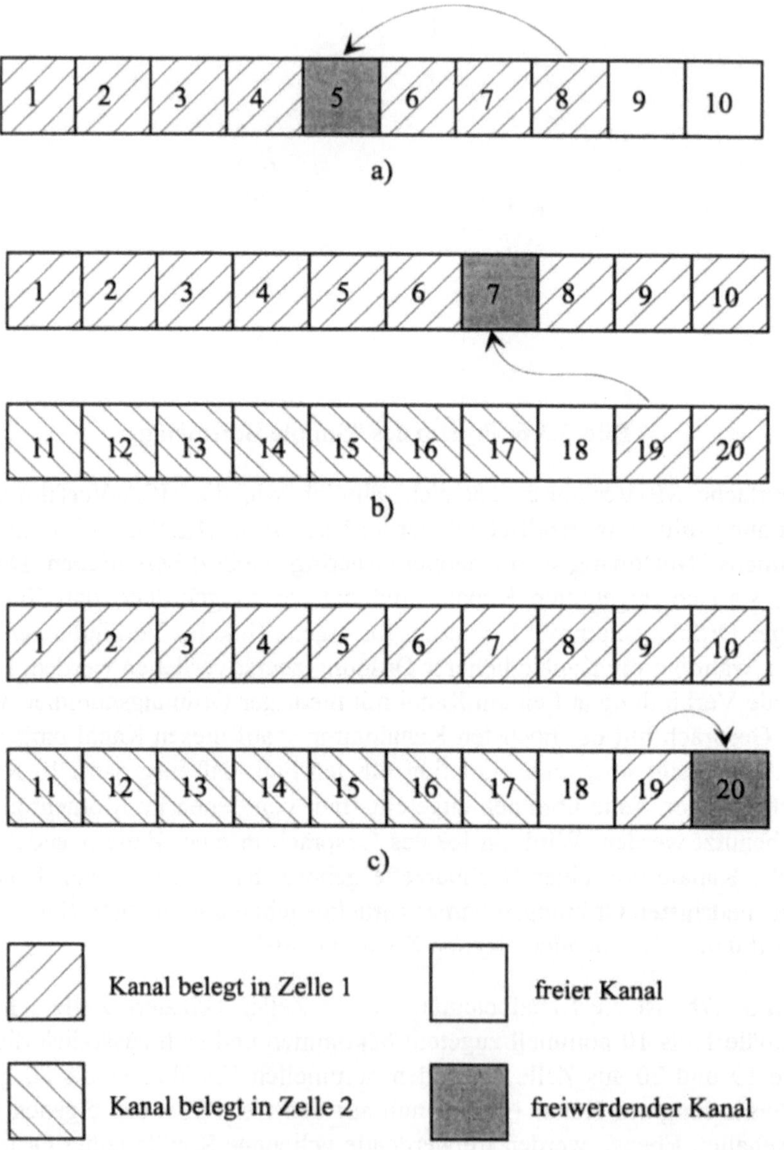

Bild 3.3.7: Funktionsweise des BCO-Verfahrens (Borrowing with Channel Ordering)

Bei einer Blockierrate von 3 % erlaubt das BCO-Verfahren in einem zellularen Netz der Clustergröße N = 7 mit 70 Kanälen eine Laststeigerung von 30 %. Abhängig von der räumlichen Lastverteilung im Netz sind aber unter realen Bedingungen noch sehr viel größere Laststeigerungen möglich.

Der Kanalausleihvorgang der Borrowing-Verfahren läßt sich noch weiter verbessern. [ZHA89] gibt eine weitere Variante des BCO-Verfahrens an, bei der die Richtung, in die ein Kanal verliehen wird, bei der Cochannel-Sperrung berücksichtigt wird (BDCL, *engl.* Borrowing with Directional Channel Locking). In [SEK85] wird das "Forced Borrowing Channel Assignment" Verfahren (FBCA) beschrieben, welches den Ausleihvorgang über die erste Zellreihe der Nachbarzellen hinaus ausdehnt und so eine etwas gesteigerte Flexibilität ermöglicht. Eine ähnliche Richtung wie die HCA-Verfahren, nämlich die Abdeckung der Grundlast mit statisch festen Kanälen, geht ABCO (*engl.* Adaptive Borrowing with Channel Ordering) [MAR92]. Gegenüber BCO bringen allerdings alle diese Verfahren nur mehr oder weniger leichte Kapazitätsgewinne, die jedoch z.T. mit relativ viel zusätzlichem Aufwand erkauft werden.

3.3.2.2 Signaladaptive DCA-Verfahren

Dadurch, daß die Kompatibilitätsmatrix für den ungünstigsten aller Fälle aufgestellt werden muß, d.h., wenn sich der mobile Teilnehmer am Zellrand befindet, weisen viele Verbindungen einen sehr viel höheren Gleichkanalstörabstand auf als eigentlich für eine ausreichend gute Verbindungsqualität nötig wäre. Mobilstationen, die sich in der Nähe ihrer Basisstation befinden, sind viel weniger anfällig für Gleichkanalstörungen als weiter entferntere Stationen. Der Wiederverwendungsabstand D könnte also bei Stationen im Zentrum einer Zelle geringer sein.

Das "Reuse Partitioning" Konzept nach [HAL83] überlagert eine Zellstruktur der Clustergröße $N_A = 3$ einem Netz mit der Clustergröße $N_B = 7$. Mobilstationen, die sich im Bereich der Zellen A befinden, dürfen sowohl den Kanalvorrat der A-Zellen, als auch den der B-Zellen benutzen, während Stationen im Bereich der B-Zellen nur deren Kanalvorrat verwenden dürfen (siehe Bild 3.3.8). Dieses Verfahren führt jedoch zu unterschiedlichen Blockierraten in den unterschiedlichen Zellbereichen; dies ist im allgemeinen nicht erwünscht. Verglichen mit einem reinen FCA-System der Clustergröße N = 7 läßt sich eine Kapazitätssteigerung des Netzes um ca. 30 % erzielen.

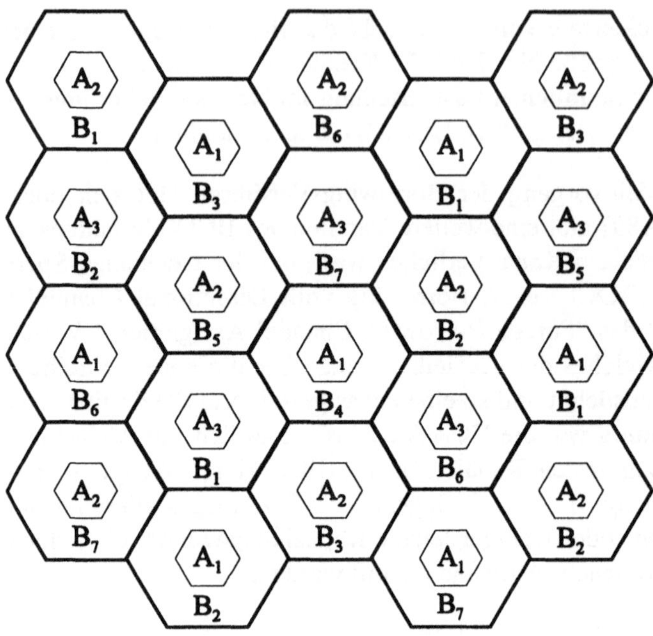

Bild 3.3.8: Reuse Partitioning mit $N_A = 3$ und $N_B = 7$

Theoretisch läßt sich das Reuse Partitioning Konzept noch weiter verbessern, indem die Zellen noch weiter unterteilt werden; jedoch steigt die Intrazell-Handover-Rate dann sehr stark, so daß diese Systeme nicht mehr praktikabel sind. Für den Grenzfall einer unendlich feinen Unterteilung erhält man nach [ZAN93] einen Kapazitätsgewinn von etwa 100 %.

"Directed Retry" (DR) [EKL86] ist ein weiteres Verfahren, welches einen Schritt in Richtung einer besseren Ausnutzung der Funkfeldeigenschaften macht. DR hat zum Hintergrund, daß in weiten Bereichen einer Zelle nicht nur die eigene Basisstation zu empfangen ist, sondern auch noch einige Nachbar-BS. Wenn nun festgestellt wird, daß in der eigenen BS keine Kapazitäten mehr zur Verfügung stehen, um den neuen Verbindungswunsch anzunehmen, wird die MS angewiesen, die Feldstärke der Pilot- bzw. BCCH-Signale (siehe Kapitel 7) von umliegenden BSs zu messen. Bei diesen Pilotsignalen handelt es sich üblicherweise um Signale konstanter, bekannter Sendeleistung. Wenn sich ein ausreichend starker Pegel findet, wird es der MS erlaubt, sich in der betreffenden anderen BS einzubuchen - immer vorausgesetzt natürlich, daß dort noch Ressourcen frei sind. Problematisch bei diesem Verfahren ist, daß die Zellgrenzen praktisch vergrößert werden und die Interferenzgefahr so zunimmt.

3.3.2.3 Interferenzadaptive DCA-Verfahren

Die dritte Klasse von Kanalzuteilungsverfahren bilden die interferenzadaptiven Verfahren. Die Kanalzuteilungsentscheidungen werden hier direkt aufgrund von Online-Messungen des Interferenzpegels getroffen. Man unterscheidet zentral gesteuerte Verfahren mit einer zentralen Kontrollinstanz und dezentrale Verfahren, bei denen die Basis- bzw. Mobilstationen unabhängig voneinander ihre Entscheidungen treffen. Letzteres findet z.B. bei DECT (Kapitel 8.1) Verwendung.

Mit den zentral gesteuerten Verfahren lassen sich die größten Kapazitätsgewinne erzielen. Die Mobilstationen messen hierbei ständig den Pfadverlust zu mehreren Basisstationen und senden die Meßergebnisse zu einem zentralen Steuerrechner. Dieser wählt einen Kanal danach aus, daß einerseits ein ausreichend großer Gleichkanalstörabstand auf der gewünschten neuen Verbindung gewährleistet ist, andererseits aber durch die Kanalvergabe andere Verbindungen nicht störend beeinflußt werden. In [NET89] wurde gezeigt, daß sich, je nach Implementierungsaufwand, Kapazitätsgewinne zwischen 100 % und 300 % mit diesen Verfahren erzielen lassen.

Zentral gesteuerte Kanalzuteilungsverfahren erfordern einen hohen Signalisierungsaufwand zwischen den Basisstationen und dem Zentralrechner, der zusätzlich eine sehr hohe Rechenleistung erbringen muß. Wünschenswert ist deshalb eine dezentrale Arbeitsweise des Kanalzuteilungsalgorithmus. Die Kanäle werden aufgrund von Interferenzmessungen auf den momentan in der eigenen Zelle nicht benutzten Kanälen vergeben. Dadurch, daß nur die Meßergebnisse in der eigenen Zelle bekannt sind, besteht bei einer Kanalvergabe immer die Gefahr, daß Verbindungen in anderen Zellen hiervon beeinträchtigt werden.

In [BEC89] wird diese Gefahr durch entsprechend hohe Schwellwerte bei der Kanalvergabe vermindert, jedoch um den Preis, daß dann kaum noch ein Kapazitätsgewinn gegenüber einem FCA-System erzielt wird. Es bleibt jedoch die Flexibilität eines dezentralen Kanalzuteilungsverfahrens ohne eine erforderliche Frequenzvorplanung. Außerdem erlaubt es eine erheblich verbesserte Adaptivität an Lastinhomogenitäten im Netz. Besonders in Mikrozellnetzen ist es ein wichtiger Vorteil, keine Frequenzvorplanung wie sie bei FCA erforderlich ist, zu benötigen. Zudem sind die Ausbreitungsverhältnisse in Mikrozellnetzen mitunter starken zeitlichen Veränderungen unterworfen. Gleichfalls führt die hohe relative Teilnehmermobilität in diesen Netzen zu starken Lastinhomogenitäten, die durch ein FCA-System nicht aufgefangen werden können.

Einen anderen Weg zur Verminderung der Interferenzgefahr von dezentralen, interferenzadaptiven Kanalzuteilungsverfahren geht das "Channel Segregation" Verfahren [FUR87]. Erfolg oder Mißerfolg einer vorhergehenden Kanalzuteilungsentscheidung in dem Sinne, ob es zu Störungen während dieser Verbindung kam oder nicht, werden bei einer zukünftigen Kanalvergabe berücksichtigt. Mit der Zeit bildet sich so ein stabiles, FCA-ähnliches, Wiederverwendungsmuster heraus. Der Vorteil hierbei ist, daß ebenfalls keine Frequenzvorplanung mehr benötigt wird. Aufgrund des starren Wiederverwendungsmusters läßt sich mit Channel Segregation jedoch ebenfalls kein hoher Kapazitätsgewinn gegenüber einem FCA-System erreichen.

In den CS+-Verfahren nach [BEN95b], [BEN96a] werden zu hohe C/I-Schwellwerte bei der Kanalzuteilung, die einen Kapazitätsgewinn verhindern, durch einen lernfähigen Algorithmus deutlich reduziert. Je nach Lastsituation lassen sich so auch mit einem vollkommen dezentralen, adaptiven Kanalzuteilungsverfahren Kapazitätsgewinne von über 100 % erzielen.

3.4 Planungswerkzeuge

3.4.1 Planungsziele

Das Ziel der praktischen Funknetzplanung ist es, möglichst vielen Netzteilnehmern eine möglichst hohe Dienstgüte zu bieten, dabei allerdings vorgegebene Randbedingungen zu beachten. Zu diesen Randbedingungen gehören physikalische Gründe wie z.B. Wellenausbreitungseigenschaften, die Verfügbarkeit von Senderstandorten bzw. Grundstücken sowie ökonomische Gründe.

Die Dienstgüte in einem Mobilfunknetz setzt sich aus drei Hauptaspekten zusammen. Zunächst muß gewährleistet sein, daß der mobile Netzteilnehmer in dem abzudeckenden Gebiet mit einer bestimmten Wahrscheinlichkeit eine Basisstation erreichen kann. Man nennt dies die Versorgungswahrscheinlichkeit des betreffenden Gebiets. Mobilfunknetze werden oft für eine Versorgungswahrscheinlichkeit von 90 oder 95 % entworfen. Um eine bestimmte Versorgung zu garantieren, müssen die Basisstationen so plaziert werden, daß nahezu überall im abzudeckenden Gebiet ein bestimmter Mindestempfangspegel nicht unterschritten wird. Bei GSM-Handys beträgt dieser Wert z.B. - 102 dBm.

Weiterhin muß dafür gesorgt werden, daß die Gleich- und Nachbarkanalstörungen nicht zu groß sind. Selbst wenn die Versorgung eines Gebiets mit einer Basisstation gesichert ist, kann es trotzdem leicht vorkommen, daß die Interferenzen aus anderen Funkzellen keine ausreichende Verbindungsqualität zulassen. Aus diesem Grund ist es keinesfalls in allen Situationen gut, eine Basisstation immer an einem besonders exponierten Standort, wie z.B. auf einem hohen Berg, zu installieren. Dies kann je nach Gebiet zu starken Interferenzen führen und der Forderung nach einer hohen Dienstgüte zuwiderlaufen.

Ein weiterer Faktor, der für die Dienstgüte eine wesentliche Rolle spielt, ist die Blockierungswahrscheinlichkeit des Netzes (siehe Kapitel 3.2). Dies ist die Wahrscheinlichkeit, daß ein Anruf aus Kapazitätsgründen abgewiesen wird, in der Regel, weil keine freien Funkkanäle an der betreffenden Basisstation mehr verfügbar sind. Aber nicht nur die Blockierungswahrscheinlichkeit für neue Anrufversuche ist entscheidend, auch die Abbruchrate bei Handover-Vorgängen, wenn eine Mobilstation bei laufender Verbindung in eine besetzte Funkzelle wechselt, ist von großer Bedeutung für die Dienstgüte.

3.4.2 Planungsschritte

Die Planung eines Mobilfunknetzes ist ein sehr komplexer Prozeß, da viele untereinander abhängige Variablen darin involviert sind. Die heute eingesetzte, rechnergestützte Funknetzplanung verwendet umfangreiche Analyse- und Simulationswerkzeuge, die z.T. sehr schnelle Rechner erfordern. Die einzelnen Schritte zum Aufbau eines zelluaren Mobilfunknetzes sind in Bild 3.4.1 dargestellt.

3.4.2.1 Marktanalyse

Der erste Schritt beim Entwurf eines Mobilfunknetzes ist die Analyse des Kundenverhaltens bzw. eine Prognose über die Entwicklung der Teilnehmerzahlen sowie deren Wachstumsraten. Zusätzlich wird das zu versorgende Gebiet festgelegt, und die Anforderungen an die Versorgungswahrscheinlichkeit sowie die notwendige Netzkapazität werden bestimmt. Aus diesen Daten lassen sich bereits Aussagen zur Wirtschaftlichkeit bzw. Durchführbarkeit des geplanten Mobilfunknetzes treffen. Je genauer die Spezifikationen des künftigen Netzes an dieser Stelle ermittelt werden, desto exakter wird die Funknetzplanung durchgeführt werden können.

Bild 3.4.1: Planungsschritte beim Entwurf eines Mobilfunknetzes

3.4.2.2 Auswahl möglicher Senderstandorte

Nachdem das zu versorgende Gebiet feststeht, werden von regionalen Planern mögliche Basisstationsstandorte ermittelt. Bei der vorläufigen Entscheidung für einen Standort spielen nicht nur physikalische Gründe eine Rolle, auch die Verfügbarkeit des Standorts muß gewährleistet sein. Ein Netzbetreiber wird zunächst versuchen, die Basisstationen für ein neues Netz an schon bestehenden, eigenen Senderstandorten zu plazieren. Dies ist jedoch nicht immer durchführbar. In einem solchen Fall müssen die Möglichkeiten, verschiedene Standorte zu mieten, untersucht werden. Auch gesetzliche Auflagen (z.B. Landschaftsschutz) können bei der Auswahl eine Rolle spielen. Neben diesen Fragen müssen auch die Anbindungsmöglichkeiten an die Energieversorgung und Festnetzleitungen geklärt werden.

Den Regionalplanern stehen bei der Ermittlung eines potentiellen Standortes einfache Planungswerkzeuge zur Verfügung, mit denen sich bereits eine grobe Abschätzung des jeweiligen Versorgungsgebiets durchführen läßt.

3.4.2.3 Versorgungsanalyse

Die Versorgungsanalyse bildet einen umfangreichen und komplexen Schritt auf dem Weg zu einem neuen Mobilfunknetz. Die Netzbetreiber verwenden hierzu meist Ausbreitungsmodelle auf der Basis der Feldstärkemeßreihen, z.B. von Okumura (siehe Kapitel 2.2.4.2), die durch weitere, verfeinerte Korrekturfaktoren an die jeweilige Umgebung angepaßt werden. Exakte Ausbreitungsmodelle sind für die rechnergestützte Funknetzplanung unerläßlich. Deshalb werden die jeweiligen Modelle bei den Netzbetreibern ständig verbessert und verfeinert.

Die Grundlage für die Versorgungsanalyse bildet eine umfangreiche Topographiedatenbank des jeweiligen Gebiets. Diese Datenbank beinhaltet genaue Informationen über Höhe, Bebauung und Bewuchs (die sogenannte Morphostruktur) eines Pixels. Ein Pixel ist hierbei ein kleiner Geländeabschnitt, für den die mittlere Feldstärke (Medianwert) berechnet wird. Je nach Umgebung kann die Auflösung der Datenbanken bis hinunter in den Bereich einiger 10 m reichen. Da eine völlig exakte Vorausberechnung der Feldstärke aus Komplexitätsgründen nicht möglich ist (siehe Kapitel 2.2.3), wird dem Medianwert zur Berücksichtigung von Slow-Fading eine Lognormal-Verteilung mit einer Standardabweichung zwischen etwa 2 dB und 10 dB überlagert. Der genaue Wert hängt von der Morphologie der Mobilstationsumgebung ab. Es kann so für jeden Pixel eine Wahrscheinlichkeit berechnet werden, mit der ein bestimmter Empfangspegel überschritten wird.

Manche Planungstools berücksichtigen zusätzlich Fast Fading durch Überlagerung einer Suzuki-Verteilung [SUZ77] zum Medianwert. Wie bereits in Kapitel 2.2.5 erwähnt wurde, ist die Suzuki-Verteilung eine Kombination aus Slow- und Fast Fading Verteilungen, sie stellt eine Art "Rayleigh modulierte Lognormal-Verteilung" dar. Die Wahrscheinlichkeitsdichtefunktion p(s) der Empfangsfeldstärke s mit dem Mittelwert μ ergibt sich so zu:

$$p(s) = \int\limits_{0}^{\infty} p_R(\sigma)p_L(\sigma,\alpha)d\sigma \qquad (3.4.1)$$

Dabei ist $p_R(\sigma)$ die das Fast Fading beschreibende Rayleigh-Verteilung mit dem quadratischen Mittelwert $2\sigma^2$ und $p_L(\sigma,\alpha)$ die lognormalverteilte Slow Fading Komponente mit der Standardabweichung α. Mit den Gln.(2.1.19) und (2.2.31) erhält man aus Gl.(3.4.1):

$$p(s) = \int\limits_0^\infty \frac{s}{\sigma^2} exp\left(-\frac{s^2}{2\sigma^2}\right)\frac{1}{\sigma\alpha\sqrt{2\pi}} exp\left(-\frac{(log\,\sigma-\mu)^2}{2\alpha^2}\right)d\sigma \qquad (3.4.2)$$

Die Versorgungswahrscheinlichkeit $P_p(s > s_{min})$ eines Pixels ergibt sich durch Integration von $p(s)$:

$$P_p(s > s_{min}) = \int\limits_{s_{min}}^\infty p(s)\,ds \qquad (3.4.3)$$

mit dem Mindestempfangspegel s_{min}. Gl.(3.4.3) gibt die lokale Versorgungswahrscheinlichkeit eines bestimmten Pixels i bei Einsatz von nur einer Basisstation an. Bei insgesamt N_B Basisstationen im Netz erhält man für die gesamte lokale Versorgungswahrscheinlichkeit $P_{Lo}(i)$:

$$P_{Lo}(i) = 1 - \prod\limits_{\nu=1}^{N_B}\left[1 - P_p(s > s_{min})\right] \qquad (3.4.4)$$

Die Versorgungswahrscheinlichkeit P_G eines Gebiets mit der Fläche F ergibt sich durch Mitteln von Gl.(3.4.4) über F:

$$P_G = \frac{1}{F}\sum\limits_F F_i\, P_{Lo}(i) \qquad (3.4.5)$$

F_i in Gl.(3.4.5) ist die Fläche des Pixels i. Oft ist auch eine Gewichtung der Versorgungswahrscheinlichkeit mit der Teilnehmerdichte a(i) im Pixel i sinnvoll. Gebiete mit hoher Teilnehmerdichte gehen so stärker in das Ergebnis ein als solche mit geringer Teilnehmerdichte wie z.B. Waldgebiete. Man erhält dann:

$$P_T = \frac{1}{A}\sum\limits_F a(i)\, P_{Lo}(i) \qquad (3.4.6)$$

A ist hier das gesamte Verkehrsangebot im Gebiet F:

$$A = \sum\limits_i a(i) \qquad (3.4.7)$$

Mit ähnlichen Überlegungen müssen auch realitätsnahe Berechnungen der Interferenzen (siehe Kapitel 3.1) durchgeführt werden.

3.4.2.4 Ermittlung des Kanalbedarfs

Mit Hilfe der Versorgungsanalyse kann jedem Pixel i im abzudeckenden Gebiet F mit der Zuordnungswahrscheinlichkeit $P_B(j,i)$ eine Basisstation $j \in [1, N_B]$ zugeordnet werden. In der Regel wird dies die Basisstation sein, die den höchsten Empfangspegel am Ort i liefert (Best Server Prinzip). Durch Aufsummieren der Verkehrswerte a(i) aller Pixel im Einzugsbereich einer Basisstation erhält man das gesamte Verkehrsangebot einer Zelle j:

$$A_j = \sum_i P_B(j,i)\, a(i) \qquad (3.4.8)$$

Der Kanalbedarf $K_C(j)$ einer Zelle j steht in direktem Zusammenhang zum Verkehrsangebot A_j:

$$K_c(j) = f\!\left(A_j\right) \qquad (3.4.9)$$

Die Funktion $f(\cdot)$ ergibt sich aus der geforderten Dienstgüte, insbesondere aus der mittleren Blockierrate und der Handover-Rate. Je nachdem, um was für ein System im Sinne der Verkehrs- und Bedientheorie es sich handelt, wird man verschiedene Funktionen $f(\cdot)$ wählen. In großen Zellen wird üblicherweise die Erlang-B Formel nach Gl.(3.2.18) verwendet. Manche Planungswerkzeuge verarbeiten die Funktion $f(\cdot)$ in Form einer vor dem eigentlichen Planungsablauf berechneten Lookup-Tabelle, die einen tabellarischen Zusammenhang zwischen A_j und $K_C(j)$ herstellt.

3.4.2.5 Frequenzzuweisung

Aus der Versorgungsanalyse lassen sich auch Informationen zur Kompatibilität von Zellen entnehmen. Zwei Zellen werden als kompatibel bezeichnet, wenn beide den gleichen Kanal benutzen dürfen, ohne daß es zu unzulässig hohen Interferenzen kommt. Die Kompatibilitätsbeziehungen unter den Zellen eines Netzes lassen sich in Form einer Kompatibilitätsmatrix $\mathbf{C}$ darstellen. Die Elemente c_{ij} geben die Abstände in Kanalbandbreiten an, die zwei Kanäle in den Zellen i und j

mindestens haben müssen. Es lassen sich so nicht nur Gleichkanalstörungen
($c_{ij} = 1$) berücksichtigen, sondern auch Nachbarkanalstörungen ($c_{ij} > 1$).

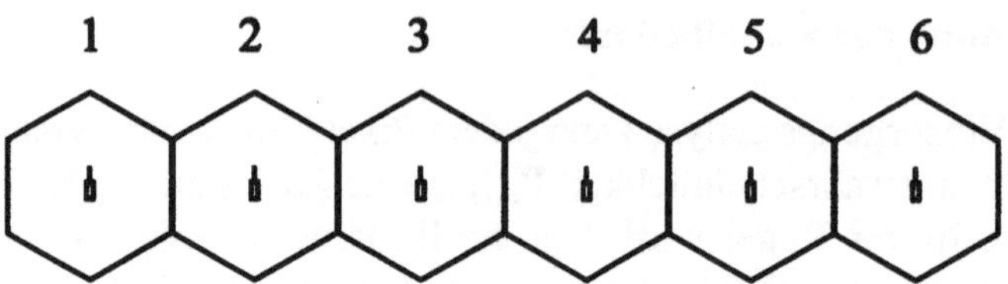

Bild 3.4.2: Eindimensionales Zellmuster

Für das eindimensionale Zellmuster nach Bild 3.4.2 erhält man eine Kompatibilitätsmatrix **C** der Form:

$$C = \begin{pmatrix} 1 & 1 & 0 & 0 & 0 & 0 \\ 1 & 1 & 1 & 0 & 0 & 0 \\ 0 & 1 & 1 & 1 & 0 & 0 \\ 0 & 0 & 1 & 1 & 1 & 0 \\ 0 & 0 & 0 & 1 & 1 & 1 \\ 0 & 0 & 0 & 0 & 1 & 1 \end{pmatrix} \qquad (3.4.10)$$

Hierbei wurden Nachbarkanalstörungen vernachlässigt und ein Wiederverwendungsabstand von zwei Zellbreiten zugrundegelegt.

Nachdem der Kanalbedarf pro Zelle nach Gl.(3.4.9) ermittelt wurde, besteht nun
das Problem darin, mit möglichst wenigen Kanälen/Frequenzen den Bedarf unter
Berücksichtigung der Kompatibilitätsbedingungen und evtl. weiterer Forderungen, wie z.B. lokaler Frequenzverbote, zu erfüllen. Es handelt sich hierbei um ein
rein kombinatorisches Problem. Eine exakte Lösung ist nur mit sehr hohem
Rechenaufwand möglich. Der Aufwand nimmt exponentiell mit der Zellenanzahl
zu, d.h., das Problem der Frequenzzuteilung ist nicht in "polynomialer Zeit" zu
lösen (NP-vollständiges Problem, [HAL80]). Bei der Planung von Mobilfunknetzen verwendet man daher meist heuristische Algorithmen, die eine suboptima-
le Lösung in "polynomialer Zeit" erlauben.

Anhang A3.1

Grundlagen der hexagonalen Zellgeometrie

Von den drei Möglichkeiten, eine Ebene mit polygonalen Strukturen flächendeckend zu gliedern, dem gleichschenkligen Dreieck, dem Rechteck und dem Hexagon, nähert sich das letztgenannte am besten dem Kreis an. Funkzonen werden deshalb oftmals durch Sechsecke genähert.

Zur Herleitung der Gln. (3.1.1) und (3.1.2) soll zunächst ein neues, schiefwinkliges Koordinatensystem angegeben werden, welches den Umgang mit hexagonalen Mustern erleichtert. Dieses besteht aus zwei Achsen U und V, die sich unter einem Winkel von 60° schneiden (siehe Bild A3.1). Der Mittelpunkt eines jeden Hexagons läßt sich nun durch zwei ganzzahlige Koordinaten u und v beschreiben.

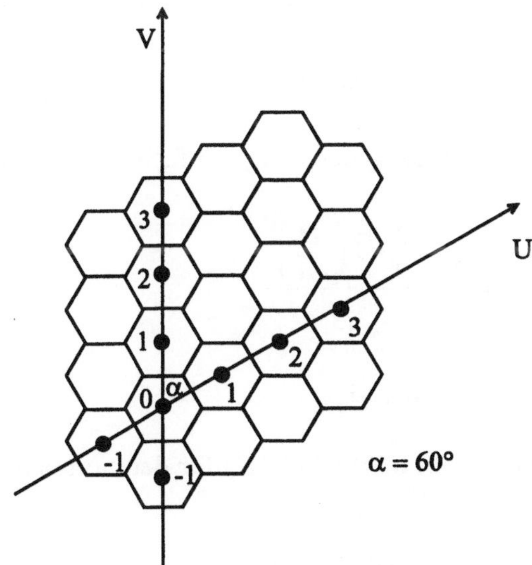

Bild A3.1: Angepaßtes Koordinatensystem für hexagonale Zellstrukturen

In diesem neuen Koordinatensystem kann man die Entfernung d_{12} zwischen zwei Koordinatenpaaren (u_1,v_1) und (u_2,v_2) einfach mit Hilfe des Cosinussatzes berechnen:

$$d_{12} = \sqrt{3} \cdot R \cdot \sqrt{(u_2 - u_1)^2 + (u_2 - u_1)(v_2 - v_1) + (v_2 - v_1)^2} \qquad \text{(A3.1)}$$

Hierbei ist R der Zellradius, also die Entfernung von der Zellmitte zu einer Ecke.

Die Herleitung von Gl.(3.1.1) bedient sich eines heuristischen Ansatzes, indem jedes Cluster, also eine Gruppe von benachbarten Zellen, durch ein flächengleiches Sechseck umrahmt wird (siehe Bild A3.2). Die Mittelpunkte dieser neuen Hexagone (i,j) lassen sich nun, relativ zum zentralen Cluster, ebenfalls mit Hilfe des neu eingeführten Koordinatensystems angeben. Für die Entfernung D der neuen "Überhexagone" untereinander findet man analog zu Gl.(A3.1):

$$D = \sqrt{3} \cdot R \cdot \sqrt{i^2 + ij + j^2} \qquad \text{(A3.2)}$$

Die Anzahl der Zellen in diesem neuen "Überhexagon", also die Clustergröße, ergibt sich damit einfach aus dem Verhältnis der Flächen des "Überhexagons" A' und einer Zelle A. Die Fläche A eines Sechsecks mit dem Radius R beträgt:

$$A = \frac{3}{2}\sqrt{3}\, R^2 \qquad \text{(A3.3)}$$

Damit erhält man für die Clustergröße N den einfachen Ausdruck:

$$N = \frac{A'}{A} = \frac{\dfrac{3}{2}\sqrt{3}\left(\dfrac{D}{\sqrt{3}}\right)^2}{\dfrac{3}{2}\sqrt{3}\, R^2}$$

$$N = i^2 + ij + j^2 \qquad \text{(3.1.1)}$$

Aus Gl.(A3.2) und Gl.(3.1.1) folgt Gl.(3.1.2) für den normierten Wiederverwendungsabstand q:

$$q = D/R = \sqrt{3N} \qquad \text{(3.1.2)}$$

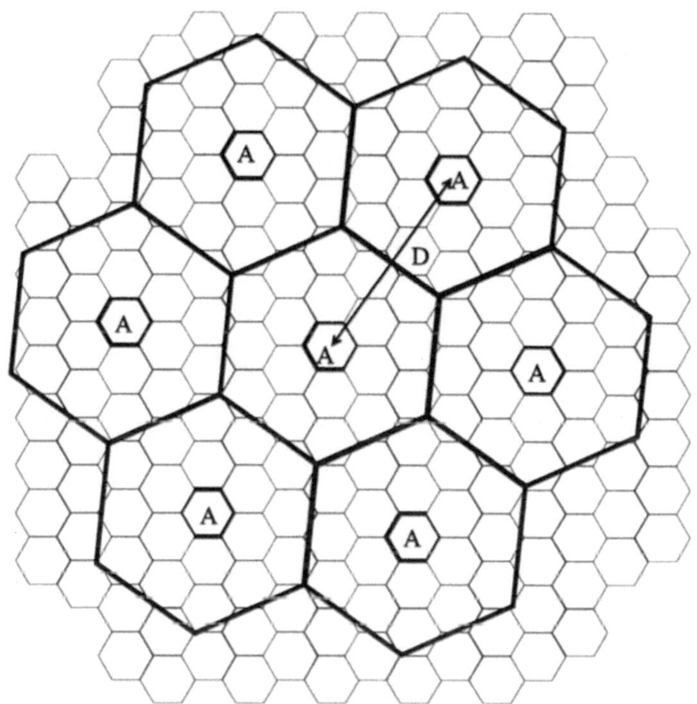

Bild A3.2: Zusammenfassen der Clusterzellen zu "Überhexagonen"

Der Vollständigkeit halber sei noch erwähnt, daß sich bei einem Modell mit quadratischen Zellen, die man z.B. oft in Büroumgebungen annehmen kann, andere
Clustergrößen als bei hexagonalen Zellen ergeben. Man erhält für die Clustergröße N_q bei quadratischen Zellen:

$$N_q = k^2 + l^2 \qquad\qquad (A3.4)$$

mit k,l = 0,1,2,3,... . Nähere Ausführungen hierzu und ein Vergleich zwischen
hexagonalen und quadratischen Zellmustern finden sich in [COX82].

4 Modulationsverfahren

Unter Modulation versteht man allgemein die Veränderung eines Trägersignals in Abhängigkeit eines Nachrichtensignals wie z.B. Sprache oder Daten. Damit erreicht man realistische Antennendimensionen und die Möglichkeit, mehrere Teilnehmer auf einen Träger zu multiplexen. Die für die Mobilfunkübertragung geeigneten Trägerfrequenzen liegen dabei im VHF und insbesondere im UHF Bereich. Je nachdem, ob das Nachrichtensignal in analoger oder digitaler Form dem Träger aufmoduliert wird, spricht man von analogen oder digitalen Modulationsverfahren. In modernen zellularen Mobilfunknetzen werden heute jedoch ausschließlich digitale Verfahren eingesetzt. Aus diesem Grund sollen hier die Grundlagen der analogen Modulationsverfahren nur sehr knapp behandelt werden. Weitergehende Informationen zu diesem Thema findet der interessierte Leser z.B. in [KAM96].

Die Gründe für die Wahl von digitalen Modulationsverfahren für moderne Mobilfunknetze sind hauptsächlich in einer hohen Bandbreiteneffizienz, einer günstigen Leistungsbilanz, hoher Störfestigkeit und nicht zuletzt sehr günstigen Implementierungseigenschaften zu finden. In Kapitel 4.2 werden verschiedene digitale Modulationsverfahren vorgestellt. Die für digitale Mobilfunksysteme relevanten und interessanten Details werden ausführlicher behandelt als andere.

Nach einer kurzen Einführung in die Technik der digitalen Empfänger in Kapitel
4.4 werden in den Kapiteln 4.5 und 4.6 eingehend die spektralen Eigenschaften
sowie das Bitfehlerverhalten in Gaußschen Kanälen und in Fadingkanälen
diskutiert.

4.1 Analoge Modulationsverfahren

Es gibt prinzipiell drei Möglichkeiten, einem Trägersignal ein Nachrichtensignal
aufzuprägen. Je nachdem, ob die Amplitude, die Frequenz oder die Phasenlage
durch die zu übertragende analoge Schwingung verändert wird, handelt es sich
um **Amplituden-**, **Frequenz-** oder **Phasenmodulation**. Die beiden letzteren faßt
man oft unter dem Begriff Winkelmodulation zusammen.

4.1.1 Amplitudenmodulation (AM)

Die Amplitude einer Trägerschwingung wird gemäß dem Verlauf des modulierenden Nachrichtensignals verändert. Multipliziert man, wie in Bild 4.1.1 gezeigt, ein Signal $u_s(t)$ mit einer Trägerschwingung $u_c(t)$ erhält man mit:

$$u_s(t) = A\cos(\omega_s t) \tag{4.1.1}$$

$$u_c(t) = B\cos(\omega_c t) \tag{4.1.2}$$

das modulierte Ausgangssignal u(t):

$$\begin{aligned}
u(t) &= u_s(t) \cdot u_c(t) \\
&= \frac{1}{2} A B \{ cos[(\omega_c - \omega_s)t] + cos[(\omega_c + \omega_s)t] \}
\end{aligned} \tag{4.1.3}$$

Das Signal u(t) ist ein sogenanntes Doppelseitenbandsignal mit unterdrücktem
Träger (DSB). Zeitverlauf und Spektrum sind in Bild 4.1.2 dargestellt. Die Hüllkurve des DSB-Signals mit unterdrücktem Träger ist verschieden vom modulie-

renden Signal $u_s(t)$. Jeweils im Nulldurchgang der Hüllkurve von $u(t)$ kommt es zu einem 180° Phasensprung. Der Grund für den Nulldurchgang ist, daß im Spektrum die Trägerkomponente bei $\omega_c = 2\pi f_c$ fehlt. Aus Bild 4.1.2b) erkennt man ferner, daß das Signal $u(t)$ aus zwei spektralen Komponenten an den Stellen $\omega_c - \omega_s$ und $\omega_c + \omega_s$ besteht, die Nutzinformation ist also zweimal vorhanden, einmal unterhalb und einmal oberhalb der Trägerfrequenz.

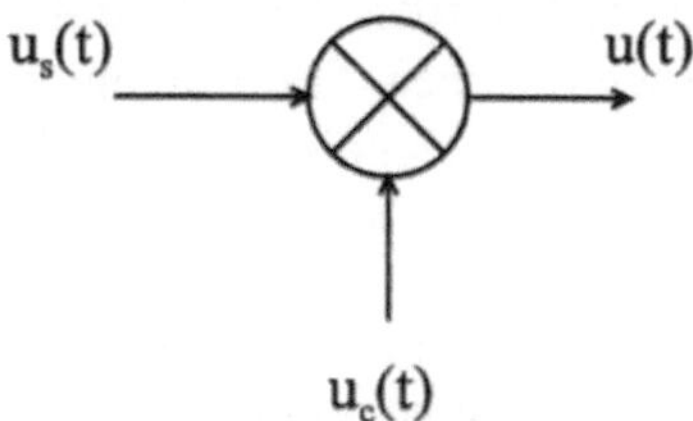

Bild 4.1.1: Multiplikation eines Nachrichtensignals $u_s(t)$ mit einer Trägerschwingung $u_c(t)$

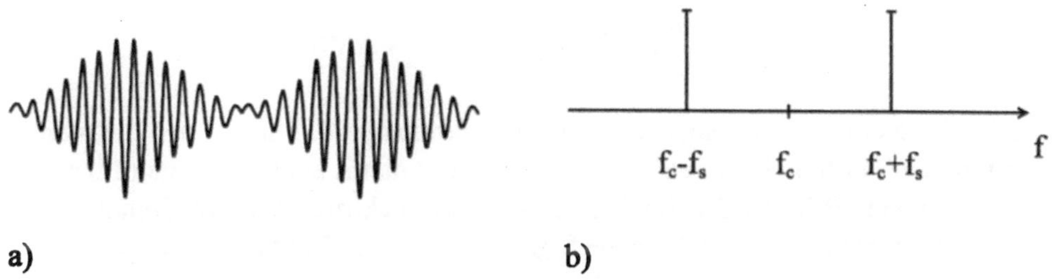

Bild 4.1.2: Zeitverlauf (a) und Spektrum (b) des DSB-Signals $u(t)$

In der Regel besteht das modulierende Signal $u_s(t)$ nicht nur aus einer monofrequenten Schwingung, sondern es handelt sich vielmehr um ein Signalgemisch, wie z.B. Sprache, mit einer bestimmten Bandbreite $\omega_{min} \dots \omega_{max}$. In diesem Fall bilden sich unter- und oberhalb der Trägerfrequenz sogenannte Seitenbänder von $(\omega_c - \omega_{max}) \dots (\omega_c - \omega_{min})$ und von $(\omega_c + \omega_{min}) \dots (\omega_c + \omega_{max})$.

Zur Demodulation des modulierten Signals $u(t)$ auf der Empfangsseite der Übertragungsstrecke erfolgt eine erneute Multiplikation mit $\cos(\omega_c t)$:

$$u_r(t) = u(t) \cdot cos(\omega_c t)$$

$$= \frac{1}{2} A B cos(\omega_s t) + \frac{1}{4} A B \left\{ cos[(2\omega_c - \omega_s)t] + cos[(2\omega_c + \omega_s)t] \right\} \qquad (4.1.4)$$

Es entstehen eine Signalkomponente bei der Frequenz des ursprünglichen, modulierenden Signals $u_S(t)$ und zwei weitere Anteile bei der doppelten Trägerfrequenz. Die Trägerfrequenz ist in der Regel erheblich größer als die maximale Modulationsfrequenz, daher können die Signalanteile bei $f = 2\ f_c$ sehr leicht durch Tiefpaßfilterung eliminiert werden. Die Multiplikation auf der Empfangsseite muß mit einem phasensynchronen Trägersignal erfolgen. Der Träger muß deshalb, z.B. mit einer Phasenregelschleife, aus dem Empfangssignal zurückgewonnen werden, was den Schaltungsaufwand auf der Empfangsseite erhöht.

Der Demodulationsprozeß läßt sich erheblich vereinfachen, wenn dem modulierenden Signal $u_S(t)$ eine Gleichspannungskomponente überlagert wird. Dadurch erscheint im Spektrum des Modulationssignals eine dritte Signalkomponente mit der Trägerfrequenz f_c. Man erhält so für das Signal u(t) am Ausgang des Modulators:

$$u(t) = A B \left[1 + m cos(\omega_s t) \right] cos(\omega_c t)$$

$$= A B cos(\omega_c t) + \frac{m}{2} A B \left\{ cos[(\omega_c - \omega_s)t] + cos[(\omega_c + \omega_s)t] \right\} \qquad (4.1.5)$$

Hierbei bezeichnet m den sogenannten **Modulationsgrad**. Für $0 < m < 1$ kommt es zu keinen Nulldurchgängen der Hüllkurve und damit auch zu keinen Phasensprüngen mehr. Bild 4.1.3 zeigt Zeitverlauf und Spektrum des AM-Signals u(t). Man erkennt leicht das modulierende Signal $u_S(t)$ in der Hüllkurve von u(t).

Die Demodulation des Signals u(t) kann einfach, wie in Bild 4.1.4 gezeigt, durch Gleichrichtung und anschließende Glättung/Filterung mit einem Tiefpaß erfolgen. Da zusätzlich zur Nutzinformation in den Seitenbändern der Träger übertragen wird, welcher ja keine Information überträgt, ist die Leistungsbilanz eines AM-Signals sehr ungünstig. Bildet man das Verhältnis von Trägerleistung zur Gesamtleistung, so erhält man:

$$\frac{(AB)^2 / 2}{(AB)^2 / 2 + (AB)^2 \frac{m^2}{4}} = \frac{2}{2 + m^2} \qquad (4.1.6)$$

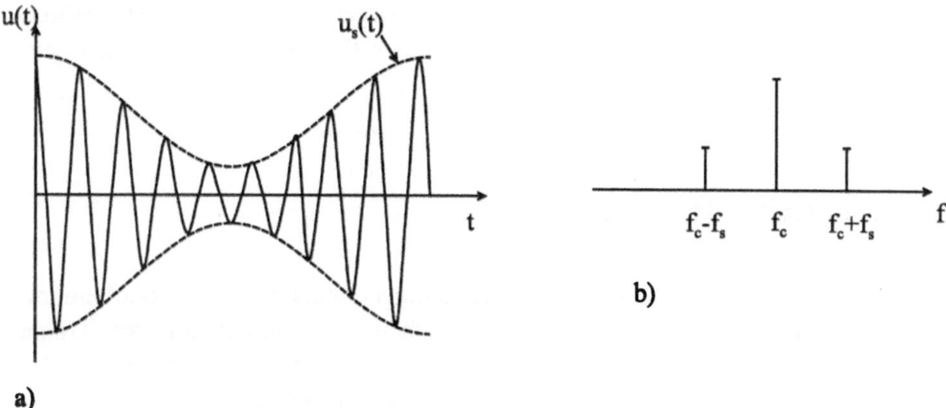

Bild 4.1.3: Zeitverlauf (a) und Spektrum (b) des AM-Signals u(t)

d.h., selbst bei einem Modulationsgrad von m = 1 müssen 2/3 der Sendeleistung für die Übertragung des aus informationstechnischer Sicht überflüssigen Trägers aufgewendet werden.

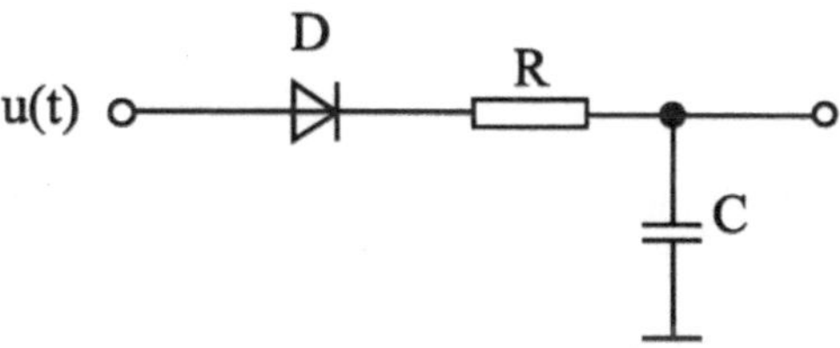

Bild 4.1.4: Einfacher AM-Demodulator

Sowohl das DSB-Signal mit unterdrücktem Träger als auch das DSB-Signal mit Träger beinhaltet das Nachrichtensignal doppelt, einmal in inverser Lage unterhalb der Trägerfrequenz und einmal in Normallage oberhalb von f_c. Es wird daher die doppelte Bandbreite als eigentlich erforderlich wäre benötigt. Bei der Einseitenbandmodulation ohne Träger (SSB = Single Sideband) wird eines dieser Seitenbänder weggefiltert, so daß die volle Sendeleistung dem Nutzsignal zugute kommt. Zusätzlich wird nur noch die halbe Bandbreite des DSB-Signals benötigt.

Da die Information bei der Amplitudenmodulation in der Amplitude des Sendesignals enthalten ist, machen sich Signalschwankungen, wie sie im Mobilfunk durch Fadingprozesse (siehe Kapitel 2) hervorgerufen werden, sehr störend bemerkbar. Die Amplitudenmodulation ist daher für die Mobilfunkübertragung nicht besonders geeignet.

4.1.2 Winkelmodulation

Neben der Möglichkeit, die Amplitude des Trägersignals mit dem modulierenden Nachrichtensignal zu beeinflussen, kann auch das Argument $\psi(t)$ der Trägerschwingung $u_c(t) = B \cdot \cos[\psi(t)]$ in Abhängigkeit von der zu übertragenden Information verändert werden. Bei der Phasenmodulation (PM) weicht der Phasenwinkel $\psi(t)$ um einen zum modulierenden Signal proportionalen Betrag vom Phasenwinkel $\omega_c t$ der Trägerschwingung ab. Die Argumentfunktion lautet daher:

$$\psi(t) = 2\pi f_c t + 2\pi K_p u_s(t) \tag{4.1.7}$$

mit der Modulatorkonstanten K_p. Wird nicht der Phasenwinkel, sondern die Augenblicksfrequenz f des Trägersignals durch das modulierende Signal verändert, erhält man eine Frequenzmodulation (FM). Da zwischen Phase φ und Frequenz f einer Schwingung der Zusammenhang:

$$\varphi = 2\pi \int f \, dt \tag{4.1.8}$$

besteht, erhält man für den Phasenwinkel $\psi(t)$:

$$\psi(t) = 2\pi f_c t + 2\pi K_f \int_0^t u_s(\xi) \, d\xi \tag{4.1.9}$$

Hierbei ist K_f wieder eine Modulatorkonstante, die den Frequenzhub, also die größte Abweichung von der Frequenz f_c des Modulationsträgers, bestimmt. Die Gln. (4.1.7) und (4.1.9) sind sich sehr ähnlich. Der Unterschied zwischen Phasen- und Frequenzmodulation besteht nur darin, daß bei letzterer die Phasenänderung proportional zum Integral des modulierenden Signals $u_s(t)$ ist, während sie bei der PM direkt proportional zu $u_s(t)$ ist. Ein FM-Modulator läßt sich also aus einem PM-Modulator mit vorgeschaltetem Integrator realisieren. Ebenso ist ein PM-Modulator äquivalent zu einem FM-Modulator mit vorgeschaltetem Differenzierglied (siehe Bild 4.1.5).

Ein FM-Modulator kann mit Hilfe eines spannungsgesteuerten Oszillators (VCO, *engl.* Voltage Controlled Oscillator) einfach hergestellt werden, wenn die Steuerspannung dem modulierenden Signal entspricht. Zur Demodulation werden heute meist Phasenregelschleifen (PLL, *engl.* Phase Locked Loop) eingesetzt. Das demodulierte Signal kann hierbei aus der Nachregelspannung der PLL entnommen werden.

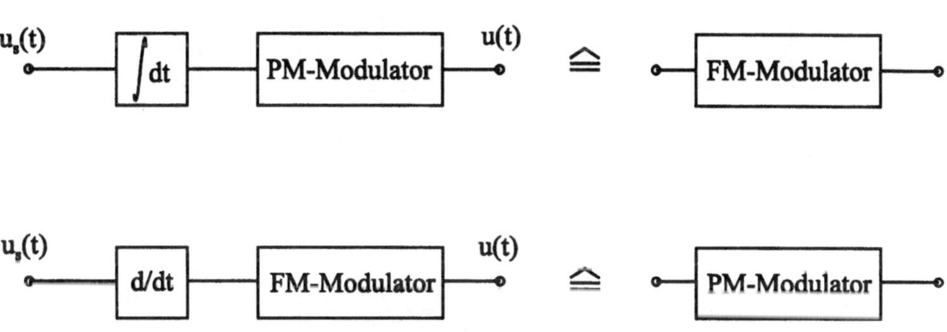

Bild 4.1.5: Zusammenhang zwischen PM- und FM-Modulator

Die allgemeine Berechnung des Spektrums eines winkelmodulierten Signals ist relativ aufwendig. Nimmt man jedoch eine monofrequente, sinusförmige Schwingung der Frequenz f_m als modulierendes Signal an, läßt sich das FM-Signal $u(t)$ in eine Reihe von Besselfunktionen entwickeln:

$$u(t) = \hat{u} \sum_{n=-\infty}^{\infty} J_n(\eta) cos(2\pi f_c t + n \cdot 2\pi f_m t) \tag{4.1.10}$$

wobei $J_n(\eta)$ Besselfunktionen der ersten Art, n-ter Ordnung sind. Es gilt:

$$J_{-n}(\eta) = (-1)^n J_n(\eta) \tag{4.1.11}$$

Bei sinusförmiger Anregung erhält man also ein zur Mittenfrequenz f_c unsymmetrisches Linienspektrum. Der Modulationsindex η ist neben der Modulationsfrequenz f_m bestimmend für die spektralen Eigenschaften von $u(t)$. η ist das Verhältnis von Frequenzhub zur Modulationsfrequenz:

$$\eta = \frac{K_f}{f_m} \tag{4.1.12}$$

Der Verlauf der Besselfunktionen ist in Bild 4.1.6 dargestellt. Man erkennt, daß die Spektrallinien höherer Ordnung für etwa $n > \eta$ schnell abklingen. Bild 4.1.7 zeigt beispielhaft das Spektrum eines FM-Signals mit sinusförmigem Modulationssignal und $\eta = 1$ bzw. $\eta = 5$.

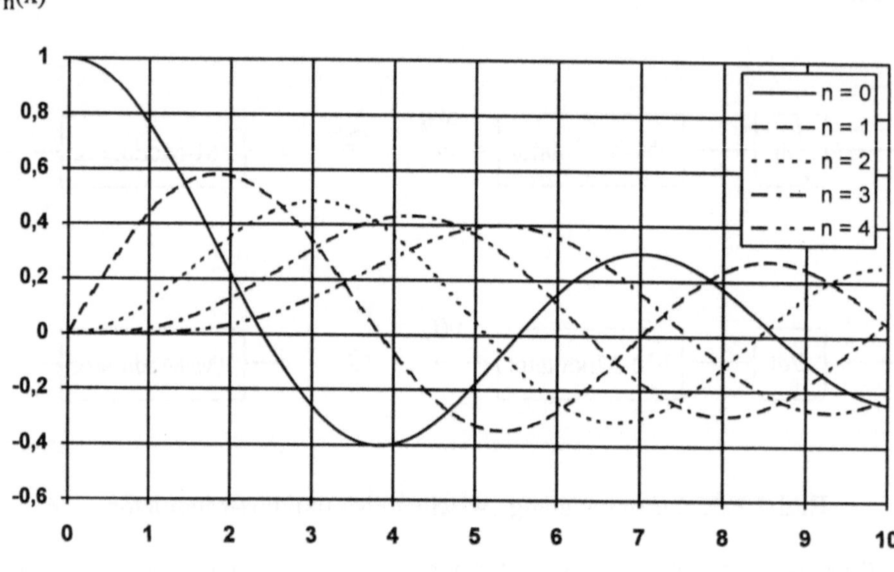

Bild 4.1.6: Verlauf der Bessel-Funktionen erster Art, n-ter Ordnung $J_n(x)$

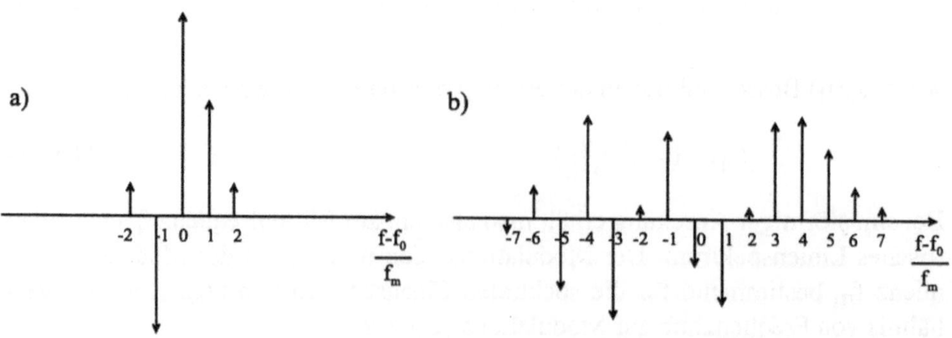

Bild 4.1.7: Spektrum von FM-Signalen mit $\eta = 1$ (a) und $\eta = 5$ (b)

Bei sehr schmalbandiger FM-Modulation mit $\eta \ll 1$ sind praktisch nur noch die Spektrallinien erster Ordnung (n = 1) von Bedeutung. Das FM-Signal hat nun sehr große Ähnlichkeit mit dem AM-Signal mit Träger aus Kapitel 4.1. Im Gegensatz zum AM-Signal besteht beim FM-Signal jedoch ein Phasenunterschied von 180° zwischen den beiden Seitenbändern. Schmalband-FM wird auch in Mobilfunknetzen eingesetzt, wenn der Kanalabstand klein ist (12,5 kHz oder 25 kHz).

Das FM-Spektrum ist theoretisch unendlich ausgedehnt, eine Bandbreitenangabe ist daher immer definitionsabhängig. In vielen praktischen Anwendungen werden die Spektrallinien noch solange bei der Bandbreitenangabe berücksichtigt, bis sie kleiner als 1 % der unmodulierten Trägeramplitude werden, d.h. bis $J_n(\eta) < 0,01$. Eine einfache Formel zur Bestimmung der Bandbreite B_{FM} für diesen Fall wurde von J.R. Carson und T.C. Fry angegeben [CAR37]:

$$B_{FM} = 2 f_m (1 + \eta) \qquad\qquad (4.1.13)$$

Gl.(4.1.13) gilt genau genommen nur für sinusförmige modulierende Signale, wird in der Praxis jedoch auch bei nicht-sinusförmiger Modulation angewendet. Hierbei wird dann für f_m die größte im Modulationssignal vorkommende Frequenz eingesetzt. Es werden nur die Spektrallinien bis zur Ordnung $n = \eta$ berücksichtigt.

Da die Information bei FM-Modulation nicht in der Amplitude des Signals enthalten ist, sondern in der Frequenz, wirken sich Schwankungen der Signalamplitude schwächer auf das demodulierte Signal aus als bei der AM-Modulation. Frequenzmodulation wird daher häufig in analogen Mobilfunknetzen wie z.B. dem C-Netz eingesetzt.

4.2 Digitale Modulationsverfahren

Genau wie bei den analogen Modulationsverfahren aus Kapitel 4.1 gibt es auch bei den digitalen Modulationsverfahren prinzipiell wieder drei Möglichkeiten, dem Trägersignal ein, diesmal in digitaler Form vorliegendes, Nachrichtensignal aufzuprägen. Man spricht hier analog zu Kapitel 4.1 von **Amplituden-, Frequenz-** oder **Phasenumtastung**.

4.2.1 Amplitudenumtastung

Die Amplitude eines sinusförmigen Trägersignals wird in Abhängigkeit der zu übertragenden digitalen Information zwischen zwei oder mehreren diskreten Stufen umgeschaltet. Ein amplitudenumgetastetes Signal $u_{ask}(t)$ (**ASK**, *engl.* **Amplitude Shift Keying**) kann deshalb wie folgt dargestellt werden:

$$u_{ask}(t) = a_i(t) \cos(\omega_0 t + \varphi) \quad ; \quad i \in [1, M] \tag{4.2.1}$$

mit der Amplitude $a_i(t)$:

$$a_i(t) = A_i\, g(t) \quad ; \quad 0 \le t \le T \tag{4.2.2}$$

$N = \mathrm{ld}(M)$ Datenbits werden hierbei zu einem Symbol zusammengefaßt und als eine von M Amplitudenstufen A_i codiert. $g(t)$ ist eine Impulsformerfunktion, mit der das Spektrum des Sendesignals geformt werden kann. Im einfachsten Fall handelt es sich um eine Rechteckfunktion:

$$g(t) = \sqrt{\frac{2E}{T}}\, rect\!\left(\frac{t - T/2}{T}\right) \tag{4.2.3}$$

wobei $T = N \cdot T_b$ die Symboldauer (T_b = Bitdauer) und E die Energie eines gesendeten Symbols für $A_i = 1$ ist.

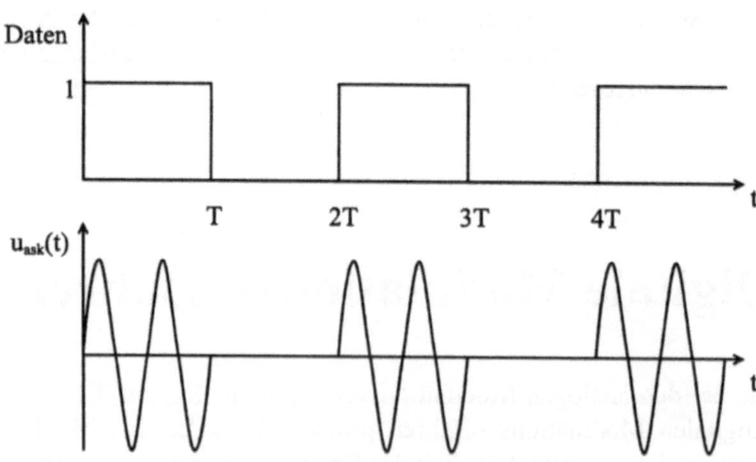

Bild 4.2.1: Binäres ASK (OOK)

Der Spezialfall der binären ASK mit M = 2 und a_i = 0/1 wird auch als On-Off Keying (OOK) bezeichnet und stellt das einfachste aller digitalen Modulationsverfahren dar. OOK ist eine der ältesten Formen digitaler Modulation und wird seit Anfang dieses Jahrhunderts bei der Morsetelegraphie angewandt. Das hochfrequente Trägersignal wird dabei einfach in Abhängigkeit der Datenbits entweder ein- (log. "1") oder ausgeschaltet (log. "0") (siehe Bild 4.2.1).

4.2.2 Frequenzumtastung

Während bei der Amplitudenumtastung die Amplitude einer Trägerschwingung durch das modulierende Digitalsignal verändert wurde, die Frequenz jedoch konstant blieb, ist es bei der Frequenzumtastung (**FSK**, *engl.* **Frequency Shift Keying**) genau umgekehrt, die Information ist in der Frequenz enthalten. Ein FSK-Signal läßt sich wie folgt beschreiben:

$$u_{fsk}(t) = \sqrt{\frac{2E}{T}}\, cos(2\pi f_i t + \varphi) \qquad ; \quad \begin{array}{l} 0 \le t \le T \\ i \in [1, M] \end{array} \qquad (4.2.4)$$

Die Frequenz der Trägerschwingung f_i kann M diskrete Werte annehmen, ähnlich wie die Amplitudenstufen A_i bei ASK. Die Umtastung von einer Frequenz zur anderen kann z.B. durch Auswahl eines von M Oszillatoren durch die N = ld(M) Datenbits eines Symbols erfolgen. Der i-te Oszillator schwingt dabei auf der Frequenz f_i. Das abrupte Umschalten von einer Frequenz zur anderen führt jedoch zu relativ hohen spektralen Nebenseitenbändern, wodurch eine hohe Bandbreite durch das Sendesignal belegt wird. Dies kann dadurch vermieden werden, daß nur ein Oszillator benutzt wird, der dann allerdings schnell von einer Frequenz zur anderen umgestimmt wird. Man erhält so kontinuierliche Phasenänderungen beim Wechsel zweier Symbole. Dieses Verfahren wird als CPFSK (*engl.* Continuous Phase Frequency Shift Keying) bezeichnet. In Bild 4.2.2 ist ein CPFSK-Signal mit M = 2 dargestellt.

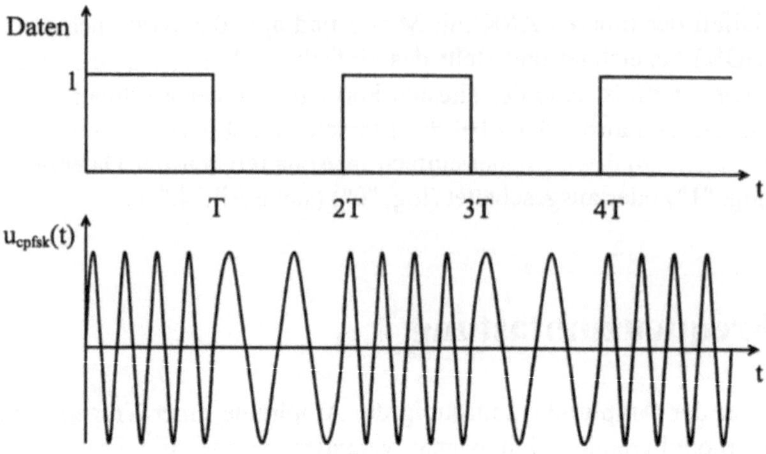

Bild 4.2.2: CPFSK-Signal

4.2.3 Phasenumtastung

Ein digitales Nachrichtensignal kann auch über die Phase eines Trägersignals übermittelt werden. Hierzu wird die Phase φ zwischen diskreten Stufen je nach anliegendem Datensymbol umgeschaltet. PSK-Modulation (*engl.* **Phase Shift Keying**) wird heute in sehr vielen Bereichen eingesetzt. Anwendungen reichen von Richtfunk, Satellitenfunk bis zu digitalen Mobilfunksystemen. Die allgemeine Form eines PSK-Signals ist:

$$u_{psk}(t) = \sqrt{\frac{2E}{T}}\, cos(2\pi f_0 t + \varphi_i) \qquad ; \qquad \begin{array}{l} 0 \le t \le T \\ i \in [1, M] \end{array} \qquad (4.2.5)$$

wobei φ_i die Werte

$$\varphi_i = \frac{2\pi i}{M} \quad ; \quad i \in [1, M] \tag{4.2.6}$$

annehmen kann. Gl.(4.2.5) kann leicht umgeschrieben werden in

$$u_{psk}(t) = \sqrt{\frac{2E}{T}}\, cos(2\pi f_0 t)cos(\varphi_i) - \sqrt{\frac{2E}{T}}\, sin(2\pi f_0 t)sin(\varphi_i) \tag{4.2.7}$$

Aus Gl.(4.2.7) kann eine Prinzipschaltung zur Realisierung einer PSK-Modulation abgeleitet werden (siehe Bild 4.2.3). Der Umwerter in Bild 4.2.3 erzeugt aus einem anliegenden N Bit breiten Datenwort die beiden zugehörigen Spannungen $\cos(\varphi_i)$ und $\sin(\varphi_i)$ nach Gl.(4.2.6).

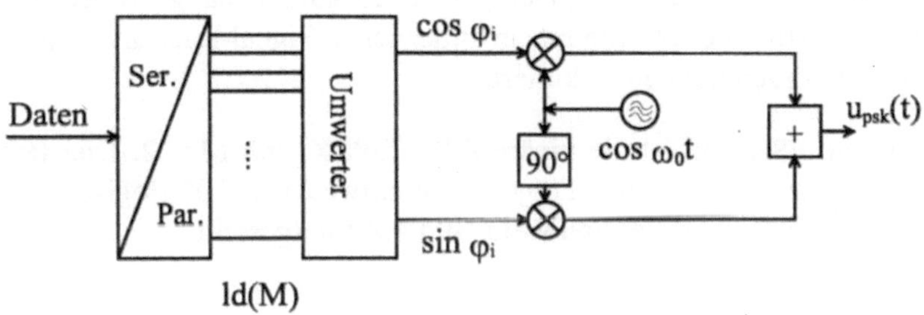

Bild 4.2.3: Erzeugung einer PSK-Modulation

Phasenmodulierte Signale lassen sich gut als Vektor im Phasenraum darstellen. Man erhält so eine als I/Q-Diagramm bezeichnete Darstellung des Signalzeigers. I ist hierbei die Signalkomponente, die in Phase zum Trägersignal liegt, während Q die Quadraturkomponente senkrecht zur Trägerphase beschreibt. Für den Fall einer 8-PSK-Modulation (M = 8) ist solch ein Diagramm in Bild 4.2.4 angegeben.

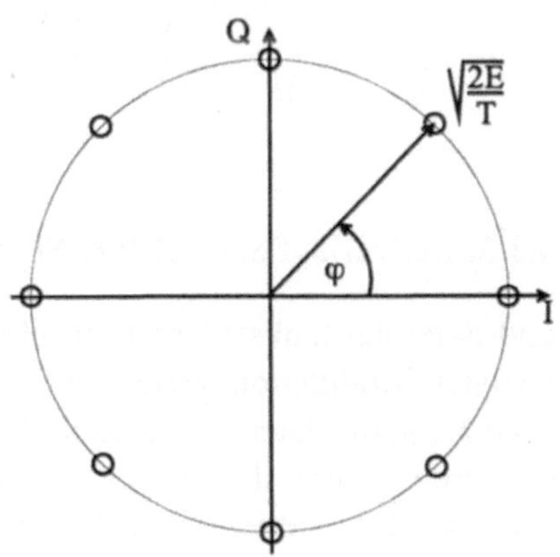

Bild 4.2.4: I/Q-Diagramm für 8-PSK-Modulation

Allen digitalen Modulationsverfahren ist gemeinsam, daß mit größer werdendem M und bei gleicher Bitrate die Übertragungsbandbreite kleiner wird, weil ja immer N = ld(M) Bits zu einem Symbol zusammengefaßt werden und in einem einzigen Schritt als gemeinsames Symbol übertragen werden. Je größer M wird, desto näher liegen die diskreten Trägerzustände zusammen, desto größer wird daher auch die Anfälligkeit gegenüber überlagerten Störungen, wie Rauschen oder Interferenz von anderen Signalen. Der genaue Zusammenhang zwischen M und dem für eine bestimmte Bitfehlerrate erforderlichen Signal-Rauschverhältnis wird in Kapitel 4.5 hergeleitet und diskutiert.

Der einfachste PSK-Fall ist die binäre PSK (**BPSK**) mit M = 2. Hier tastet das modulierende Digitalsignal die Trägerphase entweder auf 0° (logisch "0") oder auf 180° (logisch "1"). Dieser Fall ist in Bild 4.2.5 dargestellt.

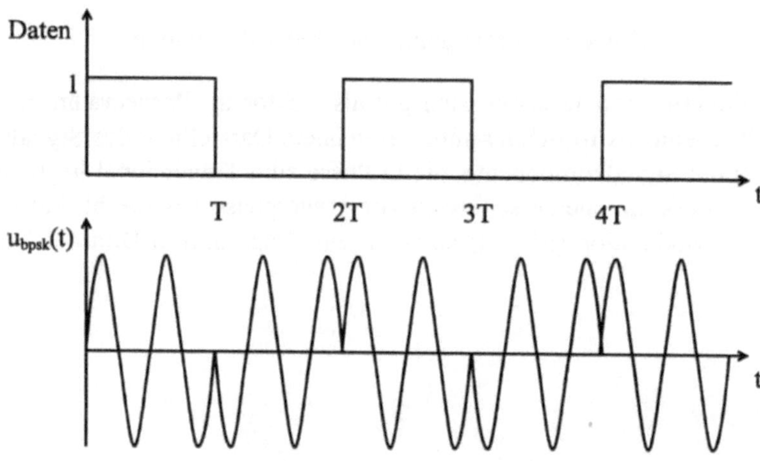

Bild 4.2.5: Zeitverlauf eines BPSK-Signals

Ein in digitalen Mobil- und Satellitenfunksystemen oft eingesetztes bzw. für zukünftige Systeme vorgesehenes Modulationsverfahren ist Quadratur-Phasenumtastung **QPSK** (4-PSK). Die Eingangsdaten liegen hier als bipolare Impulse vor, d.h., die logische "1" wird durch +1 und die logische "0" durch -1 repräsentiert. Mit Serien-/Parallelwandlung wird der serielle Datenstrom zunächst in Bits gerader (d_I) und ungerader (d_Q) Position aufgeteilt. Nach dieser Wandlung liegen zwei Datensignale vor mit jeweils der halben Datenrate des ursprünglichen Signals. Die beiden Teilsignale werden gemäß Bild 4.2.6 mit der Trägerschwingung multipliziert. Man erhält so:

$$u_{qpsk}(t) = \sqrt{\frac{E}{T}}\, d_I(t)\, cos\left(\omega_0 t + \frac{\pi}{4}\right) - \sqrt{\frac{E}{T}}\, d_Q(t)\, sin\left(\omega_0 t + \frac{\pi}{4}\right) \qquad (4.2.8)$$

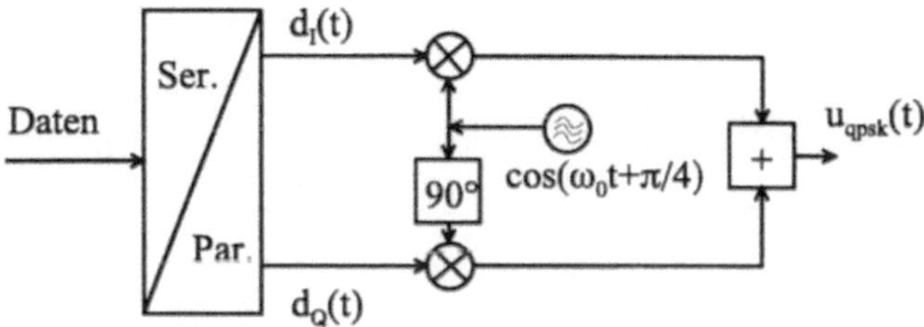

Bild 4.2.6: Generierung eines QPSK-Signals

Das Phasenzustandsdiagramm ist in Bild 4.2.7a) mit den eingezeichneten, möglichen Phasenübergängen dargestellt. Man erkennt, daß im Fall von 180° Sprüngen der Ursprung des Koordinatensystems durchquert wird. Wenn, wie in bandbegrenzten Systemen, der Übergang nicht in beliebig kurzer Zeit erfolgt, kommt es deshalb zu Einbrüchen der Hüllkurve von $u_{qpsk}(t)$.

Diese Amplitudeneinbrüche führen in nichtlinearen Verstärkerstufen zur Bildung von Intermodulationsprodukten und damit zu Nachbarkanalstörungen. In Systemen mit begrenztem Energievorrat, wie Mobilfunkgeräten (Akkukapazität) oder Satelliten (Solarzellen), ist es vorteilhaft, die Komponenten mit großem Energieverbrauch mit möglichst hohem Wirkungsgrad zu betreiben. Da zu diesen Komponenten in aller Regel die Sendeendstufen gehören, setzt man hier vorzugsweise Klasse-C Verstärker ein. Diese Verstärker sind jedoch in höchstem Maße nichtlinear, so daß eine reine QPSK-Modulation zu starken Intermodulationsstörungen führen würde. In solchen Systemen ist es daher günstig, Modulationsverfahren zu verwenden, die eine möglichst konstante Hüllkurve besitzen. Man setzt daher gerne die in Kapitel 4.2.5 beschriebenen MSK-Verfahren oder modifizierte QPSK-Modulation wie z.B. Offset-QPSK (OQPSK) ein.

OQPSK ist eine QPSK-Modulation, bei der der gerade Datenstrom $d_I(t)$ um eine halbe Symbolbreite T/2 gegenüber dem ungeraden Datensignal $d_Q(t)$ verschoben wird (siehe Bild 4.2.8). So erreicht man, daß der Signalzeiger nicht mehr durch den Koordinatenursprung läuft (siehe Bild 4.2.7b)). Es treten in bandbegrenzten

Systemen zwar immer noch Amplitudenschwankungen auf, jedoch sind diese längst nicht mehr so stark wie bei QPSK.

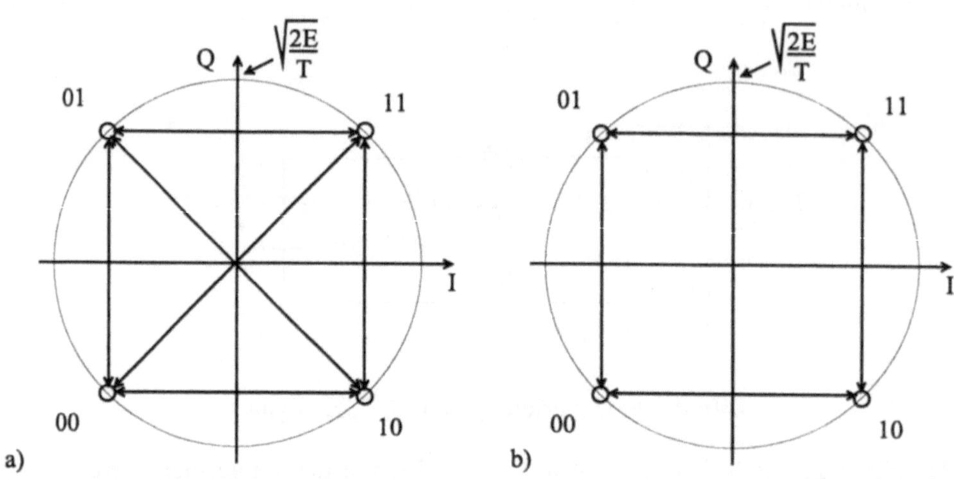

Bild 4.2.7: Phasenzustandsdiagramme von QPSK (a) und OQPSK (b)

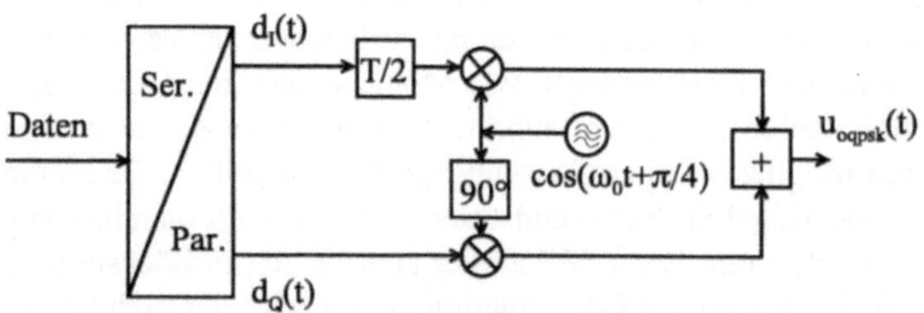

Bild 4.2.8: Offset QPSK- (OQPSK-) Modulator

PSK-Verfahren können auch differentiell betrieben werden, d.h., nicht der absolute Zustand im Signalraum repräsentiert ein Datensymbol, sondern die Änderung zum vorherigen Zustand. Im Falle von BPSK bedeutet dies z.B., daß nur bei einer Änderung des jeweiligen zu übertragenden Datenbits zum vorherigen Bit ein Phasensprung von 180° auftritt, nicht jedoch, wenn die Datenbits konstant bleiben. Differentielle PSK-Verfahren erlauben eine einfache inkohärente Demodulationstechnik. Wie später noch gezeigt wird, sind die Verfahren allerdings immer störanfälliger als die nicht differentiellen Verfahren.

Eine weitere Variante ist das $\pi/4$-**DQPSK-Verfahren**, welches z.B. im japanischen JDC (*engl.* Japanese Digital Cellular) und dem amerikanischen D-AMPS (*engl.* Digital Advanced Mobile Phone System) Mobilfunksystem eingesetzt wird. Ähnlich wie OQPSK hat auch $\pi/4$-DQPSK zum Ziel, 180° Phasensprünge, die zu Amplitudeneinbrüchen führen, zu vermeiden. Jeweils zwei Bits werden zu einem Symbol zusammengefaßt und bewirken einen Phasensprung gegenüber der letzten Sendephase um +/- 45° oder +/- 135°. Die Funktionsweise wird in Bild 4.2.9 verdeutlicht.

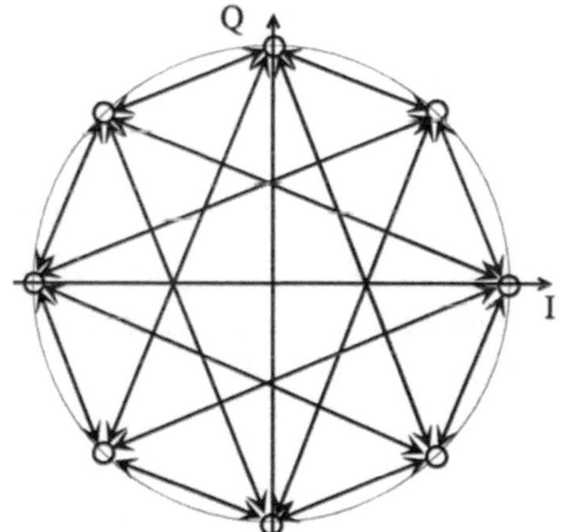

Datensymbol	Phasenänderung
1 1	- 135°
1 0	- 45°
0 1	+ 135°
0 0	+ 45°

Bild 4.2.9: Zustandsübergangsdiagramm von $\pi/4$-DQPSK

4.2.4 Quadratur-Amplitudenmodulation

Die Quadratur-Amplitudenmodulation (QAM) ist eine Kombination aus Amplitudenumtastung (ASK) und Phasenumtastung (PSK). Es werden wieder N = ld(M) Datenbits zusammengefaßt und gemeinsam als ein diskreter Trägerzustand übertragen. Bei ASK wurden diese Zustände durch unterschiedliche Trägeramplituden gekennzeichnet, während PSK den M verschiedenen Zuständen M verschiedene, äquidistante Trägerphasenlagen zuordnet. Wie in Kapitel 4.5 noch behandelt werden wird, ist Störanfälligkeit, sprich die Bitfehlerrate, vom Abstand der diskreten Trägerzustände abhängig. Je größer dieser Abstand wird, desto geringer wird die Bitfehlerrate in gestörten Kanälen. Sowohl ASK als auch PSK nutzen jedoch die komplexe Ebene, in der der Signalzeiger des Trägersignals liegt, nur unvollständig aus. Bei PSK liegen alle Signalzustände auf einem Kreis um den Nullpunkt, bei ASK liegen sie alle auf der reellen Achse. Quadratur-Amplitudenmodulation geht nun einen Schritt weiter und nutzt die gesamte komplexe Ebene dadurch aus, daß jedem der M Zustände eine Kombination aus Trägeramplitude und Phase zugeordnet wird. Der komplexe Signalzeiger $\underline{s}_i$ des Trägers im Zustand i nimmt daher folgende Form an:

$$\underline{s}_i = a_I + j\,a_Q \tag{4.2.9}$$

womit sich das QAM-Signal zu

$$u_{qam}(t) = a_I\,cos(2\pi f_0 t) - a_Q\,sin(2\pi f_0 t) \tag{4.2.10}$$

ergibt. In der Praxis werden heute QAM-Verfahren mit M = 16 bis zu M = 1024 (Richtfunk) eingesetzt. Bild 4.2.10 zeigt das Signalzustandsdiagramm eines 16-QAM-Signals im Vergleich zu einem 16-PSK-Signal.

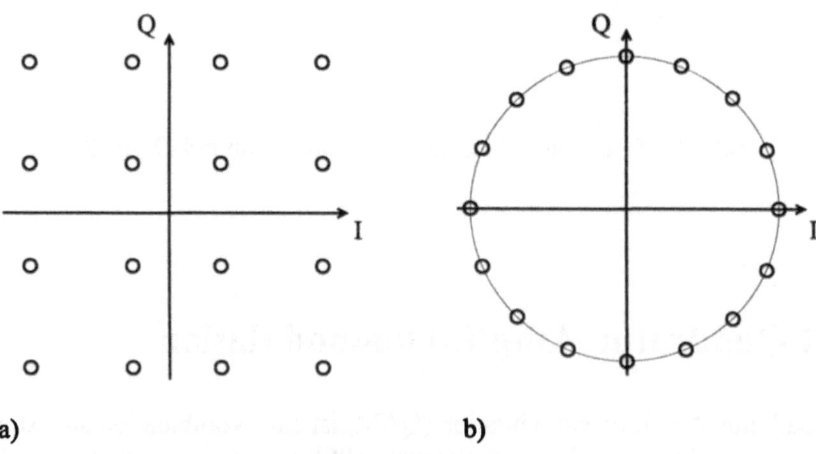

Bild 4.2.10: Vergleich der Signalzeiger von 16-QAM (a) mit 16-PSK (b)

QAM-Verfahren höherer Ordnung besitzen Vorteile bei der Störsicherheit gegenüber den PSK-Verfahren, jedoch haben sie auch Nachteile aufgrund der Tatsache, daß die Trägeramplitude nicht konstant bleibt. Dies hat starke Auswirkungen auf die Sendeverstärkertechnik, da mit steigendem M immer linearere Verstärker verwendet werden müssen. Nichtlinearitäten führen einerseits wieder zu höheren Bitfehlerraten, andererseits aber auch zu unerwünschten Nebenaussendungen durch Intermodulation.

4.2.5 Kontinuierliche Phasenmodulation

Die kontinuierliche Phasenmodulation (**CPM**, *engl.* **Continuous Phase Modulation**) hat besonders im Bereich der digitalen Mobilfunksysteme große Bedeutung erlangt. Da die Luftschnittstelle gewissermaßen den "Flaschenhals" im Übertragungsweg zwischen zwei Mobilfunkteilnehmern bildet, weil die spektralen Ressourcen naturgemäß begrenzt sind, muß sehr sparsam mit dem Frequenzspektrum umgegangen werden. CPM-Verfahren versuchen die Bandbreiteneffizienz (Übertragungsrate/dafür nötige Bandbreite) zu steigern und gleichzeitig spektrale Komponenten außerhalb der Kanalbandbreite zu minimieren, d.h. Nachbarkanal-Störungen zu vermeiden. Ein weiterer wichtiger Grund für die Bedeutung der CPM-Verfahren in modernen Mobilfunksystemen liegt in der konstanten Hüllkurve des Sendesignals, die nicht von den übertragenen Datenbits abhängt. So können einfache Klasse-C Verstärker mit hohem Wirkungsgrad in der Sendeendstufe verwendet werden, was eine lange Betriebsdauer von portablen Mobilfunkgeräten bzw. "Handys" mit eingebauten Akkus ermöglicht.

Ein CPM-Signal läßt sich wie folgt formulieren:

$$u_{cpm}(t) = \sqrt{\frac{2E}{T}} \, cos\left[2\pi f_0 t + \varphi(t)\right] \qquad , \qquad (4.2.11)$$

wobei E die Energie pro übertragenem Bit, T die Bitbreite und $\varphi(t)$ die Phase des Sendesignals ist. $\varphi(t)$ ist von der Zeit und den Datenbits d_i abhängig und berechnet sich zu:

$$\varphi(t) = \eta \frac{\pi}{T} \int_0^t \sum_{i=0}^\infty d_i \, g(\tau - iT) d\tau \qquad (4.2.12)$$

Hierbei ist η der Modulationsindex und g(t) die Impulsantwort eines Sendefilters zur Impulsformung. Die Eigenschaften des CPM-Signals hängen demnach vom Modulationsindex und dem Sendefilter ab und lassen sich durch diese Parameter in weiten Bereichen bestimmen. Bild 4.2.11 zeigt das Prinzipschaltbild zur Erzeugung eines CPM-Signals. Ähnlich wie bereits im Kapitel 4.1.2 gezeigt wurde, gibt es auch hier wieder prinzipiell zwei Möglichkeiten der Signalerzeugung: Die direkte Ansteuerung eines VCO (a) oder den Weg über eine Integration des Eingangssignals und anschließender Phasenmodulation (b). Im folgenden betrachten wir letztere Möglichkeit.

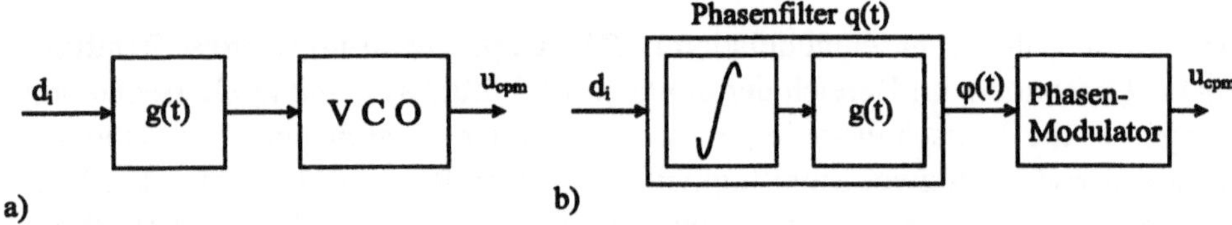

Bild 4.2.11: Generierung eines CPM-Signals

Gl.(4.2.12) kann leicht umgeformt werden in

$$\varphi(t) = \eta\,\pi \sum_{i=0}^{\infty} d_i \,\frac{1}{T} \int_0^t g(\tau - iT)\,d\tau \qquad , \qquad (4.2.13)$$

wobei

$$q(t) = \frac{1}{T} \int_0^t g(\tau - iT)\,d\tau \qquad\qquad (4.2.14)$$

die Impulsantwort eines Phasenfilters ist. q(t) wird so normiert, daß der stationäre Endwert für t → ∞ zu 1 wird. Oft wird für g(t) ein Kosinusimpuls verwendet ("Raised Cosine") [KAM96] mit

$$g(t) = \begin{cases} 1 - \cos\left(2\pi\dfrac{t}{T}\right) & ; \quad 0 \le t < T \\[2em] 0 & ; \quad sonst \end{cases} \qquad (4.2.15)$$

bzw.

$$q(t) = \begin{cases} \dfrac{t}{T} - \dfrac{1}{2\pi} sin\left(2\pi\dfrac{t}{T}\right) & ; \quad 0 \le t < T \\ \\ 1 & ; \quad t \ge T \end{cases} \qquad (4.2.16)$$

Die Gln. (4.2.15) und (4.2.16) sind in Bild 4.2.12 dargestellt.

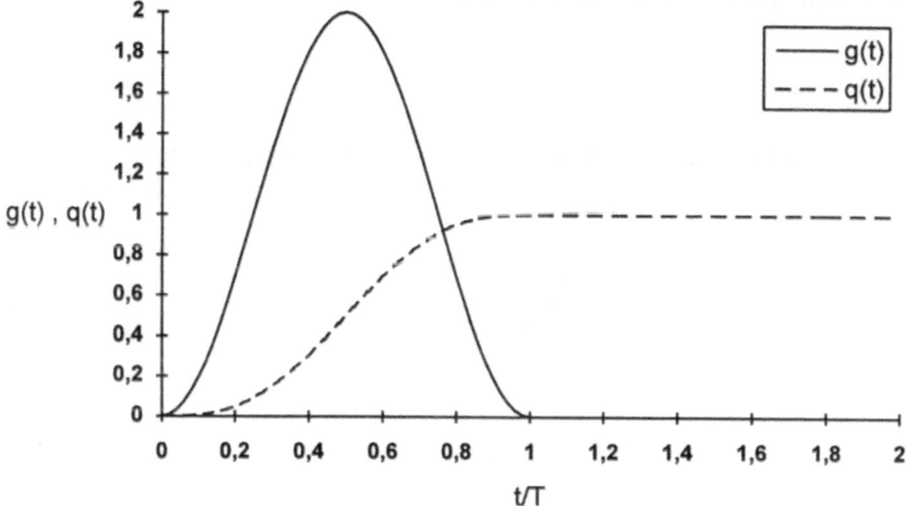

Bild 4.2.12: Beispiel eines Frequenz- und Phasenfilters für CPM-Modulatoren

Eine log. "1" dreht die Phase des Trägersignals in der Zeit T um $+ \eta\pi$, während eine log. "0" die Phase um $- \eta\pi$ dreht. Je nachdem, wie groß die zeitliche Ausdehnung von g(t) ist, können sich benachbarte Datenbits gegenseitig beeinflussen oder nicht. Ist die Ausdehnung gleich der Bitdauer T, spricht man von "Full Response" Verfahren (z.B. MSK), ist sie größer, handelt es sich um "Partial Response". Im zuletzt genannten Fall kommt es zu kontrollierter Intersymbol-Interferenz. Kontrolliert deshalb, weil die Art der gegenseitigen Beeinflussung der Bits durch das Phasenfilter bekannt ist und deshalb im Empfänger wieder korrigiert werden kann. Partial Response kann sich sehr günstig auf das Spektrum des Sendesignals auswirken. Näheres hierzu wird in Kapitel 4.3 behandelt.

4.2.5.1 Minimum Shift Keying (MSK)

Das Drehen der Trägerphase um den Betrag $\eta\pi$ während der Zeit T entspricht einer Frequenzumtastung mit dem Hub $\Delta\omega$. Je nach anliegendem Datensignal erhöht oder erniedrigt sich die Frequenz des Sendesignals während der Bitdauer T. Die Frequenzabweichung von der Trägermittenfrequenz ω_0 berechnet sich zu

$$\Delta\omega = \frac{d\varphi}{dt} = \frac{\eta\pi}{T} \tag{4.2.17}$$

Um eine orthogonale Umtastung zu erhalten, muß gelten:

$$\Delta\omega = i\frac{\pi/2}{T} \quad ; \quad i = 1,2,3,... \tag{4.2.18}$$

Für eine möglichst hohe spektrale Effizienz wird i = 1 gewählt, d.h. $\eta = 0,5$. Daher stammt der Ausdruck <u>Minimum</u> Shift Keying. Ein MSK-Signal kann leicht durch einen CPM-Modulator mit

$$g(t) = rect\left(\frac{t - T/2}{T}\right) \tag{4.2.19}$$

bzw.

$$q(t) = \begin{cases} 0 & ; & t < 0 \\ \dfrac{t}{T} & ; & 0 \le t < T \\ 1 & ; & t > T \end{cases} \tag{4.2.20}$$

erzeugt werden. Gl.(4.2.19) und (4.2.20) sind in Bild 4.2.13 dargestellt.

Nach Bild 4.2.11 ist es auch möglich, ein MSK-Signal mit einem VCO zu erzeugen, der je nachdem, welchen logischen Zustand das Datensignal aufweist, die Ausgangsfrequenz $f_0 + \Delta f$ oder $f_0 - \Delta f$ erzeugt, mit $\Delta f = 1/(4T)$. Aus diesem Grund wird MSK auch gelegentlich als "Fast FSK" (**FFSK**) bezeichnet.

Bild 4.2.14 zeigt Frequenz- und Phasenverlauf eines modulierten MSK-Senders. Die Frequenz ändert sich sprungartig bei einem Bitwechsel, während die Phase linear in einer Bitdauer T um $\pi/2$ zu- oder abnimmt.

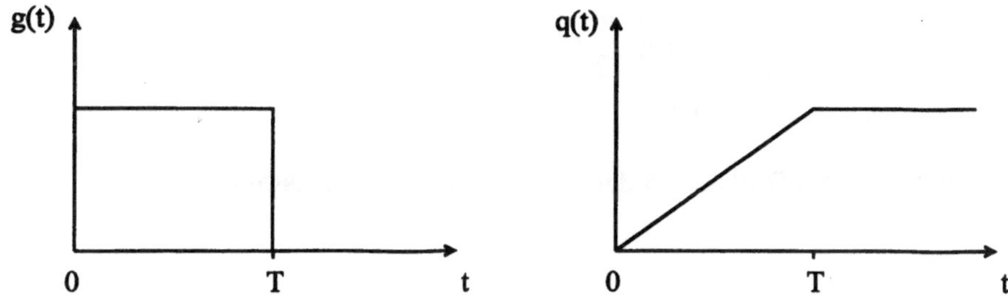

Bild 4.2.13: Frequenz- bzw. Phasenfilter für MSK-Modulation

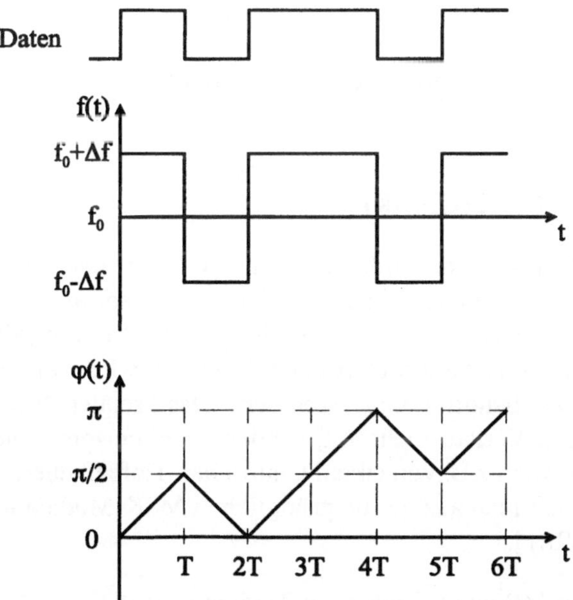

Bild 4.2.14: Frequenz- und Phasenverlauf eines MSK-Signals

Eine weitere Methode, um ein MSK-Signal zu erzeugen, ist die Verwendung eines Quadraturmodulators nach Art des Offset-QPSK-Verfahrens nach Kapitel 4.2.3. Es sind hierzu lediglich noch zwei spezielle Impulsformerfilter vor den Quadraturmischern nötig. Die Impulsantwort h(t) dieser Filter lautet:

$$h(t) = \begin{cases} \cos\!\left(\dfrac{\pi}{2T}t\right) & ; \quad -T \le t \le T \\[2mm] 0 & ; \quad sonst \end{cases} \qquad\qquad (4.2.21)$$

Man erhält so die in Bild 4.2.15 dargestellte Modulatorschaltung.

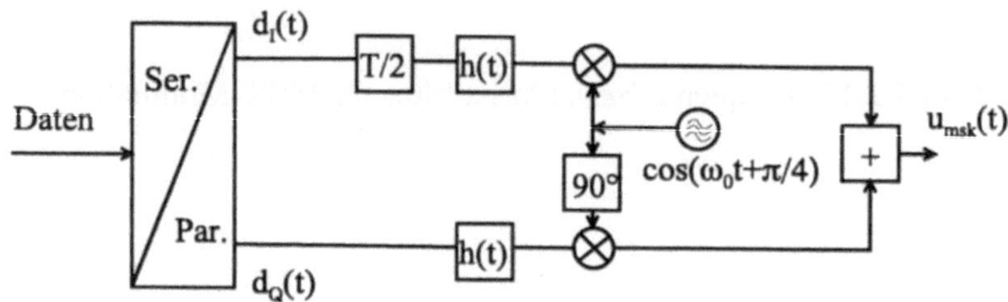

Bild 4.2.15: MSK-Modulator

4.2.5.2 Gaußsches MSK (GMSK)

Wie aus Bild 4.2.14 sichtbar wird, enthalten Frequenz- und Phasenverlauf eines MSK-Signals Knickstellen, an denen sich der Verlauf abrupt ändert. Diese plötzlichen Änderungen führen zu einer Verbreiterung des Leistungsdichtespektrums, wie in Kapitel 4.3 noch ausführlich behandelt werden wird. Dieses Verhalten läßt sich durch eine Basisbandfilterung verbessern. Das Frequenzfilter g(t) weist nun keinen rechteckigen Verlauf mehr auf, sondern wird entsprechend geglättet. Die Glättungsfunktion kann z.B. von einem Gaußschen Tiefpaß übernommen werden. In diesem Fall erhält man aus der ursprünglichen MSK-Modulation eine GMSK-Modulation [MUR81].

Die Impulsantwort h(t) eines Gaußschen Tiefpasses lautet:

$$h(t) = \sqrt{\frac{2\pi}{ln\,2}}\, B\, exp\!\left(-\frac{2\pi^2 B^2}{ln\,2}\, t^2\right) \qquad\qquad (4.2.22)$$

wobei B die 3 dB Grenzfrequenz ist. Der Gaußsche Tiefpaß wird direkt vor den Modulationseingang des VCO geschaltet. Daher erhält man die Impulsantwort g(t) des Frequenzfilters eines GMSK-Modulators durch Faltung der ursprünglichen Rechteck-Impulsantwort des MSK-Modulators mit der Impulsantwort des Gaußschen Tiefpasses. Nach kurzer Rechnung erhält man so:

$$g(t) = \frac{1}{2}\left[erf\left(\sqrt{\frac{2}{ln\,2}}\,\pi\,B\,\frac{t+T/2}{T} \right) - erf\left(\sqrt{\frac{2}{ln\,2}}\,\pi\,B\,\frac{t-T/2}{T} \right) \right] \qquad (4.2.23)$$

hierbei ist erf(x) die Gaußsche Fehlerfunktion:

$$erf(x) = \frac{2}{\sqrt{\pi}} \int_{0}^{x} e^{-u^2}\,du$$

Das GMSK-Sendefilter läßt sich eindeutig durch sein "BT-Verhältnis" kennzeichnen. Für BT $\rightarrow \infty$ geht GMSK in MSK über. In Bild 4.2.16 ist die Impulsantwort des Sendefilters für verschiedene BT dargestellt. Man erkennt, daß für kleiner werdende BT die Impulsantwort breiter wird und somit ein "Partial Response" Verhalten auftritt.

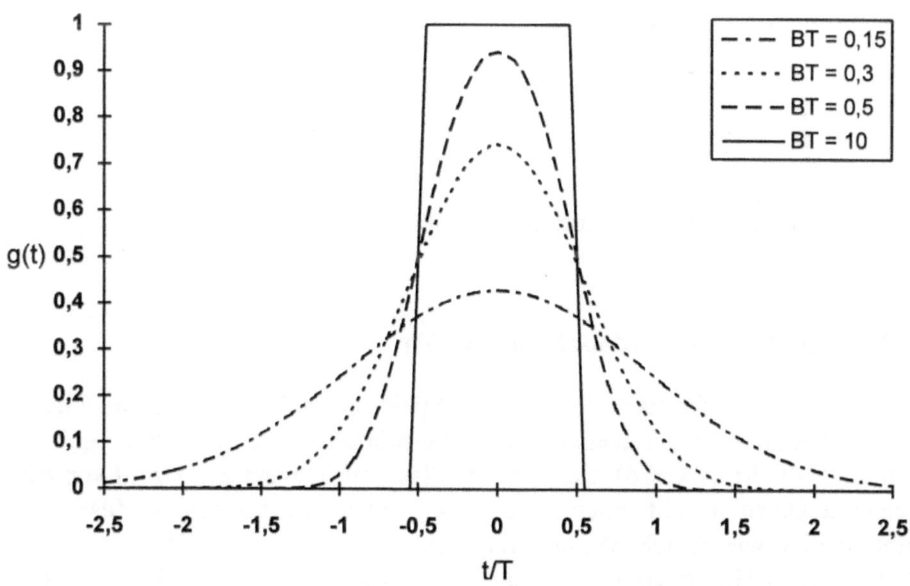

Bild 4.2.16: Impulsantwort g(t) des GMSK-Sendefilters

Der augenblickliche Phasenzustand der Trägerschwingung wird demnach nicht mehr nur von dem aktuellen Datenbit beeinflußt, sondern auch von den vorangegangenen. Es kommt daher zu Intersymbol-Interferenz und einer steigenden Bitfehlerrate bei der Übertragung, wenn nicht im Empfänger entsprechende Gegenmaßnahmen durch Signal-Nachverarbeitung getroffen werden.

Der im Vergleich zur MSK-Modulation deutlich geglättete Phasenverlauf von GMSK ist in Bild 4.2.17 dargestellt. Je kleiner BT wird, desto glatter wird der Phasenverlauf. Das GMSK-Verfahren findet man heute u.a. in den digitalen Mobilfunksystemen nach den GSM-Empfehlungen (siehe Kapitel 7) mit BT = 0,3 sowie dem europäischen Standard für schnurlose Telefone DECT (siehe Kapitel 8.1.2) mit BT = 0,5.

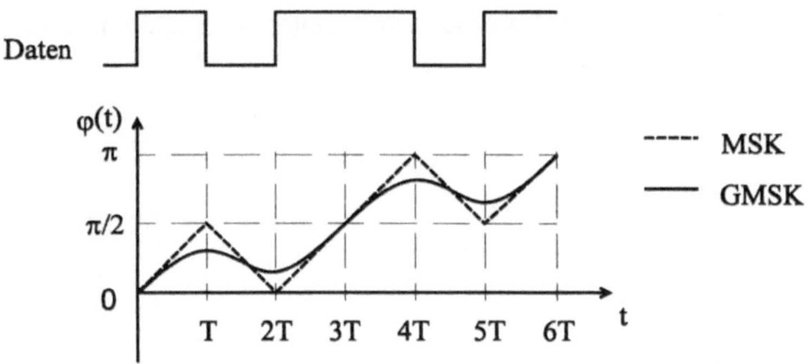

Bild 4.2.17: Phasenverlauf von GMSK im Vergleich zu MSK

4.2.5.3 Tamed Frequency Modulation (TFM)

Ein Verfahren mit sehr stark abfallendem Spektrum außerhalb der Kanalbandbreite und damit sehr geringen Nachbarkanalstörungen ist "Tamed Frequency Modulation" (TFM) [JAG78]. Der Phasenverlauf des Trägersignals wird von den letzten drei Datenbits mit unterschiedlicher Gewichtung beeinflußt. Zusätzlich kommt, ähnlich wie bei GMSK, ein Glättungsfilter zum Einsatz. Der prinzipielle Aufbau eines TFM-Senders ist in Bild 4.2.18 skizziert. Der TFM-Modulator unterscheidet sich nur durch sein spezielles Vorfilter von einem MSK-Modulator.

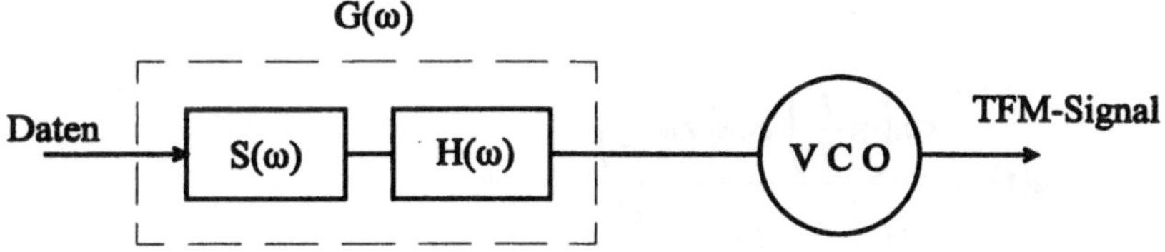

Bild 4.2.18: TFM-Modulator

Das Sendefilter G(ω) setzt sich aus zwei Komponenten zusammen. Zum einen aus dem Glättungsfilter H(ω) und zum anderen aus einem dreistufigen FIR-Filter S(ω), welches für die gewichtete Berücksichtigung der drei aufeinander folgenden Datenbits ($\pm$ 1) sorgt. Das Filter S(ω) ist in Bild 4.2.19 angegeben.

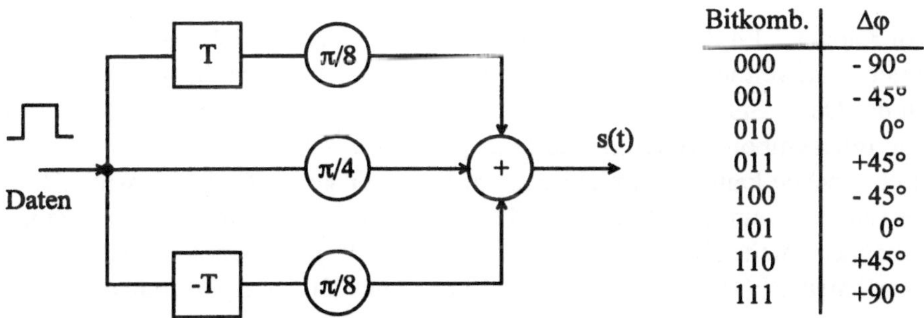

Bitkomb.	$\Delta\varphi$
000	- 90°
001	- 45°
010	0°
011	+45°
100	- 45°
101	0°
110	+45°
111	+90°

Bild 4.2.19: FIR-Filter S(ω) und mögliche Phasenübergänge $\Delta\varphi$

Man erhält:

$$S(\omega) = \frac{\pi}{2} cos^2\left(\frac{\omega T}{2}\right) \tag{4.2.24}$$

Das Filter H(ω) muß die erste Nyquist-Bedingung erfüllen und kann z.B. ein "Raised Cosine" Filter [PRO89] sein:

$$H(\omega) = \begin{cases} T & ; \quad 0 \leq |\omega| < \pi(1-r)/T \\[2mm] \frac{T}{2}\left[1 - sin\left(\frac{\omega T - \pi}{2r}\right)\right] & ; \quad \pi(1-r)/T \leq |\omega| \leq \pi(1+r)/T \end{cases} \tag{4.2.25}$$

bzw.

$$h(t) = \frac{sin\left(\pi\frac{t}{T}\right)}{\pi\frac{t}{T}}\frac{cos\left(r\pi\frac{t}{T}\right)}{1-4r^2\frac{t^2}{T^2}} \qquad (4.2.26)$$

Der "Roll-off Faktor" r bestimmt die Steilheit der Filterflanke und kann Werte zwischen 0 und 1 annehmen.

4.2.6 Orthogonal Frequency Division Multiplexing (OFDM)

Wie in Kapitel 2.1.4 dargestellt wurde, kommt es bei einer Mobilfunkübertragung zu einer "Aufweitung" bzw. einer gegenseitigen Überlappung von Symbolen. Wenn das Delay Spread des Kanals im Bereich der Symboldauer liegt, kann es zu starker Intersymbol-Interferenz kommen, die eine fehlerfreie Decodierung unmöglich machen kann, falls nicht entsprechende Gegenmaßnahmen wie z.B. adaptive Equalizer eingesetzt werden. Bei Anwendungen mit hohen Übertragungsraten können solche Kanalentzerrer jedoch sehr aufwendig werden. Das Modulationsverfahren OFDM (*engl.* Orthogonal Frequency Division Multiplexing) bietet hier eine interessante Alternative.

OFDM ist ein Mehrträger-Modulationsverfahren, d.h., der zu übertragende Datenstrom wird in R Teile aufgeteilt und parallel auf R Trägern gesendet. Jeder der R Teilkanäle kann im allgemeinen M-wertig submoduliert werden (z.B. QPSK, M = 4). Die Übertragungsrate eines Trägers wird durch Parallelisierung um den Faktor 1/[R·ld(M)] reduziert. Die Gefahr von Intersymbol-Interferenz bei der Übertragung kann so erheblich verringert werden. Betrachtet man z.B. eine Datenrate von 500 kbit/s, dann beträgt bei QPSK-Modulation die Symboldauer T = 4 µs. In typischen Mobilfunkumgebungen würde das Delay-Spread ebenfalls in dieser Größenordnung liegen (vgl. Bild 2.1.14). Durch Parallelisierung mit OFDM und z.B. R = 64 könnte die Symboldauer auf 256 µs pro (Unter-) Kanal erhöht werden, ein adaptiver Kanalentzerrer wäre dann nicht mehr erforderlich. Bild 4.2.20 zeigt das Prinzipschaltbild eines OFDM-Senders. Bereits im Basisband werden die R Unterkanäle auf die R Unterträger mit den Frequenzen Δf - $R\cdot\Delta f$ gemischt. Die Umsetzung in den HF-Bereich erfolgt nach der Summierung der Unterkanäle.

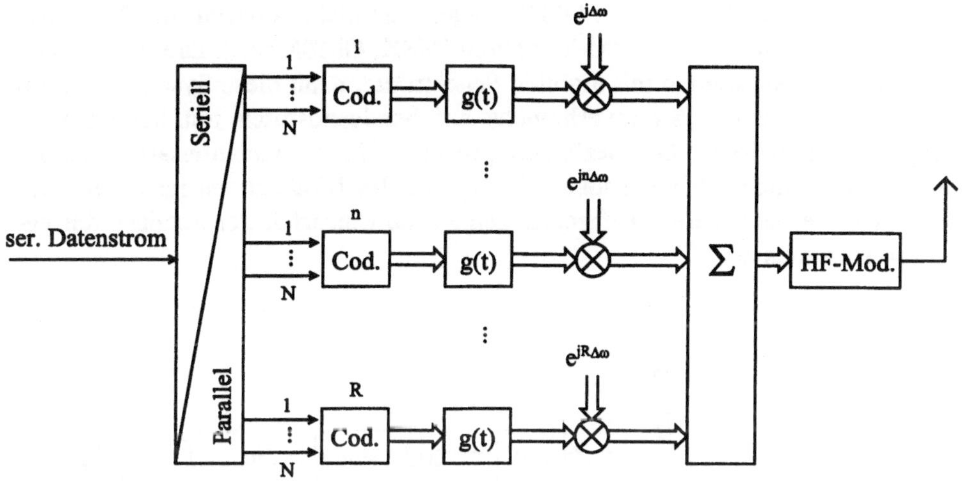

Bild 4.2.20: OFDM-Sender

Bei OFDM besitzen die Impulsformerfilter eine rechteckförmige Impulsantwort

$$g(t) = rect\left(\frac{t}{T - \Delta}\right) \qquad (4.2.27)$$

mit der Unterträger-Symboldauer T und einem Schutzintervall Δ. Das Schutzintervall muß größer als die maximale Echolaufzeit des Kanals sein, damit es nicht zu Intersymbol-Interferenz kommt. Für den Abstand $\Delta\omega$ der Unterträgerfrequenzen ergibt sich dann $\Delta f = \Delta\omega/2\pi = 1/(T - \Delta)$. Die erforderliche Bandbreite wird daher um den Faktor $T/(T - \Delta)$ vergrößert.

Die Struktur eines OFDM-Empfängers ist der des Senders genau entgegengesetzt. Nach der HF-Demodulation erfolgt die Aufspaltung in die Unterkanäle durch (Rück-) Mischung. Nach Filterung, Abtastung und Demodulation (im Falle von M-wertiger Submodulation) werden die $R \cdot ld(M)$ parallelen Datenbits wieder in einen seriellen Datenstrom rückgewandelt. Bild 4.2.21 zeigt das Prinzipschaltbild eines OFDM-Empfängers.

Die Empfangsfilter besitzen ebenfalls eine rechteckförmige Impulsantwort h(t), diesmal allerdings mit der Breite T. Hieraus wird ein weiterer Nachteil von OFDM sichtbar: Es erfolgt keine Rauschanpassung durch Matched-Filterung. Dies resultiert in einem S/N-Verlust bei ansonsten idealen Kanalbedingungen um den Faktor $(1 - \Delta/T)$. Bei z.B. $\Delta/T = 0{,}2$ entspricht dies ca. 1 dB.

Der Betrag der Hüllkurve eines OFDM-Signals ist nicht konstant, im Gegensatz
zu den bereits behandelten CPM-Verfahren (MSK, GMSK etc.). Dies stellt einen
Nachteil in Funksystemen mit mobilen Sendern dar, denn diese Systeme sind im
Sinne eines niedrigen Stromverbrauchs auf Sendeendstufen mit. hohem Wirkungsgrad angewiesen. Diesbezüglich geeignete, intermodulationsarme Sender
lassen sich einfacher bei konstanter Hüllkurve des Modulationssignals entwikkeln, da keine besonderen Anforderungen an die Linearität der Sendestufen gestellt werden müssen.

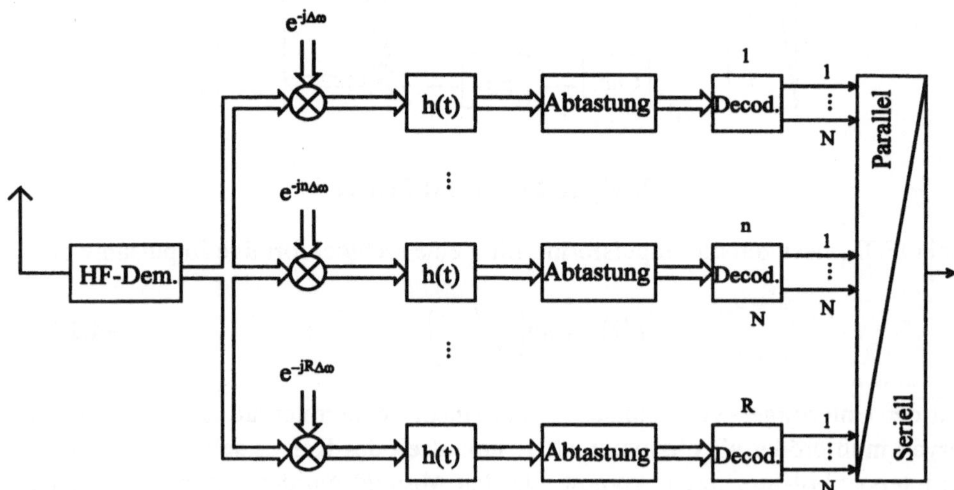

Bild 4.2.21: OFDM-Empfänger

Praktische Anwendung hat OFDM bereits beim digitalen Hörrundfunk DAB
(*engl.* Digital Audio Broadcasting) gefunden. DAB soll das Nachfolgesystem des
heutigen UKW-Runkfunks werden, und wird in Zukunft den Empfang von quali-
tativ hochwertigen digitalen Audioprogrammen und Zusatzdaten auch unter
schwierigen mobilen Übertragungsbedingungen ermöglichen. Bei DAB werden
bis zu ca. R = 1500 Unterträger verwendet.

4.3 Leistungsdichtespektren digitaler Modulationsverfahren

Die meisten Übertragungssysteme sind bandbegrenzt, dies trifft ganz besonders auf Mobilfunksysteme zu. Während man bei leitungsgebundener Übertragung leicht die Übertragungskapazität durch zusätzliche oder bessere Leitungen (Glasfaser) erweitern kann, ist dies in einem Mobilfunksystem nicht so ohne weiteres möglich. Es steht nur ein begrenztes, nutzbares Frequenzspektrum zur Verfügung, mit dem man möglichst effizient umgehen muß. In Mobilfunksystemen wird ein sehr hoher Aufwand betrieben, um diesen "Engpaß" zu umgehen. Die eingesetzten Techniken reichen von einem zellularen Netzaufbau (siehe Kapitel 3) bis zur Datenkompression im Sprachcoder (siehe Kapitel 5) und umfassen noch viele andere Maßnahmen, die es in ihrer Gesamtheit erst ermöglichen, einige Millionen Teilnehmer mit Mobilfunksystemen zu bedienen.

Ein wichtiger Punkt zur effizienten Nutzung der spektralen Ressourcen ist die Auswahl eines geeigneten Modulationsverfahrens. Aus dem Leistungsdichtespektrum eines modulierten Signals lassen sich die nötige Kanalbandbreite sowie die Signalleistung außerhalb des Kanals bestimmen. Letztere ist für **Nachbarkanalstörungen** (ACI, *engl.* **Adjacent Channel Interference**) verantwortlich und erzwingt einen bestimmten Mindestabstand zwischen zwei Kanälen einer Funkzelle bzw. einer Nachbarzelle. Bild 4.3.1 veranschaulicht diesen Sachverhalt.

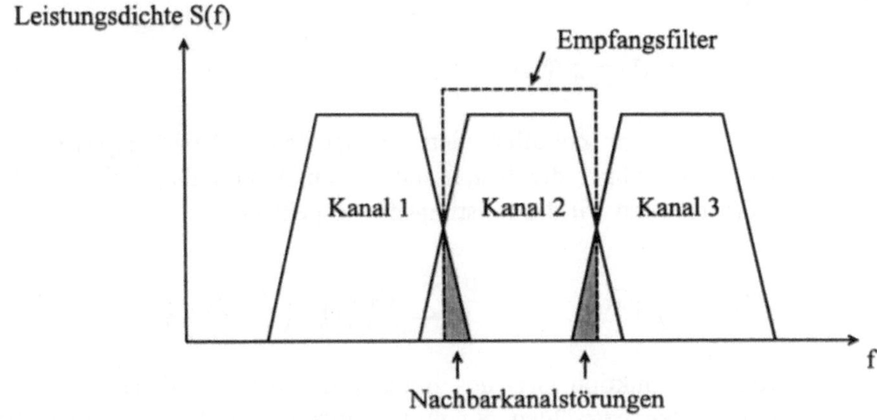

Bild 4.3.1: Nachbarkanalstörungen durch zwei benachbarte Kanäle

Der Nachbarkanalstörabstand, also das Verhältnis zwischen Signalleistung und Störleistung benachbarter Kanäle, beeinflußt die spektrale Effizienz eines Mobilfunksystems (nähere Ausführungen hierzu folgen in Kapitel 6.8). Anders als in Bild 4.3.1 dargestellt, besitzen reale Empfangsfilter keine unendliche Flankensteilheit. Hierdurch wird die Störleistung weiter erhöht bzw. muß der Kanalabstand vergrößert werden.

Die weiteren Ausführungen beschränken sich auf die digitalen Modulationsverfahren aus Kapitel 4.2, welche besonders für digitale Mobilfunksysteme von Bedeutung sind. Der interessierte Leser findet entsprechende Angaben zu den analogen sowie weiteren digitalen Verfahren z.B. in [KAM96] oder [PRO89].

4.3.1 BPSK und QPSK

Da das modulierende Datensignal als Zufallssignal mit dem Mittelwert μ_d und der Standardabweichung σ_d angesehen werden kann, ist das modulierte Signal ein stochastischer Prozeß. Um das Leistungsdichtespektrum S(f) solch eines Signals zu ermitteln, bedient man sich des Wiener-Khintchine-Theorems,

$$S(f) = F\{\varphi_{ss}(\tau)\} \tag{4.3.1}$$

wonach S(f) sich durch Fourier-Transformation $F\{\cdot\}$ der Autokorrelationsfunktion (AKF) $\varphi_{ss}(t)$ ergibt. Die Autokorrelationsfunktion eines linear modulierten Signals ist [PRO89]:

$$\varphi_{ss}(\tau) = \frac{1}{T}\,\varphi_{dd}(\tau)*\varphi_{gg}(\tau) \qquad , \tag{4.3.2}$$

wobei $\varphi_{dd}(t)$ die AKF des modulierenden Datensignals d(t) und $\varphi_{gg}(t)$ die des Impulsformerfilters ist. Unter der Voraussetzung eines redundanzfreien, reellen Zufallssignals d(t) erhalten wir das Leistungsdichtespektrum

$$S(f) = \frac{\sigma_d^2}{T}\left|G(f-f_0)\right|^2 + \frac{\mu_d^2}{T}\sum_{\nu=-\infty}^{\infty}\left|G\left(\frac{\nu}{T}\right)\right|^2\delta\left(f-f_0-\frac{\nu}{T}\right) \tag{4.3.3}$$

mit der Übertragungsfunktion G(f) des Impulsformerfilters und der Trägerfrequenz f_0. Im folgenden betrachten wir mittelwertfreie, bipolare (+/- 1) Datensignale ($\mu_d = 0$) mit der Varianz 1. Dadurch vereinfacht sich Gl.(4.3.3) zu:

$$S(f) = \frac{1}{T}|G(f - f_0)|^2 \tag{4.3.4}$$

Nehmen wir für den Impulsformer g(t) eine rechteckige Impulsantwort an,

$$g(t) = A\,rect\left(\frac{t}{T}\right) \tag{4.3.5}$$

erhalten wir das Leistungsdichtespektrum eines BPSK-Signals:

$$S(f) = A^2 T\,si^2\left[\pi(f - f_0)T\right] \tag{4.3.6}$$

mit der Amplitude A des Trägersignals und der si-Funktion

$$si(x) = \frac{sin(x)}{x} \tag{4.3.7}$$

Gl.(4.3.6) ist in Bild 4.3.2 in logarithmischer Form dargestellt. Das Spektrum ist unendlich ausgedehnt mit Nullstellen bei Vielfachen der Symbolfrequenz $1/T$, die im Falle von BPSK der Bitfrequenz $1/T_b$ entspricht. Im Abstand $(n + 1/2)/T$ $(n > 1)$ befinden sich Nebenmaxima, die für die Nachbarkanalstörungen in digitalen Mobilfunksystemen verantwortlich sind. So liegt der relative Pegel des ersten Nebenmaximas bei BPSK-Modulation nur 13,5 dB unterhalb des Trägerpegels. Dies macht BPSK-Modulation nicht besonders attraktiv für heutige und zukünftige hochkapazitive Mobilfunknetze.

Bei QPSK-Modulation werden jeweils zwei Datenbits zu einem Symbol zusammengefaßt, d.h. $T = 2\,T_b$ und als einer von vier möglichen Signalzuständen übertragen (siehe Kapitel 4.2.3). Die Modulation erfolgt über zwei orthogonale Trägerschwingungen jeweils nach Art der BPSK-Modulation. QPSK stellt sich also als eine "doppelte BPSK-Modulation mit halber Symbolfrequenz" auf zwei orthogonalen Trägern dar. Die Spektren der beiden Signale können demnach einfach addiert werden. Daraus resultiert, daß das Leistungsdichtespektrum der QPSK-Modulation identisch zur BPSK-Modulation ist, wenn man die geänderte Symbolfrequenz berücksichtigt, d.h. das QPSK-Spektrum ist um den Faktor zwei gegenüber dem BPSK-Spektrum "gestaucht" (siehe Bild 4.3.2). QPSK benötigt also nur die Hälfte der Bandbreite zur Datenübertragung wie das BPSK-Verfahren, jedoch ist QPSK anfälliger gegenüber Störungen, wie im Kapitel 4.5 noch gezeigt wird.

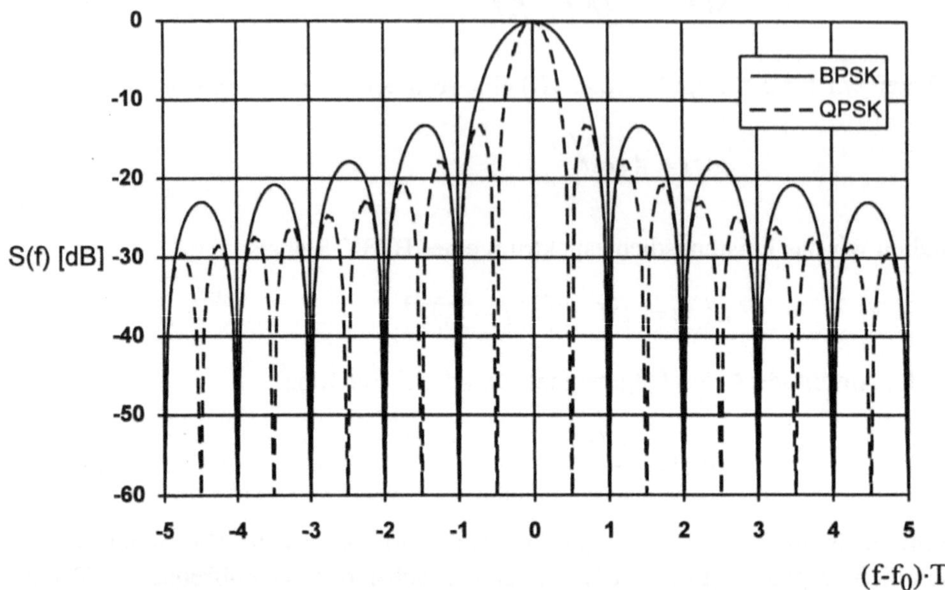

Bild 4.3.2: Leistungsdichtespektrum von BPSK- und QPSK-Modulation

4.3.2 MSK und GMSK

Eine allgemeine analytische Berechnung der Spektren von CPM-Signalen ist sehr
aufwendig (siehe z.B. [PRO89]). Bei vielen nichtlinearen Modulationsverfahren,
zu denen auch CPM gehört, ist man daher auf numerische Verfahren oder Simulationen angewiesen [WEL67]. Im Falle des orthogonalen MSK ($\eta = 0{,}5$) ist
jedoch eine exakte analytische Lösung möglich, wenn das Verfahren nach
Bild 4.2.14 zugrunde gelegt wird. MSK stellt sich demnach als eine OQPSK-Mo-
dulation mit speziellem Impulsformerfilter h(t) nach Gl.(4.2.21) dar.

Nach Fourier-Transformation von h(t) und Einsetzen in Gl.(4.3.4) erhält man für
das Leistungsdichtespektrum S(f) von MSK:

$$S(f) = \frac{16\,T_b}{\pi^2} \left\{ \frac{cos\left[2\pi(f - f_0)T_b\right]}{1 - \left[4T_b(f - f_0)\right]^2} \right\}^2 \qquad (4.3.8)$$

Bild 4.3.3 zeigt das Leistungsdichtespektrum von MSK im Vergleich zu QPSK. Man erkennt, daß das MSK-Spektrum sehr viel schneller abfällt als das Spektrum von QPSK. Der Grund hierfür sind die weicheren Phasenübergänge im modulierten Signal. Ebenfalls fällt auf, daß der Abstand zwischen den ersten beiden Minima links und rechts von der Trägerfrequenz f_0 bei MSK um 50 % größer ist als bei QPSK.

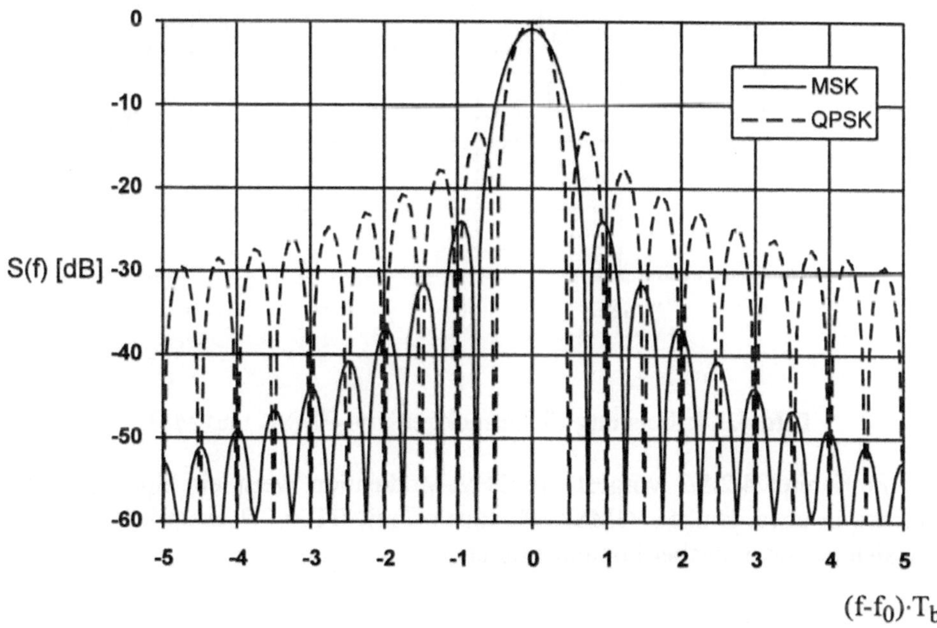

Bild 4.3.3: Leistungsdichtespektren von MSK und QPSK

Das spezielle Vorfilter bei der GMSK-Modulation bewirkt eine Glättung des Phasenverlaufs, wie aus Bild 4.2.17 ersichtlich ist. Dieser geglättete Verlauf wirkt sich sehr günstig auf das Spektrum aus. Das Gaußsche Vorfilter läßt sich durch sein BT genau charakterisieren. Bereits in Kapitel 4.2.5.2 war zu sehen, daß der Phasenverlauf mit kleiner werdendem BT immer glatter wird. Dieses Verhalten spiegelt sich direkt im Leistungsdichtespektrum wieder, wie in Bild 4.3.4 zu erkennen ist. Hier sind die Spektren verschiedener GMSK-Signale mit unterschiedlichen BT im Vergleich zu MSK gezeigt. Die dargestellten Spektren wurden simulativ ermittelt, da für das Spektrum von GMSK-Modulation kein geschlossener analytischer Ausdruck angegeben werden kann.

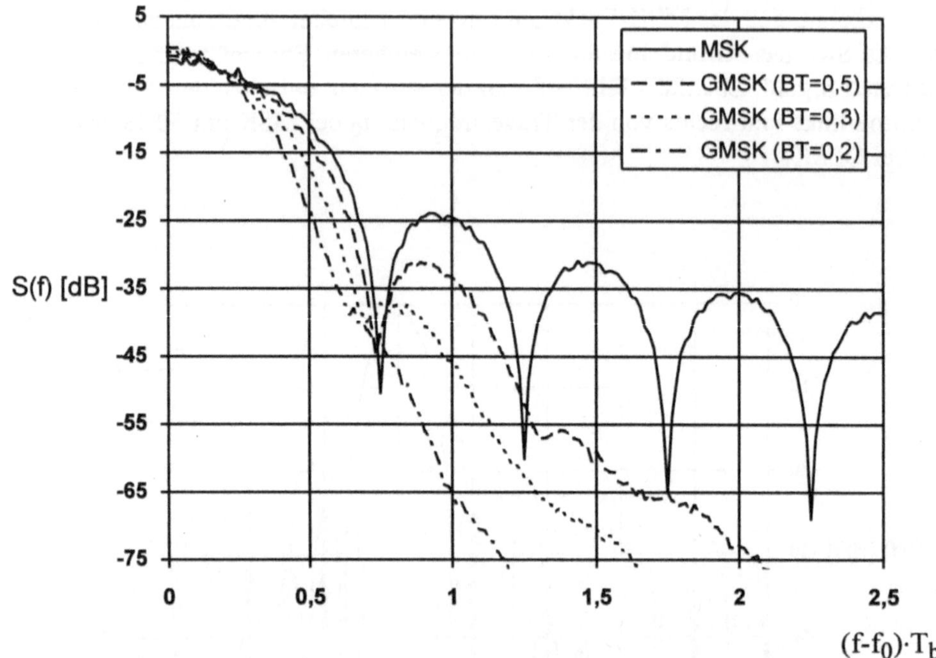

Bild 4.3.4: Leistungsdichtespektren von GMSK und MSK

Die in Kapitel 4.2.5.3 vorgestellte TFM-Modulation weist ein Spektrum auf, welches in etwa dem der GMSK-Modulation mit BT = 0,2 entspricht. Letztere läßt sich jedoch einfacher implementieren.

4.3.3 OFDM

Das OFDM-Signal setzt sich aus R modulierten Unterträgern zusammen. Daher ergibt sich das Leistungsdichtespektrum aus der Überlagerung der R Einzelspektren. Im Falle von BPSK bzw. QPSK-Submodulation, erhält man mit Gl.(4.3.6) für die spektrale Leistungsdichte:

$$S(f) = A^2 T \sum_{v=-L}^{L} si^2\left[\pi(f - f_0 - v\Delta f)T\right] \tag{4.3.9}$$

mit $T = R \cdot T_b$ (BPSK) bzw. $T = R \cdot 2T_b$ (QPSK). Bild 4.3.5 zeigt das Beispiel eines OFDM-Spektrums mit $R = 65$ und einem Schutzintervall von $\Delta = 0$.

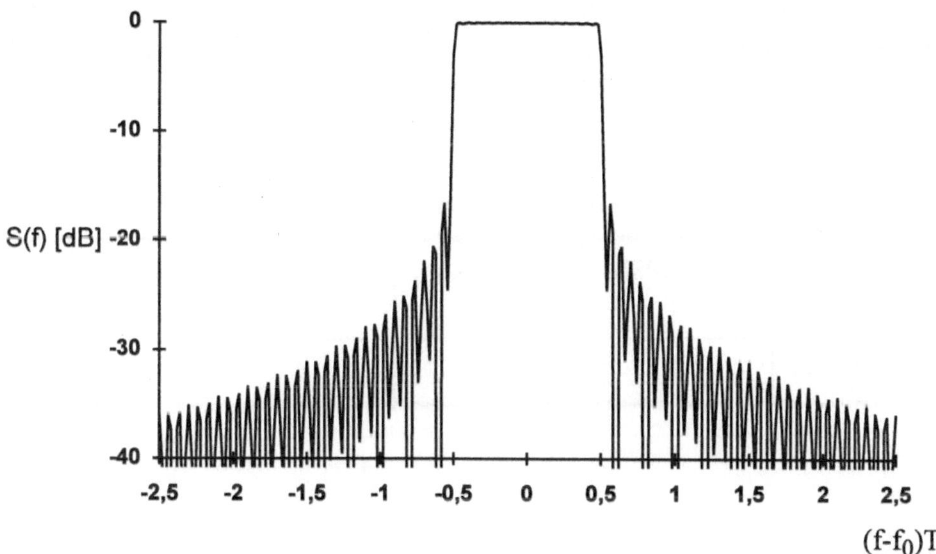

Bild 4.3.5: Spektrum eines OFDM-Signals ($R = 65$, $\Delta = 0$)

Im Nutzband weist das OFDM-Signal einen nahezu konstanten Verlauf auf. Außerhalb dieses Bereichs fällt das Spektrum proportional zu $1/f^2$ ab (6 dB/Oktave). Für Anwendungen, bei denen viele Kanäle möglichst eng, also ohne breite Schutzbänder, aneinandergereiht werden, ist dieser spektrale Abfall zu gering, so daß eine zusätzliche Filterung vorgesehen werden muß.

4.3.4 Spektrale Effizienz

Die spektrale Effizienz η_S ist eine wichtige Kenngröße digitaler Modulationsverfahren. Sie wird in der Einheit bit/s/Hz angegeben und ist ein Maß für die Bandbreite B_{HF}, die ein bestimmtes Modulationsverfahren bei der Übertragung beansprucht. η_S ist definiert durch das Verhältnis von Übertragungsrate R zu Bandbreite B_{HF}:

$$\eta_S = \frac{R}{B_{HF}} \qquad\qquad (4.3.10)$$

In Tabelle 4.3.1 ist die spektrale Effizienz für verschiedene Modulationsverfahren angegeben. Hierbei muß jedoch beachtet werden, daß eine Nyquist-Filterung auf die minimal notwendige Bandbreite vorausgesetzt wurde. In praktischen Implementationen reduzieren sich die angegebenen Werte durch den Einsatz von Impulsformerfiltern mit endlicher Flankensteilheit und Schutzbändern.

Tabelle 4.3.1: Spektrale Effizienz η_S verschiedener Modulationsverfahren

Modulations-verfahren	ASK/BPSK	QPSK	16-QAM	MSK, OQPSK
η_S [bit/s/Hz]	1	2	4	1

4.4 Demodulation

4.4.1 Empfangsprinzipien

Die im Sender stattfindende Modulation läßt sich allgemein als eine Abbildung des digitalen Informationssignals auf eine für die Übertragung geeignete Signalform beschreiben. Je nach Kanal kann es gut oder schlecht geeignete Abbildungen geben. Bei der Auswahl eines Modulationsverfahrens ist aber nicht nur der Übertragungskanal selbst von Bedeutung, sondern auch weitere Randbedingungen wie die zur Verfügung stehende Bandbreite, Sendeleistung und nicht zuletzt der nötige technische Aufwand.

Aufgabe des Empfängers ist es nun, das bei der Übertragung gestörte bzw. verzerrte Signal möglichst gut wieder zu regenerieren, d.h., wieder in die ursprüngliche Datenfolge zurückzuwandeln. Es wird dazu eine zur Sendeseite inverse Abbildung vorgenommen.

Wie bereits in den vorangegangenen Kapiteln erwähnt wurde, werden im allgemeinen N = ld(M) Datenbits zusammengefaßt und gemeinsam als ein Symbol $s_i(t)$ übertragen. Damit die Symbole im Empfänger wieder detektiert werden können, müssen sie sich voneinander unterscheiden. Mögliche Unterscheidungsmerkmale sind die Amplitude (ASK, siehe Kapitel 4.2.1), die Frequenz (FSK, siehe Kapitel 4.2.2) oder die Phase (PSK, siehe Kapitel 4.2.3). Der Kanal fügt dem Sendesignal eine Phasenverschiebung $\Delta\varphi$ zu. Je nachdem, ob der Empfänger in der Lage ist, diese Phasenverschiebung zu korrigieren oder nicht, unterscheidet man **kohärente** und **inkohärente Empfänger**.

Der kohärente Empfänger vergleicht im Prinzip das Empfangssignal r(t) mit allen möglichen Symbolen $s_i(t)$ und entscheidet sich danach für das Symbol, welches dem empfangenen am "ähnlichsten" ist. Man bezeichnet dies daher auch als "Maximum Likelihood Detection", d.h., der Empfänger berechnet:

$$\max_i \, p(r|s_i) \quad ; \quad i = 1,2,...,M \tag{4.4.1}$$

Der Vergleich der Signale findet in einer Korrelatorbank nach Art von Bild 4.4.1 statt. Jeder der M Korrelatoren liefert ein Ausgangssignal $x_i(t)$ der Form:

$$x_i(t) = \int_0^T r(t)e^{-j\Delta\varphi} \, s_i(t) \, dt \tag{4.4.2}$$

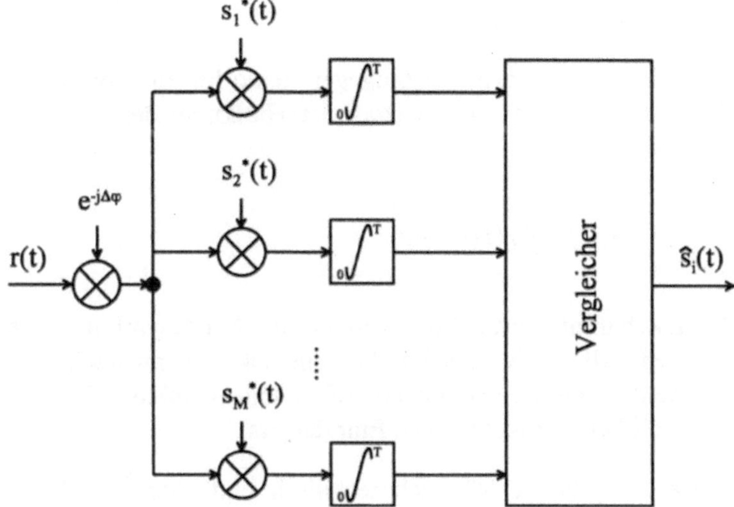

Bild 4.4.1: Kohärenter Korrelator-Empfänger (Prinzip)

Der Empfänger entscheidet sich anschließend für das s_i bzw. das zugehörige Bitmuster aus $N = ld(M)$ Bits mit dem größten x_i.

Alternativ können die Korrelationen auch mit einem "Matched Filter", also einem signalangepaßten Filter mit der Impulsantwort:

$$h_i(t) = s_i^*(T - t) \tag{4.4.3}$$

erfolgen (siehe Bild 4.4.2).

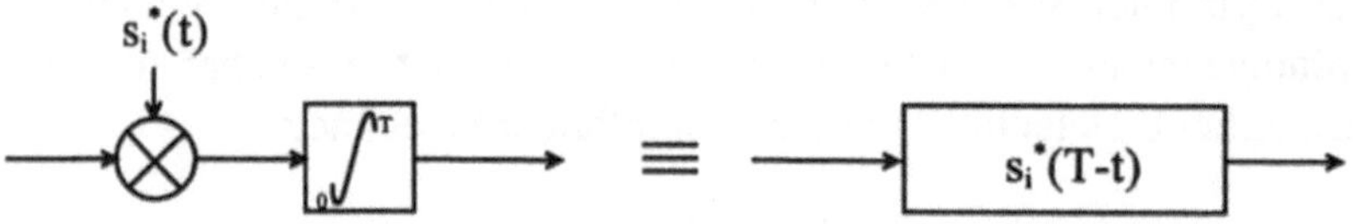

Bild 4.4.2: Zur Äquivalenz eines Korrelatorzweigs mit einem Matched Filter

Zur kohärenten Demodulation muß die Phasenverschiebung $\Delta\varphi$ des Empfangssignals zum Sendesignal bekannt sein, da das Empfangssignal proportional zu $\cos(\Delta\alpha)$ ist, wobei $\Delta\alpha$ die Phasendifferenz zwischen Empfangssignal und Empfängeroszillator ist. Im ungünstigsten Fall $(\Delta\alpha = \pi/2)$ verschwindet das demodulierte Signal. $\Delta\varphi$ läßt sich mit Hilfe einer Regelschleife (z.B. PLL) aus dem Trägersignal zurückgewinnen.

Der inkohärente Empfänger benötigt hingegen keine Information über die Phasenverschiebung $\Delta\varphi$, da er nur den Betrag der Hüllkurve des gefilterten Empfangssignals auswertet:

$$x_i(t) = \left| \int_0^T r(t) s_i(t) dt \right| \tag{4.4.4}$$

Genau wie beim kohärenten Empfänger wird auf das Sendesymbol mit dem größten x_i geschlossen. Alternativ zum Hüllkurvendetektor kann auch das Quadrat $\{x_i\}^2$ als Entscheidungsgrundlage dienen (z.B. Diodendetektor). Bild 4.4.3 zeigt das Prinzipschaltbild eines inkohärenten Empfängers.

Ein inkohärenter Empfänger läßt sich technisch einfacher realisieren als ein kohärenter, jedoch muß dieser geringere Aufwand mit einer etwas höheren Bitfehlerrate "bezahlt" werden, wie im nächsten Kapitel noch zu sehen sein wird.

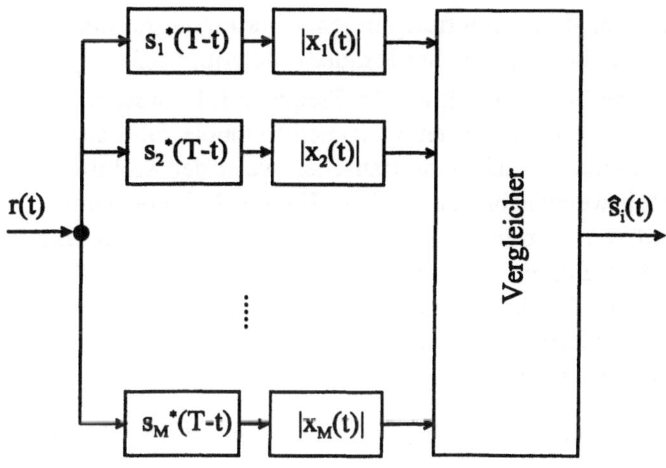

Bild 4.4.3: Prinzipschaltbild des inkohärenten Empfängers

4.4.2 Intersymbol-Interferenz und Equalizer

Bild 4.4.4 zeigt die wesentlichen Filterkomponenten einer digitalen Übertragung zwischen Mobilstation (MS) und Basisstation (BS) mit den Übertragungsfunktionen des Sendefilters $H_S(f)$, des Mobilfunkkanals $H_M(f)$ und des Empfangsfilters $H_E(f)$. Damit erhält man die Übertragungsfunktion der gesamten Übertragungsstrecke $H_\Sigma(f)$ zu:

$$H_\Sigma(f) = H_S(f) \cdot H_M(f) \cdot H_E(f) \qquad (4.4.5)$$

$$H_\Sigma(f) = \left| H_\Sigma(f) \right| \cdot e^{j\varphi(f)} \qquad (4.4.6)$$

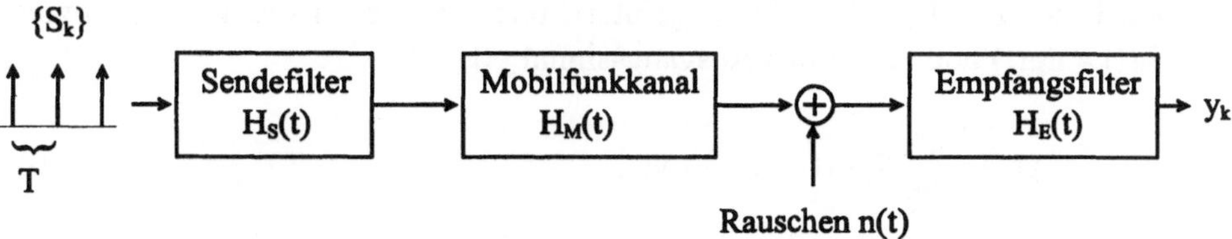

Bild 4.4.4: Filterkomponenten einer digitalen Übertragung

Bei einem idealen, d.h. verzerrungsfreien Übertragungssystem ist für den betrachteten Frequenzbereich des Sendesignals die Amplitude $|H_\Sigma(f)|$ konstant und die Phase $\varphi(f)$ eine lineare Funktion der Frequenz f. In diesem Fall würden Form und relative zeitliche Lage der empfangenen Symbole mit den gesendeten Symbolen übereinstimmen. Auch ohne Rauschen weist der Mobilfunkkanal, je nach Umgebung, Mehrwegeausbreitung (siehe Kapitel 2.1) und damit Laufzeitunterschiede, quantifiziert durch das Delay Spread, auf. Diese mit $H_M(f)$ beschriebenen Eigenschaften führen dazu, daß die empfangenen Symbole "verschmieren" und damit erheblich überlappen können. Dies führt selbst ohne Rauschen zu einer signifikanten Bitfehlerrate. Die "Interferenz" der Symbole bezeichnet man als **Intersymbol-Interferenz (ISI)**.

Allgemein kann man ein Sendesignal s(t) schreiben als [PRO89]:

$$s(t) = u_r(t) \cdot cos(2\pi f_c t) - u_i(t) \cdot sin(2\pi f_c t)$$
$$= Re\{u(t) \cdot exp(j 2\pi f_c t)\} \tag{4.4.7}$$

mit dem äquivalenten Tiefpaßsignal $u(t) = u_r(t) + j\, u_i(t)$ und

$$u(t) = \sum_{n=0}^{\infty} S_n \cdot h_S(t - nT) \quad , \tag{4.4.8}$$

wobei $h_S(t)$ die Pulsform der gesendeten Symbole, $\{S_n\}$ die Sequenz der gesendeten Symbole und T die Symboldauer ist. Das Sendesignal s(t) wird über den bandbegrenzten Mobilfunkkanal mit der Übertragungsfunktion $H_M(f)$ bzw. der Impulsantwort $h_M(t)$ übertragen. Damit erhält man für das Empfangssignal $s_e(t)$:

$$s_e(t) = \sum_{n=0}^{\infty} S_n \cdot h(t - nT) + n(t) \tag{4.4.9}$$

mit $h(t) = h_S(t) * h_M(t)$ und dem additiven Rauschen n(t) des Mobilfunkkanals. Schließlich wird das Signal $s_e(t)$ vom Empfangsfilter $h_E(t)$, im Idealfall einem Matched Filter zu h(t), also $h^*(-t)$, gefiltert, und man erhält die Impulsantwort $x(t) = h(t) * h_E(t)$ und damit das Ausgangssignal y(t):

$$y(t) = \sum_{n=0}^{\infty} S_n \cdot x(t - nT) + v(t) \tag{4.4.10}$$

v(t) ist dabei das gefilterte Rauschen n(t).

Nach Abtastung zu den Zeitpunkten $t = kT$, $k = 0$, 1, 2, ... und mit $y(kT) \equiv y_k$, $x_{k-n} \equiv x(kT-nT)$ und einem, der Einfachheit halber gleich 1 angenommenen, Skalierungsfaktor x_0 erhält man:

$$y_k = S_k + \sum_{\substack{n=0 \\ n \neq k}}^{\infty} S_n \cdot x_{k-n} + v_k \qquad\qquad (4.4.11)$$

S_k ist das gewünschte Sendesymbol, der Summenterm in Gl.(4.4.11) ist die ISI und v_k das Rauschen.

H. Nyquist untersuchte für verschiedene Puls- bzw. Symbolformen die Intersymbol-Interferenz. Er zeigte, daß die minimale Systembandbreite, die zur ISI-freien Detektion der Symbole mit der Übertragungsrate W [Symbole/s] notwendig ist, W/2 [Hz] beträgt (**Nyquist-Bandbreite**). Dieses gilt für eine rechteckförmige Gesamtübertragungsfunktion $H_\Sigma(f)$, siehe Bild 4.4.5. Die dazugehörige Impulsantwort $h_\Sigma(t)$ ist die si-Funktion nach Gl.(4.3.7). Eine solche rechteckförmige Übertragungsfunktion hat zwei wichtige Nachteile: Sie ist nur näherungsweise realisierbar und eine geringfügige Nichteinhaltung der Abtastzeitpunkte (siehe Bild 4.4.5) erzeugt bereits Intersymbol-Interferenz. Praktisch verwendete Filterformen sind daher z.B. das "Raised Cosine Filter" [PRO89].

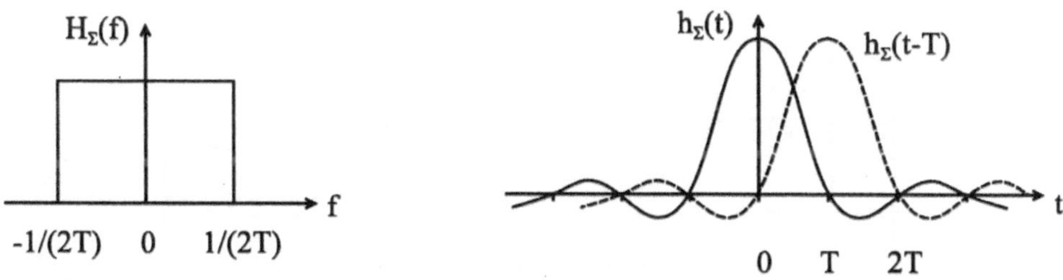

a) Übertragungsfunktion   b) Impulsantwort

Bild 4.4.5: Nyquist Übertragungsfunktion $H_\Sigma(f)$ für ISI-freie Übertragung

Für eine bekannte Übertragungsfunktion des Mobilfunkkanals $H_M(f)$ kann im Prinzip leicht diese Übertragungsfunktion durch inverse Wahl der Übertragungsfunktion des Empfängers ($H_E(f) \sim 1/H_M(f)$) kompensiert werden. Ein wichtiges Problem im Mobilfunk ist die Tatsache, daß $H_M(f)$ zeitvariant ist. Daher verwendet man im Empfänger Filter, sogenannte **Kanalentzerrer** (**"Equalizer"**), mit mehreren Parametern, die anhand verschiedener Kriterien an $H_M(t)$ angepaßt werden.

Eine verbreitete Möglichkeit zur Realisierung eines Kanalentzerrers ist ein transversales Filter in Form einer "Tapped Delay Line" (FIR-Filter, *engl.* Finite Impulse Response Filter), siehe Bild 4.4.6. Die einzelnen Koeffizienten c_n müssen kontinuierlich optimiert bzw. nachgestellt werden, um die ISI zu minimieren. Der Zusammenhang zwischen den abgetasteten Ausgangswerten des Equalizers $\{y_k\}$, den Equalizerkoeffizienten $\{c_k\}$ und den Eingangswerten $\{x_k\}$ lautet:

$$y_k = \sum_{n=-N}^{N} c_n \cdot x_{k-n} \qquad ; \quad k = -2N,\dots +2N \qquad (4.4.12)$$

bzw. in Matrizenschreibweise:

$$\vec{y} = X \cdot \vec{c} \qquad (4.4.13)$$

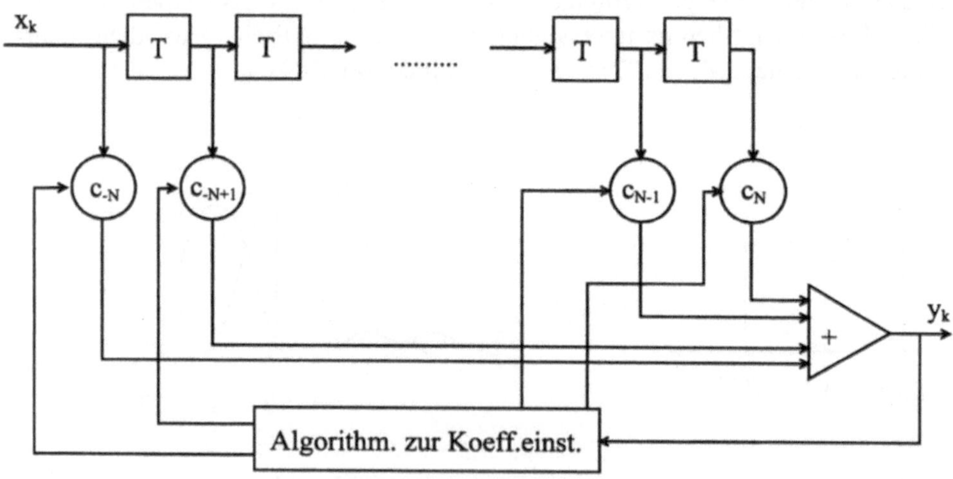

Bild 4.4.6: Prinzipschaltbild eines FIR-Kanalentzerrers ("Equalizer")

Als Kriterium zur Optimierung der c_n wird typischerweise die Minimierung der Spitzenwerte ("Peak Distortion") oder des quadratischen Fehlers ("Mean-square Distortion") verwendet. Zur Minimierung der "Peak Distortion" ist es erforderlich, daß N Abtastwerte vor und hinter dem gewünschten Impuls null ergeben. Dazu ist ein Gleichungssystem der Ordnung $2N + 1$ zu lösen. Auch das zweite

Kriterium führt auf ein ähnliches Gleichungssystem. Eine wichtige Methode zur Einstellung der c_n ist die Ableitung aus einer mit dem Signal gesendeten, bekannten Trainingssequenz. Dieses Prinzip wird z.B. im GSM-System (siehe Kapitel 7) verwendet. Bei einer anderen Methode, "Adaptive Equalization", werden nur die Datensymbole, d.h. ohne eine separate Trainingssequenz, verwendet. Insbesondere bei höheren Fehlerraten wie sie im Mobilfunk üblich sind, kann die letztere Methode zu Problemen führen. Es gibt eine Vielzahl weiterer leistungsfähiger Equalizer-Varianten wie z.B. den "Decision-Feedback Equalizer (DFE)". Hier werden die Koeffizienteneinstellungen früherer Symbole zur Optimierung der Koeffizienten zukünftiger Symbole verwendet [PRO89].

4.5 Digitale Übertragung über Gaußsche Kanäle

Im folgenden wird eine Datenübertragung über einen mit Rauschen behafteten Kanal betrachtet. Das störende Rauschen weist hierbei eine Gaußsche Amplitudenverteilung mit der Varianz $\sigma^2 = N_0/2$ auf, wobei N_0 die (zweiseitige) Rauschleistungsdichte ist. Für die Rauschleistung N gilt nach Gl.(2.3.7):

$$N = k\, T_N\, B_N \tag{4.5.1}$$

mit der Systemrauschtemperatur T_N, der äquivalenten Rauschbandbreite B_N und der Boltzmann-Konstante k. Das Rauschsignal überlagert sich additiv dem Sendesignal, so daß sich für das Empfangssignal $r_i(t)$ des i-ten Symbols ergibt:

$$r_i(t) = s_i(t)\, e^{j\Delta\varphi} + n(t) \tag{4.5.2}$$

4.5.1 Binäre und quaternäre PSK

Die Verteilungsdichtefunktion der Signalspannung eines verrauschten BPSK-Signals ergibt sich aus einer um den Betrag des Signalvektors verschobenen Gaußfunktion. Man erhält so die in Bild 4.5.1 gezeigte Darstellung. Der Empfänger schließt auf den logischen Zustand des Datenbits, indem er das Empfangssignal mit einer Entscheidungsschwelle (x = 0) vergleicht. Ist dieses Signal größer als die Schwelle, schließt er auf eine logische "1", ist es kleiner, auf eine logische "0". Die schraffierte Fläche in Bild 4.5.1 entspricht der Wahrscheinlichkeit, daß der Empfänger eine "0" decodiert, obwohl der Sender eine "1" gesendet hat. Es tritt also ein Bitfehler auf.

Die Bitfehlerwahrscheinlichkeit P_b berechnet sich demnach zu:

$$P_b = \int\limits_{\sqrt{E_b}}^{\infty} \frac{1}{\sqrt{2\pi}\sigma} e^{-\frac{x^2}{2\sigma^2}} dx \qquad (4.5.3)$$

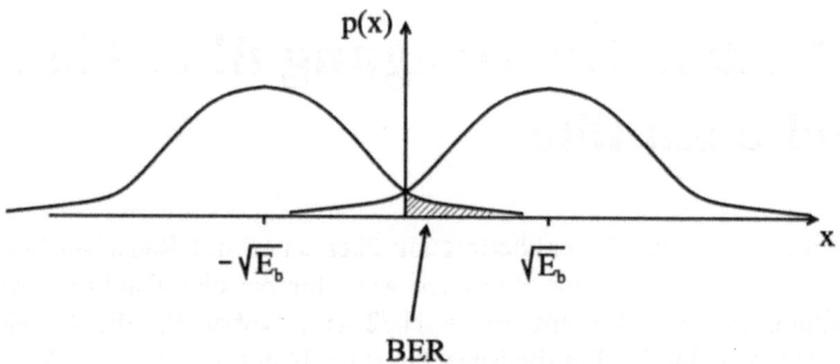

Bild 4.5.1: Verteilungsdichtefunktion der BPSK-Signalspannung

Hierbei ist E_b die Energie pro Datenbit und $\sigma^2 = N_0/2$. Nach kurzer Umformung erhalten wir die Bitfehlerrate (BER, *engl.* **Bit Error Rate**) bei **kohärenter BPSK-Demodulation:**

$$P_b = \frac{1}{2} erfc\left(\sqrt{\frac{E_b}{N_0}}\right) \qquad (4.5.4)$$

mit der komplementären Gaußschen Fehlerfunktion

$$erfc(x) = \frac{2}{\sqrt{\pi}} \int\limits_{x}^{\infty} e^{-u^2} du \qquad (4.5.5)$$

Gl.(4.5.4) beschreibt im exakten mathematischen Sinne die Bitfehlerwahrscheinlichkeit, die jedoch in der Praxis oft der Bitfehlerrate gleichgesetzt wird.

Bei der kohärenten BPSK-Demodulation können Probleme auftreten, wenn die
PLL zur Regeneration der Trägerphase nicht exakt einrastet. So kann es vorkommen, daß eine Phasenunsicherheit von 180° besteht, was einer Inversion der Datenbits entsprechen würde. Eine Lösung für dieses Problem bietet die differentielle BPSK (DPSK), bei der nur der Phasenunterschied zweier aufeinanderfolgender
Signale ausgewertet wird, die absolute Phasenlage (0° oder 180°) also ohne Be-
lang ist. Die kohärente DPSK-Demodulation weist jedoch eine etwas höhere Bitfehlerrate auf als die kohärente BPSK-Demodulation, da bei einem Bitfehler das
nachfolgende Bit ebenfalls falsch decodiert wird. Man erhält deshalb für die Bitfehlerrate der **kohärenten DPSK**:

$$P_b = erfc\left(\sqrt{\frac{E_b}{N_0}}\right)\left[1 - \frac{1}{2}erfc\left(\sqrt{\frac{E_b}{N_0}}\right)\right] \qquad (4.5.6)$$

Wie bereits in Kapitel 4.4 erläutert wurde, gibt es auch die Möglichkeit, gänzlich
auf eine Regeneration der Sendephase zu verzichten, wenn vom Prinzip des inkohärenten Empfängers ausgegangen wird. Die Herleitung der Bitfehlerrate für diesen Fall ist jedoch recht aufwendig und soll deshalb hier nicht vorgenommen
werden. Der interessierte Leser wird deshalb auf [PRO89] verwiesen. Es ergibt
sich für die BER der **inkohärenten DPSK**:

$$P_b = \frac{1}{2} e^{-\frac{E_b}{N_0}} \qquad (4.5.7)$$

Zum Vergleich sind die Gln. (4.5.4), (4.5.6) und (4.5.7) in Bild 4.5.2 dargestellt.
Man erkennt deutlich eine Verschlechterung der inkohärenten DPSK gegenüber
der kohärenten BPSK um ca. 1 dB, d.h., für die gleiche BER muß etwa 1 dB
mehr Sendeleistung aufgewendet werden.

Das Eingangssignal des Entscheiders bei QPSK-Modulation kann in der komplexen Signalebene wie in Bild 4.5.3 dargestellt werden. Man erkennt, daß die Signalzustände näher zusammenliegen als bei der BPSK-Modulation (vgl. Bild
4.5.1), die Wahrscheinlichkeit, daß durch Rauschen ein ungewollter Zustands-
wechsel auftritt, wird also höher werden.

Zur Bestimmung der Symbolfehlerwahrscheinlichkeit P_S bei kohärenter Demodulation gehen wir zunächst von der Wahrscheinlichkeit P_c für eine korrekte Decodierung aus:

$$P_c = P[I > 0 \cap Q > 0] = P[I > 0]\,P[Q > 0] \qquad (4.5.8)$$

Die Wahrscheinlichkeiten P[I > 0] bzw. P[Q > 0] berechnen sich dabei zu:

$$P[I>0] = \int\limits_{-\sqrt{E_s/2}}^{\infty} \frac{1}{\sqrt{2\pi}\sigma}\, e^{-\frac{x^2}{2\sigma^2}}\, dx \qquad (4.5.9)$$

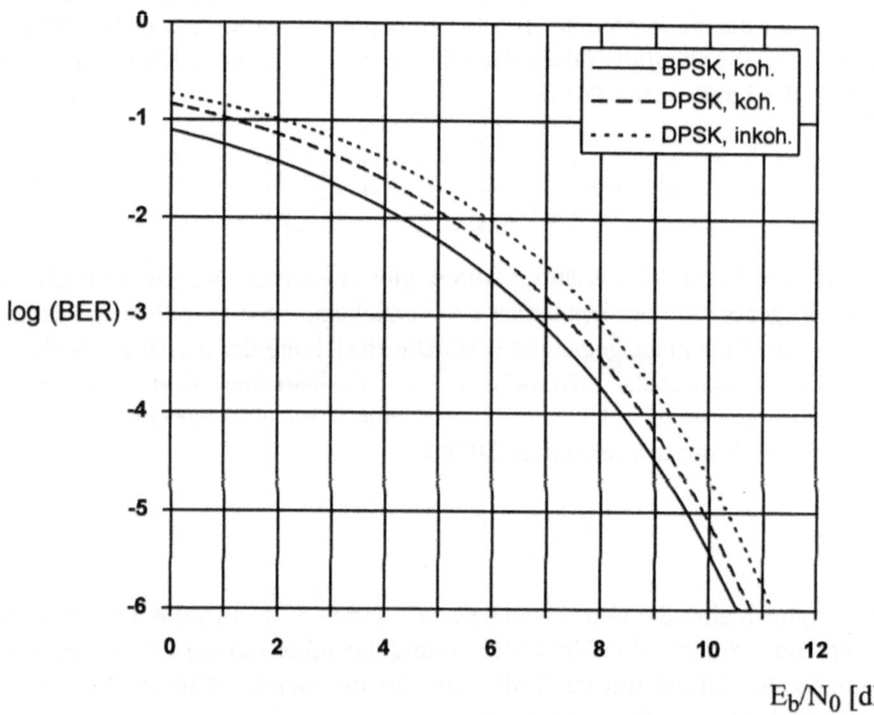

Bild 4.5.2: Vergleich verschiedener binärer PSK-Verfahren

Hierbei ist E_s die Symbolenergie. Da bei QPSK-Modulation immer zwei Bits zu einem Symbol zusammengefaßt werden, gilt $E_s = 2\,E_b$. Wir erhalten daher für die Wahrscheinlichkeit, daß ein Symbol korrekt empfangen wird:

$$P_c = \left[1 - \frac{1}{2} erfc\left(\sqrt{\frac{E_s}{2N_0}} \right) \right]^2 \qquad (4.5.10)$$

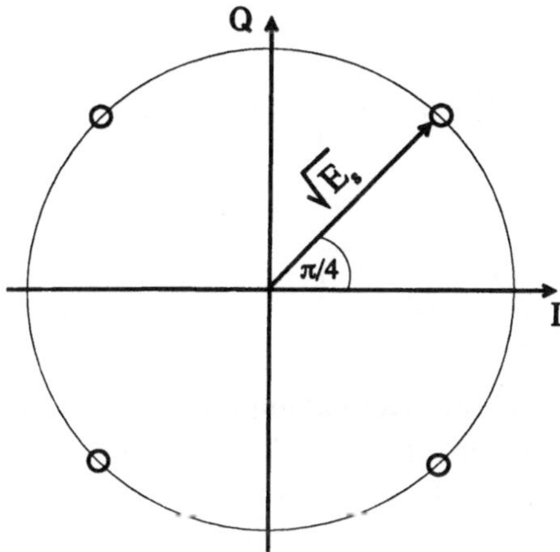

Bild 4.5.3: Signalzustände vor dem Entscheider bei QPSK-Modulation

und daraus die Symbolfehlerwahrscheinlichkeit P_s von **kohärenter QPSK**:

$$P_s = 1 - P_c \qquad (4.5.11)$$

$$P_s = erfc\left(\sqrt{\frac{E_s}{2N_0}}\right) - \frac{1}{4}\left[erfc\left(\sqrt{\frac{E_s}{2N_0}}\right)\right]^2 \qquad (4.5.12)$$

Ein Symbolfehler kann zu einem oder zwei Bitfehlern führen, je nachdem wie die Signalzustände codiert werden und in welchen Quadranten der Signalzeiger durch den Rauschprozeß verschoben wird. Die Wahrscheinlichkeit, daß in einen Nachbarquadranten gewechselt wird, ist höher als die, daß direkt in den gegenüberliegenden Quadranten gewechselt wird. Man wird also die Signalzustände so codieren, daß sich immer nur ein Bit zwischen benachbarten Zuständen ändert (Gray-Codierung). In diesem Fall ist bei QPSK die Bitfehlerwahrscheinlichkeit halb so groß wie die Symbolfehlerwahrscheinlichkeit.

Genau wie bei der differentiellen BPSK kann auch QPSK differentiell betrieben werden. Die Herleitung der Bitfehlerwahrscheinlichkeit ist jedoch sehr aufwendig, weshalb an dieser Stelle nur das Ergebnis angegeben werden soll. Der interessierte Leser wird daher nach [PRO89] verwiesen. Man erhält für die **kohärente Demodulation von DQPSK** mit Gray-Codierung:

$$P_b = \int_b^\infty x \, exp\left(-\frac{x^2+a^2}{2}\right) I_0(ax)\,dx - \frac{1}{2}I_0(ab)\,exp\left(-\frac{a^2+b^2}{2}\right) \qquad (4.5.13)$$

mit

$$a = \sqrt{\frac{E_s}{N_0}\left(1 - \frac{1}{\sqrt{2}}\right)}$$

$$(4.5.14)$$

$$b = \sqrt{\frac{E_s}{N_0}\left(1 + \frac{1}{\sqrt{2}}\right)}$$

Bei binärer PSK mit kohärenter Demodulation war der Unterschied zwischen der differentiellen und der nicht-differentiellen Variante relativ gering (siehe Bild 4.5.2). Bei differentieller QPSK ist der Unterschied jedoch größer, bei hohen Signal-/Rauschverhältnissen ergibt sich eine Verschlechterung um ca. 2,3 dB. Es ist daher bei der jeweiligen Anwendung der Implementierungsaufwand gegenüber dem Verlust von 2,3 dB abzuwägen. Bild 4.5.4 zeigt im Vergleich die Bitfehlerraten als Funktion des Symbol-Signal-/Rauschverhältnisses E_s/N_0 für kohärent demodulierte binäre und quaternäre PSK. Anzumerken ist noch, daß im Falle von BPSK die Symbolenergie E_s gleich der Bitenergie E_b ist. Bei einer Bitfehlerrate von 10^{-3} beträgt der Unterschied im erforderlichen Signal-/Rauschverhältnis zwischen BPSK und DQPSK etwa 5,3 dB. Es müßte also etwa 3,4-mal so viel Sendeleistung aufgebracht werden, um diesen modulationsbedingten BER-Anstieg bei DQPSK zu kompensieren, wohingegen bei QPSK eine Verdopplung ausreichen würde. Allerdings benötigen die QPSK-Verfahren nur die Hälfte der HF-Bandbreite, verglichen mit BPSK (siehe Kapitel 4.3.1).

(D)QPSK kann genau wie (D)BPSK auch inkohärent demoduliert werden. So erhält man für **inkohärente QPSK** die Bitfehlerwahrscheinlichkeit [PRO89]:

$$P_b = \frac{3}{4}exp\left(-\frac{E_s}{2N_0}\right) - \frac{1}{2}exp\left(-\frac{2E_s}{3N_0}\right) + \frac{1}{8}exp\left(-\frac{3E_s}{4N_0}\right) \qquad (4.5.15)$$

Die inkohärente Demodulationstechnik erfordert hier allerdings etwa 2 dB mehr E_s/N_0 als die kohärente Variante.

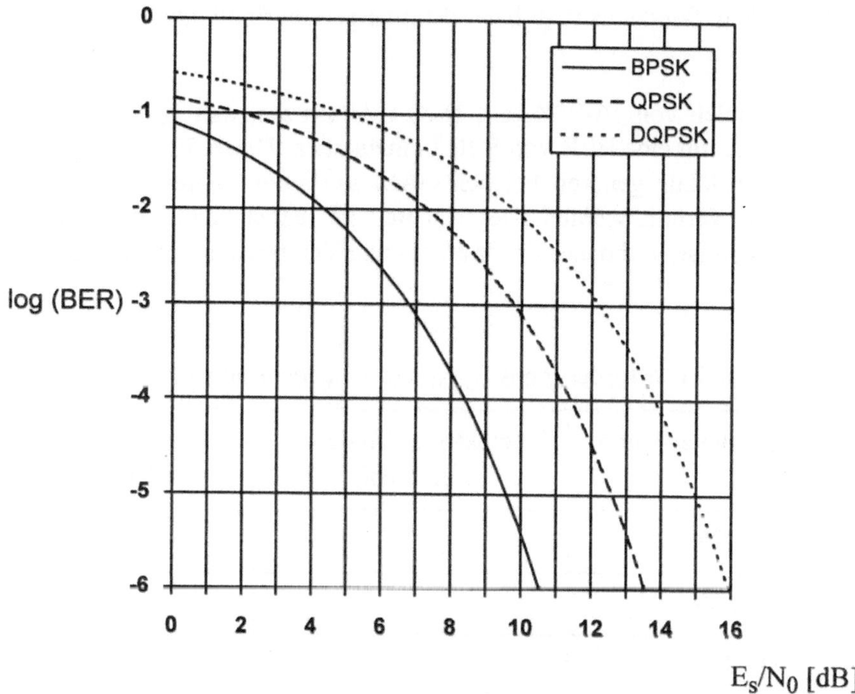

Bild 4.5.4: Vergleich von kohärenter BPSK, QPSK und DQPSK

4.5.2 M-PSK und QAM

Die Anfälligkeit eines Modulationsverfahrens gegenüber Störungen aller Art
hängt davon ab, wie leicht ein Signalzustand in einen anderen durch Überlage-
rungen, wie z.B. Gaußsches Rauschen, überführt werden kann. Je weiter die Signalzustände voneinander entfernt sind, desto niedriger wird daher die Bitfehlerwahrscheinlichkeit werden.

Höherstufige PSK- und QAM-Verfahren (M > 4) erfordern für gleiche Bitfehlerraten wie niederstufige Verfahren ein höheres E_s/N_0 und sind zudem sehr
störanfällig in Fadingkanälen. Tabelle 4.5.1 zeigt für verschiedene höherstufige
Modulationsverfahren die erforderlichen Signal-/Rauschverhältnisse für eine
BER von $5 \cdot 10^{-7}$. Bei einer Mobilfunkübertragung sind diese Verfahren deshalb
kaum einsetzbar und werden daher nicht weiter vertieft. Sehr hochstufige Verfah-

ren, wie z.B. 1024-QAM, können nur auf sehr wenig gestörten Kanälen bei einer relativ hohen Sendeleistung bzw. Empfängerempfindlichkeit zur Anwendung kommen.

Beim Vergleich von 16-PSK und 16-QAM fällt auf, daß 16-PSK 6,5 dB mehr S/N benötigt, um eine BER von $5 \cdot 10^{-7}$ einzuhalten. Dieser Effekt rührt daher, daß die Signalzustände generell bei den QAM-Verfahren besser über die komplexe Signalebene verteilt werden. Der Nachteil ist jedoch, daß die Sendeamplitude nicht konstant ist, und daher linear arbeitende Verstärkerstufen erforderlich sind.

Tabelle 4.5.1: erforderliches E_s/N_0 verschiedener höherstufiger Verfahren

Modulationsverfahren	Spektrale Effizienz (bit/s/Hz)	E_s/N_0 (dB) für BER = $5 \cdot 10^{-7}$
BPSK	1	11
QPSK	2	14
16-PSK	4	26,5
16-QAM	4	20
64-QAM	6	26
256-QAM	8	32
1024-QAM	10	38

4.5.3 MSK und GMSK

Wie bereits in Kapitel 4.2.5.1 gezeigt wurde, läßt sich ein MSK-Signal wie ein OQPSK-Signal mit speziellem cosinusförmigen Impulsformerfilter nach Gl.(4.2.21) beschreiben. MSK ist also ebenso wie (O)QPSK eine orthogonale Modulationsform. Wird zur Demodulation ebenfalls ein Matched-Filter-Empfänger verwendet, ergibt sich somit dieselbe Wahrscheinlichkeit für einen Fehler in der I bzw. Q-Komponente. Bei (O)QPSK führt solch ein Fehler bei Gray-Codierung meist nur zu einem einzelnen Bitfehler. Bei MSK-Modulation sind von einer einzigen Fehlentscheidung des Decoders jedoch immer zwei Bit betroffen. Man erhält also für die Bitfehlerwahrscheinlichkeit bei **kohärenter MSK-Demodulation im Gaußschen Kanal**:

$$P_b = erfc\left(\sqrt{\frac{E_b}{N_0}}\right) \qquad (4.5.16)$$

und damit eine genau doppelt so hohe Bitfehlerwahrscheinlichkeit wie bei einer antipodalen BPSK-Übertragung. Es lassen sich erhebliche Verbesserungen erzielen, wenn anstelle der Matched-Filter-Demodulation Methoden verwendet werden, die die Phasenkontinuität eines MSK-Signals bei der Demodulation berücksichtigen [PRO89].

Eine exakte Berechnung der Bitfehlerrate bei GMSK-Übertragung läßt sich nicht angeben. Messungen und Simulationen erlauben es jedoch, die Bitfehlerrate zu approximieren und entsprechende Näherungslösungen anzugeben. So geben [MUR81] folgenden Ausdruck für **GMSK im Gaußschen Kanal** an:

$$P_b \approx \frac{1}{2} erfc\left(\sqrt{\alpha\,\frac{E_b}{N_0}}\right) \qquad , \qquad (4.5.17)$$

wobei α ein konstanter Parameter ist, der sich aus dem BT des Gaußschen Vorfilters bei GMSK ergibt. [MUR81] geben für α die Werte:

$$\alpha \cong \begin{cases} 0,68 & ; \quad f\ddot{u}r\ BT = 0,25 \\ 0,85 & ; \quad f\ddot{u}r\ BT \to \infty\ (MSK) \end{cases} \qquad (4.5.18)$$

an. MSK läßt sich mit $\alpha = 0,85$ approximieren. Es ergibt sich ein ähnlicher Kurvenverlauf wie Gl.(4.5.16). Man stellt fest, daß sich bei GMSK-Modulation mit BT = 0,25 eine Verschlechterung von ca. 1 dB gegenüber MSK ergibt. Bild 4.5.5 zeigt die Bitfehlerwahrscheinlichkeiten vom MSK und GMSK (BT = 0,25) im Vergleich.

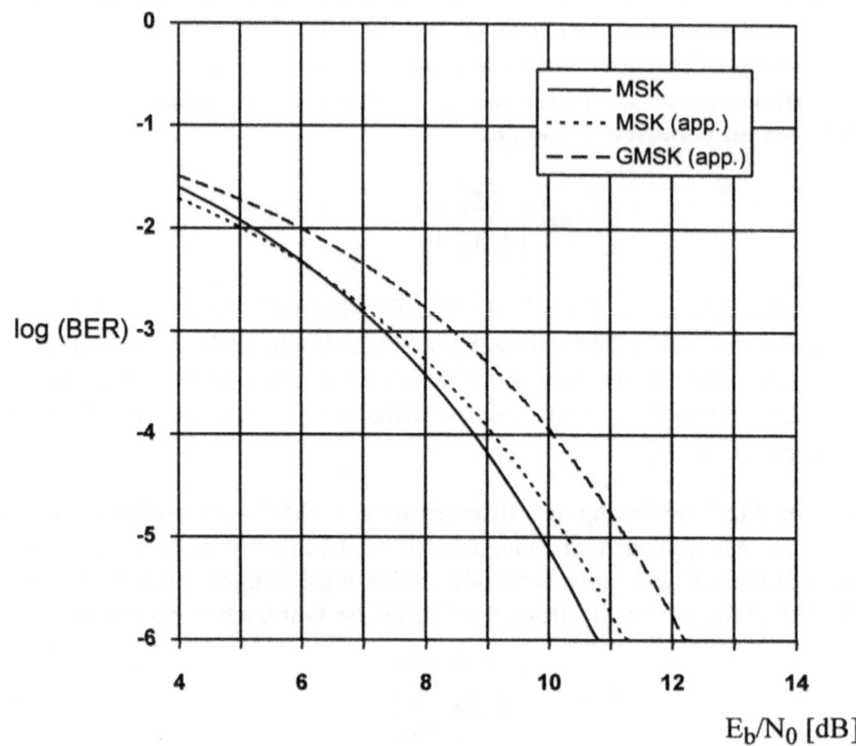

Bild 4.5.5: Bitfehlerwahrscheinlichkeiten von MSK und GMSK (BT = 0,25)

4.6 Digitale Übertragung über Kanäle mit Rayleigh-Fading

In Kapitel 2.1 haben wir die Entstehung und Auswirkungen von Rayleigh-Fading kennengelernt. Das durch Mehrwegeausbreitung verursachte Fast Fading kann zu starken Feldstärkeeinbrüchen führen. Die Feldstärkeverteilung kann sehr gut mit einer Rayleigh-Verteilung beschrieben werden. Die Amplitude A des Empfangssignals hat demnach die Verteilungsdichtefunktion:

$$f_A(A) = \frac{A}{\sigma^2} exp\left(-\frac{A^2}{2\sigma^2}\right)$$ (4.6.1)

Die Empfangsleistung ist daher negativ-exponentiell verteilt. Da die Rauschleistungsdichte konstant ist, ist auch das Signal-/Rauschverhältnis $\gamma_b = E_b/N_0$ negativ-exponentiell verteilt. Man erhält also:

$$f_{\gamma_b}(\gamma_b) = \frac{1}{\gamma_0} exp\left(-\frac{\gamma_b}{\gamma_0}\right)$$ (4.6.2)

mit dem mittleren Signal-/Rauschverhältnis $\gamma_0 = 2\sigma^2/N_0$. Da der Empfangspegel schwankt, kann keine absolute Bitfehlerrate angegeben werden. Man kann lediglich eine mittlere Bitfehlerwahrscheinlichkeit $<P_b>$ wie folgt bestimmen:

$$\langle P_b \rangle = \int_0^\infty P_b(\gamma_b) f_{\gamma_b}(\gamma_b) d\gamma_b$$ (4.6.3)

In den nachfolgenden Kapiteln wird so für verschiedene Modulationsverfahren $<P_b>$ untersucht.

4.6.1 Binäre und quaternäre PSK

Bezogen auf das Bit-Signal-/Rauschverhältnis E_b/N_0 weisen BPSK und QPSK bei kohärenter Demodulation die gleiche BER auf:

$$P_b(\gamma_b) = \frac{1}{2} erfc\left(\sqrt{\gamma_b}\right)$$ (4.6.4)

Führt man die Integration nach Gl.(4.6.3) aus, erhält man für die mittlere Bitfehlerwahrscheinlichkeit von **kohärenter BPSK (QPSK)**:

$$\langle P_b \rangle = \frac{1}{2}\left(1 - \sqrt{\frac{\gamma_0}{1+\gamma_0}}\right)$$ (4.6.5)

Die inkohärente binäre DPSK weist nach Gl.(4.5.7) im Gaußschen Kanal eine Bitfehlerwahrscheinlichkeit von:

$$P_b(\gamma_b) = \frac{1}{2} e^{-\gamma_b} \tag{4.6.6}$$

auf. Integration nach Gl.(4.6.3) führt zur mittleren Bitfehlerwahrscheinlichkeit der **inkohärenten binären DPSK**:

$$\langle P_b \rangle = \frac{1}{2 + 2\gamma_0} \tag{4.6.7}$$

Gln. (4.6.5) und (4.6.7) sind in Bild 4.6.1 zusammen mit den Bitfehlerwahrscheinlichkeiten im nicht durch Rayleigh-Fading gestörten, Gaußschen Kanal dargestellt. Man erkennt einen beträchtlichen Anstieg der Bitfehlerrate durch das schnelle Rayleigh-Fading. Eine Übertragung in einem so gestörten Kanal ist praktisch nur durch Codierungstechniken (siehe Kapitel 5) möglich.

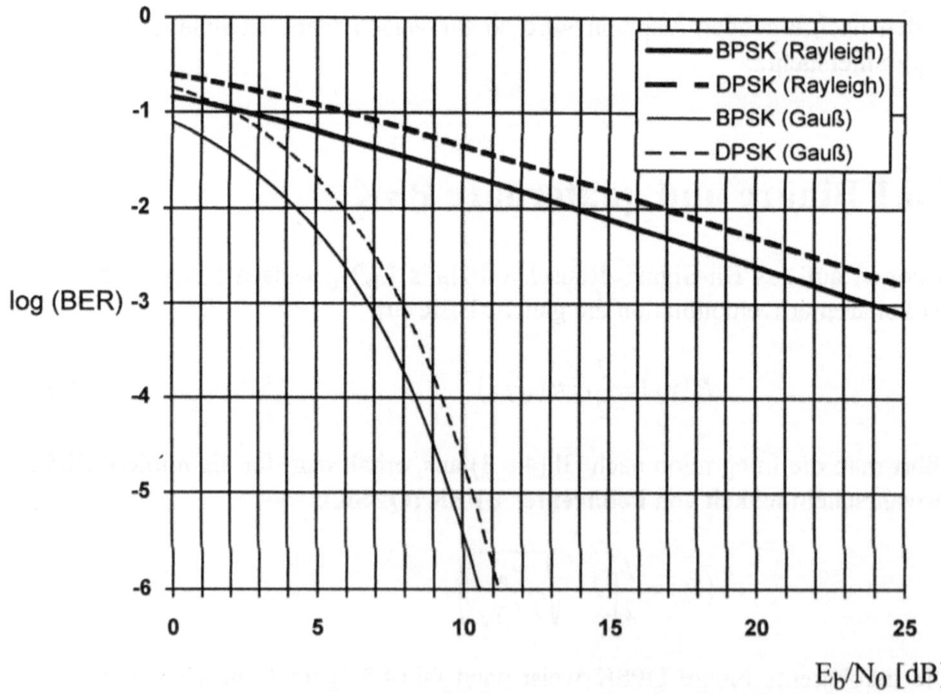

Bild 4.6.1: BER im Fadingkanal als Funktion des Bit-Signal-/Rauschverhältnisses (Rayleigh-Fall: mittleres E_b/N_0)

4.6.2 MSK und GMSK

Einsetzen von Gl.(4.5.16) in Gl.(4.6.3) führt auf die mittlere Bitfehlerwahrscheinlichkeit von kohärent demodulierter MSK in nicht-frequenzselektiven Rayleigh-
Fadingkanälen:

$$\langle P_b \rangle = 1 - \sqrt{\frac{\gamma_0}{1+\gamma_0}} \tag{4.6.8}$$

Genau wie bei der Herleitung von Gl.(4.5.17) für die Bitfehlerrate von GMSK ist
man auch im Fadingkanal auf Näherungen angewiesen. Mit Gl.(4.5.17) in
Gl.(4.6.3) ergibt sich für die mittlere Bitfehlerwahrscheinlichkeit von GMSK:

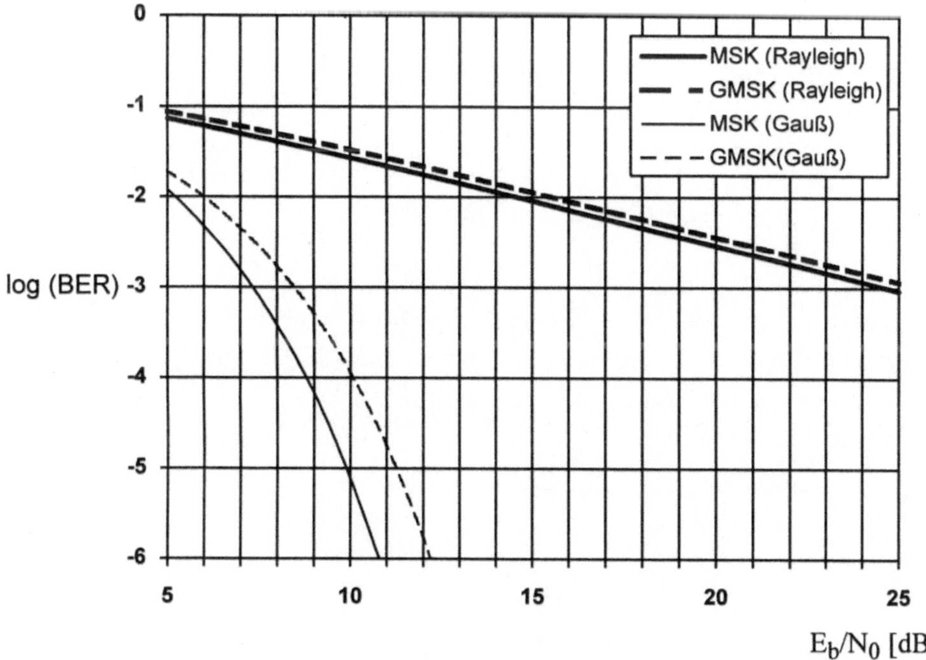

Bild 4.6.2: BER von MSK und GMSK (BT = 0,25) als Funktion des Bit-
Signal-/Rauschverhältnisses (Rayleigh-Fall: mittleres E_b/N_0)

$$\langle P_b \rangle = \frac{1}{2}\left(1 - \sqrt{\frac{\alpha\gamma_0}{1+\alpha\gamma_0}}\right) \qquad , \qquad (4.6.9)$$

wobei der konstante Parameter α nach Gl.(4.5.18) vom BT des Gaußschen Vor-filters abhängt. Bild 4.6.2 zeigt vergleichend die Bitfehlerwahrscheinlichkeit von MSK und GMSK im nicht-frequenzselektiven Rayleigh-Fadingkanal und im Gauß-Kanal.

5 Codierung

In diesem Kapitel werden die Grundlagen der Fehlererkennung und Fehlerkorrektur, einem Kernpunkt digitaler Mobilfunksysteme, dargestellt. Erst damit wird es möglich, Systeme zu entwickeln, die trotz der ungünstigen Übertragungseigenschaften des Mobilfunkkanals (mit typischen Bitfehlerraten von $\approx 10^{-2...-3}$ für "günstige" Mobilfunkkanäle) die für Sprach- und insbesondere die Datenübertragung erforderliche gute Übertragungsqualität (Bitfehlerrate $< 10^{-6}$) zur Verfügung stellen. Es werden die in Bild 5.1 gezeigten Komponenten Interleaver, Kanal- und Quellcodierer behandelt.

Interleaving bedeutet eine zeitliche Spreizung der Übertragungszeitpunkte der Symbole eines Codewortes. Dies ist eine Methode, bei den im Mobilfunk typischen Bündelfehlern (auch Burstfehler genannt) eine effektive Kanalcodierung zu ermöglichen. Als Bündelfehler bezeichnet man mehrere Einzelfehler, die dicht aufeinander folgen.

Durch zusätzliche redundante Bits ermöglicht die Kanalcodierung dem Empfänger ohne Mitwirkung des Senders, Fehler zu erkennen und eventuell auch zu korrigieren (FEC, *engl.* Forward Error Correction). Dabei werden Block- und Faltungscodes betrachtet. Ein anderer Ansatz ist die Verwendung eines Protokolls namens Automatic Repeat Request (ARQ). Hier folgt der Fehlererkennung mittels Kanalcodierung eine Korrektur der Fehler durch eine vom Empfänger angeforderte Wiederholung der Übertragung.

Den Abschluß des Kapitels bildet eine kurze Darstellung verschiedener Quellcoder für Sprache.

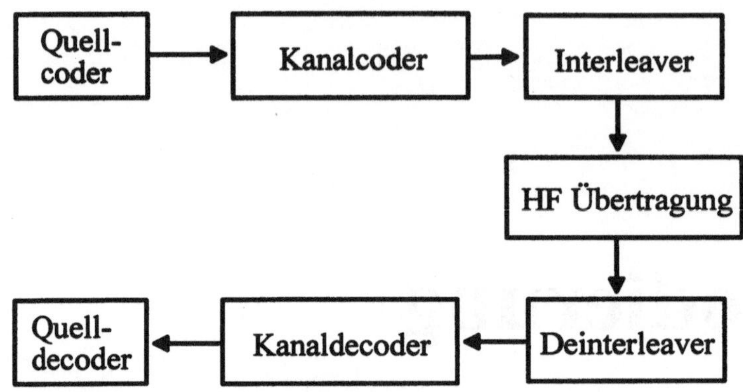

Bild 5.1: Blockdiagramm einer Datenübertragung mit Codierung

5.1 Interleaving

Unter Interleaving versteht man die Umordnung und zeitliche Spreizung von Symbolen auf eindeutige, deterministische Weise [SKL88]. Der Grund ist, daß die meisten Block- oder Faltungscodes statistisch unabhängige Einzelfehler "benötigen", d.h., der Kanal sollte gedächtnislos (*engl.* memoryless) sein. Typische zeitliche Fehlerverteilungen sind nicht zufällig. Vielmehr treten die Fehler, z.B. hervorgerufen durch einen Fadingeinbruch, als Bündelfehler (teilweise auch Burst- oder Büschelfehler genannt) auf, d.h., es liegt ein Kanal mit Gedächtnis vor. Durch geeignetes Interleaving kann man die Bündelfehler derart verteilen, daß der Kanal annähernd gedächtnislos wird. Als Nachteil kann sich die damit verbundene höhere Verzögerung erweisen. Interleaving ist im allgemeinen dann eine leistungsstarke Technik, wenn die Fehlerrate zeitlich "ausreichend" schnell schwankt. Dies setzt meistens eine genügend hohe Geschwindigkeit der Mobilstation (MS) voraus, da bei stationären MSs die Zeitvarianz des Mobilfunkkanals oft zu gering ist. Eine Möglichkeit, die Zeitvarianz zu erhöhen, ist das in den Kapiteln 6.4.4 und 7.3.8 behandelte Frequenzspringen.

5.1.1 Diagonales Interleaving

Die Funktionsweise von Interleaving kann am besten an Hand eines einfachen Beispiels, hier ein diagonaler Interleaver [STE92], veranschaulicht werden.

Beispiel 5.1.1, Diagonaler Interleaver: Es wird angenommen, daß die digitalen Symbole der Datenquelle in Blöcken zu je 4 Symbolen vorliegen[1]. Ohne Interleaving werden nacheinander die Symbole

$$z_0 z_1 z_2 z_3 \quad y_0 y_1 y_2 y_3 \quad x_0 x_1 x_2 x_3$$

$$\underbrace{\qquad}_{\text{Block } i-1} \quad \underbrace{\qquad}_{i} \quad \underbrace{\qquad}_{i+1} \quad t$$

der drei Blöcke i-1, i und i+1 übertragen. Wird der (i-1)te Block während eines Fadingeinbruchs gesendet, ist die Wahrscheinlichkeit für Übertragungsfehler hoch. Daher sollen die drei Symbole $z_1 z_2 z_3$ gestört sein. Es treten also drei Symbolfehler im (i-1)ten Block und keiner in den beiden anderen Blöcken auf.

Für den Fall, daß Interleaving verwendet wird, sieht die Situation folgendermaßen aus: Die drei Blöcke werden um jeweils zwei Stellen versetzt untereinander angeordnet. Anschließend bildet man die neuen Blöcke durch diagonales und vertikales Lesen,

$$x_0\ x_1\ x_2\ x_3 \qquad \text{Block } i-1$$
$$y_0\ y_1\ y_2\ y_3 \qquad \text{Block } i$$
$$z_0\ z_1\ z_2\ z_3 \qquad \text{Block } i+1$$

so daß nun folgende Symbolreihenfolge gesendet wird:

$$\ldots z_1 y_0 z_2 \quad y_1 z_3 x_0 y_2 \quad x_1 y_3 x_2 \ldots$$

Dadurch erhält man quasi drei neue Blöcke. Es ist ersichtlich, daß der Büschelfehler (gleiche Fehlerposition wie oben) nun die Symbole $z_1 y_0 z_2$ betrifft. Deinterleaving wird entsprechend reziprok durchgeführt. Man sieht unmittelbar, daß

---

[1] Wie in Kapitel 7 gezeigt wird, gibt es bei TDMA-Systemen wie GSM sogenannte Bursts. Bei GSM besteht ein Burst aus 114 Datenbits.

nach Deinterleaving der Büschelfehler auf zwei der ursprünglichen Blöcke zeitlich verteilt ist. In diesem Beispiel wird die Anzahl der Fehler pro Block reduziert
(von 3 auf 2 bzw. 1). Die bei der Übertragung auftretende Ende-zu-Ende Verzögerung (*engl.* End to End Delay) wird allerdings um $K \cdot I \cdot$Bitdauer erhöht, wobei
K die Anzahl der Bits pro Block ist und I die Anzahl der Blöcke, auf die die Bits
eines Blocks verteilt werden. I nennt man auch **Interleavingtiefe**. Außerdem
wird beim Empfänger ein $K \cdot I$ Bit großer Speicher benötigt. Man erkennt hier die
typische Optimierungsaufgabe beim Design eines Interleavers: Der optimale
Kompromiß zwischen Reduktion der Fehler pro Block und der zusätzlichen Verzögerung.

5.1.2 Block-Interleaving

Bei diesem Interleaver wird jeweils ein Block in die Spalten einer Matrix einge-
tragen, welche dann zeilenweise ausgelesen wird. Dies geschieht sowohl auf der
Sende- als auch auf der Empfangsseite, so daß anschließend wieder die ursprüngliche Symbolfolge gelesen werden kann.

Ein Block-Interleaver hat folgende Eigenschaften (l, b, N {Anzahl der Spalten},
M {Anzahl der Zeilen} $\in N_0$):

- Büschelfehler der Länge $l \leq N$ resultieren in Einzelfehlern pro Block

- Büschelfehler der Länge $l = b \cdot N$ resultieren in höchstens b Einzelfehlern pro
  Block

- periodische Fehler mit N Symbolen Abstand erhöhen die Blockfehlerrate

- die Ende-zu-Ende Verzögerung beträgt $2 \cdot (M \cdot N - M + 1)$

- benötigter Speicher: $M \cdot N$

Beispiel 5.1.2, Block-Interleaver: Es wird wieder angenommen, daß die digitalen
Symbole der Datenquelle in Blöcken zu je 4 Symbolen vorliegen, die der Ein-
fachheit halber mit den Ziffern 1,2,3,4 5,6,7,8 usw. bezeichnet werden. Ohne
Interleaving lauten die gesendeten Symbole:

$$1,2,3,4 \quad 5,6,7,8 \quad 9,10,11,12 \quad 13,14,15,16 \quad 17,18,19,20 \quad 21,22,23,24$$

Block Interleaver: N = 6 Spalten   Output in dieser Richtung lesen

M = 4 Zeilen	1	5	9	13	17	21
	2	6	10	14	18	22
	3	7	11	15	19	23
	4	8	12	16	20	24

Nach Interleaving wird folgende Symbolreihenfolge gesendet: 1,5,9,13 17,21,2,6 ...

5.1.3 Faltungs-Interleaver

Bild 5.1.1 zeigt den prinzipiellen Aufbau eines Faltungs-Interleavers. Die je M Symbole der einzelnen Blöcke werden in N-1 Register der Symboltiefe $i \cdot j$, mit $i \in N_0$ und $j = 0,1,2, ...$ N-1 geschrieben und mittels Schalter abgegriffen. Beispiel 5.1.3 verdeutlicht die Funktionsweise.

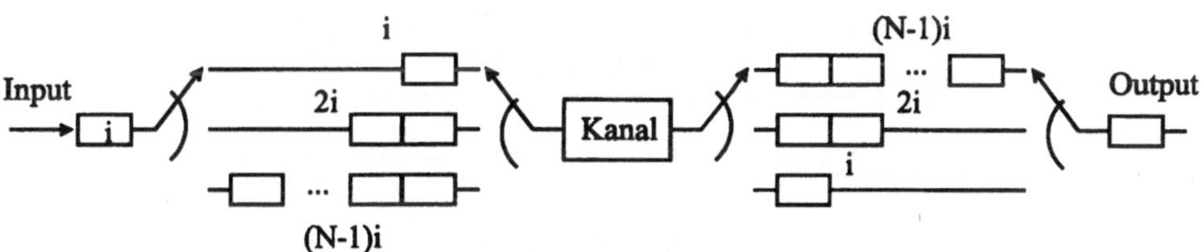

Bild 5.1.1: Prinzipieller Aufbau eines Faltungs-Interleavers und Deinterleavers

Im Vergleich zum Block-Interleaver

- sind die Fehlerreduktionseigenschaften pro Block ähnlich,
- ist die Ende-zu-Ende Verzögerung geringer: M(N-1), mit M = N·i,
- ist der benötigte Speicher mit M(N-1)/2 halbiert.

Beispiel 5.1.3, Faltungs-Interleaver: Gegeben sei der in Bild 5.1.2 gezeigte Faltungsinterleaver. Es wird wie in Beispiel 5.1.2 angenommen, daß die digitalen Symbole der Datenquelle in Blöcken von 4 Symbolen vorliegen. Ohne Interleaving lauten die gesendeten Symbole: 1,2,3,4 5,6,7,8 9,10,11,12 13,14,15,16 ...

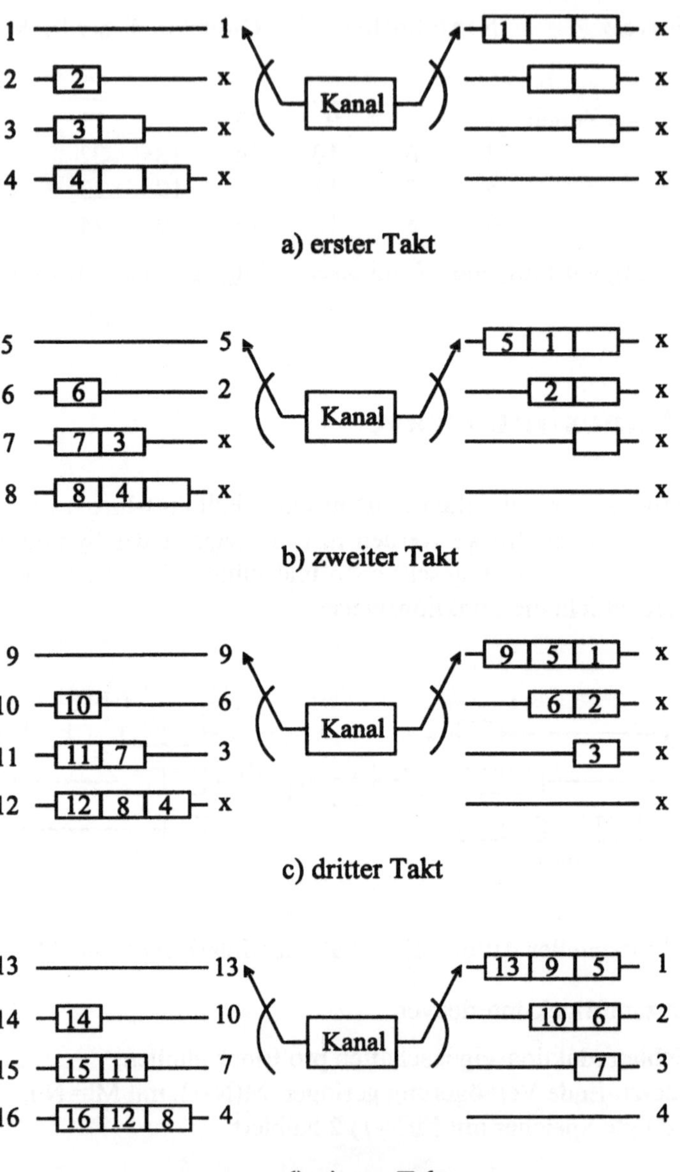

a) erster Takt

b) zweiter Takt

c) dritter Takt

d) vierter Takt

Bild 5.1.2: Faltungs-Interleaver des Beispiels 5.1.3

Pro Takt werden die Symbole ein Register nach rechts geschoben. Gleichzeitig greifen die Schalter synchron die jeweiligen Werte von oben nach unten ab. Nach Interleaving lautet die Sendefolge: 1,5,2,9 6,3,13,10 7,4,...

5.2 Kanalcodierung

5.2.1 Einführung

Codierverfahren bilden die Grundlage vieler moderner Geräte mit digitaler Signalverarbeitung. So werden sie außer in GSM (Kapitel 7) und den weiteren Mobilfunksystemen in Kapitel 8 auch in vielen anderen Bereichen eingesetzt, z.B. auch im Compact Disc Player oder beim DCC Recorder.

Diese Betrachtung konzentriert sich auf die effiziente und anschauliche Darstellung wesentlicher Zusammenhänge mit Blick auf digitale Mobilfunksysteme wie GSM. Ein vollständiger Überblick über dieses Gebiet, Konstruktionsvorschriften von Codes oder mathematische Beweise sind nicht das Ziel dieses Kapitels. Dafür sei auf einige Literaturstellen verwiesen: [ROH95, BOS92, SKL88, PRO89, STE92].

Die theoretische Grundlage der Codierungstheorie stellen die bahnbrechenden Arbeiten von Shannon dar. Er zeigte 1948 unter anderem, daß bei der Übertragung eines mit Rauschen gestörten Signals beliebig niedrige Fehlerraten möglich sind. Voraussetzung ist, daß die Übertragungsrate R geringer ist als die Kanalkapazität C (in Bit pro Sekunde) gegeben durch:

$$C = W \, log_2\left(1 + \frac{S}{N}\right) \quad ; \quad N = W \cdot N_0 \tag{5.2.1}$$

mit der Bandbreite W des Kanals, der empfangenen Signalleistung S und der einseitigen Rauschleistungsdichte N_0 des Gaußschen Störsignals. Gl.(5.2.1) sagt aus, daß die Kanalkapazität sowohl durch Erhöhung der Bandbreite W als auch des S/N gesteigert werden kann. Bandbreite und S/N können also "gegenseitig ausgetauscht" werden.

Eine weitere, wichtige Grundlage sind die Zusammenhänge der linearen Algebra, von denen einige Begriffe kurz dargestellt werden. Eine Menge C ist eine Gruppe, wenn folgende Axiome gelten:

1. für alle $\vec{a}, \vec{v} \in C$ gilt $\vec{a} \oplus \vec{v} \in C$,
2. es gilt das Assoziativgesetz,
3. es existieren das Nullelement und

4. das inverse Element.

Gelten zusätzlich das Kommutativgesetz bezüglich Addition und Multiplikation und das Distributivgesetz, bezeichnet man die Menge als Körper. In der modulo M Rechnung unterscheidet man nicht zwischen einer Zahl Z und der mit dem Vielfachen von M addierten Zahl: $Z = Z \oplus k \cdot M$ mit $k = 0, \pm 1, \pm 2, \ldots$ Die modulo M Rechnung bildet einen Körper, wenn M eine Primzahl ist. Diesen Körper nennt man **Galois-Feld** GF(M). Viele fehlerkorrigierende Codes sind binäre Codes. Deshalb erfolgen die weiteren Berechnungen im Galois-Feld GF(2) mit der modulo 2 Rechnung.

Die grundlegende Verknüpfung ist die **modulo 2 Addition** nach folgender Vorschrift:

$\oplus$	0	1
0	0	1
1	1	0

Man unterscheidet grundsätzlich zwischen Fehlererkennung und -korrektur in einem Schritt (**FEC**, *engl.* Forward Error Correction) und einem Protokoll bestehend aus Fehlererkennung mit anschließender Wiederholung der Sendung zur Korrektur (**ARQ**, *engl.* Automatic Repeat Request). Die meisten der in diesem Kapitel behandelten Codierverfahren eignen sich prinzipiell sowohl für FEC als auch für ARQ. Bei ARQ werden jedoch meistens nur die Fähigkeiten zur Fehlererkennung ausgenutzt, da die Korrektur durch Wiederholung erfolgt. Auf die Besonderheiten der ARQ-Verfahren wird in Abschnitt 5.3 noch genauer eingegangen.

5.2.1 Paritätskontrolle

Für die Paritätskontrolle wird den n Nachrichtenstellen eine (k = 1) Kontrollstelle derart hinzugefügt, daß die modulo 2 Addition aller Stellen des Codewortes gleich Null (gerade Parität) oder gleich eins (ungerade Parität) ist. Damit ist es möglich, eine ungerade Anzahl von Fehlern zu erkennen.

Beispiel 5.2.1, Fehlererkennung mittels Paritätskontrolle: Gegeben seien alle möglichen Kombinationen von 3 Nachrichtenstellen, denen ein Paritätsbit für gerade Parität ergänzt wird. Dieser Code detektiert Einfach- oder Dreifach-Fehler.

$$
\begin{array}{cc}
\text{Nachrichtenstellen} & \text{Paritätsbit (gerade Parität)} \\
0\,0\,0 \longrightarrow & 0 \\
1\,0\,0 \longrightarrow & 1 \\
0\,1\,0 \longrightarrow & 1 \\
1\,1\,0 \longrightarrow & 0 \\
0\,0\,1 \longrightarrow & 1 \\
1\,0\,1 \longrightarrow & 0 \\
0\,1\,1 \longrightarrow & 0 \\
1\,1\,1 \longrightarrow & 1
\end{array}
$$

Es folgt eine wahrscheinlichkeitstheoretische Betrachtung der Leistungsfähigkeit dieses fehlererkennenden Codes. n sei die Codewortlänge und p die Bitfehlerwahrscheinlichkeit statistisch unabhängiger Fehler. 1-p ist dann die Wahrscheinlichkeit für korrekten Empfang. Es gibt in einem Codewort der Länge n genau $\binom{n}{j} = \dfrac{n!}{j!(n-j)!}$ verschiedene Kombinationen, die j Fehler enthalten. Damit ist die Wahrscheinlichkeit P(j,n), daß j von n Bits an beliebiger Stelle fehlerhaft sind:

$$
P(j,n) = \binom{n}{j} p^{j} (1-p)^{n-j}
\tag{5.2.2}
$$

Die Fehlerwahrscheinlichkeit P_e, daß kein Fehler festgestellt wird, beträgt damit für Beispiel 5.2.1:

$$
P_e = P(2,4) + P(4,4) = \binom{4}{2} p^{2}(1-p)^{2} + \binom{4}{4} p^{4} = 6p^{2}(1-p)^{2} + p^{4}
$$

Für eine "typische" Fehlerwahrscheinlichkeit eines ungeschützten Mobilfunkkanals von $p = 10^{-3}$ erhält man $P_e \approx 6 \cdot 10^{-6}$. Dies zeigt die Leistungsfähigkeit dieser einfachen Fehlererkennung.

Als einfaches Beispiel zum Prinzip der Fehlerkorrektur soll Beispiel 5.2.2 dienen. Es basiert auf der Fehlererkennung mittels Paritätskontrolle in zwei Richtungen.

Beispiel 5.2.2, Fehlerkorrektur mittels Paritätskontrolle: Es wird eine Paritätskontrolle in zwei Richtungen (horizontal und vertikal) durchgeführt. Dadurch kann ein Fehler erkannt, genau lokalisiert und damit auch korrigiert werden.

Angenommen, das markierte Bit mit dem Wert 0 an der Position m = 2 und n = 3 wird durch eine fehlerhafte Übertragung als 1 empfangen. Damit wäre sowohl das horizontale als auch das vertikale Paritätsbit der Position m = 2 und n = 3 falsch, und der Fehler kann damit korrigiert werden.

```
         N  =  5
M | 1  1  0  1  0     1
= | 1  0  0  0  0     1
3 | 0  1  1  0  0     0

  | 0  0  1  1  0     0  ←  (gerade Parität)
                      ↑
```

vertikale Paritätskontrolle

horizontale Paritätskontrolle (gerade Parität)

Allgemein ist die Restfehlerwahrscheinlichkeit P_{rest} für einen Code, der bis zu f_k Fehler erkennen oder korrigieren kann, gegeben durch:

$$P_{rest} \le \sum_{j=f_k+1}^{n} \binom{n}{j} p^j (1-p)^{n-j} \qquad (5.2.3)$$

Damit kann man die Leistungsfähigkeit verschiedener Codierverfahren beschreiben.

k sei die Anzahl der Daten- bzw. Nachrichtenbits und n die Anzahl der codierten Bits. Die **Coderate** r, eine wichtige Größe zur Beschreibung von Codes, ist definiert als:

$$r = \frac{k}{n} \qquad (5.2.4)$$

Man bezeichnet einen solchen Code als (n,k)-Code. Für Beispiel 5.2.2 ergibt sich folgende Coderate:

$$r = \frac{k}{n} = \frac{M \cdot N}{(M+1) \cdot (N+1)} = \frac{5}{8}$$

Je kleiner die Coderate, desto leistungsfähiger ist in der Regel der Code. Coderate 1 bedeutet: keine Codierung.

Ein wichtiges Maß für die Güte eines Codierverfahrens ist der **Codierungsgewinn**. Er gibt an, wie weit das E_b/N_0 (Bitenergie/Rauschleistungsdichte, siehe auch Kapitel 4.5) bei einer definierten Fehlerrate bzw. **BER** (Bit Error Rate) gegenüber dem uncodierten Fall reduziert werden kann. Für die Skizze in Bild 5.2.1 beträgt der Codierungsgewinn bei einer BER von 10^{-5} etwa 2 dB. Unterhalb eines Schwellwertes $(E_b/N_0)_S$ ist die BER ohne Codierung niedriger als mit Codierung. Dies liegt daran, daß die zusätzliche Redundanz die geringere Energie pro Bit noch nicht aufwiegt (die gesamte Energie pro Codewort bleibt gleich).

Die "Nachteile" von Codierung sind: Der schaltungstechnische Aufwand, zusätzliche Verzögerungen und eine um r kleinere Datenrate.

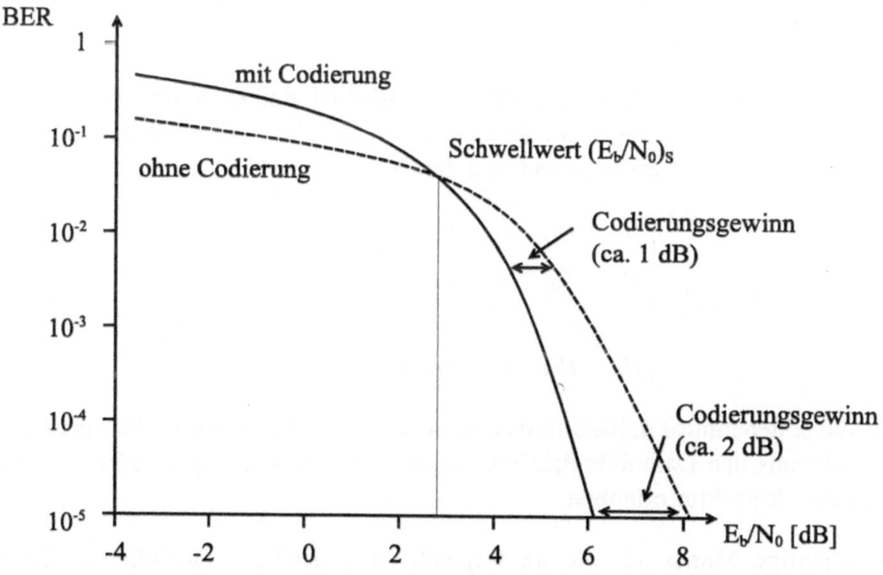

Bild 5.2.1: BER mit und ohne Codierung (Beispiel)

5.2.2 Blockcodes

5.2.2.1 Lineare Blockcodes

Mathematische Grundlage der linearen Blockcodes ist die lineare Algebra. Durch die Codiervorschrift werden k Datenbits, darstellbar durch 2^k Vektoren, eindeutig auf 2^n Vektoren abgebildet, die den Vektorraum V_n bilden. Für einen linearen Blockcode C gilt, daß die Vektoren von C bezüglich der Multiplikation und der modulo 2 Addition die Eigenschaften einer Gruppe erfüllen.

Die Codiervorschrift läßt sich mit der sogenannten **Generatormatrix G** beschreiben. Durch Multiplikation des Datenvektors $\vec{d}$ (k Datenbits) mit der $k \times n$ Generatormatrix **G** erhält man den Codevektor $\vec{c}$ (n codierte Bits):

$$\vec{c} = \vec{d} \cdot G \tag{5.2.5}$$

Beispiele für lineare Blockcodes sind der Hamming Code [ROH95] oder der Reed Muller Code.

Charakteristisch für einen **systematischen Code**[2] ist, daß k Stellen des Codewortes identisch mit dem Datenwort sind. Damit ist, mit der $k \times k$ **Einheitsmatrix I_k,** für einen systematischen linearen Code die Generatormatrix z.B. gleich:

$$G = \begin{bmatrix} P\ I_k \end{bmatrix} = \begin{bmatrix} p_{11} & p_{12} & \cdots & p_{1(n-k)} & 1 & 0 & 0 & 0 \\ p_{21} & p_{22} & \cdots & p_{2(n-k)} & 0 & 1 & 0 & 0 \\ \cdots & \cdots & \cdots & \cdots & \cdots & \cdots & \cdots & \cdots \\ p_{k1} & p_{k2} & \cdots & p_{k(n-k)} & 0 & 0 & 0 & 1 \end{bmatrix} \tag{5.2.6}$$

P ist die sogenannte **Paritätsmatrix** mit der Ordnung $k \times (n-k)$. Die Paritätsmatrix bildet aus den Datenbits Prüfbits, die bei der Decodierung eine Fehlererkennung bzw. -korrektur erlauben.

Eine wichtige Matrix für die im folgenden beschriebene Decodierung ist die $(n-k) \times n$ **Kontrollmatrix H** und ihre transponierte $n \times (n-k)$ Matrix $\mathbf{H^T}$. Die Kontrollmatrix erfüllt folgende Orthogonalitätsbedingung:

$$G \cdot H^T = \vec{0} \tag{5.2.7}$$

---

2 teilweise auch als separierbarer Code bezeichnet

Für einen systematischen linearen Code ist **H** gleich:

$$H = \begin{bmatrix} I_{n-k} & P^T \end{bmatrix}$$

(5.2.8)

Gl.(5.2.7) läßt sich damit leicht verifizieren. Aus den Gln.(5.2.6) und (5.2.7) folgt für jeden möglichen Codevektor $\vec{c}$:

$$\vec{c} \cdot H^T = \vec{d} \cdot G \cdot H^T = \vec{0}$$

(5.2.9)

Wird der Codevektor $\vec{c}$ über den Mobilfunkkanal übertragen, erhält man im Empfänger den Codevektor $\vec{c}_e$, der sich um den Fehlervektor $\vec{e}$ vom gesendeten Codevektor $\vec{c}$ unterscheidet, d.h.:

$$\vec{c}_e = \vec{c} + \vec{e}$$

(5.2.10)

Die Aufgabe der Decodierung ist es, aus dem empfangenen Codevektor $\vec{c}_e$ den gesendeten Codevektor $\vec{c}$ zu bestimmen. Dazu wird noch das sogenannte **Syndrom** $\vec{S}$ definiert:

$$\vec{S} = \vec{c}_e \cdot H^T = \vec{e} \cdot H^T$$

(5.2.11)

Zu allen möglichen korrigierbaren Fehlervektoren $\vec{e}_i$ kann man nach Gl.(5.2.11) das eindeutig zugehörige Syndrom $\vec{S}_i$ berechnen. Diese Zuordnung Fehlervektor-Syndrom kann man dann in einer Tabelle, auch "look-up-table" genannt, speichern.

Die Decodierung des empfangenen Codevektors $\vec{c}_e$ erfolgt folgendermaßen:

1. Berechnung des Syndroms $\vec{S}_i$ nach Gl.(5.2.11)

2. Anhand des Syndroms und der "look-up-table" erhält man den "geschätzten" Fehlervektor $\vec{e}_{gi}$

3. Berechnung des decodierten Codevektors $\vec{c}_d$:

$$\vec{c}_d = \vec{c}_e + \vec{e}_{gi} = \vec{c} + \vec{e}_i + \vec{e}_{gi}$$

(5.2.12)

Diese prinzipielle Vorgehensweise der Decodierung gilt nicht nur für systematische lineare Codes, sondern allgemein für lineare Blockcodes. Anhand von Gl.(5.2.12) erkennt man, daß für identische $\vec{e}_i$ und $\vec{e}_{gi}$ der Fehler korrigiert werden kann. Die Voraussetzungen, unter denen dies möglich ist, werden im weiteren gezeigt. Zunächst ein anschauliches Beispiel [SKL88]:

Beispiel 5.2.3, Codierung und Decodierung eines systematischen linearen Codes:
Gegeben sei folgende Generatormatrix eines (6,3)-Codes:

$$G = \begin{pmatrix} 1 & 1 & 0 & 1 & 0 & 0 \\ 0 & 1 & 1 & 0 & 1 & 0 \\ 1 & 0 & 1 & 0 & 0 & 1 \end{pmatrix}$$

Für die Datenvektoren $\vec{d}$ folgen nach Gl.(5.2.5) die Codevektoren $\vec{c}$:

$\vec{d}$	$\vec{c}$
(000)	(000000)
(001)	(101001)
(010)	(011010)
(100)	(110100)
(110)	(101110)
(101)	(011101)
(011)	(110011)
(111)	(000111)

Die transponierte Kontrollmatrix bestimmt man aus **G** mit Gl.(5.2.8) zu:

$$H^T = \begin{pmatrix} 1 & 0 & 0 \\ 0 & 1 & 0 \\ 0 & 0 & 1 \\ 1 & 1 & 0 \\ 0 & 1 & 1 \\ 1 & 0 & 1 \end{pmatrix}$$

Die "look-up-table" für alle möglichen Fehlervektoren $\vec{e}_i$ mit einer falschen Stelle
und dem zugehörigen Syndrom $\vec{S}_i$ nach Gl.(5.2.11) ergibt sich zu:

$\vec{e}_i$	$\vec{S}_i$
(000001)	(101)
(000010)	(011)
(000100)	(110)
(001000)	(001)
(010000)	(010)
(100000)	(100)

Der gesendete Codevektor sei (101001) und der empfangene Codevektor (001001). Das zugehörige Syndrom ist (100) und damit der geschätzte Fehlervektor nach dem "look-up-table" (100000). Mit Gl.(5.2.12) erhält man damit aus dem empfangenen, in der ersten Stelle fehlerhaften Codevektor, den korrigierten, gesendeten Codevektor zurück.

5.2.2.2 Korrektureigenschaften

Der **Hamming-Abstand** $d(\vec{a},\vec{v})$ zweier Codevektoren $\vec{a},\vec{v} \in C$ ist gegeben durch die Anzahl unterschiedlicher Elemente, z.B. für $\vec{a} = (101001110)$ und $\vec{v} = (011101101)$ folgt $d(\vec{a},\vec{v}) = 5$. Die Korrektureigenschaften eines Codes können aus einer daraus abgeleiteten Größe, der **Hamming-Distanz** d_{min}, beschrieben werden. d_{min} ist als der minimale Hamming-Abstand aller möglichen Codevektoren $\vec{a},\vec{v}$ eines Codes C definiert:

$$d_{min} = Min\left\{d(\vec{a},\vec{v}) \middle| \vec{a} \neq \vec{v}, \vec{a},\vec{v} \in C\right\} \tag{5.2.13}$$

Durch Codierung erreicht man, anschaulich betrachtet, eine Drehung und Streckung der Datenvektoren. Dabei werden die Datenvektoren vom k-dimensionalen Vektorraum in den n-dimensionalen Vektorraum V_n der Codevektoren eindeutig abgebildet. Dies erfolgt dergestalt, daß die Endpunkte der Codevektoren einen möglichst großen Abstand (Hamming-Distanz) zueinander haben. Damit wird deutlich, daß Übertragungsfehler "besser" erkannt und korrigiert werden können. Bild 5.2.2 skizziert zwei Codevektoren $\vec{a},\vec{v}$ und vier gestörte Empfangsvektoren $\vec{c}_{ei}$ eines Codes mit $d_{min} = 5$. Dabei unterscheidet sich $\vec{c}_1$ von $\vec{a}$ durch einen Fehler, $\vec{c}_2$ durch zwei Fehler etc.

Die optimale Lage der Entscheidungsschwelle zwischen $\vec{a}$ und $\vec{v}$ ist für symmetrische Rauschverteilungen (wie z.B. die Gaußverteilung) $d_{min}/2$. Aus Bild 5.2.2 erkennt man unmittelbar, daß maximal vier Fehler erkannt werden können. Allgemein gilt für die Anzahl der **erkennbaren Fehler** f_{erk}, daß bis zu f_{erk} Fehler erkannt werden, falls:

$$f_{erk} = d_{min} - 1 \tag{5.2.14}$$

Man sieht ebenfalls unmittelbar, daß höchstens zwei Fehler korrigiert werden können. Allgemein gilt für die Anzahl der **korrigierbaren Fehler** f_k, daß bis zu f_k Fehler korrigiert werden können, falls:

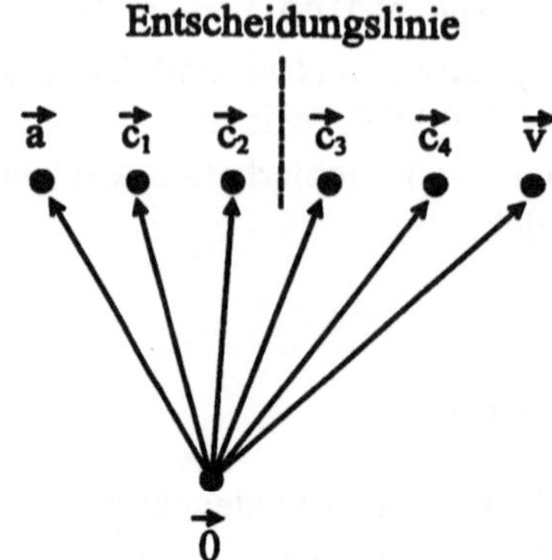

Bild 5.2.2: Zwei Codevektoren $\vec{a}, \vec{v}$ mit der Hamming-Distanz $d(\vec{a}, \vec{v}) = 5$

$$
f_k = \begin{cases} \dfrac{d_{min} - 2}{2} & \text{für } d_{min} \text{ gerade} \\[2ex] \dfrac{d_{min} - 1}{2} & \text{für } d_{min} \text{ ungerade} \end{cases}
\tag{5.2.15}
$$

Für die gleichzeitige Erkennung und Korrektur von Fehlern gelten folgende Bedingungen [SKL88]:

$$
f_{erk} \geq f_k \qquad d_{min} \geq f_{erk} + f_k + 1
\tag{5.2.16}
$$

Nach Gl.(5.2.16) kann man für einen Code mit $d_{min} = 5$ z.B. vier Fehler erkennen und keinen korrigieren oder einen Fehler korrigieren und zwei erkennen. Der Vollständigkeit halber sei erwähnt, daß die Anzahl korrigierbarer Auslöschungen f_{aus}, sogenannter "Erasures" bzw. Bitauslöschungen bekannter Position, gegeben ist durch:

$$
d_{min} \geq f_{aus} + 1
\tag{5.2.17}
$$

5.2.2.3 Zyklische und weitere Codes

Das Ziel bei der Entwicklung von Codes ist es, Codes mit möglichst großem d_{min} und damit günstigen Fehlerkorrektureigenschaften bei gleichzeitig möglichst großer Coderate, d.h. geringer zusätzlicher Redundanz zu entwickeln.

Eine wichtige Klasse von Codes, die diesem Ziel nahe kommen, sind die zyklischen Codes. Für sie gilt folgende Bedingung:

Sei $(a_1, a_2, a_3, ... a_n)$ Codevektor, so ist auch $(a_n, a_1, a_2, ... a_{n-1})$ Codevektor.

Für jeden zyklischen Code gibt es eine Generatormatrix mit "Streifenstruktur" und $n - k + 1$ verschiedenen Elementen. Eine für zyklische Codes günstige Alternative zur Vektor- und Matrixdarstellung ist die Polynomschreibweise.

Generatorpolynom $\qquad G(x) = g_{n-k} \, x^{n-k} + g_{n-k-1} \, x^{n-k-1} + ... + g_1 \, x + g_0$

Datenpolynom $\qquad D(x) = d_{k-1} \, x^{k-1} + d_{k-2} \, x^{k-2} + ... + d_1 \, x + d_0$

Codewortpolynom $\qquad C(x) = c_{n-1} \, x^{n-1} + c_{n-2} \, x^{n-2} + ... + c_1 \, x + c_0$

Die Vorschrift für die Erzeugung eines (n,k) zyklischen Codewortes lautet in Polynomschreibweise:

$$C(x) = D(x) \cdot G(x) \tag{5.2.18}$$

Beispiel 5.2.4, zur Codierung eines zyklischen Codes: Gegeben sei ein (7,4)-Code mit $G(x) = 1 + x + x^3$ und $D(x) = 1 + x^2 + x^3$. Damit erhält man für C(x):

$$C(x) = 1 + x + x^3 + x^2 + x^3 + x^5 + x^3 + x^4 + x^6 = 1 + x + x^2 + x^3 + x^4 + x^5 + x^6$$

Die Bildungsvorschrift systematischer zyklischer Codes, bei denen wie oben beschrieben ein Teil der Nachrichtenbits für den Codevektor verwendet wird, lautet:

$$x^{n-k} \cdot D(x) = Q(x)G(x) + R(x)$$

$$C(x) = x^{n-k} \cdot D(x) + R(x) = Q(x)G(x) \tag{5.2.19}$$

Dabei ist Q(x) das Quotientenpolynom und R(x) das Restpolynom des nicht teilbaren Rests.

Beispiel 5.2.5, zur Codierung eines systematischen zyklischen Codes: Gegeben sei wie in Beispiel 5.2.4 ein (7,4)-Code mit $G(x) = 1 + x + x^3$ und $D(x) = 1 + x^2 + x^3$. Damit erhält man nach Gl.(5.2.19):

$$x^{n-k} \cdot D(x) = x^3\left(1 + x^2 + x^3\right) = x^3 + x^5 + x^6$$

$$x^3 + x^5 + x^6 = \underbrace{\left(1 + x + x^2 + x^3\right)}_{Q(x)} \cdot \underbrace{\left(1 + x + x^3\right)}_{G(x)} + \underbrace{1}_{R(x)}$$

$$C(x) = R(x) + x^3 D(x) = 1 + x^3 + x^5 + x^6$$

In Vektorschreibweise ergibt dies: C(x) = (1001011), wobei man, wie zu erwarten war, in den letzten vier Stellen den Nachrichtenvektor erhält.

Ein wichtiger Vorteil der zyklischen Codes ist die schaltungstechnische Umsetzung der Codierung durch einfach zu realisierende, rückgekoppelte Schieberegister (siehe Bild 5.2.3). Tabelle 5.2.1 zeigt die Codierung von Beispiel 5.2.5 für das Schieberegister in Bild 5.2.3. Man erhält wieder C(x) = (1001011). Die Decodierung erfolgt, wie in Abschnitt 5.2.2.1 behandelt, mit Syndromberechnung etc.

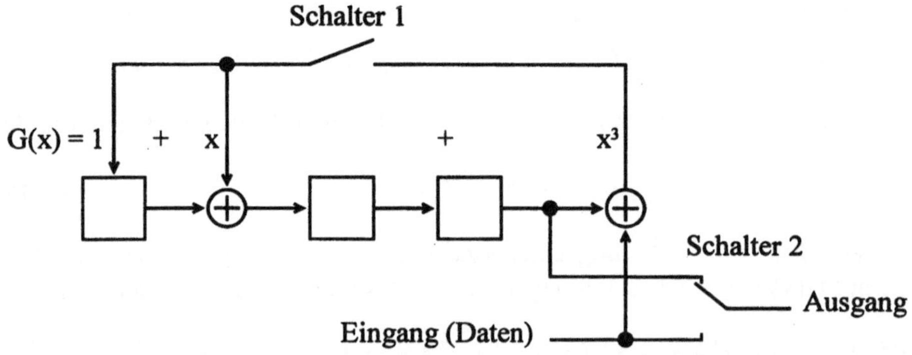

Bild 5.2.3: Codierung eines systematischen zyklischen Codes mit rückgekoppeltem Schieberegister

Tabelle 5.2.1: Codierung für Bild 5.2.3

Taktnummer	Eingang	Registerinhalt	Schalter (1 2)	Ausgang
-	-	000	geschl. unten	-
1	1	110	geschl. unten	1
2	1	101	geschl. unten	1
3	0	100	geschl. unten	0
4	1	100	geschl. unten	1
5	-	-10	offen oben	0
6	-	--1	offen oben	0
7	-	---	offen oben	1

In der englischsprachigen Literatur wird oft der Begriff **Cyclic Redundancy Check (CRC)** für einige fehlererkennende zyklische Codes verwendet. CRC-Verfahren werden in vielen Bereichen der Datenkommunikation eingesetzt. Die Fehlererkennung kann sehr einfach durch Division von C(x) mit G(x) erfolgen. Bleibt bei dieser Operation ein Rest ungleich 0, ist es bei der Übertragung zu einem Fehler gekommen.

Die Art des Generatorpolynoms G(x) ist für die Fehler-Erkennungsfähigkeit ausschlaggebend. Besonders gute Eigenschaften hat das CRC-Verfahren bei Büschelfehlern. Für die Erkennungs-Fehlerwahrscheinlichkeit P_e gilt:

$$P_e = \begin{cases} 0 & ; \textit{für } L \le r \\ 2^{-(r-1)} & ; \textit{für } L = r + 1 \\ 2^{-r} & ; \textit{für } L > r + 1 \end{cases} \qquad (5.2.20)$$

mit der Büschellänge L und dem Grad r des Generatorpolynoms G(x). Besitzt G(x) den Faktor (x+1) können alle ungeradzahligen Fehleranzahlen entdeckt werden.

Hat ein (n,k)-Blockcode bei vorgegebenen Werten für n und k die maximal mögliche Hamming-Distanz d_{min} und ist er zusätzlich systematisch, so ist er ein **MDS-Code** (*engl.* Maximum Distance Separable, Optimalcode). Der größtmögliche Wert für d_{min} wird erreicht, wenn $d_{min} = n - k + 1$ gilt.

Zum Schluß dieses Kapitels über Blockcodes sollen noch kurz einige sehr bekannte Codes erwähnt werden [SKL88], [BOS92].

- Die sich durch ihre Einfachheit auszeichnenden Hamming-Codes, mit denen man einen Fehler korrigieren kann ($d_{min} = 3$).

- Die Reed Solomon Codes (RS-Codes) sind eine bedeutende Klasse von Codes. Sie zeichnen sich dadurch aus, daß sie das größte d_{min} aller linearen Codes mit jeweils gleichem n und k haben (MDS).

- Die Bose Chaudhuri Hocquenghem (BCH) Codes, eine Generalisierung der Hamming-Codes. Diese zyklischen Codes erlauben ein Code-Design nach einem vorgegebenen d_{min}.

5.2.3 Faltungscodes

5.2.3.1 Einleitung und Darstellungsarten

Neben den in Kapitel 5.2.2 behandelten Blockcodes gibt es die Faltungscodes
(**CC**, *engl.* **Convolutional Codes**). Wie bei den Blockcodes wird zusätzliche Redundanz hinzugefügt, um Fehler erkennen und korrigieren zu können. Ein wesentlicher Unterschied zu Blockcodes ist, daß nicht einzelne Blöcke nacheinander
codiert werden, sondern daß es sich um eine kontinuierliche Verarbeitung handelt. Dadurch erhält man eine Codierung mit "Gedächtnis". Das aktuelle Codewort einer Nachricht hängt von den vorhergehenden Nachrichten ab. Die Methode zur Generierung eines Codewortes bzw. einer Codesequenz C_i ist die Faltung der Nachricht (bzw. Eingangssequenz) D_j mit einer Codierungsfunktion
nach folgender Gleichung:

$$C_i = \sum_{j=-\infty}^{i} D_j \cdot G_{i-j} \qquad\qquad (5.2.21)$$

Bild 5.2.4 zeigt den schematischen Aufbau eines Faltungscoders.

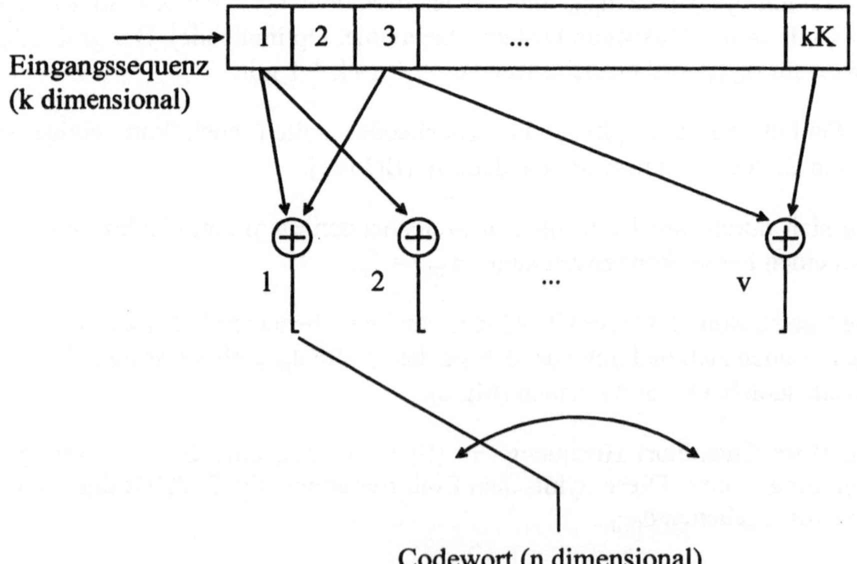

Bild 5.2.4: Schematischer Aufbau eines Faltungscoders

Das Nachrichtenwort wird links oben in ein Register der Tiefe k·K hineinge-schrieben, und zwar pro Takt jeweils k neue Bits gleichzeitig. Dabei ist K die "Constraint Length". Sie gibt an, über wie viele Takte von k neuen Bits ein Bit das Codewort beeinflußt. Die Inhalte der einzelnen Register werden über Ver-knüpfungen ausgelesen, in v Addierern modulo 2 addiert und abgetastet. In der Art der Verknüpfungen liegt die Codevorschrift. Für ausreichend lange Sequen-zen ist die Coderate r = k/v. Die Funktion eines Faltungscoders wird leicht an-hand des folgenden Beispiels klar.

Beispiel 5.2.6, zur Codierung eines Faltungscodes: Gegeben sei der Faltungs-coder in Bild 5.2.5, der sich durch die "Verbindungsvektoren" $G_1 = (111)$ und $G_2 = (101)$ beschreiben läßt. K betrage 3 und k sei gleich 1. Die Nachricht D(x) = (101) ist ebenfalls gegeben. Tabelle 5.2.2 zeigt die Codierung dieses Beispiels. Man erhält das Ergebnis C(x) = (1110001011).

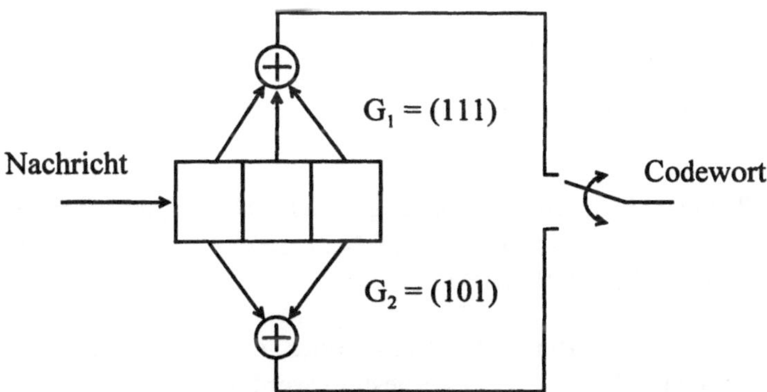

Bild 5.2.5: Beispiel eines Faltungscoders mit Coderate r = 1/2, K = 3 und k = 1

Die Abhängigkeit von den vorherigen Nachrichten ist aus einem Vergleich mit Tabelle 5.2.3 ersichtlich. Statt 000 ist der Startregisterinhalt nun 100. Für die gleiche Nachricht D(x) = (101) lautet das Ergebnis nun C(x) = (0101001011). In GSM löst man dieses Problem, indem die Register des verwendeten Faltungsco-ders regelmäßig auf Null gesetzt werden (siehe Kapitel 7.3.9).

Tabelle 5.2.2: Codierbeispiel dieses Faltungscoders

Taktnummer	Registerinhalt	Ausgang (Schalter oben/unten)
0	000 (Annahme)	00
1	100	11
2	010	10
3	101	00
4	010	10
5	001	11

Tabelle 5.2.3: Codierbeispiel dieses Faltungscoders

Taktnummer	Registerinhalt	Ausgang (Schalter oben/unten)
0	100 (Annahme)	11
1	110	01
2	011	01
3	101	00
4	010	10
5	001	11

Beispiel 5.2.7: Gesucht ist für den Faltungscoder aus Beispiel 5.2.6 das $C(x)$ für die Nachricht $D(x) = (11011)$ und ein auf Null gesetztes Ausgangsregister. Das Ergebnis ist: $C(x) = (11010100010111)$.

Es gibt vier Darstellungsarten für Faltungscodes, die im folgenden genauer für den Faltungscode aus Beispiel 5.2.6 vorgestellt werden:

- Polynomdarstellung
- Zustandsdiagramm
- Baumdiagramm
- Trellisdiagramm

Die **Polynomdarstellung** erfolgt ausgehend von den Verbindungspolynomen, die für Beispiel 5.2.6 $G_1(x) = 1 + x + x^2$ und $G_2(x) = 1 + x^2$ lauten. Daraus wird das Codewortpolynom $C(x)$ folgendermaßen gebildet:

$$C(x) = D(x) \cdot G_1(x) \text{ "interlaced" mit } D(x) \cdot G_2(x) \tag{5.2.22}$$

Für Beispiel 5.2.6 ergibt dies:

$$D(x) \cdot G_1(x) = 1 + x + x^3 + x^3$$

$$D(x) \cdot G_2(x) = 1 + x^4$$

Daraus folgt nach Gl.(5.2.22):

$$C(x) = (1,1) + (1,0)x + (0,0)x^2 + (1,0)x^3 + (1,1)x^4$$

Bild 5.2.6 zeigt das **Zustandsdiagramm** des gleichen Beispiels. In den Recht-
ecken findet man die K - 1 Zustände des rechten Registerteils. Sie sind mit
a = 00, b = 10, c = 01 und d = 11 bezeichnet. In Abhängigkeit der Eingangswerte
werden entweder die Übergänge der gestrichelten oder der durchgezogenen Linien durchlaufen, und man erhält die jeweils angegebenen Ausgangswerte.

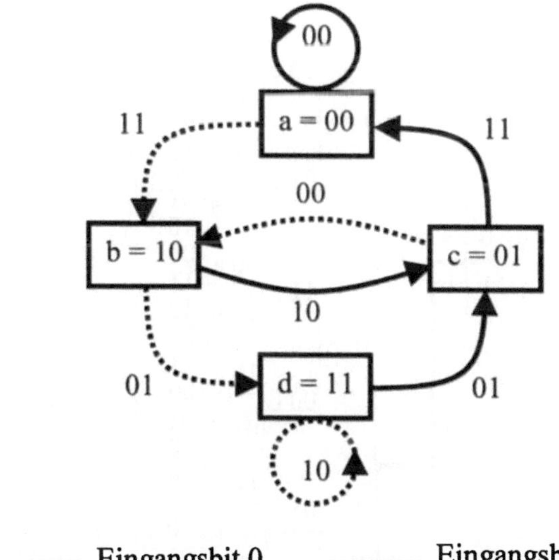

Bild 5.2.6: Zustandsdiagramm des Faltungscoders von Beispiel 5.2.6

Eine weitere Darstellungsart ist das in Bild 5.2.7 gezeigte **Baumdiagramm**. Man
erhält für D(x) = (11011) wieder das in Beispiel 5.2.7 errechnete Ergebnis. Ein
Vorteil dieser Darstellungsart ist die zusätzliche Zeitdimension. Nachteilig ist das
exponentielle Anwachsen der Verzweigungsanzahl mit wachsender Nachrichten-
länge L. Wie man auch in Bild 5.2.7 erkennt, wiederholt sich die Struktur nach K
(hier 3) Verzweigungen. Dies kann man sich für eine übersichtlichere Darstellungsart, dem **Trellis-Diagramm**, zunutze machen (siehe Bild 5.2.8). Die einzel-

nen Zeilen entsprechen den Registerinhalten a = 00, b = 10, c = 01 und d = 11.
Für jeden Takt gibt es 2^k Verzweigungspunkte. Wie im Zustandsdiagramm wird
bei einer Null als Eingangsbit die durchgezogene und für eine Eins die gestrichel-
te Linie gewählt. Die den Linien zugeordneten Zahlenpaare geben jeweils die
Ausgangswerte dieses Zustandsübergangs an. Nach drei (allgemein K) Takten
laufen jeweils 2 (= 2^k) unterschiedliche Verzweigungen zusammen.

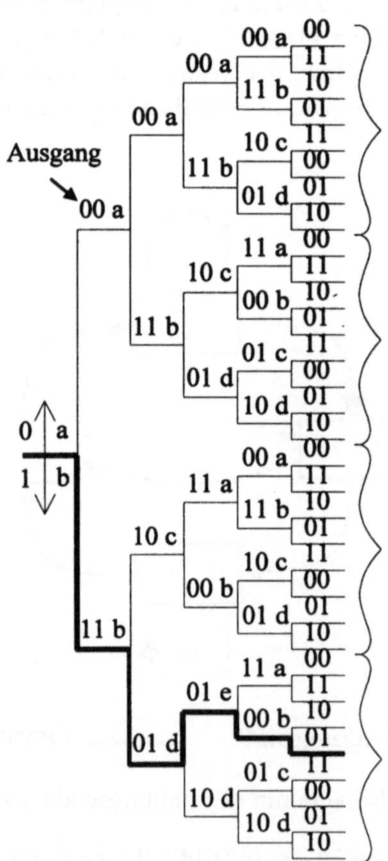

Bild 5.2.7: Baumdiagramm des Faltungscoders aus Beispiel 5.2.6

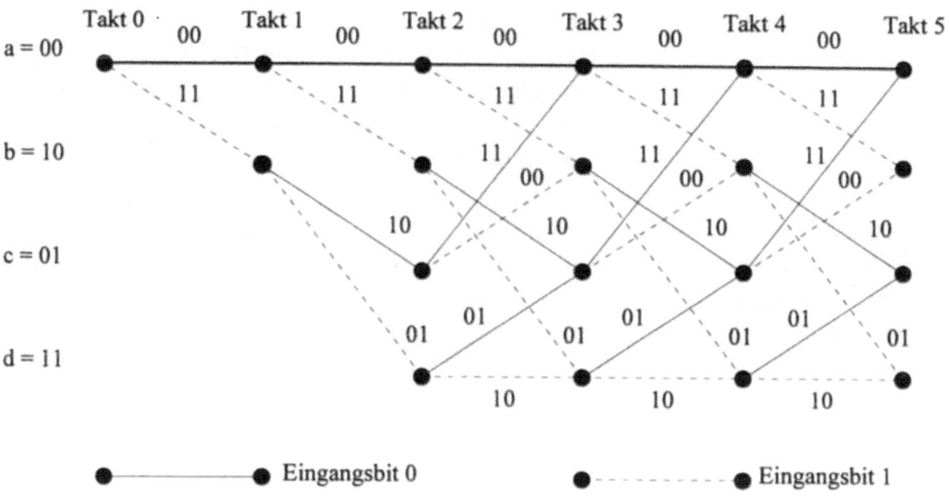

Bild 5.2.8: Trellis-Diagramm des Faltungscoders von Beispiel 5.2.6

5.2.3.2 Maximum Likelihood Decodierung

Die Decodieraufgabe besteht darin, von den möglichen 2^L Codewörtern C_i dasjenige zu finden, das am "nächsten" an der Sendesequenz C' liegt. Gesucht wird das C'_i, welches das Maximum der bedingten Wahrscheinlichkeit $P(C'|C'_i)$ ergibt (vorausgesetzt alle C_i haben die gleiche Auftrittswahrscheinlichkeit):

$$P(C'|C'_i) = \max_{i=1,2,\dots 2^L} P(C'|C_i) \qquad (5.2.23)$$

Dies ist die Maximum Likelihood Methode (siehe Kapitel 4.4). Rechnerisch ist es oft günstiger in Gl.(5.2.23) den Logarithmus zu verwenden. Ein Lösungsansatz ist, die Empfangssequenz mit allen 2^L Codesequenzen zu vergleichen und danach die Auswahl zu treffen. Dazu kann man z.B. das Baumdiagramm verwenden. Diese vom Ergebnis her optimale Methode ist jedoch oft zu aufwendig. Es gibt eine Reihe realisierbarer suboptimaler Näherungslösungen wie Sequentielle Detektion oder Schwellwertbetrachtungen. Im folgenden Kapitel wird eine realisierbare optimale Methode vorgestellt.

Bild 5.2.9 zeigt für ein binäres Signal, dessen zwei Zuständen jeweils gaußförmige Rauschverteilungen überlagert sind, die zwei grundsätzlichen Methoden, die Entscheidungsschwelle zu wählen.

Bei **"Hard Decision"** gibt es eine feste Entscheidungsschwelle (siehe Kapitel 4.4). Bei gleichen und symmetrischen Verteilungen (wie in Bild 5.2.9) liegt das Optimum der Entscheidungsschwelle genau in der Mitte zwischen beiden Zuständen. Bei asymmetrischen bzw. unterschiedlichen Rauschverteilungen erhält man die optimale Lage der Schwelle unter Berücksichtigung der Mittelwerte der Rauschverteilungen. Bei "Hard Decision" würden die Signalwerte a und b der 0 zugeordnet. Dabei ist anschaulich deutlich, daß für diese Zuordnung die Wahrscheinlichkeit einer Fehlentscheidung bei b deutlich geringer ist als bei dem Signalwert a, welcher dicht an der Entscheidungsschelle (mit relativ ähnlichen Werten der Rauschverteilungsfunktionen) liegt. Damit wird deutlich, daß bei "Hard Decision" Informationen "verschenkt" werden.

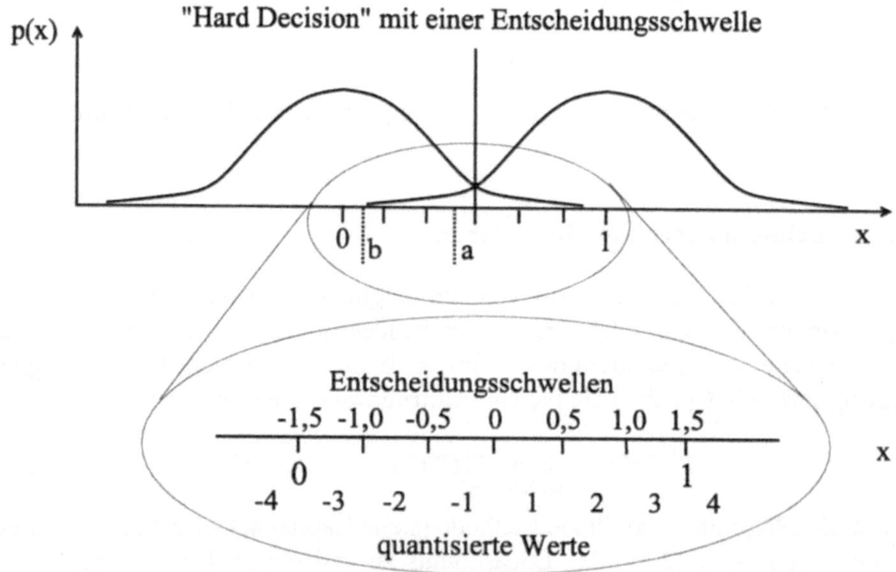

Bild 5.2.9: "Hard" und "Soft Decision"

Diese Informationen können bei **"Soft Decision"** berücksichtigt werden. Bei dieser Methode hat man im Idealfall unendlich viele Entscheidungsschwellen. Zusammen mit der angenommenen Rauschverteilung enthält damit die Angabe der jeweiligen Schwelle implizit auch eine Information über die statistische Sicherheit der Entscheidung. Damit können bei Gaußrauschen bis zu 2,2 dB S/N gegenüber "Hard Decision" gewonnen werden. Bei nur 8 Quantisierungswerten, die als 3-Bit Worte dem Decoder gesendet werden (bzw. 7 Entscheidungsschwellen, siehe Bild 5.2.9), verringert sich dieser Vorteil um nur 0,2 dB. Der Wert a würde nun einer -1 und der Wert b einer -3 zugeordnet. In Fadingkanälen kann der Codierungsgewinn noch größer werden.

5.2.3.3 Viterbi-Decodierer

1967 wurde von Dr. Viterbi der gleichnamige Viterbi-Algorithmus entwickelt. Hiermit erfolgt eine optimale Maximum Likelihood Decodierung. Dieser Algorithmus wird z.B. in GSM verwendet. Er wird leicht anhand des folgenden Beispiels verständlich.

Beispiel 5.2.8, Viterbi-Decodierung: Ausgangspunkt ist das in Bild 5.2.8 gegebene Trellis-Diagramm. Gesendet sei die Codesequenz $C'(x) = (1101010001)$. Die (fehlerhaft) empfangene Codesequenz laute $C'_e(x) = (1101011001)$. Bild 5.2.10 a) - h) zeigt den Decodiervorgang. Beim ersten Schritt in Bild 5.2.10 a) werden die ersten beiden Stellen der empfangenen Codesequenz (11) mit den Ausgangswerten der zwei Trellis-Verzweigungen verglichen. Die Berechnung des Hamming-Abstands als Metrik (siehe Kapitel 5.2.2.2) ergibt 2 für den oberen und 0 für den unteren Zweig. Beim nächsten Takt wird der Hamming-Abstand zwischen 01 und den Ausgangswerten der nun vier Verzweigungen berechnet. Bild 5.2.10 b) zeigt das Ergebnis als Summe mit den Werten des ersten Taktes. Von oben nach unten erhält man 3, 3, 2 und 0. Der in Bild 5.2.10 c) dargestellte dritte Takt erfolgt ganz analog. Das besondere ist, daß nun ein Endpunkt von jeweils zwei Wegen erreicht wird. Dies ist allgemein nach K Takten der Fall. Von diesen zwei Wegen ist für die weiteren Takte nur derjenige mit der geringeren Metrik von Bedeutung. Damit ist auch eine deutliche Reduzierung des notwendigen Speicherbedarfs möglich. Bild 5.2.10 d) zeigt das Ergebnis dieser Auswahl. Die folgenden zwei Takte und die jeweilige Auswahl ist in den Bildern 5.2.10 e) - h) dargestellt. Der fett gedruckte Weg in Bild 5.2.10 h) stellt mit der Metrik 1 den Weg der geringsten Gesamtmetrik dar. Ein Vergleich dieses Weges mit Bild 5.2.8 zeigt, daß dieser Weg der Codesequenz (101010001), also der gesendeten Codesequenz, entspricht. Damit wurde implizit ein Fehler korrigiert. Diese Korrektur erfolgte im vierten Takt (Bild 5.2.10 e) und f)). Daß ein Fehler korrigiert wurde, erkennt man auch daran, daß die Metrik nicht mehr gleich null ist (wie bis zum dritten Takt), sondern gleich eins. Damit erhält man anhand der Metrik eine Abschätzung der Fehlerrate. Dies ist eine wichtige Information über die Verbindungsqualität (RXQUAL, siehe Kapitel 7.3.5) einer Funkübertragung

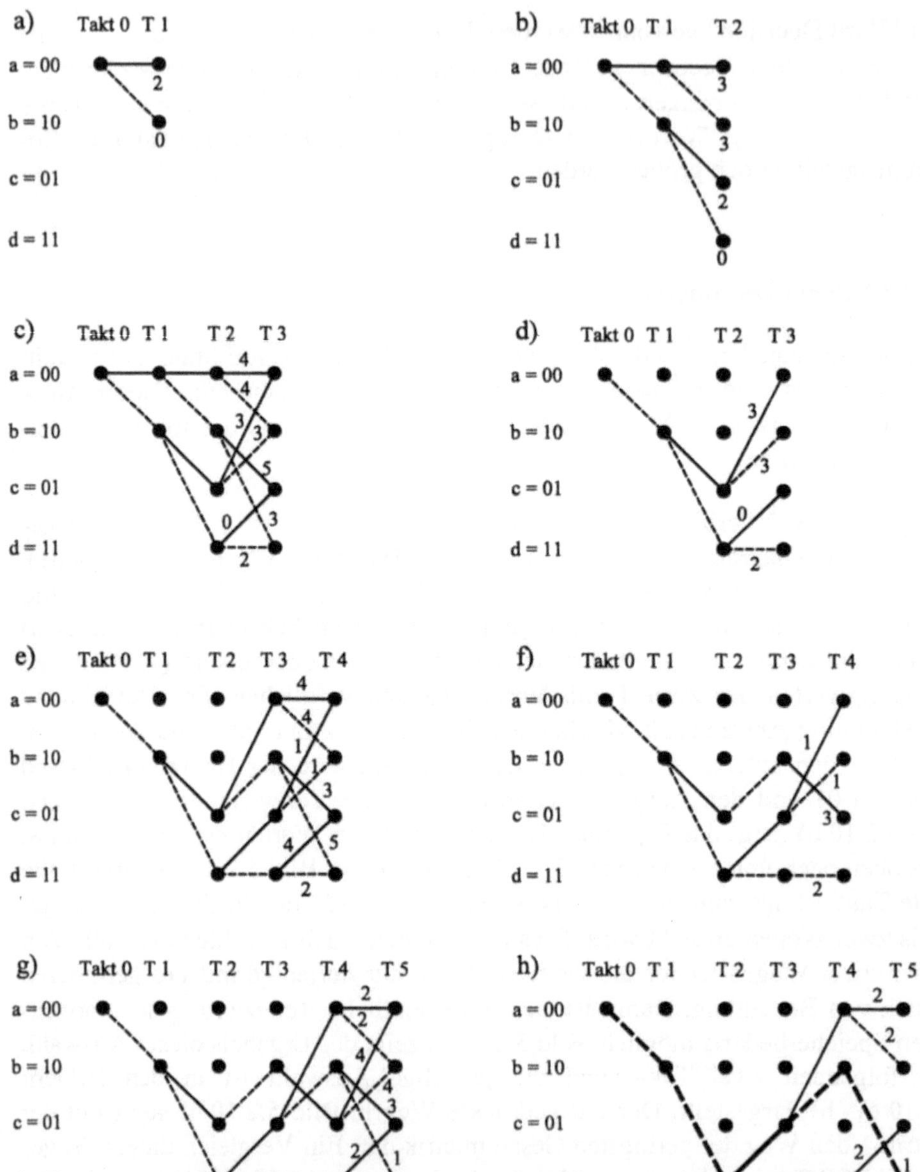

Bild 5.2.10 a) - h): Viterbi-Decodierung, $C'_e(x) = (1101011001)$

und kann z.B. für die Steuerung einer Leistungsregelung oder eines Handover verwendet werden (siehe Kapitel 7). Tritt der Fall ein, daß zwei unterschiedliche Wege eines Endpunktes die gleiche Gesamtmetrik ergeben, erkennt man, daß mehr Fehler aufgetreten sind als korrigiert werden können.

Der Viterbi-Algorithmus ermöglicht auch eine einfache Berücksichtigung von Soft Decision Informationen. Im ersten Takt des Bildes 5.2.10 sei der empfangene Wert nun nicht 11, sondern z.B. 43. Die Metrik des oberen Zweiges ergibt damit -7 und die des unteren 7. Ausgewählt wird nun jeweils der Weg der größeren Metriken, d.h. die Wege der größeren Zuverlässigkeit. Die weitere Vorgehensweise ist wie oben beschrieben.

Die Speichergröße S, die zur Viterbi-Decodierung benötigt wird, beträgt:

$$S = h \cdot 2^{K-1} \tag{5.2.24}$$

mit $h \geq 4...5$. In praktischen Realisierungen ergibt sich damit eine maximale "Constraint Length" von etwa 10.

5.2.3.4 Korrektureigenschaften

Da Faltungscodes lineare Codes sind, genügt es, zur Beschreibung der Korrektureigenschaften den minimalen Hamming-Abstand zwischen allen Codesequenzen und der Nullsequenz zu betrachten. Dieser Wert wird als **"free distance"** d_f bezeichnet.

Die Anzahl der **korrigierbaren Fehler** f_k ist ähnlich wie in Gl.(5.2.15) gegeben durch:

$$f_k = \begin{cases} \dfrac{d_f - 2}{2} & \textit{für } d_f \textit{ gerade} \\[2ex] \dfrac{d_f - 1}{2} & \textit{für } d_f \textit{ ungerade} \end{cases} \tag{5.2.25}$$

Eine Abschätzung des maximalen Codierungsgewinns ist:

$$\textit{Codierungsgewinn} \leq 10 \, \log\left(10 \, r \, d_f\right) \tag{5.2.26}$$

mit der in Gl.(5.2.4) definierten Coderate. Tabelle 5.2.4 [SKL88] zeigt für einige r und K den Codierungsgewinn bei Soft Decision Viterbi-Decodierung. Dabei zeigt die linke Spalte das E_b/N_0 des uncodierten Falles für kohärenten Empfang eines BPSK-Signals.

Tabelle 5.2.4: Codierungsgewinn (in dB) für Soft Decision Viterbi-Decodierung

BER	keine Cod. (dB)	r = 1/3 K=7; K=8		r = 1/2 K=5; K=6; K=7			r = 2/3 K=6; K=8		r = 3/4 K=6; K=9	
10^{-3}	6,8	4,2	4,4	3,3	3,5	3,8	2,9	3,1	2,6	2,6
10^{-5}	9,6	5,7	5,9	4,3	4,6	5,1	4,2	4,6	3,6	4,2

5.2.4 Concatenated Codes

Um die Vorteile von Block- und Faltungscodes zu nutzen, werden häufig beide Verfahren kombiniert (z.B. bei GSM, siehe Kapitel 7.3.9). Man spricht von Codeverkettung oder Concatenated Codes. Als innerer Code, der unmittelbar dem Mobilfunkkanal folgt, wird dabei ein Block- oder Faltungscode verwendet. Dieser innere Code wird von einem als äußerer Code bezeichnetem Code umschlossen. Je nach Design des Concatenated Codes kann auch Soft Decision Decodierung der Faltungscodes zur Geltung kommen.

5.3 Automatic Repeat Request (ARQ)

Verbindet man die im vorherigen Kapitel behandelten Fehlererkennungsverfahren mit einem der Protokolle der nun vorgestellten ARQ-Methoden, erhält man einen sehr leistungsstarken Fehlerschutz. Ein wesentlicher Unterschied zur Kanalcodierung ist, daß ein Rückkanal benötigt wird. Diese Methode wird insbesondere zur Übertragung von Datendiensten, die eine geringe Bitfehlerrate (BER, *engl.* Bit Error Rate) erfordern, verwendet (z.B. MODACOM, siehe Kapitel 8.3.2). Die wichtigsten ARQ-Protokolle sind:

a) "Stop and Wait": Der Sender wartet mit dem Übermitteln der nächsten Nachricht, die in Form von Datenblöcken gesendet wird, bis er vom Empfänger eine Rückmeldung (ACK, *engl.* Acknowledgement) über den fehlerfreien Empfang der ersten Nachricht erhalten hat (Bild 5.3.1). Bei einem Fehler (NACK, *engl.* Negative Acknowledgement) wird die gleiche Nachricht noch einmal gesendet. Die Vorteile dieses Verfahrens sind die Einfachheit und daß es im Halbduplex-Betrieb arbeitet. Damit das Protokoll noch funktioniert, wenn die Rückmeldung verloren geht, ist es sinnvoll, das Protokoll um Timer zu erweitern. Ist der Timer abgelaufen wird z.B. die Nachricht unmittelbar wiederholt.

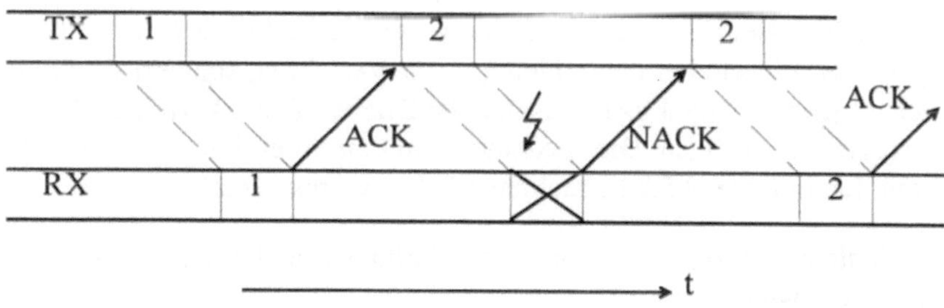

ACK Acknowledgement   **NACK** Negative Acknowledgement

Bild 5.3.1: "Stop and Wait" ARQ-Protokoll

b) "Go back N": Die Datenblöcke werden ohne Unterbrechung kontinuierlich gesendet. Erfolgt eine NACK-Rückmeldung wird die Übertragung N Schritte früher mit dem fehlerhaften Datenblock fortgesetzt.

c) "Selective Repeat": Nochmaliges Senden fehlerhafter Nachrichten: Bei Vollduplex-Betrieb kann der Durchsatz des obigen Verfahrens deutlich erhöht werden. Bild 5.3.2 veranschaulicht das kontinuierliche ARQ-Protokoll mit selektiver Wiederholung.

Es gibt noch eine Reihe weiterer ARQ-Protokolle, die noch kurz angesprochen werden:

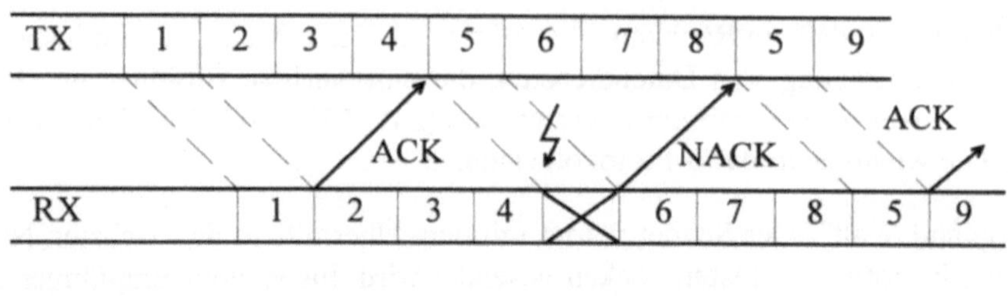

ACK Acknowledgement   **NACK** Negative Acknowledgement

Bild 5.3.2: kontinuierliches ARQ-Protokoll mit selektiver Wiederholung

d) Selektive Wiederholung von Anteilen eines Datenblocks. Dies bedeutet, daß nur fehlerhafte Anteile eines Datenblocks und nicht der gesamte Datenblock wiederholt werden.

e) "Hybrid ARQ": Bei Erkennen von Fehlern wird nicht die Nachricht (oder Teile hiervon) wiederholt wie bei den anderen ARQ-Verfahren, sondern es werden in einem der folgenden Datenblocks zusätzliche Bits zur Fehlerkorrektur der fehlerhaften Nachricht übertragen. Dies bedeutet damit eine Verbindung des ARQ-Verfahrens mit den in Kapitel 5.2 betrachteten Fehlerkorrekturverfahren.

Ferner muß die erlaubte Anzahl von Wiederholungen und die dann folgende Reaktion festgelegt werden.

Vorteile des ARQ-Verfahrens sind:

- Die Einfachheit des Protokolls

- Es handelt sich quasi um ein adaptives Verfahren, das sich an die Kanaleigenschaften anpaßt. Daher kann es sehr ressourceneffizient sein.

Dem stehen die folgenden Nachteile gegenüber:

- Es kann nicht ohne weiteres eine konstante Ende-zu-Ende Verzögerung und damit auch keine konstante Nutzbitrate garantiert werden.

- In Situationen, bei denen der Mobilfunkkanal sehr schlecht bleibt, z.B. bei Fadingeinbrüchen, nützt es nichts, eine Nachricht "beliebig" oft und jeweils wieder fehlerhaft zu wiederholen. Hier würden Verfahren helfen, die auf zusätzliche Fehlerkorrektur zurückgreifen (Verfahren e).

5.4 Quellcodierung und Sprachcoder

5.4.1 Einleitung

Ein wesentlicher Telekommunikationsdienst ist die Sprachübertragung. Im Vergleich zum Festnetz gibt es dabei im Mobilfunk, wie schon gezeigt, die Anforderung möglichst geringer Übertragungsraten aufgrund der Kapazitätsengpässe und die Problematik relativ hoher Fehlerraten, erzeugt durch die oft schlechten Übertragungseigenschaften des Mobilfunkkanals. Vor diesem Hintergrund ist die Entwicklung von leistungsfähigen digitalen Sprachcodern ein wichtiges Forschungsgebiet. Noch 1985 bei der Einführung des C-Netzes in Deutschland standen kommerziell geeignete digitale Sprachcoder für dieses zellulare Mobilfunksystem nicht zur Verfügung.

Auch für weitere, zukünftige Anwendungen wie Daten- und Videoübertragungen steht die Reduktion der Datenrate bei gleichzeitiger Resistenz gegen die relativ hohen Fehlerraten im Vordergrund. Bei der Datenreduktion sind allgemein zwei Ansätze zu unterscheiden: Die Redundanzreduktion und die Irrelevanzreduktion. Die Redundanzreduktion beseitigt vor der Übertragung redundante Signalinhalte, die auf der Vorkenntnis von z.B. statistischen Parametern des Signalverlaufes beruhen. Nach der Übertragung werden diese Anteile dem Signal wieder zugesetzt. Danach ist objektiv kein Qualitätsverlust nachweisbar. Die Irrelevanzreduktion beseitigt vor der Übertragung Signalanteile (der Sprache oder des Videosignals), die für den Empfänger irrelevant sind. Speziell bei der Audiocodierung bedeutet dies, daß Signalanteile im Zuge der Datenreduktion soweit eliminiert oder verfälscht werden, daß sich zwar objektiv Unterschiede zum ursprünglichen Signal ergeben, diese aber nicht subjektiv (z.B. vom Gehör) wahrzunehmen sind. Ein anderes Beispiel ist die Farbübertragung des Fernsehbildes, das nur die vom menschlichen Auge wahrgenommenen reduzierten Farbinformationen enthält.

Zur Bewertung der Sprachqualität gibt es bisher leider keine objektiven, einfachen Meßmethoden. Dies liegt z.B. auch daran, daß die faszinierenden Verarbeitungsleistungen des menschlichen Gehirns einen wichtigen Einfluß auf die Bewertung haben. So ist das durch sehr starkes Rauschen gestörte Wort "Zug" in dem Satz: "Auf den Schienen fährt ein Zug" leicht verständlich, während es in dem Satz: "Gestern sah er einen Zug" eine deutlich höhere Wahrscheinlichkeit für Mißverständnisse gibt. Auch sind die Sprachgeschwindigkeit, die Sprachhöhe (Kind, Mann,...) und die Betonung, Akzente und Satzmelodie (Ausländer) wichtig für die Verständlichkeit der Sprache. Das entscheidende Kriterium ist daher die subjektive Sprachqualität, die von einer großen Anzahl von Testpersonen in umfangreichen Hörtests an Hand von speziellen Sprachproben ermittelt wird. Das Ergebnis wird als **MOS** (*engl.* **Mean Opinion Score**), mit 1, für sehr schlecht, bis 5, für sehr gut, angegeben.

Für die Auswahl und Bewertung eines digitalen Sprachcoders sind insbesondere die folgenden 3 Kriterien wichtig:

- Sprachqualität, ausgedrückt in MOS für definierte Mobilfunkkanäle bzw. Fehlerraten und Fehlermuster,
- Komplexität, ausgedrückt in MOPS (*engl.* Mega Operations Per Second),
- Verzögerungszeit und Bitrate.

Das Ziel der Sprachcodierung ist es, bei möglichst kleiner Bitrate mit guter Sprachqualität zu übertragen. Zur Reduktion der Bitrate wird von der Korrelation der Sprache und den Wahrnehmungslimitationen des menschlichen Gehörs Gebrauch gemacht.

Bei digitalen Sprachcodern gibt es zwei grundsätzliche Ansätze [KON95]:

Der erste Ansatz ist **"Waveform Encoding"** bzw. **Signalformcodierung**. Dabei wird das analoge Sprachsignal "digitalisiert" und möglichst fehlerfrei beim Empfänger in ein analoges Signal umgewandelt, d.h., es handelt sich um eine A/D- und D/A-Wandlung. Hiermit ist eine "gute" Sprachqualität bei Bitraten von ca. 16 kbit/s bis 64 kbit/s möglich.

Beim zweiten Ansatz, der **parametrischen Darstellung** bzw. den **Vocodern** kann die Bitrate deutlich reduziert werden (auf 400 bit/s bis 5 kbit/s), allerdings oft bei schlechterer Sprachqualität. Das Funktionsprinzip basiert auf dem in Bild 5.5.1 skizzierten einfachen Modell der Sprachentstehung: Das stimmhafte oder stimmlose Anregungssignal wird durch Resonanzen (Stimmbänder, Hohlräume, Lunge, Gaumen,...) "gefiltert". Die meisten dieser Verfahren teilen die Sprachsignale in kleine zeitliche Abschnitte, sogenannte **Segmente**, ein. Typische Segmentdauern sind 5 bis 20 ms, während der sich das Sprachsignal nur unwesentlich ändert und daher als konstant angenommen wird. Es wird also nicht das Signal an sich übertragen, sondern die Anregungs- und Filterparameter der einzelnen Segmente.

Für zukünftige, mobile Multimedia-Anwendungen werden auch Coder zur Reduktion der Übertragungsraten von Video- und Datendiensten an Bedeutung gewinnen (siehe auch Kapitel 8.8.3).

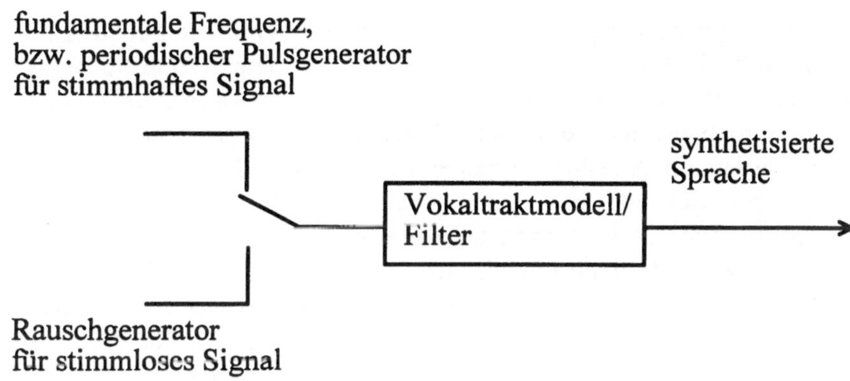

Bild 5.4.1: Einfaches Modell der Spracherzeugung

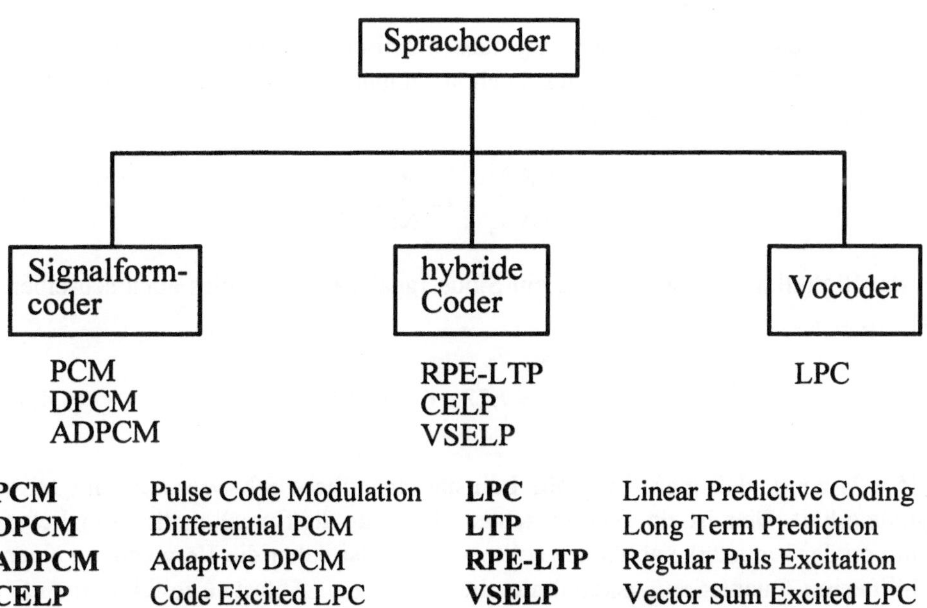

PCM	Pulse Code Modulation	**LPC**	Linear Predictive Coding
DPCM	Differential PCM	**LTP**	Long Term Prediction
ADPCM	Adaptive DPCM	**RPE-LTP**	Regular Puls Excitation
CELP	Code Excited LPC	**VSELP**	Vector Sum Excited LPC

Bild 5.4.2: Arten digitaler Sprachcoder und wichtige Beispiele

5.4.1.1 Signalformcoder

Das **PCM** (*engl.* **Pulse Code Modulation**) Verfahren wird nur der Vollständigkeit halber und als Einführung in das Gebiet kurz dargestellt. Aufgrund der relativ hohen Bitrate hat es für den Mobilfunk keine unmittelbare Bedeutung.

Für die Sprachübertragung im analogen Festnetz wird der Frequenzbereich 300 Hz bis 3400 Hz des Sprachspektrums verwendet. Gemäß Abtasttheorem muß die Abtastrate mindestens das Doppelte des höchsten Frequenzanteils des bandbegrenzten Signals betragen, d.h., es muß mindestens mit der Abtastrate 6800 Hz abgetastet werden, um Aliasing-Störungen zu vermeiden. Bei PCM hat man 8000 Abtastwerte pro Sekunde bzw. einen Abtastwert alle 125 µs festgelegt. Der nächste Schritt ist die Quantisierung der Abtastwerte A(t). Dabei wird der Wertebereich der Abtastwerte A für eine lineare Quantisierung in M Quantisierungsintervalle ΔA unterteilt. Als Quantisierungsfehler bezeichnet man $\varepsilon(t) = A_q(t) - A(t)$ mit dem quantisierten Wert $A_q(t) = n \cdot \Delta A$ und $n = 1, 2, \dots$ M. Für die Annahme einer konstanten Wahrscheinlichkeitsdichte $p(\varepsilon) = 1/\Delta A$ für $-\Delta A/2 \leq \varepsilon \leq \Delta A/2$ erhält man für den mittleren quadratischen Quantisierungsfehler:

$$\int_{-\Delta A/2}^{\Delta A/2} \varepsilon^2 p(\varepsilon)\, d\varepsilon = \frac{\Delta A^2}{12} \tag{5.4.1}$$

Durch die Quantisierung entsteht ein rauschähnliches Fehlersignal mit der Leistung $\Delta A^2/12$. Man bezeichnet dies auch als "Quantisierungsrauschen" und definiert ein Signal-zu-Rauschverhältnis:

$$\left(\frac{S}{N}\right)_q = 12\frac{A_{rms}^2}{\Delta A^2} \tag{5.4.2}$$

mit der Signalleistung A^2_{rms}. Für ein Sinussignal kann man dies auch schreiben als:

$$\left(\frac{S}{N}\right)_{q,dB} = 1{,}77 + 6 \cdot log_2(M) \tag{5.4.3}$$

Gl.(5.4.2) zeigt, daß man für große Lautstärken höhere S/N-Werte als für leise Signale erhält. Dies ist ein unerwünschter Effekt, da die Sprachqualität möglichst nicht von der Lautstärke abhängen sollte. Günstig ist daher die Verwendung einer nichtlinearen Quantisierungskennlinie, die die kleinen Abtastwerte feiner quantisiert. Eine solche Vorverformung des Signals nennt man Kompandierung, die

Umkehrung Dekompandierung. In Nordamerika und Japan verwendet man in der Telefonübertragungstechnik die sogenannte µ-Kennlinie und in Europa die A-Kennlinie mit jeweils 256 Quantisierungsstufen bzw. 8 Bit Auflösung. Dies entspricht ca. 40 - 50 dB Signal-zu-Quantisierungsrauschabstand. Die Kompandierung erlaubt gegenüber einer linearen Kennlinie eine Bandbreitenersparnis von ca. 33 % [DUN89]. Jedes weitere Quantisierungsbit würde das S/N um ca. 6 dB verbessern. Für das PCM-Sprachsignal erhält man eine Übertragungsrate von 64 kbit/s. Die Sprachqualität, oft als **"toll quality"** bezeichnet, stellt die Festnetzreferenz für die im Mobilfunk verwendeten Sprachcoder dar und liegt bei ca. 4,3 MOS für Fehlerraten $\leq 10^{-4}$ [FEH95]. Um die Bitrate bei möglichst gleicher Sprachqualität weiter zu verringern, wurden eine Reihe von Erweiterungen des PCM-Verfahrens entwickelt.

Sprachsignale haben in weitem Rahmen die Eigenschaft, vorhersagbar zu sein. Darauf basiert der **DPCM** (*engl.* **Differential Pulse Code Modulation**) Coder. Es wird eine Prädiktion des nächsten Abtastwertes aufgrund vorliegender Abtastwerte vorgenommen. Dieser Schätzwert wird vom aktuellen Abtastwert abgezogen. Die Differenz ist der Prädiktionsfehler, welcher quantisiert und dann übertragen wird (siehe Bild 5.5.3). Die Bandbreite des Differenzsignals ist bei einer "erfolgreichen" Prädiktion geringer als die des PCM-Signals. Es kann daher mit einer geringeren Bitrate übertragen werden. Die Rückkoppelschleife des DPCM-Coders hat den Vorteil, daß sich Quantisierungsfehler nicht akkumulieren.

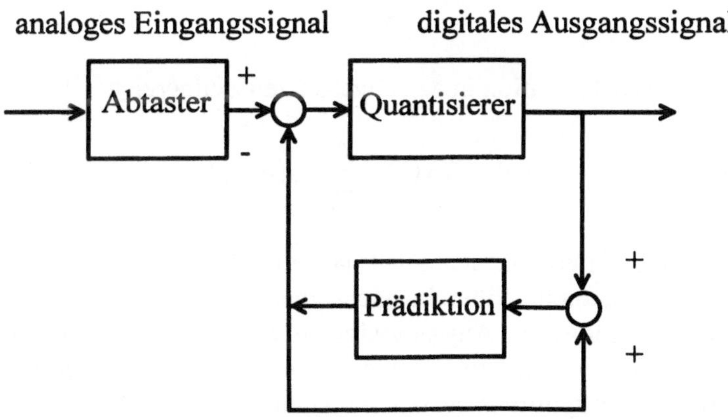

Bild 5.4.3: Differential PCM (DPCM)

Eine weitere Verbesserung bezüglich kleinerer Bitraten und Sprachqualität kann erreicht werden, wenn sowohl die Quantisierungsintervalle als auch die Filterkoeffizienten des Prädiktors adaptiv an das Signal angepaßt werden. Man nennt dieses Verfahren **ADPCM** (*engl.* **Adaptive DPCM**). Bei 32 kbit/s wird quasi die Sprachqualität von PCM erreicht. Es findet insbesondere in den verschiedenen CT-Systemen (siehe Kapitel 8.1), wie z.B. bei DECT, Verwendung.

Weitere Verfahren sind: DM (*engl.* Delta Modulation, es werden nur die relativen Änderungen codiert), ADM (*engl.* Adaptive DM, eine Erweiterung von DM mit adaptiven Quantisierungsintervallen) und CVSD (*engl.* Continuous Variable Slope Delta Modulation, es werden mehrere vorhergehende Abtastwerte bei der Codierung der Änderungen berücksichtigt).

5.4.1.2 Vocoder

Eine der leistungsfähigsten Sprachanalysemethoden ist die **LPC-** (*engl.* **Linear Predictive Coding**) Methode [KON95]. Basis dieses Verfahrens ist ein, auf dem in Bild 5.4.1 gezeigten Sprachmodell aufbauendes, einfaches Filtermodell der Sprache (siehe Bild 5.4.4). Das Filter kann näherungsweise beschrieben werden durch:

$$H(z) = \frac{G}{1 - \sum_{j=1}^{p} a_j z^{-j}} = \frac{G}{A(z)} \qquad (5.4.4)$$

Dies ergibt nach Transformation in den abgetasteten Zeitbereich:

$$s(n) = G\, x(n) + \sum_{j=1}^{p} a_j s(n - j) \qquad (5.4.5)$$

Anhand von Gl. (5.4.5) erkennt man, daß das aktuelle Ausgangssignal der Sprache, s(n), durch das aktuelle Filtereingangssignal G x(n) plus einer gewichteten Summe der vorangegangenen Ausgangssignale gegeben ist. Für die praktische Realisierung ist eine wichtige zu lösende Aufgabe die Bestimmung der besten Gewichtungsparameter a_j mittels geeigneter Algorithmen [KON95].

fundamentale Frequenz,
bzw. periodischer Pulsgenerator
für stimmhaftes Signal

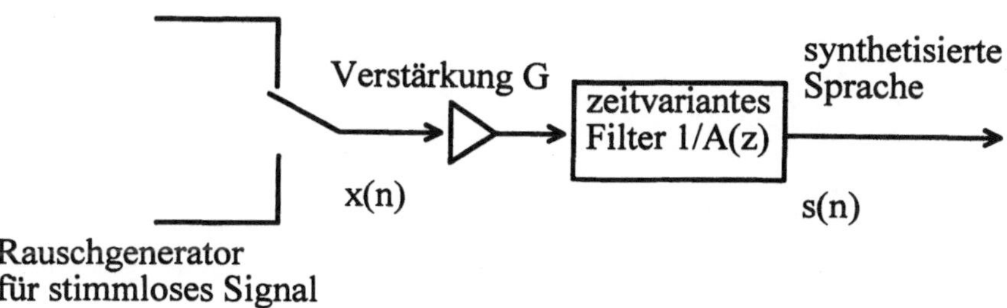

Bild 5.4.4: Einfaches Filtermodell zur Spracherzeugung

5.4.1.3 Hybride Coder

Die relativ schlechte und auch "synthetische" Sprachqualität der Vocoder hat mit
zur Entwicklung von hybriden Codern beigetragen. Bei diesen Codern wird
typischerweise ein Anteil des Sprachsignals, z.B. der Tieftonbereich, mittels
Signalformcoder und der Rest mittels eines Vocoders übertragen. Der Preis einer
verbesserten Sprachqualität ist eine höhere Übertragungsrate.

Ein typischer Vertreter der hybriden Coder ist der **RELP-** (*engl.* **Residual
Excited Linear Predictive**) Coder. Hier wird ein Prädiktionssignal verwendet,
um ein Differenzsignal (Residual) zu bilden. Eine wichtige Variante des RELP ist
der GSM-Sprachcoder, der in Kapitel 7.3.9 vorgestellt wird.

Unter den vielen Varianten von hybriden Codern ist ein anderer wichtiger Typ
der **CELP-** (*engl.* **Codebook Exited Linear Predictive**) Coder. Hier wird das in
Bild 5.4.4 links von der Verstärkung skizzierte Erregungsmodell mit fundamenta-
ler Frequenz und Rauschgenerator durch ein Codewörterbuch basiertes Modell
ersetzt. Eine im D-AMPS System verwendete Ausprägung ist der **VSELP-** (*engl.*
Vector Sum Excited Linear Predictive) Coder.

6 Vielfachzugriffs- verfahren

Eine wichtige Aufgabenstellung beim Design eines Mobilfunksystems ist die Art des Zugriffs mehrerer Teilnehmer auf die begrenzte Ressource des Frequenzspektrums. Die Aufteilung kann dabei statisch anhand eines vorgegebenen Nutzerprofils vorgenommen werden oder auch dynamisch, so daß nur dann Kanalkapazität benötigt wird, wenn tatsächlich Daten zur Übertragung anstehen. In jedem Fall muß jedoch dafür Sorge getragen werden, daß sich die einzelnen Teilnehmer nicht gegenseitig stören - es also nicht zu unzulässigen Interferenzen kommt.

In diesem Kapitel werden wir zunächst die drei grundlegenden Multiplextechniken **Frequenz- , Zeit-** und **Codemultiplex** kennenlernen. Alle drei Verfahren finden heute in Mobilfunknetzen praktische Anwendung und haben je nach Anwendungsfall unterschiedliche Vor- und Nachteile. Nach einer kurzen Einführung in die Problematik behandeln wir in Kapitel 6.2 nähere Einzelheiten zum Frequenzmultiplexverfahren, einschließlich der besonders bei Mobilfunkanwendungen wichtigen Störungsursachen durch Intermodulation und den Einfluß von Empfängernichtlinearitäten auf den Gleichkanalstörabstand in zellularen Mobilfunknetzen. Kapitel 6.3 beinhaltet das Themengebiet des Zeitmultiplex. Neben so wichtigen Aspekten wie Schutzzeiten und Burstaufbau werden auch Aussagen zur Effizienz dieser Verfahren gemacht.

Kapitel 6.4 behandelt die Grundlagen der Codemultiplextechnik und führt in das Prinzip des Direct-Sequence CDMA und Frequency-Hopping CDMA ein. Dieses Kapitel dient auch als Vorbereitung zum Verständnis des in Kapitel 8.7 behandelten IS-95 Mobilfunksystems, in dem erstmals Codemultiplextechniken in zellularen Netzen eingesetzt werden.

Zukünftige Mobilfunksysteme erfordern aufgrund der großen Vielfalt unterschiedlicher Dienste, inklusive Multimedia-Anwendungen, sehr flexible Zugriffsverfahren. Einen Schritt in diese Richtung ermöglichen Paketzugriffsverfahren. Kapitel 6.5 behandelt deshalb die Grundlagen dieser Techniken.

Eine ebenfalls noch sehr junge Technik im Bereich der digitalen Mobilfunksysteme sind Raummultiplexverfahren durch adaptive Antennen. Mit der SDMA-Technik (Space Division Multiple Access) kann u.a. durch Interferenzminderung eine höhere Teilnehmerkapazität zellularer Netze erreicht werden. Einzelheiten zu SDMA werden in Kapitel 6.6 behandelt.

Bei allen Duplex-Verbindungen muß das eigene Sendesignal vom Empfangssignal ferngehalten werden, damit es dieses nicht stört. Kapitel 6.7 hat deshalb für Mobilfunksysteme relevante Verfahren zur Richtungstrennung zum Inhalt.

6.1 Einführung

Wenn sich mehrere Teilnehmer eine Kommunikationsressource, wie im Falle von Mobilfunkanwendungen ein bestimmtes Frequenzspektrum, teilen, muß dafür gesorgt werden, daß sich die Signale der einzelnen Teilnehmer nicht gegenseitig stören. Die Signale $x_i(t)$ der Teilnehmer sollten deshalb orthogonal sein, es muß also gelten:

$$\int_{-\infty}^{+\infty} x_i(t)x_j(t)\,dt = \begin{cases} 1 & ; \quad i = j \\ 0 & ; \quad sonst \end{cases} \tag{6.1.1}$$

bzw. im Frequenzbereich:

$$\int\limits_{-\infty}^{+\infty} X_i(f)X_j(f)\,df = \begin{cases} 1 & ; \quad i = j \\ 0 & ; \quad sonst \end{cases} \tag{6.1.2}$$

In der Praxis kann eine vollständige Orthogonalität allerdings nur schwer erreicht werden, eine geringe gegenseitige Beeinflussung der Signale ist oft nicht zu vermeiden. Solange sich die Auswirkungen dieser Beeinflussungen aber in Grenzen halten, sind sie tolerierbar.

Um verschiedene Teilnehmersignale voneinander zu trennen, gibt es prinzipiell drei grundlegende Verfahren. Das erste ist das Frequenzmultiplexverfahren (**FDMA**, *engl.* **Frequency Division Multiple Access**). Hier wird die Frequenzachse in Frequenzkanäle unterteilt, wobei jeder Teilnehmer einen eigenen Kanal zugeteilt bekommt, auf dem er ohne Einschränkungen senden darf, solange seine Aussendung innerhalb der Kanalbandbreite bleibt (sog. "**bandbreitebegrenztes System**", siehe Bild 6.1.1). Die erforderliche Kanalbandbreite ergibt sich aus der zu übertragenden Datenrate und dem verwendeten Modulationsverfahren. Ein Beispiel für den Einsatz von FDMA in Mobilfunksystemen ist das analoge C-Netz der DeTeMobil. Jedes Telefongespräch belegt hier einen 20 kHz breiten Kanal in beiden Senderichtungen.

Das zweite Verfahren (**TDMA**, *engl.* **Time Division Multiple Access**) unterteilt nicht die Frequenzachse, sondern jeder Teilnehmer hat die gesamte Bandbreite zur Verfügung, darf aber nur zu bestimmten Zeiten (in sogenannten Zeitschlitzen oder Slots) senden. Wie in Bild 6.1.1 dargestellt, wird die Zeitachse in "Scheiben" unterteilt. Die Breite der Zeitschlitze hängt wieder von der Datenrate und dem verwendeten Modulationsverfahren ab. Im GSM-Mobilfunksystem (siehe Kapitel 7) sind die Slots 0,577 ms breit.

Die dritte Möglichkeit, den Signalraum aus Frequenz, Zeit und Leistung zu unterteilen, sind die Codemultiplex-Verfahren (**CDMA**, *engl.* **Code Division Multiple Access**). Jeder Teilnehmer beansprucht hier, wie bei TDMA auch, die gesamte Bandbreite, kann aber zusätzlich die ganze Zeit über senden, braucht sich also nicht an bestimmte Zeitschlitze zu halten. Auf den ersten Blick scheint es hier zu Kollisionen zwischen den Teilnehmersignalen zu kommen; dies ist jedoch nicht der Fall, da die Separation durch Verwendung orthogonaler Codes in vertikaler Richtung, also in Richtung der Leistungsachse erfolgt ("**leistungsbegrenztes System**").

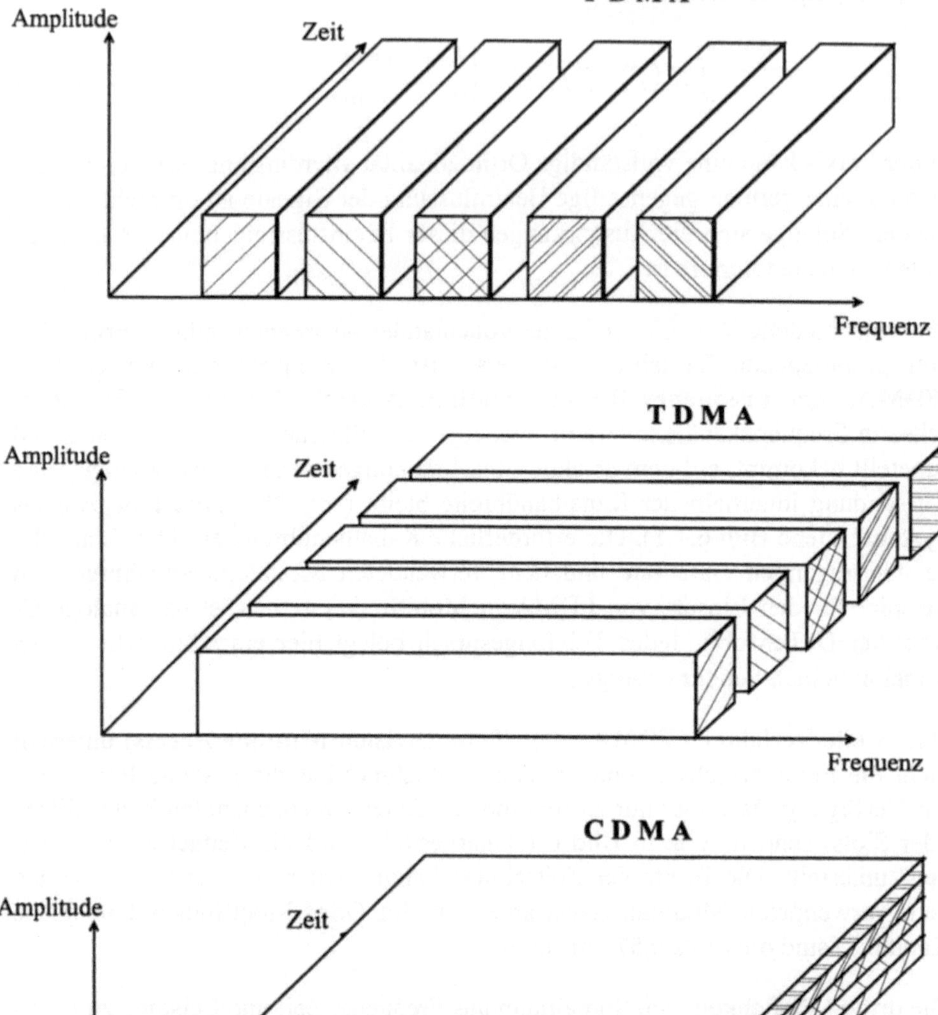

Bild 6.1.1: Prinzipien des Vielfachzugriffs ("Nachrichtenquader")

Zusätzlich zu diesen drei Grundtypen FDMA, TDMA und CDMA sind alle beliebigen Kombinationen möglich. Bei GSM wird z.B. eine Kombination aus FDMA und TDMA verwendet. Denkbar sind aber auch andere Kombinationen, wie beispielsweise TDMA/CDMA.

6.2 Frequenzmultiplex

Frequenzmultiplextechniken werden bereits seit dem Anbeginn der Mobilfunknetze eingesetzt. Die Teilnehmersignale werden auf Trägersignale unterschiedlicher Frequenz aufmoduliert. Üblicherweise belegt jeder Teilnehmerkanal in jeder Senderichtung genau einen Träger. Man bezeichnet dies auch als SCPC-Technik (*engl.* Single Channel per Carrier). Der Abstand der Trägerfrequenzen sollte mindestens so groß sein, daß sich die durch den Modulationsprozeß entstehenden Seitenbänder benachbarter Träger nicht störend überlagern. Zusätzlich sind in der Praxis Schutzbereiche nötig, um der endlichen Flankensteilheit der Sende- und Empfangsfilter, die die Separation der Kanäle vornehmen, Rechnung zu tragen.

6.2.1 Eigenschaften von FDMA

Mobilfunksysteme auf Basis von FDMA kommen mit relativ einfachen Hardwarekomponenten aus. So ist kein oder nur geringer Aufwand für Synchronisation und Rahmenbildung erforderlich. Die notwendigen schmalbandigen Filter lassen sich jedoch nur sehr schwer in VLSI-Technik integrieren. Dies macht Endgeräte und Basisstationen erstens teurer und zweitens wenig kompakt. Zu den hohen Kosten trägt auch der für Vollduplex-Betrieb notwendige Duplexer bei, der benötigt wird, um gleichzeitig auf zwei verschiedenen Frequenzen senden und empfangen zu können. Die Kosten für Basisstationen werden weiterhin dadurch beeinflußt, daß für jeden einzelnen Kanal ein Sender, ein Empfänger, zwei Codecs und zwei Modems erforderlich sind. Probleme bereitet auch die Sendeendstufe in FDMA-Basisstationen. Hier werden alle Signale gemeinsam verstärkt, bevor sie über die Antenne abgestrahlt werden. Werden zwei oder mehr Signale gemeinsam verstärkt, kommt es zu **Intermodulation**, d.h., es entstehen durch die nichtlineare Kennlinie des Sendeverstärkers Signalkomponenten auf

anderen Frequenzen, die sehr störend wirken können. Dies läßt sich nur durch
hochlineare Verstärker und/oder Filteraufwand reduzieren. Hochlineare Verstärker sind jedoch sehr aufwendig und weisen zudem nur einen niedrigen Wirkungsgrad auf.

Ein Vorteil der FDMA-Technik ist, daß es aufgrund der niedrigen Übertragungsrate zu keiner bzw. geringer Intersymbol-Interferenz (ISI) kommt, denn die Kohärenzbandbreite (siehe Kapitel 2.1.4) liegt in typischen Mobilfunkumgebungen
in der Größenordnung von 100 kHz. Daraus resultiert jedoch auch, daß Rayleigh-
Fading zu einer vollständigen Auslöschung des Empfangssignals führen kann. Je
breitbandiger ein Nachrichtensignal ist, desto weniger anfällig wird es für das
frequenzselektive Rayleigh-Fading. Bei FDMA-Systemen ist daher kein bzw. nur
wenig Aufwand für Kanalentzerrer notwendig.

Der bei einem Zellwechsel erforderliche Interzell-Handover bzw. auch innerhalb
einer Zelle notwendige Intrazell-Handover machen einen nahtlosen Umschaltvorgang ("Seamless Handover") in FDMA-Systemen schwierig. Da bei FDMA,
anders als bei TDMA, fortwährend gesendet wird, machen sich Umschaltvor-
gänge meist als "Klickgeräusche" bemerkbar. Besonders in Systemen mit kleinen
Zellradien kann dies störend sein.

6.2.2 Intermodulation

Werden zwei oder mehr Signale über ein nichtlineares Bauteil gemeinsam übertragen, tritt eine Mischung der Signale auf, und es entstehen Spektralkomponenten an anderer Stelle, die vorher nicht vorhanden waren. Die Stärke dieser
Komponenten hängt dabei vom Grad der Nichtlinearität und den Amplituden der
Eingangssignale ab.

Zwei gleichzeitig übertragene monofrequente Signale bei 900 MHz und 900,2
MHz verursachen u.a. Spektralkomponenten bei 899,8 MHz und 900,4 MHz,
welche dann zu Nachbarkanalstörungen führen können. Die niedrigere der beiden
Komponenten entsteht dabei durch Mischung der ersten Oberwelle des 900 MHz
Signals bei 1800 MHz mit dem zweiten Signal bei 900,2 MHz. Die obere Komponente wird durch Mischung der ersten Oberwelle des zweiten Signals (1800,4
MHz) mit dem ersten Signal (900 MHz) gebildet. Diese Mischvorgänge sind
dann möglich, wenn die Verstärkerkennlinie kubische Anteile enthält, man
spricht deshalb von Intermodulationsprodukten der dritten Ordnung. Die Unter-

drückung dieser Produkte gegenüber den ursprünglichen Signalen ist ein wesentliches Qualitätskriterium für einen Verstärker.

Neben den Intermodulationsprodukten dritter Ordnung können auch noch weitere Spektralkomponenten entstehen, z.B. mischen sich die zweite Oberwelle des 900 MHz Signals (2700 MHz) und die erste Oberwelle des 900,2 MHz Signals (1800,4 MHz) zu 899,6 MHz. Auf ähnliche Weise kommt es zu einer Komponente bei 900,4 MHz. Solche Intermodulationsprodukte fünfter Ordnung werden gebildet, wenn die nichtlineare Übertragungskennlinie Koeffizienten fünfter Ordnung aufweist. Diese Anteile sind jedoch schon erheblich kleiner als die von dritter Ordnung.

Die Übertragungskennlinie einer Verstärkerstufe läßt sich oft durch eine Parabel dritter Ordnung beschreiben (siehe Bild 6.2.1):

$$y(t) = h\big[x(t)\big] = a_1 x(t) + a_3 x^3(t) \tag{6.2.1}$$

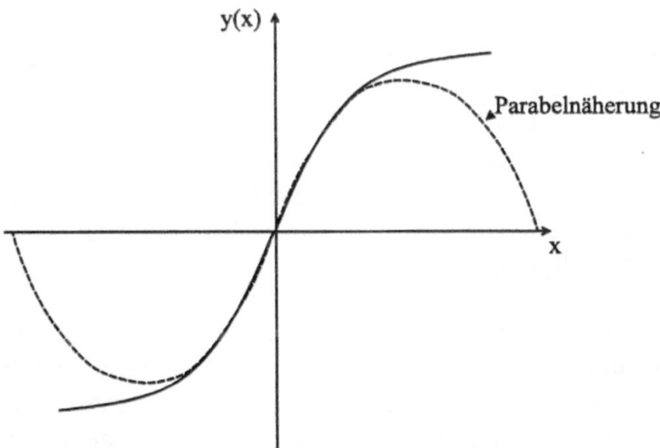

Bild 6.2.1: typische Übertragungskennlinie einer Verstärkerstufe

Setzen wir als Eingangssignal x(t) die Summe zweier dicht nebeneinanderliegender Einzelsignale an:

$$x(t) = A\cos\left[\left(\omega_0 - \frac{\Delta\omega}{2}\right)t\right] + B\cos\left[\left(\omega_0 + \frac{\Delta\omega}{2}\right)t\right] \tag{6.2.2}$$

erhalten wir für das Ausgangssignal der Verstärkerstufe:

$$y(t) = \left(a_1 A + \frac{3}{4} a_3 A^3 + \frac{3}{2} a_3 A B^2 \right) \cos\left[\left(\omega_0 - \frac{\Delta\omega}{2} \right) t \right] + \quad ; \quad \textit{lin. Anteil}$$

$$\left(a_1 B + \frac{3}{4} a_3 B^3 + \frac{3}{2} a_3 A^2 B \right) \cos\left[\left(\omega_0 + \frac{\Delta\omega}{2} \right) t \right] + \quad ; \quad \textit{lin. Anteil} \qquad (6.2.3)$$

$$\frac{3}{4} a_3 AB \left\{ A\cos\left[\left(\omega_0 - \frac{3}{2}\Delta\omega \right) t \right] + B\cos\left[\left(\omega_0 + \frac{3}{2}\Delta\omega \right) t \right] \right\} \quad ; \textit{Inter mod.}$$

y(t) besteht demnach aus zwei linearen Anteilen und zwei durch Intermodulation verursachten Komponenten bei ω_0 +/- 3/2 $\Delta\omega$. In Gl.(6.2.3) wurden die ebenfalls entstehenden Komponenten um 3 ω_0 nicht berücksichtigt, da diese für $\omega_0 \gg \Delta\omega$ leicht durch Tiefpaßfilterung eliminiert werden können. Man erkennt aus Gl.(6.2.3), daß die Amplitude der Intermodulationsprodukte direkt zum Koeffizienten a_3 der Übertragungskennlinie proportional ist.

Intermodulation entsteht nicht nur in der Sendeendstufe, auch Empfänger erzeugen in ihren nichtlinearen Eingangsstufen und Mischern unerwünschte Spektralkomponenten. Selbst passive Metallkomponenten in der Nähe der Sendeantenne (Antennenmast, Gebäudeteile etc.) können Intermodulation erzeugen. Dies wird durch schlechten elektrischen Kontakt zwischen korrodierten Metallteilen verursacht. Es entstehen ein nichtlinearer Gleichrichtereffekt in starken HF-Feldern und damit Intermodulationsprodukte, welche selber wieder über das nun als Antenne wirkende Metallteil abgestrahlt werden.

Sollen die störenden Auswirkungen der Intermodulationprodukte vermieden werden, dürfen nur die Kanäle verwendet werden, auf die keine Spektralkomponenten durch Intermodulation fallen. Für den Fall äquidistanter Trägerfrequenzen zeigt Tabelle 6.2.1 die Kanäle ohne Intermodulationsanteile dritter Ordnung [PAN79].

Mit zunehmender Anzahl von Trägerfrequenzen wird das Verhältnis von nötigen Kanälen zu verwendeten Trägerfrequenzen immer größer. Damit wird die ohnehin schon knappe Ressource Spektrum auch noch sehr schlecht ausgenutzt. Um gegenseitige Störungen zwischen den Funkkanälen zu vermeiden, müssen die Intermodulationsprodukte um mindestens ca. 60 dB abgesenkt werden. Leistungsverstärker, die so hohe Werte erreichen, lassen sich nur mit großer Mühe herstellen, wenn sie wirtschaftlich sein sollen. So wurden für das amerikanische D-AMPS-Mobilfunksystem von AT&T Bell Laboratories spezielle Leistungsverstärker für diesen Anwendungsfall mit 60 dB Intermodulationsunterdrückung entwickelt [JOH87]. Ein anderer Ansatz wird im japanischen JDC-System eingesetzt. Der in [NAR91] beschriebene "Self Adjusting Feed Forward" (SAFF) Verstärker erzielt durch eine besondere, mikroprozessorgesteuerte Regelschaltung Intermodulationsabstände von 70 dB.

Tabelle 6.2.1: Kanalzuteilung zur Vermeidung von Intermodulationsanteilen 3. Ordnung

Trägerfrequenzen	nötige Kanäle	Frequenzzuteilung
3	4	1,2,4
4	7	1,2,5,7
5	12	1,2,5,10,12
6	18	1,2,5,11,13,18
7	26	1,2,5,11,19,24,26
8	35	1,2,5,10,16,23,33,35
9	46	1,2,5,14,25,31,39,41,46
10	62	1,2,8,12,27,40,48,57,60,62

6.2.3 Verzerrungen und Störabstand

Nicht nur störende Intermodulation und damit zusätzliche Nachbarkanalstörungen werden durch nichtlineare Verstärkerstufen verursacht, auch wird der Störabstand $S/(N+I)$ als Verhältnis von Signalleistung S zu Rauschen N plus Gleichkanalinterferenz I verschlechtert.

Es wird ein Störsignal $z(t)$ betrachtet, welches sich aus verschiedenen Gleichkanalstörern und Rauschen zusammensetzt. Nach dem zentralen Grenzwertsatz können dann Real- und Imaginärteil des Störsignals als Gaußsche Zufallsvariablen aufgefaßt werden, bzw. für die Amplitude des Störsignals ergibt sich eine Rayleigh-Verteilung:

$$f_z(z) = \frac{z}{\sigma^2} e^{-z^2/(2\sigma^2)} \qquad (6.2.4)$$

Das Summensignal r am Antennenfußpunkt des Empfängers setzt sich aus dem gewünschten Signal s und dem Störsignal z zusammen:

$$r = s + z \qquad (6.2.5)$$

Der Störabstand am Ausgang der Empfängereingangsstufe mit der Übertragungsfunktion y(x) ist um den Faktor R kleiner als der Störabstand am Eingang derselben Stufe:

$$\left(\frac{S}{N+I}\right)_{out} = \left(\frac{S}{N+I}\right)_{in} \cdot R \qquad (6.2.6)$$

mit

$$\left(\frac{S}{N+I}\right)_{in} = \frac{s^2}{2\sigma^2} \qquad (6.2.7)$$

und

$$R = \frac{\left[\displaystyle\int_0^\infty z\, y(z)\, f_z(z)\, dz\right]^2}{\left[\displaystyle\int_0^\infty y^2(z)\, f_z(z)\, dz\right]\left[\displaystyle\int_0^\infty z^2\, f_z(z)\, dz\right]} \qquad (6.2.8)$$

Nach Anwendung der Schwartzschen Ungleichung [BRO91] erkennt man, daß für R gilt:

$$0 \le R \le 1 \qquad (6.2.9)$$

d.h., der Störabstand am Ausgang eines Bauteils mit nichtlinearer Kennlinie ist immer kleiner oder maximal gleich dem Störabstand am Eingang. Dies muß bei der Funknetzplanung berücksichtigt werden, denn der aufgrund des Modulationsverfahrens und der eingesetzten Codierverfahren ermittelte Mindest-Gleichkanalstörabstand ist entsprechend zu vergrößern.

6.3 Zeitmultiplex

Zeitmultiplexverfahren sind im Bereich der digitalen Mobilfunksysteme sehr verbreitet. Die gesamte, auf einem Trägersignal vorhandene Bandbreite wird zeitlich zwischen den Teilnehmern aufgeteilt. Oft werden TDMA und FDMA derart kombiniert, daß es mehrere Trägerfrequenzen gibt, auf die dann getrennt nach dem TDMA-Verfahren zugegriffen wird. So verwendet man z.B. im GSM-System Trägerfrequenzen mit jeweils 200 kHz Abstand zueinander, die ihrerseits wieder in je 8 Zeitschlitze (Slots) unterteilt sind (siehe Kapitel 7). Auch im Bereich der Schnurlostelefone setzen sich Zeitmultiplextechniken mehr und mehr durch. So werden z.B. beim europäischen DECT-Standard bis zu 10 Frequenzkanäle verwendet, die wiederum in je 12 Zeitschlitze für Up- und Downlink unterteilt sind. Die Anzahl der Zeitschlitze pro Träger hängt von vielen Faktoren ab, wie der maximal erlaubten Verzögerungszeit, der Datenrate, der Laufzeitverzögerung zwischen Sender und Empfänger, dem Modulationsverfahren sowie der verfügbaren Bandbreite.

6.3.1 Eigenschaften von TDMA

Die Zeitschlitze (Slots) eines Trägers sind zu Rahmen (Frames) zusammengefaßt (siehe Bild 6.3.1), wobei jeder Slot einem "Zeitkanal" entspricht. Nach Ablauf eines Frames wiederholt sich die Abfolge der Slots. Jeder Slot ist in ein Datenfeld für die Nutzlast und ein Feld für Synchronisations- und Signalisierungszwecke unterteilt. Letzteres kann sich direkt am Anfang (Präambel) oder in der Mitte (Midambel) des Slots befinden. In DECT-Systemen (siehe Kapitel 8.1.2) wird beispielsweise eine Präambel verwendet, wohingegen das GSM-System (siehe Kapitel 7.3.2) eine Midambel benutzt. Es zeigt sich, daß die Datenbits in der Nähe des Synchronisationsfeldes nach der Decodierung eine geringere Bitfehlerrate (BER, *engl.* Bit Error Rate) aufweisen als die weiter entfernten. Bei stark verzerrten Kanälen ist daher eine Midambel vorzuziehen.

Die Datenrate auf einem mit TDMA betriebenen Träger ist gleich der Summe der Einzeldatenraten aller darauf sendenden Teilnehmer. In je mehr Slots ein Träger unterteilt ist und je größer die Einzeldatenraten sind, desto höher ist die Gesamtdatenrate. Bei GSM beträgt sie 271 kbit/s, beim DECT-System sogar 1,152 Mbit/s. So hohe Übertragungsraten führen besonders bei der Mobilfunkübertragung aufgrund des hohen Delay Spread (siehe Kapitel 2.1.4) zu starker Intersymbol-Interferenz. Damit unter diesen Bedingungen überhaupt eine Datenübertragung möglich ist, bedarf es sehr leistungsfähiger Kanalentzerrer (Equalizer), wobei der Aufwand mit steigender Datenrate und steigendem Delay Spread zunimmt.

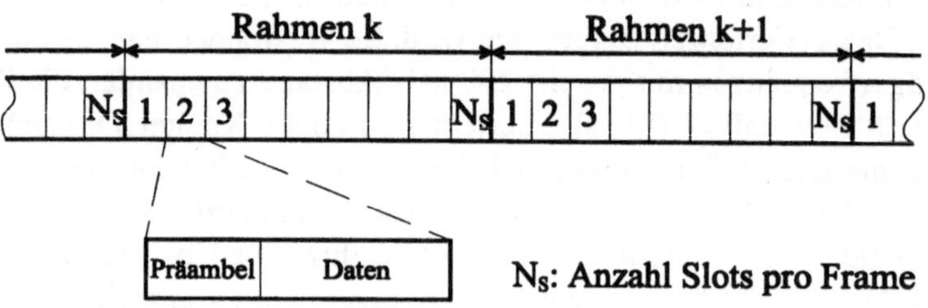

Bild 6.3.1: Rahmenaufbau eines TDMA-Systems

Auf der anderen Seite führt eine höhere Kanalbandbreite zu einer geringeren Anfälligkeit gegenüber Rayleigh-Fading. In den schmalbandigen FDMA-Systemen kann das schnelle Rayleigh-Fading zu Signaleinbrüchen von bis zu 40 dB und mehr führen, während in breitbandigeren TDMA-Systemen, je nach Verhältnis zwischen Sende- und Kohärenzbandbreite, nur Schwankungen von wenigen dB beobachtet werden.

Der schaltungstechnische Aufwand in TDMA-Systemen ist verglichen mit FDMA höher. Insbesondere ist sehr viel digitale Signalverarbeitung in breitbandigen TDMA-Systemen erforderlich. Es sind jedoch geringere Anforderungen an die Filter zu stellen. Insgesamt ergibt sich eine höhere Integrationsfähigkeit, die dafür verantwortlich ist, daß immer kleinere und leichtere Endgeräte möglich werden (Handys). Die Kosten von Basisstationen werden beträchtlich reduziert, da viele Komponenten, wie Coder, Modems etc. nur ein- bzw. zweimal pro Träger benötigt werden.

Ein weiterer Vorteil der TDMA-Technik ist die Möglichkeit, die Zeit zwischen zwei Sendebursts für Handover oder Feldstärkemessungen anderer Basisstationen zur Vorbereitung eines Handover zu benutzen. Im Idealfall ist so ein nahtloser ("seamless") Handover möglich, von dem der Netzteilnehmer während seiner Übertragung nichts bemerkt.

Für Datenübertragungen, bei denen es auf eine möglichst geringe Zugriffsverzögerung ankommt, bietet die TDMA-Technik gegenüber FDMA den Vorteil einer, aufgrund der hohen Datenrate, geringeren Verzögerungszeit D. D setzt sich aus der Wartezeit w und der Übertragungszeit τ für ein Datenpaket zusammen:

$$D = w + \tau \qquad (6.3.1)$$

In FDMA-Systemen, bei denen ja jeder Teilnehmer einen eigenen, exklusiven Träger benutzt, gibt es keine Wartezeit (w = 0). Mit der Übertragungszeit eines Datenpakets τ = T erhält man daher für die gesamte Verzögerung D_{FDMA}:

$$D_{FDMA} = T \qquad (6.3.2)$$

Wenn maximal N_S Datenquellen am Multiplex teilnehmen sollen, muß jeder TDMA-Frame aus ebensovielen Slots bestehen, die Übertragungsrate auf einem Träger muß also N_S-mal so hoch sein wie bei einem äquivalenten FDMA-System. Die Übertragungszeit für ein Datenpaket beträgt daher nur noch τ = T/N_S. Jeder Teilnehmer muß allerdings vor der Übertragung warten, bis sein Slot an der Reihe ist. Im Mittel wartet er daher w = $1/2 \cdot (N_S\,1) \cdot T/N_S$. Die gesamte Verzögerungszeit beträgt somit:

$$D_{TDMA} = T - \frac{T}{2} \cdot \left(1 - \frac{1}{N_S} \right) \qquad (6.3.3)$$

Mit der Datenrate R_Q einer Quelle und n Bits pro Slot erhalten wir damit:

$$D_{TDMA} = D_{FDMA} - \frac{n}{2 R_Q} (N_S - 1) \qquad (6.3.4)$$

Die Verzögerungszeit eines TDMA-Systems ist also immer kleiner als die eines vergleichbaren FDMA-Systems. Ob der Unterschied Δt in der Verzögerungszeit relevant ist oder nicht, hängt von den genauen Systemparametern und der Anwendung ab. Δt kann maximal halb so groß wie die Übertragungszeit eines Datenpakets bzw. die Rahmendauer T werden (z.B. ergibt sich bei N_S = 17 und T = 80 ms ein Unterschied von Δt = 37,7 ms).

6.3.2 Schutzzeit und Synchronisation

Damit es nicht zu Kollisionen zwischen den Teilnehmersignalen eines TDMA-Systems kommt, muß gewährleistet werden, daß jeder nur genau dann während eines Frames sendet, wenn er an der Reihe ist. Die Teilnehmersignale müssen also mit der Basisstation synchronisiert werden. Diese Synchronisation wird üblicherweise mit Hilfe eines von der Basisstation ausgesendeten Referenz- bzw. Pilotsignals vorgenommen, im Falle des GSM-Systems z.B. mit dem BCCH (siehe Kapitel 7).

Hier tritt jedoch ein Problem auf. Mobilstationen (MS), die sich nahe an ihrer Basisstation (BS) befinden, werden früher zu senden anfangen als solche, die weiter entfernt sind. Der Grund hierfür liegt in der endlichen Signalausbreitungsgeschwindigkeit. Betrachten wir eine Mobilstation, die 35 km von ihrer Basisstation entfernt ist, so dauert es $35 \cdot 10^3$ m / $3 \cdot 10^8$ m/s = 117 µs, bis das Synchronisationssignal der BS die MS erreicht. Anschließend dauert es weitere 117 µs, bis das Sendesignal der MS zur BS gelangt. Das macht zusammen 234 µs. Damit es nun zu keinen Störungen zwischen benachbarten Zeitschlitzen kommt, muß eine entsprechend lange Schutzzeit (guard time) zwischen den Slots vorgesehen werden (siehe Bild 6.3.2).

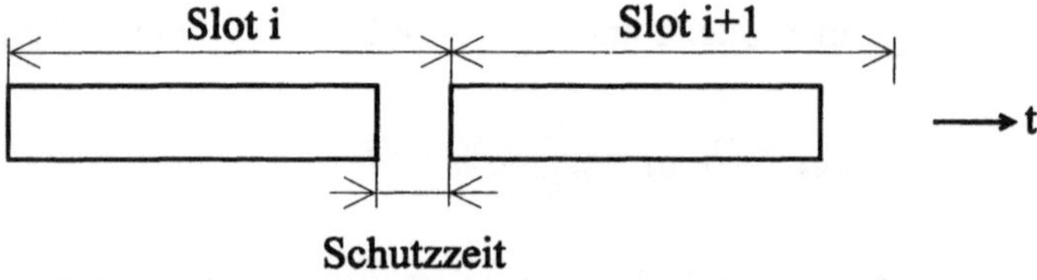

Bild 6.3.2: Schutzzeit

Lange Schutzzeiten können die Effizienz eines TDMA-Systems beträchtlich mindern, da während dieser Zeit keine Daten übertragen werden. So beträgt die Slotlänge im GSM-System nur 577 µs. Würde hier eine Schutzzeit von 234 µs vorgesehen, stünden mehr als 40 % der Übertragungskapazität nicht mehr zur Verfügung. Eine Möglichkeit, die auch bei GSM verwendet wird, ist das Prinzip des sogenannten "Timing Advance". Die BS mißt hierbei die Signallaufzeit bis zur MS und veranlaßt, daß diese entsprechend früher zu senden beginnt und so die Laufzeit wieder ausgleicht. Bei GSM kann die Schutzzeit damit auf ca. 30 µs reduziert werden.

6.4 Codemultiplex

CDMA - (*engl.* Code Division Multiple Access) Verfahren werden zur Zeit auf ihre Eignung für digitale Mobilfunksysteme untersucht, da sie eine Reihe von interessanten Eigenschaften bei der Mobilfunkübertragung bieten. Allen Teilnehmern wird hier gleichzeitig erlaubt, die gesamte zur Verfügung stehende Systembandbreite zu nutzen, es ist nur wenig Koordination zwischen den Teilnehmern nötig. Damit es dennoch nicht zu Kollisionen kommt, werden die Einzelsignale mit jeweils unterschiedlichen Codesequenzen versehen, die eine eindeutige Zuordnung der Signale ermöglichen. Während dieses Prozesses tritt eine Spreizung der Einzelsignale auf, wodurch sich die Bandbreite vervielfacht. In praktischen Systemen treten Spreizfaktoren zwischen etwa 10 und 1000 auf.

FDMA, TDMA und CDMA weisen aus informationstheoretischer Sicht die gleiche Kapazität auf, es spielt keine Rolle, ob eine Information in verschiedene Frequenzen, Zeitschlitze oder Codes unterteilt wird, die Kanalkapazität bleibt dieselbe. Die Gründe für die Auswahl eines bestimmten Multiplexverfahrens für einen konkreten Anwendungsfall liegen vielmehr in der jeweiligen Eignung des Verfahrens, den spezifischen Anforderungen gerecht zu werden, die sich aus dem Übertragungskanal, der technischen Realisierbarkeit, der Art des Datenverkehrs und weiterer Faktoren zusammensetzen.

Es gibt verschiedene Möglichkeiten, ein Informationssignal zu spreizen, dementsprechend gibt es auch verschiedene CDMA-Verfahren. Neben **Direct Sequence (DS-) CDMA** und **Frequency Hopping (FH-) CDMA**, die besonders für digitale Mobilfunksysteme interessant sind, gibt es noch weitere Verfahren, wie z.B. Time Hopping (TH-) CDMA und Kombinationen verschiedener Verfahren. Wir beschränken uns im weiteren Verlauf jedoch auf die beiden erstgenannten Verfahren.

6.4.1 Grundlagen der Spreizspektrumtechnik

Die Spreizspektrumtechnik bildet die Grundlage für die Codemultiplextechnik und hat ihre Wurzeln im Bereich der militärischen Kommunikation, wo sie bereits seit Mitte der fünfziger Jahre weiterentwickelt wird. Das bei der Spreizspektrumtechnik angewendete Prinzip ist, daß das zu übertragende Informationssignal weit über die mindestens zur Übertragung des Signals erforderliche Bandbreite gespreizt wird. Die Spreizung wird mit einem Code vorgenommen, welcher unabhängig von den zu sendenden Daten ist. Der Empfänger arbeitet synchron zur Codesequenz des Senders und macht die sendeseitige Spreizung wieder rückgängig, bevor die eigentliche Decodierung des Datensignals erfolgt.

Es gibt eine Reihe von Gründen, die für eine gespreizte Informationsübertragung sprechen, dazu zählen:

-   geringe Anfälligkeit gegenüber Effekten der Mehrwegeausbreitung. Aufgrund der hohen Sendebandbreite wird immer nur ein kleiner Teil des belegten Spektrums von frequenzselektivem Rayleigh-Fading beeinflußt, so daß die typischen Signaleinbrüche wesentlich schwächer sind als bei Schmalbandsystemen.

-   geringe spektrale Leistungsdichte. Eine Kommunikation ist sogar noch unterhalb der Rauschschwelle möglich.

-   geringe Beeinflussung durch Störsignale unterschiedlicher Ursachen (Antijamming) einschließlich Gleichkanalinterferenz (Antiinterference).

-   die Spreizsequenz wirkt auch als Verschlüsselung, denn die Nachricht kann nur dann detektiert werden, wenn der Spreizcode bekannt ist.

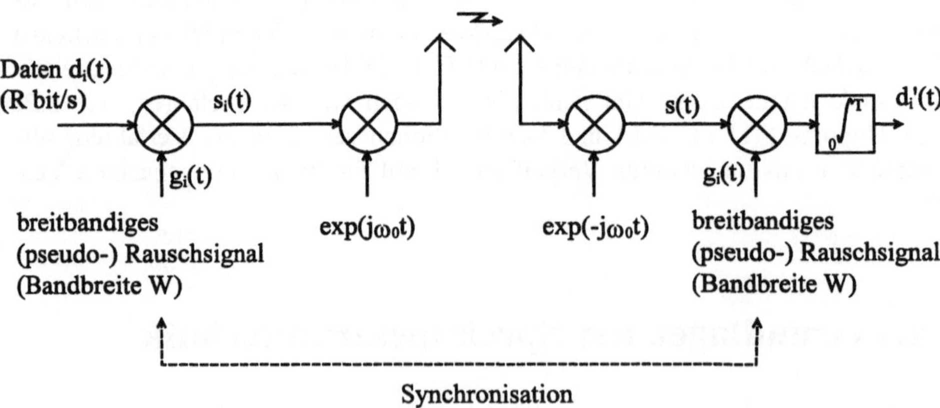

Bild 6.4.1: Spreizspektrum-Übertragungskette

Bild 6.4.1 zeigt das Prinzipschaltbild einer Spreizspektrumübertragung. Die zu übertragenden Daten werden zunächst mit einer (pseudo-) zufälligen, rauschähnlichen Spreizsequenz über einen größeren Spektralbereich verteilt. Nach der Modulation auf einen hochfrequenten Träger wird das gespreizte Signal über die Antenne abgestrahlt. Der Empfänger erhält dieses Signal von seiner Antenne, demoduliert es und führt eine Despreizung mit einem zum Sender synchronen Spreizsignal durch.

Der Empfänger empfängt nicht nur das Signal des gewünschten Senders, sondern zusätzlich Signale von anderen Sendern, die im gleichen Frequenzbereich senden. Durch den Entspreizvorgang im Empfänger wird allerdings nur das Signal wieder entspreizt, also in der Bandbreite wieder verringert, welches den gleichen und synchronen Spreizcode wie der Empfänger verwendet (siehe Bild 6.4.2). Nach dem Entspreizen kann das gewünschte Signal leicht aus dem Summensignal herausgefiltert werden, es bleibt nur ein geringer Teil der Störleistung übrig. Der in Bild 6.4.1 enthaltene Integrator verhält sich im Spektralbereich wie ein Tiefpaßfilter.

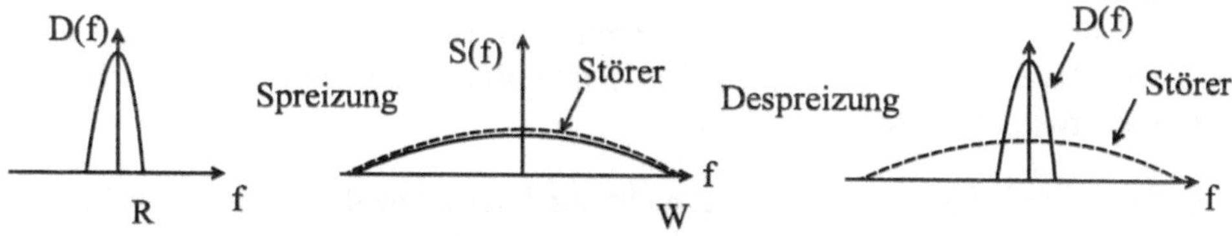

Bild 6.4.2: Spreiz- und Entspreizvorgang im Spektralbereich

Ist S die Empfangsleistung, die von einem Sender hervorgerufen wird, und existieren insgesamt K Sender, ergibt sich am Empfängereingang ein Signal- zu Störleistungsverhältnis S/I von:

$$\frac{S}{I} = \frac{S}{(K-1)S} = \frac{1}{K-1} < 1 \quad ; \quad K > 1 \tag{6.4.1}$$

wenn die Empfangssignale aller Sender gleich stark sind, also eine entsprechende ideale Leistungsregelung vorausgesetzt wird. Man erkennt aus Gl.(6.4.1), daß S/I kleiner als 1 ist, die Störleistung also größer als die Signalleistung ist. Für den Decoder ist jedoch bei einer signalangepaßten Filterung ("Matched Filter", [PRO89]) nicht das S/I relevant, sondern das Verhältnis aus Signalenergie E_S und

Störleistungsdichte I_0. Unter der Voraussetzung, daß die Störleistung im Spektralbereich W gleichverteilt ist, erhält man:

$$I_0 = \frac{I}{W} \qquad\qquad (6.4.2)$$

Für die Signalenergie gilt:

$$E_S = \frac{S}{R} \qquad\qquad (6.4.3)$$

Daraus folgt:

$$\frac{E_S}{I_0} = \frac{W/R}{K-1} \qquad\qquad (6.4.4)$$

E_S/I_0 ist also um den Faktor W/R größer als S/I. W/R wird auch als **Prozeßgewinn** bezeichnet. Bei einem Spreizfaktor von 100 ergibt sich so ein Prozeßgewinn von 20 dB. Die Anzahl der möglichen Teilnehmer ergibt sich damit aus dem Spreizfaktor und dem für eine ausreichende Verbindungsqualität mindestens erforderlichen E_S/I_0. Letzteres hängt insbesondere vom verwendeten Modulationsverfahren und der Fehlerschutzcodierung ab. Bei zusätzlichem Einsatz von Antennen-Diversity (siehe Kapitel 2.1.7) und Rake-Empfängern läßt sich ein E_S/I_0 von etwa 7 dB erreichen [VIT95].

In einem CDMA-Mobilfunknetz tritt nicht nur Interferenz durch die Teilnehmersignale innerhalb einer Zelle auf, sondern auch aus den benachbarten Zellen. Das Verhältnis f zwischen der Interferenzleistung aus anderen Zellen und der betrachteten Zelle hängt von verschiedenen Faktoren ab wie z.B. den Wellenausbreitungsverhältnissen, dem eingesetzten Verfahren zur Sendeleistungsregelung oder davon, ob Soft-Handover bzw. Makrodiversity (siehe Kapitel 3.1.3) verwendet wird. In [VIT95] werden für verschiedene Szenarien Werte für f berechnet. In praktisch relevanten Umgebungen und bei Einsatz von Soft-Handover liegen diese Werte zwischen etwa 0,6 und 3.

Werden an den Basisstationen Sektorantennen verwendet (siehe Kapitel 3.1.2), läßt sich die Interferenzleistung etwa um den Grad der Sektorisierung G reduzieren. Im amerikanischen CDMA-Mobilfunksystem der Firma Qualcomm (siehe Kapitel 8.7) wird z.B. eine dreifache Sektorisierung (G = 3) verwendet. Eine zusätzliche Verringerung der Interferenzleistung um den Faktor $\eta_S \approx 0,45$ kann erreicht werden, wenn in den Sprachpausen nicht gesendet wird (DTX, *engl.* Discontinuous Transmission).

Mit Gl.(6.4.4) ergibt sich daher die Teilnehmerzahl K einer CDMA-Mobilfunk-zelle, wenn Rauschen vernachlässigt wird.

$$K = \frac{W/R}{E_S/I_0} \cdot \frac{G}{(1+f)\eta_S} + 1 \tag{6.4.5}$$

Die Teilnehmerkapazität nach Gl.(6.4.5) reduziert sich in der Praxis durch die Bandbreiteneffizienz des eingesetzten Modulationsverfahrens (< 1), die Neben-zipfel der Basisstationsantennen ($G < 3$) und besonders durch eine nicht ideale Sendeleistungsregelung. Gerade dieser letzte Punkt ist eines der Kernprobleme von CDMA-Systemen für zellulare Mobilfunknetze.

6.4.2 Spreizsequenzen

Spreizsequenzen werden bei den meisten Spreizspektrumverfahren benötigt. Bei DS-CDMA als Daten-Spreizmodulation und zur Steuerung der Sprungmuster bei FH- und TH-CDMA. Nach Bild 6.4.1 erfolgt im Sender die Spreizung durch Multiplikation mit einem breitbandigen Rauschsignal $g_i(t)$. Es gilt daher für das gespreizte Signal $s_i(t)$:

$$s_i(t) = d_i(t) \cdot g_i(t) \tag{6.4.6}$$

Das Empfangssignal s(t) besteht nicht nur aus dem Signal eines Senders $s_i(t)$, sondern zusätzlich noch aus den (K-1) Signalen der anderen Teilnehmer:

$$s(t) = \sum_{v=1}^{K} s_v(t) = \sum_{v=1}^{K} d_v(t) \cdot g_v(t) \tag{6.4.7}$$

Zur Entspreizung des Signals $s_i(t)$ wird das Summensignal s(t) im Empfänger mit dem Rauschsignal $g_i(t)$ korreliert:

$$\int \sum_v s_v(t) \cdot g_i(t) dt = \sum_v d_v(t) \int g_v(t) g_i(t) dt \tag{6.4.8}$$

Für das hier verwendete ideale Rauschsignal g(t) gilt:

$$\int g_i(t) g_j(t) \, dt = \begin{cases} 1 & ; \quad i = j \\ 0 & ; \quad i \neq j \end{cases} \tag{6.4.9}$$

Mit Gl.(6.4.9) in Gl.(6.4.8) erhält man als Ausgangssignal des Entspreizvorgangs das gewünschte Datensignal $d_i(t)$.

Viele Probleme der Spreizspektrumtechnik wären gelöst, wenn es gelänge, reproduzierbare, ideale Rauschsequenzen ohne statistische Bindung zwischen den Elementen der Sequenzen einzusetzen. Diese Eigenschaft läßt sich mit der Auto- und der Kreuzkorrelationsfunktion beschreiben bzw. quantifizieren. Die Autokorrelationsfunktion $\phi_{ii}(k)$ gibt eine Information über die statistische Bindung der Elemente __einer__ Sequenz $c_i(\nu)$ mit n Elementen:

$$\phi_{ii}(k) = \sum_{\nu=1}^{n} c_i(\nu)c_i(\nu+k), \tag{6.4.10}$$

während die Kreuzkorrelationsfunktion $\phi_{ij}(k)$ Auskunft über die statistischen Bindungen __verschiedener__ Sequenzen $c_i(\nu)$ und $c_j(\nu)$ gibt:

$$\phi_{ij}(k) = \sum_{\nu=1}^{n} c_i(\nu)c_j(\nu+k) \tag{6.4.11}$$

Bei einer idealen Rauschsequenz gilt:

$$\phi_{ij}(k) = \begin{cases} \delta(k) & ; \quad i = j \\ 0 & ; \quad i \neq j \end{cases} \tag{6.4.12}$$

Ideale Rauschsequenzen lassen sich technisch nicht reproduzierbar in der für Spreizspektrumsysteme nötigen Form erzeugen. Man verwendet daher rauschähnliche Sequenzen, sogenannte Pseudo Noise (PN-) Sequenzen. Nachfolgend werden einige Verfahren vorgestellt, mit denen solche Sequenzen erzeugt werden können.

6.4.2.1 M-Sequenzen

Eine Möglichkeit, PN-Folgen zu erzeugen, sind linear rückgekoppelte Schieberegister. Werden m Schieberegister nach Bild 6.4.3 durch eine geeignete Kombination ihrer Ausgangswerte zurückgekoppelt, erhält man eine $n = 2^m - 1$ lange, periodische Folge $b_i(k)$ von Nullen und Einsen. Solche binären Folgen werden auch als Maximalfolgen bezeichnet, wenn das charakteristische Polynom, das die Rückkopplung der Schieberegister beschreibt, irreduzibel ist. Ein irreduzibles Polynom kann nicht in andere Polynome zerlegt werden. Nur mit nicht zerlegbaren Polynomen lassen sich Maximalfolgen erzeugen, aber auch unter diesen irreduziblen Polynomen erzeugen nicht alle eine Maximalfolge, nur ganz bestimmte können dazu verwendet werden, man nennt diese Polynome primitiv [LÜK92].

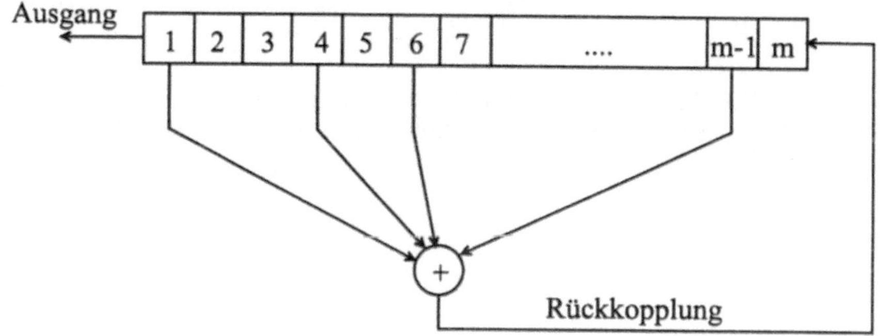

Bild 6.4.3: Linearer Schieberegistergenerator

Maximalfolgen haben drei wesentliche Eigenschaften:

- jede Periode einer Maximalfolge besteht genau aus 2^{m-1} Einsen und 2^{m-1} - 1 Nullen.

- innerhalb einer Maximalfolge gibt es N_a Gruppen aus i Einsen bzw. Nullen. Es gilt:

$$N_a = \begin{cases} 2^{m-i} & ; \quad \text{"1er" Gruppen} \quad \text{für} \quad 1 \leq i \leq m \\ 2^{m-i} - 1 & ; \quad \text{"0er" Gruppen} \quad \text{für} \quad 1 \leq i \leq m \\ 0 \text{ oder } 1 & ; \quad \text{für } i > m \end{cases} \qquad (6.4.13)$$

- die Autokorrelationsfunktion $\phi_{ii}(k)$ besitzt die Periodenlänge n und lautet:

$$\phi_{ii}(k) = \begin{cases} n & ; \quad k = 0 \\ -1 & ; \quad 1 \leq k \leq n-1 \end{cases} \qquad (6.4.14)$$

In Spreizspektrumanwendungen benutzt man meist eine andere Codierung, bei der die 0 als -1 umcodiert wird

$$c_i(k) = 2b_i(k) - 1 \qquad\qquad (6.4.15)$$

und die Folgenelemente zeitkontinuierlich in Form sogenannter **"Chips"** vorliegen, z.B. als Rechtecksignal:

$$c_i(t) = c_i(k) \cdot rect\left(\frac{t - kT_c}{T_c}\right) \qquad\qquad (6.4.16)$$

mit der Chipdauer T_c bzw. der Chipfrequenz $f_c = 1/T_c$. Bild 6.4.4 zeigt die zeitkontinuierliche Autokorrelationsfunktion $\phi_{ii}(\tau)$ einer Maximalfolge nach Gl.(6.4.16).

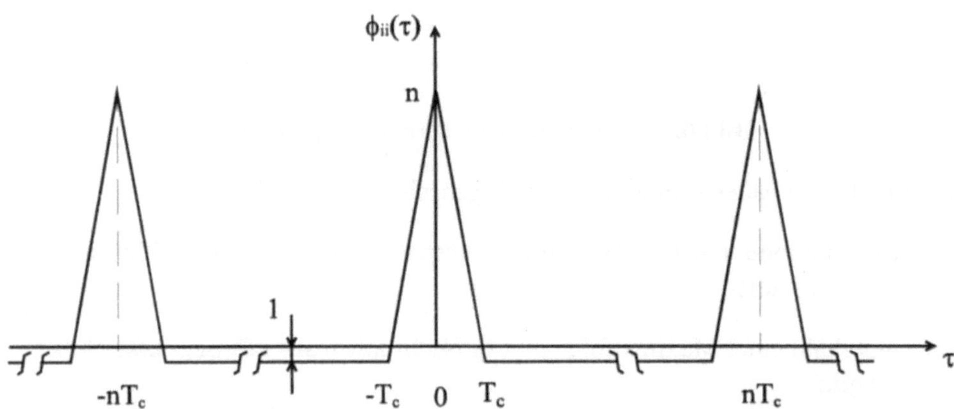

Bild 6.4.4: Autokorrelationsfunktion einer Maximalfolge

Die Autokorrelationsfunktion langer m-Sequenzen ist fast ideal, jedoch wird der Synchronisationsvorgang im Empfänger ebenfalls sehr lang. Daher ergeben sich praktische Grenzen für m. Nicht nur die Autokorrelationseigenschaften einer PN-Sequenz sind für die Spreizspektrumtechnik relevant, im Zusammenhang mit Codemultiplex sind besonders auch die Kreuzkorrelationseigenschaften von großem Interesse. Je niedriger die Kreuzkorrelationswerte der PN-Folgen verschiedener Teilnehmersignale sind, desto mehr Teilnehmer können am Codemultiplex teilhaben bzw. desto geringer sind die gegenseitigen Störungen.

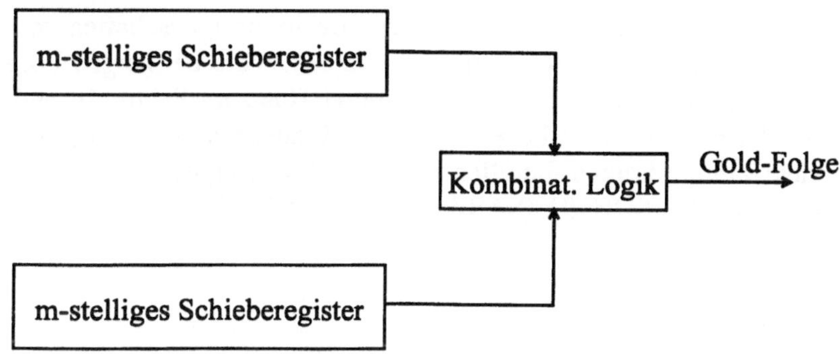

Bild 6.4.5: Erzeugung von Gold-Folgen

Es wurden in der Vergangenheit eine Vielzahl von speziellen PN-Folgen mit besonders guten Kreuzkorrelationseigenschaften untersucht. Ein Beispiel hierfür sind die Gold-Folgen [GOL67], welche nach Bild 6.4.5 aus zwei kombinatorisch verknüpften m-Sequenzen bestehen.

Tabelle 6.4.1: Kreuzkorrelationsverhalten von m-Sequenzen und Gold-Folgen

m	$n = 2^m - 1$	Anzahl der m-Sequenzen	m-Sequenz $\phi_{ij,max}/\phi_{ii}(0)$	Gold-Folge $\phi_{ij,max}/\phi_{ii}(0)$
3	7	2	0,71	0,71
4	15	2	0,60	0,60
5	31	6	0,35	0,29
6	63	6	0,36	0,27
7	127	18	0,32	0,13
8	255	16	0,37	0,13
9	511	48	0,22	0,06
10	1023	60	0,37	0,06
11	2047	176	0,14	0,03
12	4095	144	0,34	0,03

Tabelle 6.4.1 zeigt eine Übersicht der Kreuzkorrelationseigenschaften von Maximalfolgen und Gold-Folgen. Man erkennt, daß besonders bei langen Folgen die Kreuzkorrelationswerte der Gold-Folgen deutlich (bis zum Faktor 10 und mehr) unter denen der m-Sequenzen liegen. Neben m-Sequenzen und Gold-Folgen gibt es noch viele weitere Folgen-Familien mit guten Eigenschaften für spezielle Anwendungsfälle (siehe [SCH79], [SAR80] und [KAS66]).

6.4.2.2 Walsh-Folgen

Walsh-Funktionen sind ein vollständiges, orthogonales Funktionensystem und werden durch zwei Parameter, nämlich ihre Sequenz μ und ihre Zeitbasis δ gekennzeichnet. Die Sequenz ist halb so groß wie die Zahl der Zeichenwechsel ($+1 \rightarrow -1$ oder umgekehrt) innerhalb der Zeit T:

$$\mu = \frac{Zahl\ der\ Zeichenwechsel\ /\ T}{2} \tag{6.4.17}$$

Für die Zeitbasis gilt:

$$\delta = \frac{t}{T} \tag{6.4.18}$$

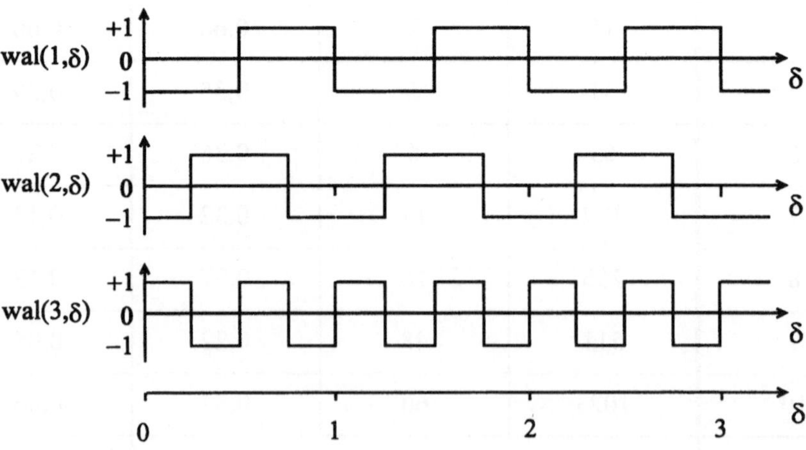

Bild 6.4.6: Beispiel einiger Walsh-Funktionen

Die Walsh-Funktionen, die durch diese Definitionen entstehen, werden als wal($2\mu,\delta$) bezeichnet. Bild 6.4.6 zeigt als Beispiel einige Walsh-Funktionen. Im Bereich der digitalen Mobilfunksysteme werden Walsh-Funktionen z.B. in CDMA-Systemen nach IS-95 verwendet (siehe Kapitel 8.7). Die Autokorrelationsfunktion von Walsh-Folgen verschwindet an den Stellen $t = n \cdot T$, $n \neq 0$.

6.4.3 DS-CDMA

Beim Direct Sequence (DS-) CDMA wird die Datenfolge direkt mit der Spreizsequenz multipliziert und anschließend moduliert. Es sind dabei verschiedene Modulationsverfahren möglich. Es können sowohl ASK-, FSK- oder auch PSK-Verfahren verwendet werden. Am verbreitetsten sind BPSK und QPSK (siehe Kapitel 4.2.3). Bild 6.4.7 zeigt ein stark vereinfachtes Prinzipschaltbild eines DS-CDMA Senders und Empfängers.

Nach Spreizung und Modulation folgen eine Bandpaß-Filterung (Sendefilter) und der Leistungsverstärker, der für die erforderliche Sendeleistung sorgt. Am Empfängereingang befindet sich zunächst ein Bandpaßfilter zur Selektion und Rauschminderung. Hieran schließt sich die Demodulationsschaltung an, die das Sendesignal wieder ins Basisband transformiert. Hierfür kann, je nach Modulationsverfahren, eine synchrone Regeneration des Trägersignals erforderlich sein. Dies wird üblicherweise mit einem Phasenregelkreis (PLL) vorgenommen. Nachdem das Signal wieder in Basisbandlage vorliegt, folgt die Despreizung mit einer zur Sende-PN-Folge synchronen Chipsequenz. Die Synchronisation wird mit einer besonderen Regelschaltung vorgenommen, die oft in Grob- (Aquisitions-) und Fein- (Tracking-) Regelung unterteilt ist.

Die Daten liegen als bipolare Rechteckfolge mit der Breite T vor, d.h., die spektrale Leistungsdichtefunktion des Datensignals D(f) lautet:

$$D(f) = T\,si^2(\pi f T) \tag{6.4.19}$$

Die (Basis-) Bandbreite dieses Signals beträgt 1/T, wenn das Spektrum bis zur ersten Nullstelle betrachtet wird. Die Chips $c_i(t)$ der Spreizsequenz sind ebenfalls bipolare Rechtecksignale, diesmal allerdings mit der Breite $T_c < T$, d.h., es ergibt sich ein Leistungsdichtespektrum der Form:

$$C(f) = T_c\,si^2(\pi f T_c) \tag{6.4.20}$$

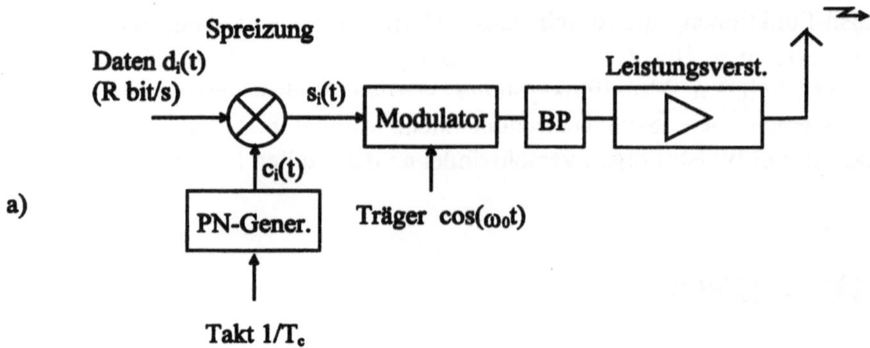

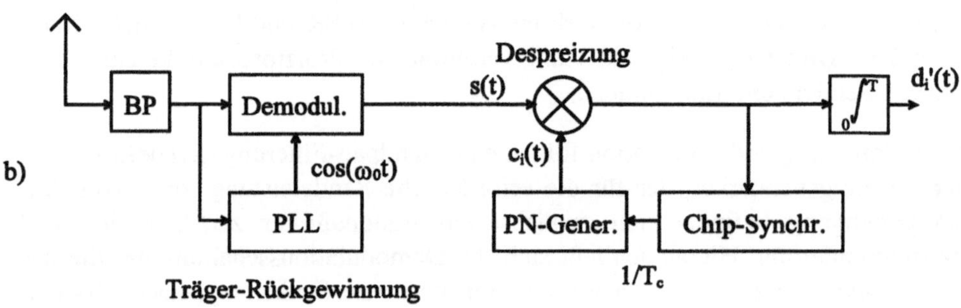

Bild 6.4.7: Prinzip eines DS-CDMA Senders (a) und Empfängers (b)

mit der Breite $1/T_c$. Der Prozeßgewinn G_p beträgt daher:

$$G_p = \frac{1/T_c}{1/T} = \frac{R_c}{R} \tag{6.4.21}$$

Je höher also die Chiprate R_c gegenüber der Bitrate R ist, desto höher wird der Prozeßgewinn. Bei praktischen DS-Spreizspektrumsystemen werden, je nach Datenrate, Prozeßgewinne zwischen etwa 10 und 1000 realisiert.

Bild 6.4.8 zeigt exemplarisch den Spreizvorgang eines Datensignals. Ein Bit kann dabei, wie im Bild gezeigt, genau einer Periode der Spreizsequenz entsprechen, kann aber auch unabhängig von der PN-Periode sein.

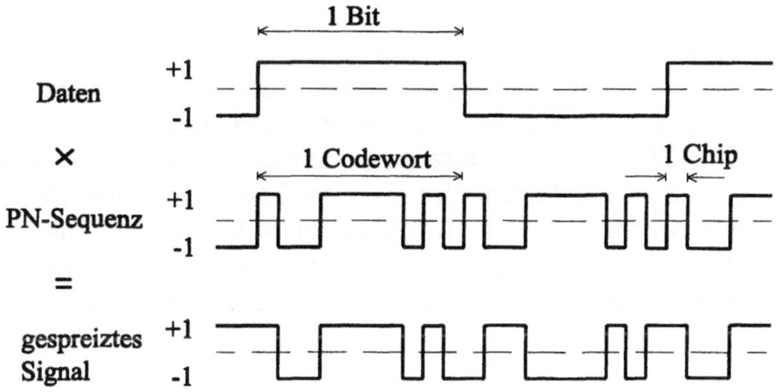

Bild 6.4.8: DS-CDMA Spreizvorgang

Wie bereits in Kapitel 6.4.2 gezeigt wurde, lassen sich PN-Sequenzen nicht in idealer Form für praktische Spreizspektrumsysteme erzeugen. Die Kreuzkorrelationsfunktion ist auch bei den besten Spreizsequenzen nie überall Null. Solange die verschiedenen Teilnehmersignale alle mit der gleichen Leistung beim Empfänger ankommen, ist dies in Grenzen tolerierbar. In einem CDMA Vielfachzugriffssystem wird dadurch nur der Signal-Rauschabstand vor dem Decoder etwas verringert, was wiederum die maximale Teilnehmerzahl begrenzt. Sind allerdings die Teilnehmersignale unterschiedlich stark, können die nichtidealen Korrelationseigenschaften des Spreizcodes dazu führen, daß das eigentlich gewünschte Signal, trotz richtiger Entspreizsequenz, von den anderen Signalen "zugedeckt" wird. Man bezeichnet dies auch als "Near-Far Effekt". In DS-CDMA Systemen ist deshalb eine möglichst genaue Leistungsregelung der Teilnehmersignale auf gleiche Empfangsleistung erforderlich. Eine nicht exakte Leistungsregelung kann die Teilnehmerkapazität beträchtlich mindern [KUD92].

6.4.4 FH-CDMA

Die Spreizung des Datensignals kann auch durch Frequenzspringen erfolgen. Die Trägerfrequenz des Senders wird hierbei in Abhängigkeit einer PN-Sequenz variiert. Bild 6.4.9 zeigt das Prinzipschaltbild eines FH-Spreizspektrumsenders. Je nachdem wie groß die Sprungrate gegenüber der Bitrate ist, unterscheidet man langsames Frequenzspringen (SFH, *engl.* Slow Frequency Hopping) und schnelles Frequenzspringen (FFH, *engl.* Fast Frequency Hopping). Bei SFH-Systemen werden bei jedem Frequenzsprung ein oder mehrere Bits bzw. Symbole gesendet, bei FFH können sehr viele Sprünge pro Bit stattfinden. Je nach Datenrate werden bis zu 1000 Frequenzsprünge pro Bitdauer vorgenommen. Für FH-CDMA Systeme sind nur FFH-Verfahren einsetzbar, wohingegen SFH oft mit anderen Vielfachzugriffsverfahren kombiniert wird. So erreicht man z.B. im GSM-System, welches ja eine Kombination aus TDMA und FDMA verwendet, mit einem optionalen, langsamen Frequenzspringen in Verbindung mit Interleaving (siehe Kapitel 5) und Fehlerkorrekturverfahren eine höhere Fading-Resistenz.

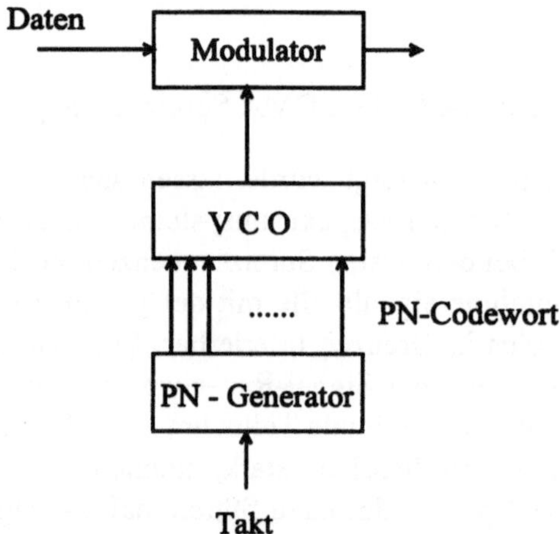

Bild 6.4.9: FH-Spreizspektrum Sender

Bei FH-CDMA werden sowohl die Zeitachse als auch die Frequenzachse unterteilt. Die Sprungsequenzen der einzelnen Teilnehmer müssen, genau wie die Spreizsequenzen bei DS-CDMA, orthogonal sein. Je besser die Orthogonalitätseigenschaften der verwendeten Codes sind, desto besser lassen sich die Einzelsignale aus dem CDMA-Signalgemisch wieder rückgewinnen.

Bild 6.4.10 zeigt am Beispiel dreier Teilnehmersignale K1, K2 und K3 die Aufteilung der Frequenz- und Zeitachse. Teilnehmer K1 belegt zunächst den Frequenzbereich 1, springt danach zu Band 3 und schließlich wieder zurück nach Band 1. Die anderen beiden Signale springen in einem anderen Sprungmuster, so daß es zu keinen Kollisionen kommt. Bei einem hohen Spreizfaktor, also vielen Sprüngen pro Bitdauer T, wird die Signalleistung über einen weiten Bereich verstreut, gelegentliche Kollisionen durch nicht optimale Sprungsequenzen können in Grenzen toleriert werden. Es tritt ein ähnlicher Effekt ein wie bei nicht idealen Spreizsequenzen im DS-CDMA Verfahren.

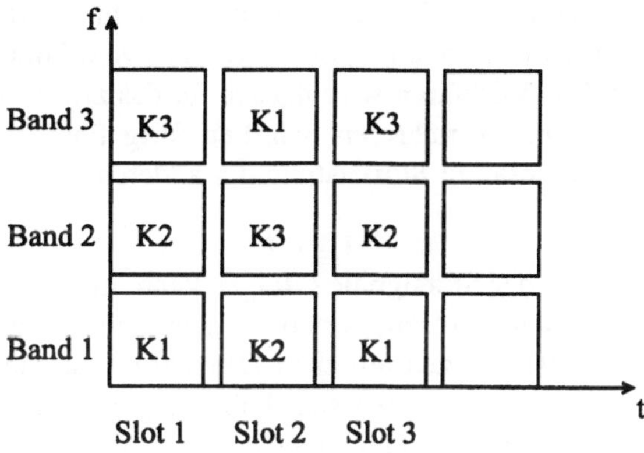

Bild 6.4.10: FH-CDMA Beispiel

Hohe Sprungfrequenzen erfordern sehr frequenzagile Synthesizer, sowohl auf der Sendeseite als auch auf der Empfangsseite. Solche Oszillatoren sind allerdings nur mit sehr hohem technischen Aufwand realisierbar. FH-CDMA bietet aber einige Vorteile gegenüber DS-CDMA. So gibt es bei FH-CDMA nicht das "Near-Far"-Problem, d.h., die einzelnen Teilnehmersignale dürfen auch mit unterschiedlicher Leistung beim Empfänger eintreffen. Ein weiterer Vorteil liegt bei der Übertragung auf Kanälen mit hohem Delay-Spread, das bei DS-CDMA zu Intersymbol-Interferenz führt, und deshalb mit entsprechenden Kanalentzerrern bzw. einem RAKE-Empfänger wieder ausgeglichen werden muß. Erfolgt bei FH-Spreizspektrumsystemen das Frequenzspringen schneller als die reflektierten Signalanteile benötigen, um zum Empfänger zu gelangen, kommt es zu keiner Impulsverbreiterung durch Intersymbol-Interferenz.

6.4.5 Interferenzeliminierung

Anders als bei FDMA- und TDMA-Systemen tritt bei CDMA-Mobilfunksystemen auch starke Interferenz aus der eigenen Zelle auf. Im Gegensatz zu militärischen Kommunikationssystemen, in denen CDMA zuerst eingesetzt wurde, sind in zivilen Mobilfunknetzen prinzipiell alle Spreizcodes der Teilnehmersignale bekannt. Dieses *a priori* Wissen kann nutzbringend zur Interferenzeliminierung eingesetzt werden [BAI96].

Die Technik der Interferenzeliminierung (**Interference Cancellation**) wird sukzessiv durchgeführt, indem zunächst das stärkste Störsignal detektiert wird, und anschließend der Beitrag dieses rekonstruierten Signals vom Summen-CDMA-Signal abgezogen wird. Das Verfahren wird danach für das zweitstärkste Störsignal ebenfalls durchgeführt und in mehreren Schritten fortgeführt. Auf diese Weise kann nach und nach die gesamte Störleistung der anderen Teilnehmer eliminiert werden.

Damit die Rekonstruktion der Störsignale erfolgen kann, müssen die entsprechenden Spreizcodes und Kanalimpulsantworten bekannt sein. Letztere können z.B. adaptiv mittels Trainingssequenzen aus dem Datenstrom geschätzt werden. Die Interferenzeliminierung erfordert einen sehr hohen Signalverarbeitungsaufwand, kann aber die Problematik der Sendeleistungsregelung mindern. In der Regel sind nur die Spreizcodes innerhalb einer Zelle verfügbar, eine netzweite Ermittlung und Kanalschätzung würde zuviel Signalisierungs- und Rechenaufwand erfordern. Die maximale Steigerung v der Teilnehmerkapazität durch Interferenzeliminierung beträgt daher nach Gl.(6.4.5):

$$v \approx \frac{1+f}{f} \qquad\qquad (6.4.22)$$

mit dem Verhältnis f der Interferenzleistungen aus den anderen Zellen des Netzes zur Interferenzleistung der betrachteten Zelle. Mit f = 1 ergibt sich daher etwa eine Verdopplung der Teilnehmerkapazität.

Eine vom Ansatz her andere Technik ist die gemeinsame Detektion (**Joint Detection**) der gesamten Teilnehmersignale einer CDMA-Mobilfunkzelle nach Bild 6.4.11. Das Summensignal der Antenne, bestehend aus den K gespreizten Teilnehmersignalen und Rauschen, wird zunächst K Matched Filtern (siehe Kapitel 4.4), die auf die jeweiligen Teilnehmersignale abgestimmt sind, zugeführt. Der am Ausgang der Filter anliegende Signalvektor $\vec{y} = \left(y_1, y_2, \ldots y_K\right)^T$ wird anschließend einem Detektions-Algorithmus zugeführt, der den wahrscheinlichsten Datenvektor $\vec{d} = \left(d_1, d_2, \ldots d_K\right)^T$ durch Maximum Likelihood Decodierung (siehe Kapitel 5.2.3.2) bestimmt.

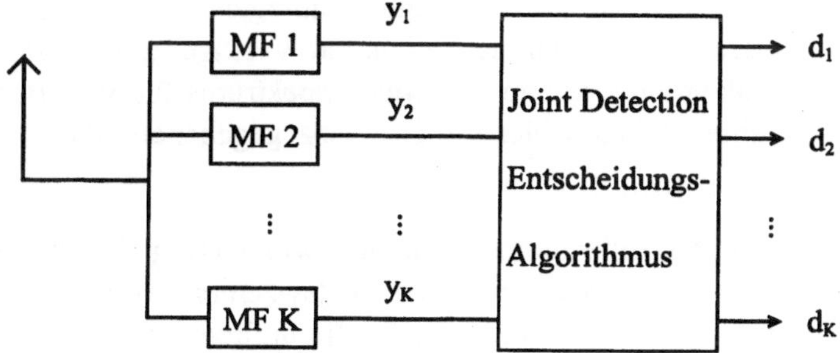

MF: Matched Filter

Bild 6.4.11: Gemeinsame (Maximum Likelihood) Detektion

"Joint Detection" eliminiert ebenso wie das sukzessive "Interference Cancelling" die Intrazell-Interferenz, d.h. die Störungen durch die anderen Teilnehmersignale in der Zelle. Beide Verfahren erfordern einen sehr hohen Signalverarbeitungs- aufwand und sind beim heutigen Stand der Technik noch nicht wirtschaftlich in digitalen Mobilfunksystemen einsetzbar.

Bei der konventionellen Einzelnutzer-Detektion wird jedes Teilnehmersignal in- dividuell decodiert; die anderen Teilnehmersignale werden wie Rauschen behan- delt. Dies erlaubt eine sehr hohe Flexibilität hinsichtlich unterschiedlicher Daten- bzw. Chipraten der Signale. Bei einer gemeinsamen Detektion wirkt sich jede Veränderung eines Teilnehmersignals sofort auch auf den Detektionsprozess der anderen Signale aus. Wenn also unterschiedliche und variable Datenraten bzw. Quellenstatistiken, Übertragungsbandbreiten, Dienstgüten, etc. gefordert sind, können die beschriebenen Techniken der Interferenzeliminierung bzw. der ge- meinsamen Detektion von Nachteil sein [BAI96].

6.5 Paketzugriffsverfahren

Die in den vorangegangenen Kapiteln behandelten Multiplexverfahren gehen von einem ununterbrochenen Datenstrom zu und von den Netzteilnehmern aus, d.h., eine einmal zugeteilte Ressource, wie z.B. eine Trägerfrequenz oder ein Zeit- schlitz, bleibt während der gesamten Kommunikationsbeziehung zugeteilt. Auch wenn momentan keine Daten zur Übertragung anliegen, wird eine Ressource belegt, sie steht anderen Netzteilnehmern nicht zur Verfügung. Dies führt zu einer nicht optimalen Nutzung des knappen Frequenzspektrums für Mobilfunksysteme. Paketzugriffsverfahren können hier die Effizienz gegebenenfalls erheblich steigern.

Innerhalb von mobilen Informationssystemen wie Paging, Nachrichtennetzen, Packet-Radio, Verkehrsinformations- und -leitsystemen werden heute bereits häufig Paketzugriffsverfahren eingesetzt, da die aufkommenden Nachrichtentypen einen sehr hohen Burstfaktor besitzen, also nur kurze Aktivitätsperioden existieren, die von langen Ruhephasen unterbrochen sind.

Zukünftige Mobilfunksysteme wie das UMTS (Universal Mobile Telecommunications System, siehe Kapitel 8.8), werden den Netzteilnehmern eine Vielzahl unterschiedlicher Dienste anbieten. Neben der reinen Sprachübertragung werden Multimedia-Anwendungen einen großen Teil am Datenaufkommen ausmachen. Die damit einhergehende Dienstevielfalt mit unterschiedlichen Übertragungsraten und -statistiken erfordert ein sehr flexibles Zugriffsprotokoll auf der Luftschnittstelle zukünftiger Mobilfunksysteme. Paketzugriffsverfahren haben sich hier als sehr geeignet erwiesen.

6.5.1 ALOHA-Verfahren

Das einfachste aller stochastischen Zugriffsverfahren ist das ALOHA-Verfahren nach [ABR70]. Sobald ein Datenpaket zur Übertragung ansteht, wird es gesendet. Kommt es zu einer Kollision, wird nach einer zufälligen Zeit ein neuer Sendeversuch unternommen.

Bezeichnen wir mit G das gesamte mittlere Verkehrsangebot, so berechnet sich der Durchsatz S in einem bestimmten Kanal zu:

$$S = q \cdot G \qquad\qquad (6.5.1)$$

mit der Erfolgswahrscheinlichkeit q, also der Wahrscheinlichkeit, daß ein Paket ohne Störung durch Kollisionen oder Rauschen übertragen wurde. Geht man davon aus, daß alle Netzteilnehmer unabhängig voneinander senden und die Paketlänge konstant ist, beträgt nach Gl.(3.2.2) die Wahrscheinlichkeit, daß k Ankünfte im Beobachtungszeitraum T erfolgen:

$$p(k) = \frac{\left(G\dfrac{T}{\tau}\right)^k}{k!} \cdot exp\left(-G\dfrac{T}{\tau}\right) \qquad (6.5.2)$$

Gl.(6.5.2) ist eine Poisson-Verteilung mit dem Mittelwert G/τ. τ ist die Übertragungsdauer eines Pakets und beträgt:

$$\tau = \frac{Paketlänge\,[bit]}{Übertragungsgeschw.\,[bit\,/\,s]} \qquad (6.5.3)$$

Damit es bei der Übertragung zu keiner Kollision kommt, darf im Beobachtungszeitraum $T = 2\tau$ kein Datenpaket einer anderen Station anfallen (siehe Bild 6.5.1a). Für die Erfolgswahrscheinlichkeit q gilt daher:

$$q = p(0) = \frac{(2G)^0}{0!} \cdot exp(-2G) = exp(-2G) \qquad (6.5.4)$$

und für den Durchsatz S erhält man mit Gl.(6.5.4) in Gl.(6.5.1):

$$S = G\,e^{-2G} \qquad (6.5.5)$$

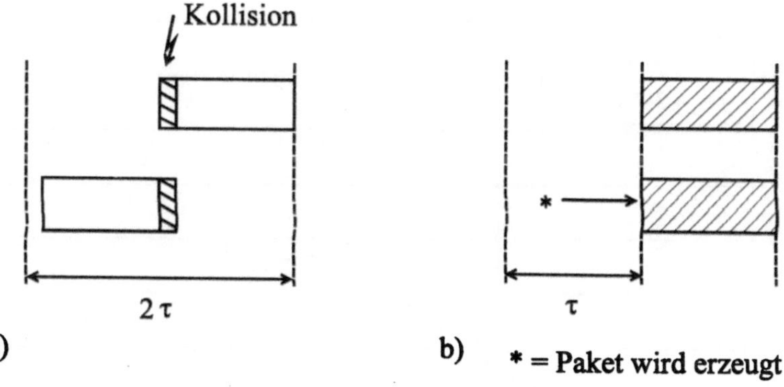

Bild 6.5.1: Kollisionsintervalle von ALOHA (a) und S-ALOHA (b)

Das Maximum von Gl.(6.5.5) liegt an der Stelle $G = 0,5$ und beträgt:

$$S_{max} = \frac{1}{2e} = 18,4\,\%.$$

Eine Möglichkeit, diesen relativ geringen Durchsatz, bei dem mehr als 80 % der Kanalkapazität ungenutzt bleiben, zu verbessern, ist das "Slotted ALOHA"-Verfahren (S-ALOHA). Die sendewilligen Stationen dürfen hierbei nur zu bestimmten, synchronen Zeitpunkten anfangen zu senden. Ein Beispiel für den Einsatz dieses Protokolls ist der RACH (*engl.* Random Access Channel) im GSM-System (siehe Kapitel 7.3), auf dem die Mobilstationen beginnen, eine Verbindung zur Basisstation aufzubauen. Das mögliche Kollisionsintervall ist beim S-ALOHA Verfahren nach Bild 6.5.1b) halbiert, beträgt also nur noch $T = \tau$. Damit erhalten wir für den Durchsatz S des S-ALOHA Verfahrens:

$$S = G \cdot e^{-G} \tag{6.5.6}$$

mit dem Maximum

$$S_{max} = \frac{1}{e} = 36,8\,\%$$

an der Stelle $G = 1$. Bild 6.5.2 zeigt die Durchsatzkurven von ALOHA und S-ALOHA im Vergleich. Man erkennt, daß bei beiden Verfahren der Durchsatz gegen Null geht, wenn das Maximum überschritten wird.

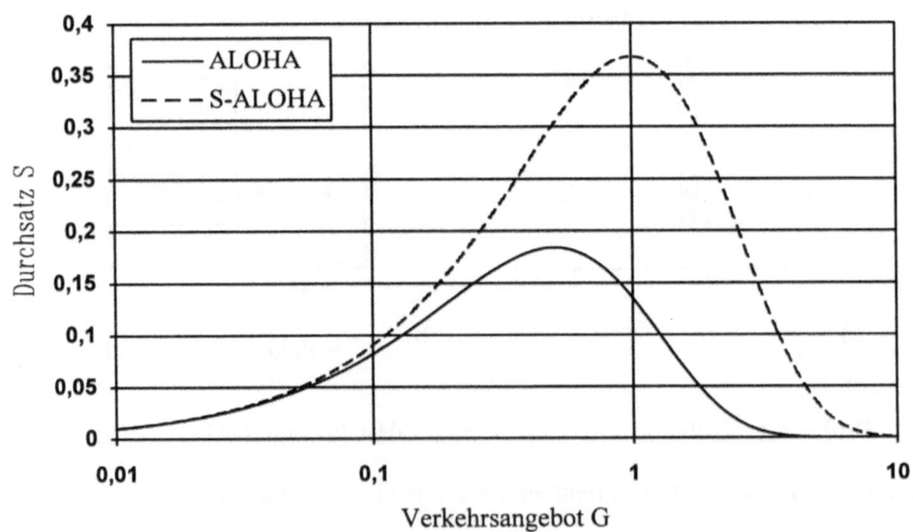

Bild 6.5.2: Durchsatzverhalten von ALOHA und S-ALOHA

Die Übertragung über Mobilfunkkanäle führt zu Effekten, die die Charakteristik des (S-) ALOHA-Durchsatzverhaltens verändern können. Abschattung (Lognormal-Fading) und Mehrwegeausbreitung (Rayleigh-Fading) können zu einer Auslöschung bzw. starken Störung von Paketen führen. Zusätzlich kommt es zum sogenannten "Near/Far"-Phänomen, bei dem sich Mobilstationen in der Nähe ihrer Basisstation gegenüber weiter entfernten Mobilstationen "durchsetzen". Auch wenn mehrere Stationen gleichzeitig ein Datenpaket versenden und es so zu einer Kollision kommen könnte, kann sich eins dieser Pakete gegenüber den anderen durchsetzen, wenn es um einen bestimmten Pegel stärker am Empfänger ankommt als die anderen. Man nennt diesen Effekt auch "Capture"-Effekt, d.h., ein Paket kann vom Empfänger "eingefangen" werden. Der Capture-Effekt wirkt sich sehr günstig auf das Durchsatzverhalten aus, wie Bild 6.5.3 am Beispiel von S-ALOHA für verschiedene Capture-Schwellen a zeigt. Die Schwelle a gibt an, um wieviel ein Paket stärker als andere sein muß, damit es vom Empfänger noch einwandfrei detektiert werden kann. Der Fall a = 40 dB entspricht praktisch dem Fall ohne Capture-Effekt, d.h., im Falle einer Kollision werden alle daran beteiligten Datenpakete verworfen und müssen neu übertragen werden.

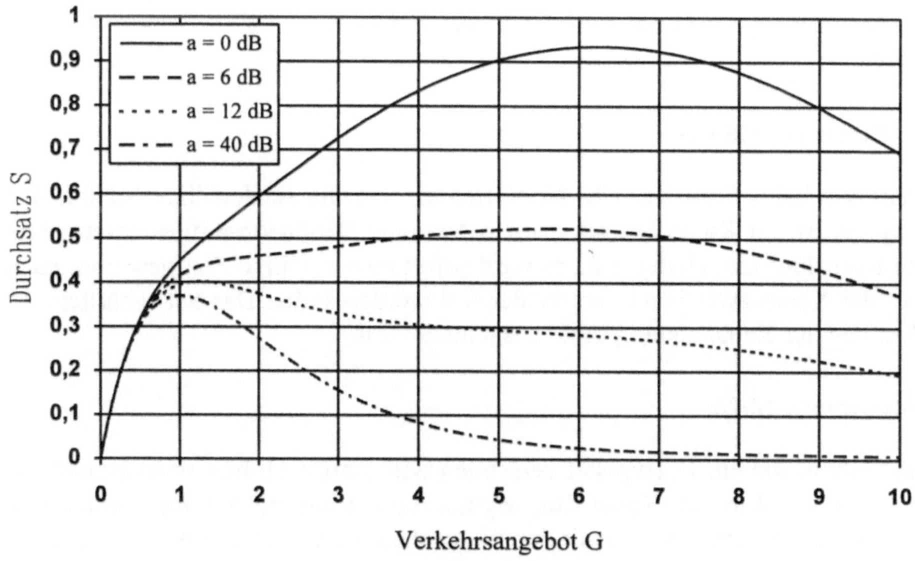

Bild 6.5.3: Durchsatzverhalten mit "Capture"-Effekt

6.5.2 CSMA-Verfahren

Wenn die Last G steigt, kommt es bei den ALOHA-Protokollen zu mehr und
mehr Kollisionen. Dies führt zu einer Art "Lawineneffekt", der schließlich das
System instabil machen kann. Es wurden eine Reihe von Möglichkeiten vorgeschlagen, um dieses Problem zu umgehen, dazu gehören die "Carrier Sense
Multiple Access" (CSMA-) Verfahren. Allen CSMA-Verfahren ist gemeinsam,
daß der Kanal vor (LBT = Listen Before Talking) oder während (LWT = Listen
While Talking) der Übertragung abgehört wird und so das Durchsatzverhalten
der ALOHA-Verfahren verbessert wird. Ähnliche Verfahren werden z.B. bei Datenfunksystemen, Kapitel 8.3, eingesetzt. Die drei wichtigsten CSMA-Verfahren
der LBT-Klasse sind:

Persistent CSMA

Alle Stationen hören den Kanal ab und beginnen sofort zu senden, wenn dieser
frei ist und ein Datenpaket anliegt. Kam es zu einer Kollision, wird nach einer
zufälligen Zeit ein erneuter Versuch unternommen, solange, bis das Datenpaket
erfolgreich übertragen wurde. Eine zufällige Zeit ist hierbei erforderlich, damit es
nicht sofort wieder zu Kollisionen kommt, die Sendewünsche der Stationen also
"entzerrt" werden. Man nennt diese Vorgehensweise auch Kollisionsauflösungsstrategie.

Non-Persistent CSMA

Genau wie beim Persistent CSMA Verfahren hört die sendewillige Station den
Kanal ab. Ist der Kanal besetzt, wird sofort eine "Kollisionsauflösungsstrategie
ohne Kollision" eingeleitet, d.h., es wird sofort eine zufällige Zeit gewartet, auch
wenn der Kanal zwischendurch wieder frei werden sollte. Das hat natürlich zur
Folge, daß der Kanal nicht optimal ausgenutzt wird.

p-Persistent CSMA

Eine Station, die ein Datenpaket versenden will, hört auch hier wieder zunächst
den Kanal ab. Wird der Kanal frei, beginnt die Station mit der Wahrscheinlichkeit p zu senden bzw. wartet mit der Wahrscheinlichkeit (1-p) bis zum nächsten
Slot, von wo an sich der Vorgang wiederholt.

Die LWT-CSMA-Verfahren bezeichnet man auch als **CSMA/CD**, wobei das CD
für "Collision Detection" steht. Hier überwacht eine Station auch während ihrer

Aussendung den Kanal und beendet die Sendung, falls sie feststellt, daß es zu einer Kollision kam. Dies führt insgesamt zu einer verbesserten Kanalausnutzung, da bereits von einer Kollision betroffene Pakete gar nicht erst zu Ende gesendet werden müssen.

Ein besonderes Problem bei allen CSMA-Verfahren stellt die relativ hohe Übertragungsdauer in Mobilfunkumgebungen aufgrund der mitunter hohen Entfernungen dar. So kann es vorkommen, daß eine Station den Übertragungskanal für frei hält, obwohl bereits ein Kollisionspaket gesendet wurde, dies aber wegen der großen Signallaufzeit noch nicht erkannt wurde. Weiterhin setzen die CSMA-Verfahren voraus, daß sich die beteiligten Stationen auch alle gegenseitig empfangen können, was in einer Mobilfunkumgebung nicht immer gegeben ist.

6.5.3 PRMA-Verfahren

Besonders Paketzugriffsverfahren mit Reservierungsbetrieb sind für eine Sprachübertragung, bei der es auf niedrige Zugriffszeiten ankommt, geeignet. Das 1988 von Goodman et al. für Mobilfunksysteme vorgeschlagene PRMA (*engl.* Packet Reservation Multiple Access) Protokoll [GOO88] ist in der Lage, die kurzen Aktivitätszyklen in der menschlichen Sprache, die sogenannten "Talkspurts", auszunutzen. Da statistisch gesehen in nur etwa 45 % der Zeit von einem Telefonteilnehmer tatsächlich gesprochen wird, ist es sehr effizient, auch nur während dieser Zeit Sprachdaten zu übertragen bzw. einen Kanal zu reservieren. PRMA ist so flexibel und schnell, daß nur während dieser Aktivitätszyklen Kanalkapazität von der Basisstation zugeteilt wird. Bild 6.5.4 zeigt das Funktionsprinzip von PRMA.

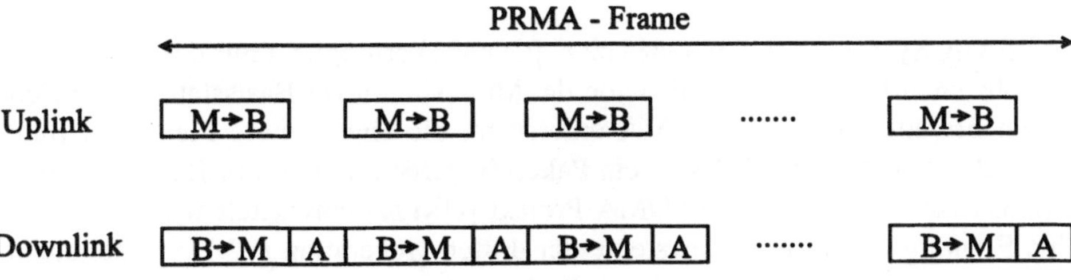

Bild 6.5.4: Prinzip des PRMA-Verfahrens

PRMA kann als eine Kombination von Slotted ALOHA und TDMA gesehen werden. Die TDMA-Zeitschlitze ("Slots") sind in Rahmen ("Frames") gruppiert. Jeder Uplink-Slot wird durch ein "Acknowledgement"-Feld (A) im zugehörigen Downlink-Slot von der Basisstation als "reserviert" oder "frei" gekennzeichnet. Am Beginn eines Talkspurts sendet die Mobilstation das erste Sprachpaket in einem freien Slot nach Art des S-ALOHA-Verfahrens zur Basisstation. Kam es hierbei zu keinen Kollisionen bzw. Störungen, empfängt die Basisstation dieses erste Sprachpaket und reserviert infolge den betreffenden Slot aller folgenden Frames für die weiteren Sprachpakete dieses Talkspurts. Sie bestätigt dies der Mobilstation über den zugehörigen Downlink-Acknowledgement-Slot. Das Ende eines Talkspurts wird durch ein Leerpaket gekennzeichnet, woraufhin die Basisstation den betreffenden Slot wieder zur Nutzung durch andere Mobilstationen freigibt. Im Störungsfall verwirft die Mobilstation das erste Sprachpaket und wiederholt den Vorgang solange, bis eine erfolgreiche Reservierung erzielt wurde. Sofern die Verzögerungszeit bis zur Reservierung nicht zu groß wird, bemerkt der Netzteilnehmer nichts vom anfänglichen Verwerfen von Paketen ("Clipping").

In [GOO91] wurde ein PRMA-System mit einer Kanalbitrate von 720 kbit/s, einer Quellenrate von 32 kbit/s und 16 ms Rahmendauer simulativ untersucht. Für eine durch Clipping verursachte Paketverlustrate von 1 % ergab sich, daß etwa 1,64 Verbindungen pro Kanal (Slot) verarbeitet werden können. Der Gewinn aus dem statistischen Multiplexen mehrerer Verbindungen mit einem Aktivitätsanteil von je 45 % kann also zu einem großen Teil direkt in Teilnehmerkapazität umgesetzt werden.

Eine absolute, "harte" Kapazitätsgrenze kann für PRMA-Systeme nicht angegeben werden. Bei zunehmendem Verkehrsangebot erhöht sich die Zugriffszeit; dies geht mit einer entsprechend erhöhten Paketverlustrate einher. Man bezeichnet diesen Effekt auch als "Soft Degradation".

Das PRMA-System nach [GOO88] bzw. [GOO91] ermöglicht nur das statistische Multiplexen auf dem Uplink, also von der Mobilstation zur Basisstation. Zur Zeit werden Erweiterungen von PRMA untersucht, die eine weitere Flexibilisierung zum Ziel haben. So ist PRMA++ ein Paket-Zugriffsverfahren mit Reservierungsbetrieb, welches im RACE ATDMA Projekt [URI94] entwickelt wurde und auf seine Eignung für Mobilfunksysteme der dritten Generation (UMTS) untersucht wird. Es handelt sich um ein Zeitmultiplexsystem mit einer Rahmendauer von 5 ms und je nach Zelltyp bis zu 72 Slots pro Frame bei einer Bruttoübertragungsrate von bis zu 1,8 Mbit/s. Ein Uplink-Frame besteht aus Reservierungsslots (R-Slots), Informationsslots (I-Slots) und mindestens einem "Fast Acknowledgement

Slot" (fak-Slot) (siehe Bild 6.5.5a). Die Downlink-Frames sind ähnlich struktu-
riert, anstelle der R-Slots gibt es hier allerdings verzögerte "Acknowledgement
Slots" (A-Slots) und anstelle der fak-Slots werden "Fast Paging Slots" (FP-Slots)
gesendet (siehe Bild 6.5.5b).

Die Nutzdaten werden über die I-Slots übertragen. Eine Mobilstation, die Zugriff
auf einen oder mehrere I-Slots pro Frame haben will, sendet zunächst ein Reser-
vierungspaket in Form eines "Air Interface Channel Identifier" (ACI) mit Angabe
der Anzahl der gewünschten Slots pro Frame in einem R-Slot an die Basisstation.
Der Zugriff auf einen R-Slot geschieht analog zum Slotted ALOHA-Verfahren,
d.h., es kann während der Reservierungsphase zu Kollisionen kommen.

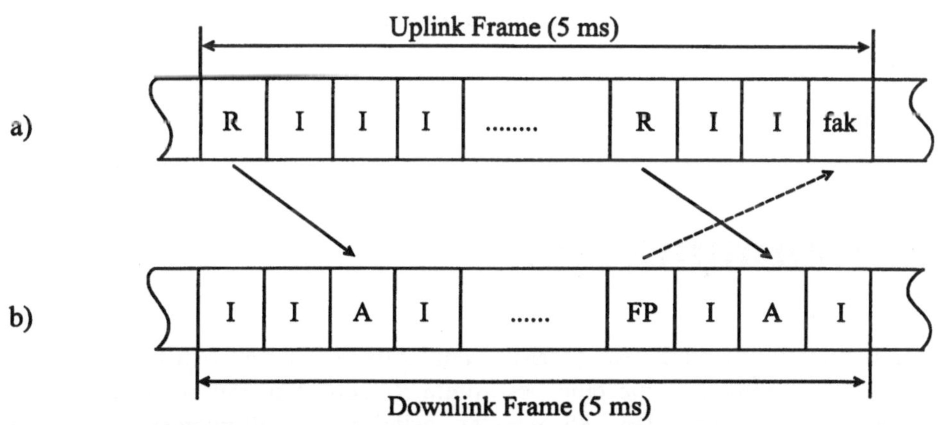

Bild 6.5.5: Rahmenaufbau des PRMA++ Up- (a) und Downlinks (b)

Nach dem Empfang eines Reservierungswunsches entscheidet die Basisstation
anhand ihrer Belegungsliste und ggf. der momentanen Interferenzsituation über
die Vergabe von Slots an die Mobilstation. Die Reservierungsanfrage wird dann
von der Basisstation auf dem zugehörigen Downlink A-Slot bestätigt (ACK),
falls genügend Kapazität vorhanden ist. Andernfalls wird die Mobilstation angewiesen, ihren Kapazitätsbedarf zu reduzieren oder zu warten, bis wieder I-Slots
verfügbar sind. Im Falle einer Sprachverbindung werden während der Wartezeit
kontinuierlich alle 10 ms Sprachpakete verworfen, es entsteht somit ein "Clipping", welches jedoch in Grenzen tolerierbar ist (ca. 10 bis 20 ms). Kommt es
während der Reservierungsphase zu Kollisionen zwischen zwei oder mehreren
Mobilstationen mit Reservierungswünschen, leitet jede Station unabhängig von-

einander eine Kollisionsauflösungsstrategie (Backoff-Strategie) ein. Stationen im Backoff-Modus senden mit einer bestimmten Wahrscheinlichkeit p (Retransmission Probability) erneut im nächsten R-Slot. Am Ende eines Talkspurts wird der Basisstation mit dem letzten zu übertragenden Sprachpaket signalisiert, daß der zugeteilte I-Slot wieder freigegeben wird.

Die Slotzuteilung auf dem Downlink erfolgt über die Fast Paging- (FP-) Slots. Alle Mobilstationen hören ständig die FP-Slots eines Frames ab, um die Paging Informationen der Basisstation auszuwerten. In den FP-Slots teilt die Basisstation den Mobilstationen mit, auf welchen Downlink-Slots Daten für sie gesendet werden. Genau wie auf der Uplink-Seite ergibt sich so auch auf dem Downlink ein statistischer Multiplex-Effekt, mit dem sich eine wesentlich verbesserte Kanalausnutzung erzielen läßt. Besonders in Verbindung mit Datenverkehr und Mischverkehr von Sprache und Daten zeigt PRMA++ sehr günstige Eigenschaften, die es als Grundlage für zukünftige digitale Mobilfunksysteme sehr interessant machen [BEN95].

6.6 Raummultiplex

Unter Raummultiplexverfahren (**SDMA**, *engl.* **Space Division Multiple Access**) versteht man Techniken, die eine bestimmte Ressource in räumlich getrennten Bereichen wiederverwenden. So wenden zellulare Mobilfunknetze auch die Technik des Raummultiplex an, da ja die Kanäle einer Zelle in ihren Gleichkanalzellen wieder benutzt werden. In diesem Kapitel soll uns jedoch die Wiederverwendung von Übertragungskanälen innerhalb der Zellen selbst beschäftigen.

6.6.1 Adaptives SDMA

Adaptives SDMA ist im Bereich der digitalen Mobilfunksysteme eine relativ neue Technik, die es u.a. erlaubt, die Teilnehmerkapazität bestehender und zukünftiger Mobilfunknetze zu erhöhen. Wir haben bereits in Kapitel 3.1.2 gesehen, daß durch Sektorisierung der Basisstationsantennen der Gleichkanalstörabstand in einem zellularen Netz erhöht bzw. die Clustergröße reduziert werden kann, was sich dann in einer erhöhten Teilnehmerkapazität niederschlägt. Der erhöhte Gleichkanalstörabstand auf dem Downlink war eine Folge der gerichteten Abstrahlung, durch die nur in einem begrenzten Winkelbereich, 60° oder 120°, Gleichkanalstörungen in anderen Zellen verursacht wurden. Umgekehrt ergab sich auf dem Uplink eine niedrigere Interferenzleistung, weil auch nur Störleistung aus diesem, gegenüber dem omnidirektionalen Fall verringerten Winkelbereich an der Basisstation empfangen wurde.

Das Grundprinzip von adaptivem SDMA ist nun, daß jede Basisstation eine elektronisch steuerbare Richtantenne benutzt, deren Richtkeule direkt auf eine Mobilstation ausgerichtet werden kann. So lassen sich verschiedene Mobilstationen anhand ihrer räumlichen Winkelpositionen unterscheiden. Sind die Winkel weit genug auseinander, können Trägerfrequenzen mehrfach genutzt werden, und die Kapazität des Systems kann so erhöht werden. Bild 6.6.1 veranschaulicht ein Beispiel, in dem mit einem einzigen Kanal mehrere Mobilstationen bedient werden.

Bild 6.6.1: Beispiel für die Anwendung von SDMA

Da sich die Position der mobilen Teilnehmer in einem Mobilfunknetz laufend ändern kann, muß die Richtcharakteristik der Basisstationsantenne entsprechend nachgeführt werden. Man benutzt dazu phasengesteuerte Gruppenantennen, die aus mehreren Elementen bestehen. Jedes der Elemente kann unabhängig mit einer bestimmten Phasenlage angesteuert werden, wodurch sich dann das Richtdiagramm der Antenne beeinflussen bzw. drehen läßt, ohne daß sich die Antenne selbst bewegt.

Neben der bereits erwähnten Mehrfachbenutzung von Frequenzen und der Erhöhung des Gleichkanalstörabstandes stellen sich bei SDMA noch weitere Vorteile ein [WEI94]. Dadurch, daß Abstrahlung bzw. Empfang gerichtet erfolgt, werden die Effekte der Mehrwegeausbreitung (siehe Kapitel 2.1) beträchtlich gemindert. Im Uplink-Fall empfängt die Basisstation weniger Reflextionskomponenten der Mobilstationsaussendung, wodurch das Delay-Spread des Übertragungskanals vermindert wird. Genauso werden durch die gerichtete Abstrahlung der Basisstationssendeleistung weniger Reflextionspunkte auf dem Weg zur Mobilstation ausgeleuchtet.

Die Verwendung von Richtantennen sorgt für eine Abstrahlung genau dorthin, wo die Sendeenergie auch benötigt wird. Andere Gebiete werden nicht bestrahlt, dies führt zu einer Verringerung der elektromagnetischen Strahlung insgesamt. Aufgrund des erhöhten Antennengewinns von Richtantennen können die Sendeleistungen sowohl der Basis- als auch der Mobilstation reduziert werden; so läßt sich der Energieverbrauch senken. Dies ist besonders bei portablen Geräten (wie Handys) im Sinne einer längeren Betriebsdauer wünschenswert.

Ein Nachteil der SDMA-Technik ist der relativ hohe Implementierungsaufwand. Neben den aufwendigen Antennensystemen mit variablen, steuerbaren Phasenschiebern muß sehr viel Signalverarbeitung eingesetzt werden, um aus dem Empfangssignal Parameter, wie z.B. die Einfallsrichtung, zu schätzen oder das Antennendiagramm richtig zu formen ("Beam-Forming") und den Mobilstationen nachzuführen ("Beam-Tracking").

Ein weiterer Nachteil von SDMA ist im erhöhten Signalisierungsaufwand zu sehen. Kommen sich zwei Mobilstationen zu nahe und das räumliche Auflösungsvermögen der Gruppenantenne reicht nicht mehr aus, muß eine der Mobilstationen zu einem Intracell-Handover veranlaßt werden. Die räumliche Separation der Teilnehmer muß deshalb ständig überwacht werden. Die Handover-Rate innerhalb einer Zelle steigt also; dies kann sich negativ auf die Dienstgüte einer Verbindung auswirken.

Es muß ferner dafür gesorgt werden, daß die Basisstationsantenne völlig frei montiert wird, damit sich keine Reflektoren in der Nähe befinden, die das Antennendiagramm stark verformen können und so Sendeleistung in unerwünschte Gebiete abstrahlen bzw. zu einer Auffächerung des Antennendiagramms führen. Dies macht eine Anwendung der SDMA-Technik in mikro- oder gar picozellularen Netzen mit typischerweise niedrig montierten Antennen (Straßenlampenhöhe) sehr schwierig oder gar unmöglich.

6.6.2 Phasengesteuerte Gruppenantennen

Gruppenantennen erlauben die Bündelung der Sendeenergie in eine bestimmte Richtung. Sie bestehen aus einer Anzahl von einzelnen Elementen, in denen Ströme mit unterschiedlichen Phasenlagen fließen (siehe Bild 6.6.2). In bestimmten Raumrichtungen überlagern sich die Einzelwellen der Strahler phasenrichtig, wodurch es zu konstruktiver Interferenz kommt und damit zu einer Verstärkung des Wellenfeldes. In anderen Richtungen hingegen kann es zu destruktiver Interferenz kommen, die Wellen löschen sich ganz oder teilweise aus.

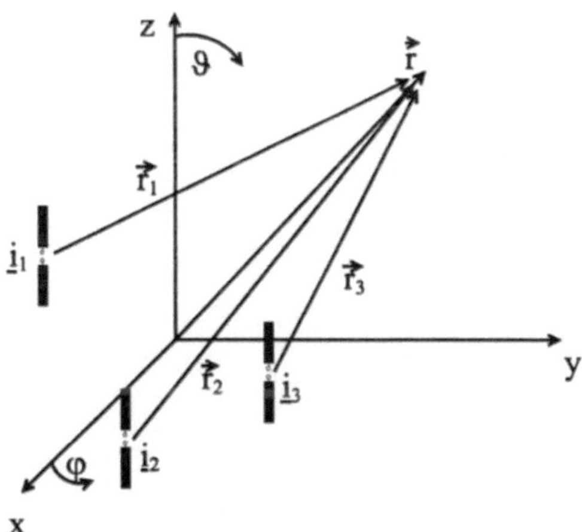

Bild 6.6.2: Prinzipieller Aufbau einer Gruppenantenne

Es gibt zwei Möglichkeiten das resultierende Richtdiagramm zu beeinflussen: Die Anordnung der Elemente und die Phasenlage der Einzelwellen können verändert werden. Mechanische Veränderungen sind meistens störanfälliger und langsamer durchführbar als elektrische. Für die SDMA-Technik, in der es auch auf schnelle Veränderungen des Antennendiagramms ankommt, ist daher die elektrisch gesteuerte Variante von besonderem Interesse. Hier gibt es ebenfalls wieder zwei prinzipielle Möglichkeiten. Die einzelnen Elemente können aktiv mit unterschiedlichen Phasenlagen gespeist werden, oder es kann eine Speisung über das Strahlungsfeld nur eines aktiven Elements erfolgen, wobei die Phasenänderungen in den anderen, parasitären Elementen durch entsprechende Impedanzen im Speisepunkt erfolgen [KUM91]. Für eine omnidirektionale Abstrahlung kann die Antenne in Form eines Vielecks oder eines Kreises angeordnet sein.

Im folgenden wollen wir eine einfache Gruppenantenne aus N Halbwellendipolen betrachten. Die einzelnen Dipole seien vertikal im gegenseitigen Abstand d montiert (siehe Bild 6.6.3).

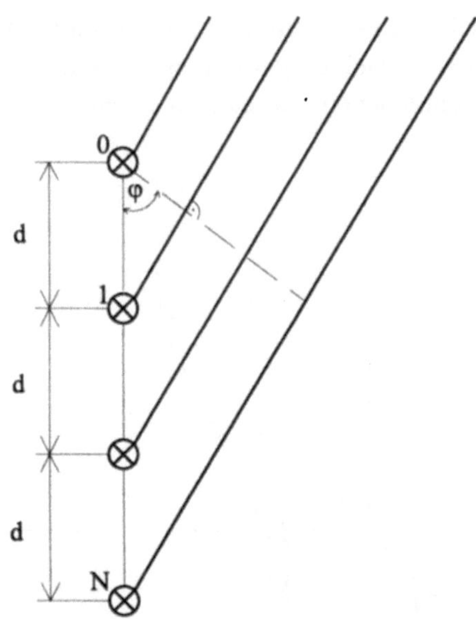

Bild 6.6.3: Anordnung von N vertikalen Halbwellendipolen

Jeder der N Einzelstrahler erzeugt ein Feld $E_0(\varphi,\vartheta)$ der Form:

$$E_0(\varphi,\vartheta) = E_{max}C(\varphi,\vartheta)$$

(6.6.1)

wobei $C(\varphi,\vartheta)$ die Richtcharakteristik des Einzelelements ist. Im Falle eines Dipols gilt [ZIN73]:

$$C(\varphi,\vartheta) = \frac{cos\left(\dfrac{\pi l}{\lambda}cos\,\vartheta\right) - cos\dfrac{\pi l}{\lambda}}{sin\,\vartheta}$$

(6.6.2)

Das Horizontaldiagramm eines vertikal montierten Dipols der Länge l ist also nicht von φ abhängig. Damit ergibt sich eine omnidirektionale Strahlungscharakteristik. Für den Halbwellendipol setzt man $l = \lambda/2$.

Unter der Voraussetzung, daß die Aufpunktentfernung r groß gegenüber d ist, verlaufen die Einzelwellen der Strahler parallel zueinander. Zu einem Meßpunkt in der Richtung φ_0 legen allerdings manche Wellen eine größere Entfernung zurück als andere (siehe Bild 6.6.3). Daraus ergibt sich ein lauflängenbedingter Phasenunterschied von $2\pi/\lambda\cdot d\cdot sin\varphi_0$ zwischen je zwei Wellen. Werden die Einzelstrahler i zusätzlich mit unterschiedlichen Phasen $\xi_i = i\cdot\Delta\xi$ gespeist, ergibt sich folgendes Gesamtfeld $E(\varphi,\vartheta)$ aus der Überlagerung der Einzelfelder:

$$E(\varphi,\vartheta) = E_0(\varphi,\vartheta)\sum_{i=0}^{N-1}\left(e^{-j\Delta\xi}e^{j2\pi d/\lambda\cdot sin\varphi}\right)^i$$

(6.6.3)

nach kurzer Umformung erhält man:

$$E(\varphi,\vartheta) = E_0(\varphi,\vartheta)\cdot N\cdot e^{j\frac{N-1}{2}\left(\frac{2\pi}{\lambda}d\,sin\vartheta-\Delta\xi\right)}\cdot M(\varphi,\vartheta)$$

(6.6.4)

wobei $M(\varphi,\vartheta)$ der sogenannte Gruppenfaktor ist:

$$|M(\varphi,\vartheta)| = \left|\frac{sin\left[\dfrac{N}{2}\left(\dfrac{2\pi}{\lambda}d\,sin\vartheta - \Delta\xi\right)\right]}{N\cdot sin\left(\dfrac{2\pi}{\lambda}d\,sin\vartheta - \Delta\xi\right)}\right|$$

(6.6.5)

Das Gesamtfeld $E(\varphi,\vartheta)$ erhält man also aus der Multiplikation des Einzelfelds $E_0(\varphi,\vartheta)$ mit dem Gruppenfaktor $M(\varphi,\vartheta)$ ("Multiplikatives Gesetz", [ZIN73]). Bild 6.6.4 zeigt $|M(\varphi,\vartheta)|$ nach Gl.(6.6.5) für $N = 20$ und $d = \lambda/4$ bei $\Delta\xi = 0°$ und $\Delta\xi = 40°$. Aus der ursprünglichen omnidirektionalen Horizontalcharakteristik eines vertikalen Einzeldipols ergibt sich nun eine deutliche Richtwirkung. Durch Verändern von $\Delta\xi$ läßt sich das Maximum der Strahlungskeule leicht drehen, ohne an der Mechanik der Anordnung selbst etwas zu ändern.

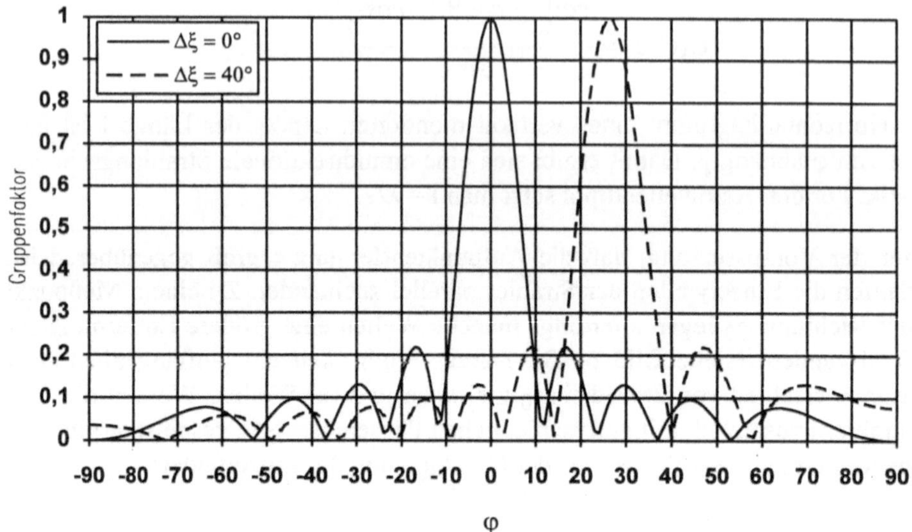

Bild 6.6.4: Gruppenfaktor für N = 20 und d = λ/4

Zur Beeinflussung der Richtcharakteristik einer Gruppenantenne sind elektrisch verstellbare Phasenschieber erforderlich. Es gibt verschiedene Methoden, um solche Bauteile zu realisieren. Im Mikrowellenbereich verwendet man gerne spezielle Ferrite, die bei einer Magnetisierung eine Phasenverschiebung verursachen. Denkbar sind auch Laufzeitglieder, die je nach gewünschter Phasenverschiebung zu- oder abgeschaltet werden.

6.7 Duplexverfahren

Ein vollduplexfähiges Kommunikationssystem muß in der Lage sein, quasi gleichzeitig senden und empfangen zu können. Quasi gleichzeitig bedeutet hier, daß der Netzteilnehmer ein eventuell erforderliches Umschalten zwischen Sendung und Empfang nicht wahrnimmt. In digitalen Duplex-Mobilfunksystemen kommen zwei verschiedene Verfahren zum Einsatz, die auch in einer Kombination auftreten können. Zum einen können verschiedene Frequenzlagen für Up- und Downlink verwendet werden, man bezeichnet dies als **Frequenzduplex (FDD,** *engl.* **Frequency Division Duplex**). FDD wurde bereits in den ersten Vollduplex-Mobilfunksystemen eingesetzt, und ist das Standardverfahren zur Richtungstrennung in allen analogen Systemen. In digitalen Mobilfunksystemen wird heute noch ein weiteres Verfahren eingesetzt: **Zeitduplex (TDD,** *engl.* **Time Division Duplex).** TDD ist streng genommen ein Halbduplex-Verfahren, bei dem zeitlich nacheinander gesendet und empfangen wird. Geschieht die Umschaltung zwischen Sendung und Empfang allerdings so schnell und so häufig, daß der Netzteilnehmer davon nichts merkt, stellt sich ihm gegenüber TDD als Vollduplex-Verfahren dar.

6.7.1 Frequenzduplex

Mit Frequenzduplex-Verfahren kann ein gleichzeitiger Betrieb von Sender und Empfänger erreicht werden. Für Uplink (Mobilstation → Basisstation) und Downlink (Basisstation → Mobilstation) werden verschiedene Frequenzbereiche verwendet, die sich nicht überlappen dürfen und weit genug voneinander entfernt sein müssen. So beträgt z.B. im GSM-System der Abstand zwischen Sende- und Empfangsfrequenz 45 MHz.

Obwohl Sendung und Empfang auf unterschiedlichen Frequenzen erfolgen, können sich Sender und Empfänger stark gegenseitg beeinflussen. Dies kann sogar so weit führen, daß kein sinnvoller Betrieb mehr möglich ist, wenn nicht geeignete Maßnahmen ergriffen werden. Die auftretenden Probleme werden durch eine ungenügende Isolation zwischen Sender und Empfänger hervorgerufen. Um die Problematik zu verdeutlichen, folgt ein kurzes Rechenbeispiel: Wir betrachten einen Sender mit einer Ausgangsleistung von 10 W (= 40 dBm) und einen Empfänger mit einer Eingangsempfindlichkeit von -100 dBm. Der Pegelunterschied zwischen dem schwächsten Empfangssignal und dem eigenen Sendesignal beträgt also 140 dB (!). Der Empfänger müßte also eine so hohe Selektivität aufweisen, daß der nahe Sendefrequenzbereich um mindestens 140 dB unterdrückt wird; dies ist mit üblichen Empfängern nicht möglich.

Hohe Eingangspegel eines Empfängers können, auch wenn sie von der gewünschten Empfangsfrequenz bereits relativ weit entfernt sind, zu einer Verringerung der Empfängerempfindlichkeit führen. Dies liegt daran, daß der Arbeitspunkt der Empfängereingangsstufen stark verschoben wird. Zusätzlich kann es zu Störungen durch Intermodulation kommen, wenn der Arbeitspunkt in einen nichtlinearen Bereich verschoben wird (siehe Kapitel 6.2.2).

Obwohl der Sender auf einer entfernten Frequenz sendet, kann es durch Senderrauschen und Nebenaussendungen zu erheblichen Empfangsstörungen kommen. Praktische Sender erzeugen neben der eigentlich gewollten Sendefrequenz zusätzlich einen mehr oder weniger breiten "Rauschteppich", der dann das Empfangssignal überlagert bzw. es sogar völlig zudecken kann.

Um für die nötige Isolation zwischen Sender und Empfänger zu sorgen, gibt es verschiedene Möglichkeiten. So können Sender und Empfänger mit verschiedenen, räumlich separierten Antennen arbeiten. Die Montage der Antennen muß so erfolgen, daß sie weit genug voneinander entfernt sind, damit es nicht zu den oben beschriebenen Effekten kommt. Der räumliche Abstand richtet sich dabei unter anderem nach dem Frequenzabstand zwischen Sender und Empfänger, der Sendeleistung, der Empfängerempfindlichkeit und -selektion, ist aber in der Regel relativ groß. Dies hat zur Folge, daß sich eine unterschiedliche Ausleuchtung für Sender und Empfänger ergeben kann. Ebenfalls ist der Platz für Antennen an Orten mit guten Eigenschaften für die Mobilfunkübertragung knapp. Es ist immer einfacher, eine einzelne Antenne zu installieren als zwei.

In den heutigen Mobilfunksystemen werden sogenannte Duplexer eingesetzt, mit denen Senderausgang und Empfängereingang gekoppelt und einer gemeinsamen Antenne zugeführt werden können. Ein Duplexer besteht aus zwei sehr steilflankigen Filtern, die für die notwendige Isolation sorgen. Bild 6.7.1 verdeutlicht das Funktionsprinzip. $S(f)$ und $E(f)$ sind hochwertige Bandpaßfilter. Das Sendefilter $S(f)$ sorgt für eine starke Unterdrückung des Senderrauschens und eventueller Nebenaussendungen. Auf der anderen Seite sorgt das Empfangsfilter $E(f)$ für eine erhebliche Steigerung der Empfängerselektivität, da nur noch Signale im Bereich des Empfangsbandes durchgelassen werden.

Ein Duplexer sollte möglichst geringe Durchgangsverluste in den gewünschten Frequenzbereichen aufweisen und eine möglichst hohe Sperrdämpfung außerhalb dieser Bereiche haben. Der in Bild 6.7.1 gezeigte Bandpaß-Duplexer eignet sich besonders für Anwendungen mit relativ großem Uplink-Downlink-Abstand. In Fällen mit geringem Abstand wird jedoch oftmals ein Bandsperren-Duplexer eingesetzt, da sich in praktischen Implementierungen hiermit geringere Durchgangsverluste und steilere Flanken erzielen lassen. $S(f)$ ist hierbei eine Bandsperre mit der Nullstelle im Empfangsband und $E(f)$ weist eine Nullstelle im Sendeband auf.

Duplexer mit steilen Filtern und niedriger Einfügedämpfung lassen sich nicht integrieren. Dies stellt einen erheblichen Nachteil dar, wenn möglichst kleine, kompakte Endgeräte ("Handys") entwickelt werden sollen.

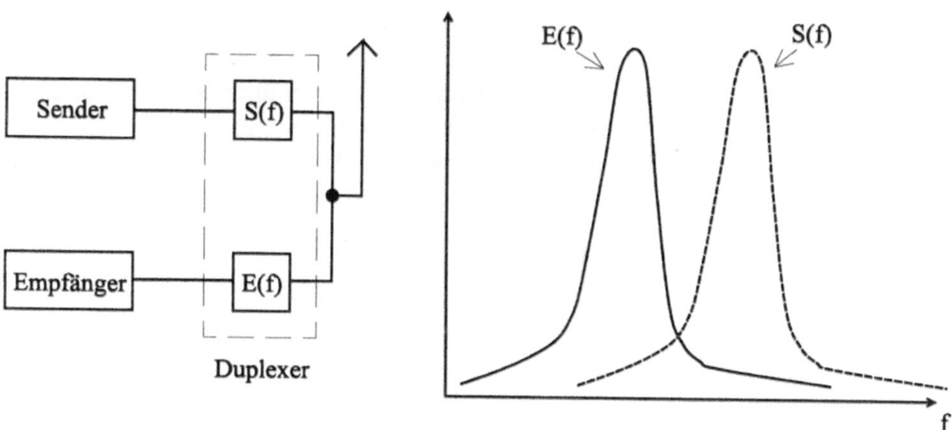

Bild 6.7.1: Prinzip eines Duplexers

Besonders bei Anwendungsfällen mit sehr hoher Senderausgangsleistung, die in heutigen digitalen Mobilfunksystemen allerdings kaum vorkommen, ist eine möglichst niedrige Durchgangsdämpfung besonders wichtig, um ein Verstimmen der Filter durch thermische Einflüsse zu verhindern. So bewirkt eine Einfügedämpfung von 1 dB bei einer Ausgangsleistung von 1 kW bereits eine Verlustleistung von ca. 200 W, die komplett in Wärme umgesetzt wird. In solchen Fällen werden im VHF und UHF-Bereich meist versilberte Topfkreis-Filter [ZIN73] eingesetzt.

6.7.2 Zeitduplex

In digitalen Mobilfunksystemen mit kleinem Zellradius ist das Zeitduplex-Verfahren **TDD** (*engl.* **Time Division Duplex**) sehr interessant. Sender und Empfänger arbeiten hier nicht absolut gleichzeitig, sondern abwechselnd, mithin ist kein Duplexer erforderlich. Das Prinzip von TDD ist in Bild 6.7.2 dargestellt. Nachdem ein Frame von A nach B gesendet wurde, wird eine Schutzzeit t_g abgewartet, bevor B seinerseits ein Frame an A sendet. Danach wiederholt sich der Ablauf, man nennt dies daher auch "Ping-Pong"-Verfahren.

Die Zeit T entspricht der Datenpaket-Periode des Sprachcoders. Sender und Empfänger werden so synchronisiert, daß innerhalb von T ein kompletter Übertragungszyklus abgeschlossen wird. Die Schutzzeit t_g ist aus zwei Gründen notwendig. Zum einen muß die Laufzeit während der Übertragung von A nach B berücksichtigt werden, d.h., auch wenn die Mobilstation weit von ihrer Basisstation entfernt ist, darf es zu keiner Kollision von Datenpaketen kommen. Zum anderen muß immer eine gewisse Zeit gewartet werden, bis die durch das Delay-Spread des Kanals verursachten Nachschwinger abgeklungen sind.

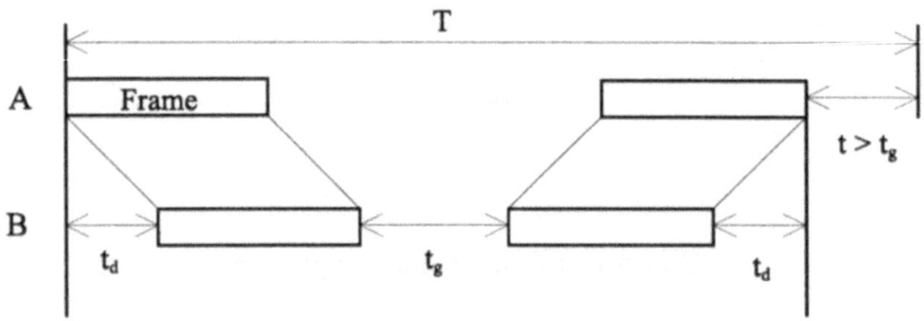

Bild 6.7.2: Zeitduplex (TDD)

Die Bitrate auf der Luftschnittstelle eines mit TDD arbeitenden Übertragungssystems ist daher mehr als doppelt so hoch wie die eines FDD-Systems. Da beide Richtungen über denselben Träger abgewickelt werden, sind auch in beiden Richtungen annähernd die gleichen Kanaleigenschaften vorhanden und damit auch die gleiche Übertragungsqualität.

Die einzuhaltende Schutzzeit ist von der maximalen Übertragungsdauer zwischen Mobil- und Basisstation abhängig. Bei einer vorgegebenen maximalen Übertragungsrate ist damit auch der Zellradius begrenzt, weswegen die TDD-Technik nur in picozellularen Netzen und im Indoor-Bereich eingesetzt wird. Der neue europäische Standard für Schnurlostelefone DECT verwendet z.B. ein TDD-Verfahren mit T = 10 ms (siehe Kapitel 8.1.2). Im GSM-System werden die Vorteile von FDD und TDD kombiniert. Zusätzlich zum 45 MHz FDD-Duplexabstand gibt es einen Zeitoffset von 3 Zeitschlitzen zwischen Sendung und Empfang. Es ist also trotzdem kein aufwendiger Duplexer in den Endgeräten nötig.

6.8 Spektrale Effizienz von Mobilfunksystemen

Die Teilnehmerkapazität von Mobilfunksystemen wird durch das zur Verfügung stehende Frequenzspektrum begrenzt, dieses ist jedoch nicht beliebig erweiterbar. Die für die Mobilfunkübertragung nutzbaren Frequenzbänder im VHF- und UHF-Bereich müssen mit anderen Funknetzen wie Rundfunk, Betriebsfunk, militärischen Funknetzen, etc. geteilt werden. Bereits bei der heutigen Frequenzzuweisung für GSM-Netze im 900 MHz Bereich ist die Kapazitätsgrenze stellenweise schon fast erreicht. Spielraum für weiteres Spektrum ist nur bei höheren Frequenzen zu finden, allerdings um den Preis einer höheren Ausbreitungsdämpfung (siehe Kapitel 2.2). Das auf GSM basierende DCS1800 (siehe Kapitel 7.3.7) arbeitet beispielsweise im 1800 MHz Bereich. Zukünftige Systeme (UMTS, Kapitel 8.8) werden ebenfalls im Frequenzbereich um 2 GHz arbeiten.

Die prognostizierte Entwicklung der Mobilfunkteilnehmerzahlen macht deutlich, daß große Anstrengungen unternommen werden müssen, damit es nicht zu Kapazitätsengpässen kommt. Es ist daher erforderlich, das vorhandene Spektrum möglichst gut auszunutzen. Zum Vergleich und zur Bewertung wurde deshalb die spektrale Effizienz von Mobilfunksystemen η_M eingeführt. η_M hängt von vier wesentlichen Faktoren ab: Der Clustergröße N, der Zellfläche A und dem getragenen Verkehr V bei einer Bandbreite B pro Zelle. Man definiert daher:

$$\eta_M = \frac{V}{N \cdot B \cdot A} \qquad (6.8.1)$$

η_M wird üblicherweise in der Einheit Erlang/MHz/km^2 angegeben und ist ein Maß für den bei einer vorgegebenen Bandbreite in einem bestimmten Gebiet tragbaren Verkehr. In der technischen Literatur finden sich noch weitere Definitionen für die spektrale Effizienz von Mobilfunksystemen wie z.B. Kanäle/MHz/Zelle, Bitrate/MHz, etc. Ansatzpunkte zur Steigerung der spektralen Effizienz lassen sich aus Gl.(6.8.1) ablesen und werden in den folgenden Abschnitten behandelt.

6.8.1 Clustergröße

Die spektrale Effizienz eines Mobilfunksystems η_M ist umgekehrt proportional zur Clustergröße N. Wie bereits in Kapitel 3.1.1 gezeigt wurde, hängt die Clustergröße vom für eine ausreichend gute Verbindungsqualität erforderlichen Gleichkanalstörabstand $(C/I)_{min}$ ab. Mit den Gln.(3.1.2) und (3.1.4) erhält man:

$$N = \frac{1}{3}\left[6\left(\frac{C}{I}\right)_{min} \right]^{2/\gamma} \tag{6.8.2}$$

wobei γ der Ausbreitungsexponent ist (N muß auf einen diskreten Wert nach Gl.(3.1.1) bzw. (A3.4) aufgerundet werden). In Kapitel 2.2 wurde gezeigt, daß γ meist in der Nähe von 4 liegt (je nach Ausbreitungsumgebung). In diesem Fall findet man für die spektrale Effizienz η_M:

$$\eta_M \sim \sqrt{\left(\frac{C}{I}\right)_{min}^{-1}} \tag{6.8.3}$$

Im Sinne einer möglichst hohen spektralen Effizienz ist es also günstig, ein möglichst niedriges $(C/I)_{min}$ anzustreben.

Der mindestens erforderliche Gleichkanalstörabstand hängt von verschiedenen Faktoren ab, dazu zählen in erster Linie das Modulationsverfahren und die Kanalcodierung. Breitbandige Modulationsverfahren weisen oft eine geringere Anfälligkeit bezüglich Gleichkanalinterferenz auf als schmalbandigere Verfahren. Dies muß besonders im Zusammenhang mit der Bandbreite pro Zelle gesehen werden, wie später noch gezeigt wird. Das erforderliche $(C/I)_{min}$ eines Modulationsverfahrens kann immer nur für einen bestimmten vorgegebenen Basisband-Signal-Rauschabstand S/N bzw. für eine bestimmte Bitfehlerrate (BER) ermittelt werden. Für Frequenzmodulation stellt man beispielsweise fest, daß die Auswirkungen von Gleichkanalinterferenz mit der dritten Potenz des Modulationsindex (siehe Gl.(4.1.12)) abnehmen [JAK74]. Die benötigte Bandbreite eines FM-Signals steigt linear mit dem Modulationsindex (siehe Gl.(4.1.13)).

Die bei digitalen Modulationsverfahren maximal zulässige Bitfehlerrate richtet sich nach den Diensteanforderungen und dem daraus resultierenden Kanalcodierungsaufwand zum Fehlerschutz. Im Fall von Sprachübertragungen hängen die Anforderungen an die Bitfehlerrate (bzw. genauer unter Berücksichtigung der Verteilung der Fehler) vom verwendeten Sprachcoder ab und damit auch von subjektiven Qualitätsbeurteilungen (MOS, *engl.* Mean Opinion Score). Im Fall des GSM-Systems werden beispielsweise 9 dB $(C/I)_{min}$ benötigt.

Die Resistenz einer Mobilfunkübertragung gegenüber Gleichkanalinterferenz läßt sich zusätzlich durch die in Kapitel 2.1.7 beschriebenen Diversity-Verfahren steigern.

Neben der Wahl eines geeigneten Modulations- und Kanalcodierungsverfahrens spielen weitere Aspekte eine Rolle. Jede Technik, die zu einer Verringerung von Gleichkanalinterferenz beiträgt, kann zu kleineren Clustern führen.

Eine Technik, die bereits bei GSM angewendet wird, ist die diskontinuierliche Übertragung (DTX, *engl.* Discontinuous Transmission). Hier wird nur während der tatsächlichen Sprechzeit der Sender eingeschaltet. Da dies bei einem typischen Telefongespräch in weniger als der Hälfte der Zeit der Fall ist, kommt dies erstens der Betriebsdauer des mobilen Endgeräts (Akkukapazität) zu gute, und zweitens wird der mittlere Interferenzpegel im Netz um ca. 3 dB gesenkt.

Die mittlere Interferenzleistung kann auch wirkungsvoll durch den Einsatz von Algorithmen zur adaptiven Sendeleistungsregelung reduziert werden. So muß eine Mobilstation, die sich in der Nähe ihrer Basisstation befindet, weit weniger Sendeleistung aufwenden als eine Mobilstation am Zellrand. Es macht also Sinn, die Sendeleistung einer Mobilstation in Abhängigkeit des Pfadverlusts zu ihrer Basisstation zu regeln. Hierbei muß jedoch beachtet werden, daß nicht die absolute Interferenzleistung von Bedeutung ist, sondern der Gleichkanalstörabstand, also das Verhältnis aus gewünschter Signalleistung zur Störleistung. Eine Mobilstation mit reduzierter Sendeleistung erzeugt deshalb zwar weniger Interferenz im Netz, ist auf der anderen Seite selbst aber auch anfälliger für Gleichkanalstörungen. Trotzdem kann die Dropout-Wahrscheinlichkeit infolge zu geringen (C/I)s mit rein pfadverlust-adaptiven Algorithmen zur Sendeleistungsregelung um typischerweise einige zehn Prozent gegenüber Systemen mit konstanter Sendeleistung reduziert werden. Die im analogen C450 ("C-Netz") Mobilfunksystem eingesetzte Regelung erlaubt beispielsweise eine Verringerung des Kanalwiederverwendungsabstands um den Faktor 1,4 bei gleicher Dropout-Wahrscheinlichkeit (5 %) [LOR86]. Mit qualitäts-adaptiven Algorithmen sind jedoch noch weit größere Verbesserungen möglich, die zu einer beträchtlichen Verringerung der erforderlichen Clustergröße und damit zu einer Steigerung von η_M führen. Quasi "nebenbei" sorgt eine Regelung der Sendeleistung auch für eine längere Betriebsdauer der Endgeräte aufgrund des im Mittel geringeren Stromverbrauchs.

Die bereits in Kapitel 3.1.2 vorgestellte Zell-Sektorisierung führt ebenfalls zu einer Verbesserung der Interferenzsituation, da durch die Richtwirkung der BS-Antennen weniger Störsignale empfangen werden und auch weniger Störungen verursacht werden. Eine Sektorisierung kann daher eine Verringerung der Clustergröße ermöglichen. Es muß allerdings auch berücksichtigt werden, daß Sektorisierung in typischerweise drei oder sechs Sektoren eine weitere Aufteilung des gesamten zur Verfügung stehenden Kanalvorrats bedeutet. Wie schon in Kapitel 3.2.2.1 gezeigt wurde, bedeutet dies einen geringeren "Bündelgewinn". Dieser Effekt kann jedoch durch die mögliche Verkleinerung der Clustergröße ausgeglichen werden [CHA92]. Eine weitere interessante Technik zur Steigerung der Teilnehmerkapazität ist das in Kapitel 6.6 behandelte SDMA-Verfahren.

6.8.3 Bandbreite

Wie aus Gl.(6.8.1) ersichtlich ist, ist die spektrale Effizienz eines Mobilfunksystems η_M umgekehrt proportional zur benötigten Bandbreite B innerhalb einer Zelle. Durch eine Reduktion der nötigen Bandbreite bzw. Übertragungsrate pro Kanal kann die Zahl der Teilnehmerkanäle bei konstanter Gesamtbandbreite erhöht werden.

In analogen (FDMA-) Mobilfunksystemen läßt sich die Bandbreite pro Träger durch zwei prinzipielle Methoden verringern. Zum einen kann die Basisbandbreite reduziert werden. Hier bietet sich allerdings nicht sehr viel Spielraum, denn zu geringe Grenzfrequenzen wirken sich ab einem bestimmten Punkt (ca. 3 kHz) sehr negativ auf die Sprachverständlichkeit aus. Ein anderer Weg ist die Wahl eines schmalbandigen Modulationsverfahrens wie z.B. SSB oder FM mit geringem Modulationsindex. Auf den ersten Blick scheint es sogar sehr verlockend, solche Verfahren einzusetzen; ein mit SSB modulierter Träger benötigt bei einer NF-Bandbreite von 3 kHz schließlich nur 3 kHz HF-Bandbreite. Ein Nachteil der schmalbandigen Verfahren ist jedoch, daß hohe Gleichkanalstörabstände eingehalten werden müssen. Speziell bei SSB tritt der extreme Fall auf, daß der im Basisband geforderte Signal-Rauschabstand (S/N) auch in der HF-Lage an Gleichkanalstörabstand mindestens vorhanden sein muß. Fordert man ein S/N von z.B. 40 dB würde dies auch einem $(C/I)_{min}$ von 40 dB entsprechen. Nach Gl.(6.8.2) resultiert daraus eine theoretische Clustergröße von $N = 81,6$ - ein Wert, der ein hoch kapazitives Mobilfunksystem undenkbar erscheinen läßt. Eine vergleichbare Verbindungsqualität wird mit Frequenzmodulation bei einer Kanalbandbreite von 7,5 kHz, 15 kHz und 30 kHz bei den Gleichkanalstörabständen

$(C/I)_{min} = 30$ dB, 24 dB bzw. 18 dB erreicht [LEE93]. Dies entspricht den theoretischen (ungerundeten) Clustergrößen 25,8, 12,9 bzw. 6,5.

In digitalen Mobilfunksystemen spielt die Datenkompression bei der Reduktion der relativen Teilnehmerbandbreite eine große Rolle. Die durch Kompression gewonnene Übertragungskapazität kann in einem TDMA-System zu mehr Zeitschlitzen und damit Teilnehmerkanälen pro Übertragungsrahmen bei gleicher Bandbreite führen. Mit dieser Technik lassen sich z.B. im GSM-System durch den Einsatz des 6 kbit/s Halfrate-Coders (siehe Kapitel 7) die Kapazität des Systems und die spektrale Effizienz verdoppeln. Die zusätzliche Übertragungskapazität kann aber auch für einen erhöhten Fehlerschutz durch aufwendigere Kanalcodierungsverfahren genutzt werden. Dies kann dann wiederum zu einem niedrigeren Mindest-Gleichkanalstörabstand $(C/I)_{min}$ führen und unter Umständen eine geringere Clustergröße ermöglichen. Im amerikanischen IS-95 Mobilfunksystem der Firma Qualcomm (siehe Kapitel 8.7) soll durch den Einsatz eines Sprachcoders mit variabler Bitrate (Stufen: 1,2; 2,4; 4,8; 9,6 kbit/s) in Verbindung mit dem CDMA-Vielfachzugriffsverfahren (siehe Kapitel 6.4) eine Clustergröße von $N = 1$ erreicht werden.

Ein weiterer wichtiger Punkt bei der Bandbreitenbetrachtung eines Mobilfunksystems ist der "Overhead", der nicht oder nicht unmittelbar zur Nutzdatenübertragung verwendet werden kann. Hier sind zunächst Schutzbänder und -zeiten zu nennen. Neben der Übertragungsbandbreite wird der HF-Kanalabstand (Trägerabstand) auch durch die endliche Flankensteilheit von Sende- und Empfangsfiltern bestimmt. Diese Filter sind u.a. für eine Unterdrückung von Nachbarkanalstörungen ("Adjacent Channel Interference") erforderlich. Schutzzeiten (siehe Kapitel 6.3.2) sind bei TDMA-Mobilfunksystemen erforderlich, um die unterschiedliche Laufzeit von unterschiedlich weit entfernten Mobilfunkstationen auszugleichen. Ohne Schutzzeiten kann es zum Übersprechen benachbarter Zeitschlitze kommen. Hierfür werden z.B. beim GSM-System 5,3 % der Übertragungszeit verwendet. Weiterer Overhead entsteht durch Trainingssequenzen, die für adaptive Equalizer zur Kanalentzerrung benötigt werden. Besonders bei hohen Übertragungsraten ist der Einfluß dieser Sequenzen nicht zu unterschätzen, GSM verwendet hierfür beispielsweise 16,6 % der gesamten Übertragungskapazität eines Frames.

Ein Mobilfunksystem benötigt auch mehr oder weniger viel Übertragungskapazität für den Signalisierungsverkehr. Über Signalisierungskanäle werden eine Vielzahl von unterschiedlichen Informationen zwischen Mobil- und Basisstation ausgetauscht. Hierzu zählen Meßwerte, Steuer- und Regelanweisungen sowohl während laufender Verbindungen als auch beim Verbindungsauf- und -abbau und dem "Standby-"Betrieb.

In digitalen Mobilfunksystemen macht der (notwendige) Kanalcodierungsaufwand einen beträchtlichen Anteil an der gesamten Übertragungskapazität aus. Dies kann sogar mehr als die Hälfte ausmachen (z.B. GSM, siehe Kapitel 7). Andererseits muß berücksichtigt werden, daß erst durch leistungsfähige Kanalcodierungsverfahren die für kleine Clustergrößen und hoch qualitative Mobilfunkübertragungen erforderliche Unempfindlichkeit gegen Störungen ermöglicht wird.

6.8.4 Getragener Verkehr

Der für die Nutzdaten in einer Zelle verfügbare Kanalvorrat kann von einem Mobilfunksystem mehr oder weniger gut ausgenutzt werden. Im einfachsten Fall der Kanalzuteilung, der statischen Kanalzuteilung (FCA, siehe Kapitel 3.3.1) wird jedem Mobilfunkteilnehmer für die Dauer der gesamten Verbindung ein Kanal aus dem Kanalvorrat der Zelle zugeteilt. Ist kein freier Kanal mehr verfügbar, wird die Verbindung abgewiesen (blockiert). Für eine bestimmte Kanalzahl und bei einem bestimmten Verkehrsangebot A_c läßt sich mit Gl.(3.2.18), der Erlang-B Formel (M|M|m), die Blockierwahrscheinlichkeit P_B berechnen. Der getragene Verkehr V ergibt sich dann aus

$$V = (1 - P_B) \cdot A_c \qquad (6.8.4)$$

Erlaubt man einem Anrufer in einer Warteschlange zu warten, bis ein Kanal frei wird, kann die Kanalausnutzung bzw. der getragene Verkehr gesteigert werden, da kurze Totzeiten bei der Kanalbelegung, wie sie in Erlang-B Systemen auftreten, weitgehend vermieden werden. Durch den Warteschlangenbetrieb wird im Hochlastbereich immer sofort ein frei werdender Kanal belegt. Wie in Kapitel 3.2.2.2 erläutert wurde, treten in einem Erlang-C System (M|M|m - ∞) keine Blockierungen mehr auf, dafür allerdings Wartezeiten, die mit der Erlang-C Formel nach Gl.(3.2.21) berechnet werden können.

Im Zusammenhang mit den Paketzugriffsverfahren aus Kapitel 6.5.3 wurde bereits die Möglichkeit einer aktivitätsgesteuerten Kanalvergabe beschrieben. Da nur während etwa 45 % eines typischen Telefongesprächs von einem Teilnehmer wirklich gesprochen wird, kann im Rest der Zeit der Übertragungskanal durch andere Nutzer belegt werden. Man erreicht so bei der Kanalausnutzung einen statistischen Multiplex-Gewinn von ca. einem Faktor zwei, d.h., mit der zur Verfügung stehenden Kanalzahl kann in etwa der doppelte Verkehr V getragen werden.

Mit dynamischen Kanalzuteilungsverfahren (siehe Kapitel 3.3.2) können räumliche Lastinhomogenitäten in einem zellularen Netz aufgefangen werden. Funkzellen können dabei unter bestimmten Bedingungen auch auf die Kanäle ihrer Nachbarzellen zugreifen. Temporäre Kapazitätsengpässe können so deutlich gemindert werden, der getragene Verkehr pro Zelle steigt. Bei vielen DCA-Verfahren kann die funkzellenbezogene spektrale Effizienz η_M nach Gl.(6.8.1) nicht direkt verwendet werden, da keine zellindividuelle Kanalzuordnung mehr erfolgt. In diesen Fällen findet auch keine unmittelbare Clusterbildung mehr statt; hier muß die Berechnung von η_M auf das gesamte mit DCA versorgte Gebiet der Fläche A_{ges} und der Gesamtbandbreite B_{ges} ausgedehnt werden. Man erhält:

$$\eta_{M,DCA} = \frac{V_{ges}}{B_{ges} \cdot A_{ges}} \tag{6.8.5}$$

6.8.5 Zellfläche

Unabhängig von den genauen technischen Parametern eines Mobilfunksystems stellt die Verringerung des Zellradius bzw. der Zellfläche A eine sehr wirksame Möglichkeit zur Erhöhung der spektralen Effizienz η_M dar, da η_M umgekehrt proportional zu A ist. Wie bereits in Kapitel 3.1.4.1 erläutert wurde, können beim Einsatz von Mikrozellnetzen Probleme durch erhöhte Handover-Raten auftreten. Mikrozellnetze erfordern daher sehr leistungsfähige Handover-Algorithmen.

Auch bereitet die nur schwer im voraus berechenbare Wellenausbreitungssituation bei der Funknetzplanung für mikrozellulare Netze große Probleme. Zusätzlich sind diese Netze von starken räumlichen Lastinhomogenitäten geprägt, da eine Lastmittelung über die Zellfläche kaum noch auftritt. Diese beiden zuletzt genannten Schwierigkeiten lassen sich durch den Einsatz von DCA-Verfahren umgehen.

Mit mikrozellularen Netzen sind hohe Kosten verbunden, da viele Basisstationen einschließlich Antennenträger, Strom- und Festnetzanschluß installiert und gewartet werden müssen. Besonders interessant sind auch die in Kapitel 3.1.4.2

beschriebenen hierarchischen Zellsysteme, die viele der angesprochenen Probleme mindern können.

Es folgen einige Beispiele zur Ermittlung der spektralen Effizienz η_M.

Beispiel 6.8.1: Wir betrachten ein schmalbandiges FDMA-Mobilfunksystem mit einer Kanalbandbreite von 7,5 kHz. Einschließlich eines Fading-"Sicherheitsabstandes" von 7 dB werden mindestens 30 dB Gleichkanalstörabstand für eine gute Übertragungsqualität benötigt. Für Up- und Downlink steht eine Bandbreite von jeweils 4,86 MHz zur Verfügung. Das System sei so ausgelegt, daß in jeder Zelle ein Organisationskanal vorhanden sein muß, der neben Signalisierungsaufgaben wie z.B. Paging auch als Pilot-Träger dient. Es wird eine zulässige mittlere Blockierrate P_B von 2 % erlaubt. Der geplante Radius einer (hexagonalen) Zelle betrage 3 km. Gesucht ist die spektrale Effizienz η_M dieses Systems.

Zunächst wird die erforderliche Clustergröße ermittelt. Mit Gl.(6.8.2) erhält man ein theoretisches N von 25,8. Bei einem hexagonalen Zellaufbau ergibt sich nach Gl.(3.1.1) die nächst mögliche Clustergröße zu N = 27 (mit i = j = 3). Innerhalb der Bandbreite von jeweils 4,86 MHz für Up- und Downlink lassen sich 648 FDMA-Kanäle unterbringen; dies entspricht 24 pro Zelle bei der gewählten Clustergröße von N = 27. Abzüglich einem Organisationskanal verbleiben 23 Verkehrskanäle pro Zelle. Eine Mobilfunkzelle kann näherungsweise durch ein M|M|m - Verlustsystem beschrieben werden. Man erhält bei einer Blockierrate von 2 % und 23 Kanälen ein zulässiges Verkehrsangebot von $A_c = 15,8$ Erlang [SIE80] bzw. mit Gl.(6.8.4) einen getragenen Verkehr V von 15,5 Erlang. Pro Zelle ist eine Bandbreite von B = 2·24·7,5 kHz = 360 kHz erforderlich. Die Fläche einer hexagonalen Zelle mit dem Radius R beträgt

$$A = \frac{3}{2}\sqrt{3} \cdot R^2 = 23,4 \ km^2.$$

Damit ergibt sich die spektrale Effizienz η_M des Systems zu:

$$\eta_M = \frac{15,5 \ Erl}{27 \cdot 0,36 \ MHz \cdot 23,4 \ km^2} = 68,1 \ mErl \ / \ MHz \ / \ km^2$$

Beispiel 6.8.2: Ein TDMA/FDMA-Mobilfunksystem verwendet Träger mit einem Kanalabstand von 200 kHz und 8 Zeitschlitzen pro Übertragungsrahmen. Es wird wie im vorherigen Beispiel das FDD-Richtungstrennverfahren eingesetzt. Im Uplink und im Downlink stehen jeweils 16,8 MHz Bandbreite zur Verfügung.

Aufgrund des Modulations- und Kanalcodierungsverfahrens benötigt das Übertragungssystem 9 dB Mindest-Gleichkanalstörabstand. Es wird ebenfalls eine Systemreserve von 7 dB eingeplant, so daß sich ein $(C/I)_{min}$ von 16 dB ergibt. In jeder Zelle wird ein Zeitschlitz für Pilot- und Signalisierungsfunktionen reserviert. Der Zellradius ist der gleiche wie in Beispiel 6.8.1 (3 km). Die zulässige Blockierwahrscheinlichkeit betrage ebenfalls wieder $P_B = 2$ %.

Mit $(C/I)_{min} = 16$ dB erhält man aus Gl.(6.8.2) ein theoretisches N von 5,15, so daß nach Gl.(3.1.1) (i = 2, j = 1) Cluster der Größe N = 7 gewählt werden müssen (C/I = 18,7 dB nach Gl.(3.1.4)). Es ergeben sich daraus 12 Träger pro Zelle, also zusammen 96 Zeitschlitze, von denen einer als Pilotkanal dient. Mit 95 Verkehrskanälen und einer zulässigen mittleren Blockierung von 2 % können V = 81,4 Erlang Verkehr getragen werden [SIE80] (Gl.(6.8.4)). Die Bandbreite pro Zelle beträgt B = 2·12·200 kHz = 4,8 MHz. Man berechnet daher die spektrale Effizienz η_M des Systems zu:

$$\eta_M = \frac{81,4\ Erl}{7\cdot 4,8\ MHz \cdot 23,4\ km^2} = 103,5\ mErl\ /\ MHz\ /\ km^2$$

Beispiel 6.8.3: Das Mobilfunksystem aus Beispiel 6.8.2 soll nun mit einer 120° Zell-Sektorisierung betrieben werden. Pro Sektor ist ein eigener Pilotkanal erforderlich.

Bei einer Clustergröße von N = 4 und 120° Sektorisierung treten nur noch zwei statt sechs nächster Gleichkanalzellen auf. Der entsprechende Gleichkanalstörabstand berechnet sich daher zu C/I = 1/2·q^4 = 18,6 dB mit q = (3·N)$^{1/2}$. Dies entspricht fast genau dem Wert aus dem vorherigen, omnidirektionalen Fall. Pro Sektor stehen nun 7 Träger mit einem Pilot- bzw. Signalisierungs-Zeitschlitz und 55 Verkehrskanälen zur Verfügung. Bei 55 Kanälen und einer zulässigen Blockierung von 2 % erhält man V = 44 Erlang. Die Bandbreite pro Zelle beträgt B = 2·3·7·0,2 MHz = 8,4 MHz. Für die spektrale Effizienz η_M des sektorisierten Systems ermittelt man daher:

$$\eta_M = \frac{3\cdot 44\ Erl}{4\cdot 8,4\ MHz \cdot 23,4\ km^2} = 167,9\ mErl\ /\ MHz\ /\ km^2$$

Wie aus einem Vergleich mit dem nicht-sektorisierten System aus Beispiel 6.8.2 ersichtlich ist, führt die Sektorisierung in diesem konkreten Fall zu einer Steigerung der spektralen Effizienz. Dies muß allerdings nicht in jedem Fall so sein, denn durch die Sektorisierung muß mehr Signalisierungskapazität (Pilotsignale, etc.) bereitgestellt werden und zusätzlich verringert sich der Bündelgewinn durch eine stärkere Unterteilung des gesamten System-Kanalvorrats. Bei der den Beispielen 6.8.2 und 6.8.3 zugrunde gelegten hohen Kanalzahl bzw. Bandbreite spielt der etwas geringere Bündelgewinn nach einer Sektorisierung jedoch keine signifikante Rolle, denn die Kanalbündel sind auch nach der Sektorisierung bzw. Unterteilung immer noch sehr groß.

7 GSM

Dieses Kapitel gibt einen Überblick über GSM (*engl.* Global System for Mobile Communications), einem der weltweit wichtigsten und erfolgreichsten digitalen Mobilfunksysteme. Die Einleitung beginnt mit einem historischen Überblick und stellt dann die von GSM zur Verfügung gestellten Dienste, wie z.B. Telefonie und Datenübertragung, vor. Das folgende Kapitel 7.2 gibt eine genauere Beschreibung der GSM-Systemtechnik einschließlich Vermittlungsstellen und Basisstationen. Dies beinhaltet die mobilfunkspezifischen, zur Unterstützung der Mobilität notwendigen Datenbanken (Home- und Visitor Location Register). Auch die Sicherheitsdienste in GSM werden vorgestellt. In Kapitel 7.3 folgt als wichtiger Schwerpunkt des gesamten Kapitels eine Diskussion der Funkschnittstelle. Dazu gehören Techniken wie: TDMA/FDMA-Zugriffsverfahren, Bursts, Synchronisation, Signalisierung, Leistungsregelung, Handover und Frequenzspringen. Im abschließenden Kapitel 7.4 werden verschiedene Protokollabläufe, wie z.B. das Einbuchen, exemplarisch dargestellt. Außerdem erfolgt eine Beschreibung möglicher Abläufe bei verschiedenen GSM-Verbindungssituationen.

7.1 Einleitung

7.1.1 Historischer Überblick

Auf die Frage, was GSM (*engl.* Global System for Mobile Communications) ist,
könnte man kurz antworten, daß es sich im wesentlichen um eine Spezifikation,
eine Empfehlung (quasi einen Standard), von Funktionseinheiten eines komplet-
ten Mobilfunksystems und die Definition der wesentlichen Schnittstellen handelt.

Beim Design von GSM wurden eine Reihe von Zielen verfolgt wie:

- Unterstützung der Mobilität der Teilnehmer und Internationales Roaming,

- Integration in ISDN,

- hohe Teilnehmerkapazität,

- Sprachqualität mindestens gleichwertig mit vorhandenen analogen Mobilfunksystemen,

- Abhörsicherheit.

Einige wichtige historische Stationen von GSM sind:

- 1979: Die WARC (*engl.* World Administrative Radio Conference) sieht das
  900 MHz-Band für ein zukünftiges, zellulares Mobilfunksystem vor.

- 1982: CEPT (*franz.* Conférence Européenne des Administrations des Postes et
  des Télécommunications, Europäische Fernmeldebehörde) initiiert GSM
  (Groupe Spéciale Mobile).

- 1986: 9 Systemvorschläge stehen in Paris zur Auswahl. Darunter befinden sich
  sowohl anloge als auch digitale TDMA- und CDMA-Systemvorschläge.

- 1987: Die Entscheidung fällt für ein vollständig digitales Schmalband-TDMA/
  FDMA-System. Die wesentlichen Netzbetreiber Europas unterzeichnen ein
  Memorandum of Understanding (MoU) zur Einführung von GSM ab 1991/92.
  In Zusammenarbeit mit den Herstellern wird GSM ab 1988 bei ETSI spezifi-
  ziert.

- 1990/91: Die GSM Phase 1 Spezifikation wird eingefroren.

- 1992: Zwei physikalisch und organisatorisch getrennte GSM-Netze werden in
  Deutschland unter den Markennamen D1 und D2 eröffnet.

- 1993: Ende 1993 zählte man in Deutschland in den D1/D2-Netzen bereits ca.
  1 Mio. Teilnehmer.

- 1994: Ein DCS1800-System (E1-Netz) wird in Deutschland unter dem Markennamen E-Plus eröffnet.

- Ende 1994: Mehr als 100 Netzbetreiber in 66 Ländern wollen bzw. haben
  GSM/DCS1800 eingeführt. Damit wird GSM seinem Namen: "Global System
  for Mobile Communications" gerecht.

- Mitte 1995 zählte man in Deutschland in den D1/D2-Netzen bereits mehr als
  2 Mio. Teilnehmer.

Die GSM-Empfehlungen bestehen aus mehr als 5000 Seiten und werden regel-
mäßig ergänzt und verbessert. Sie sind in die im folgenden aufgelisteten 12
Hauptkapitel, mit jeweils mehreren Unterkapiteln, gegliedert [MOU92, GSM95,
KIT94][1]:

Tabelle 7.1.1: Hauptkapitel der GSM-Empfehlungen

00 Series	Preamble
01 Series	General (vocabulary, implementation phases)
02 Series	Service Aspects
03 Series	Network Aspects
04 Series	MS-BSS Interface and Protocols
05 Series	Physical Layer on the Radio Path
06 Series	Speech Coding Specification
07 Series	Terminal Adapters for Mobile Stations
08 Series	BSS to MSC Interface
09 Series	Network Interworking
10 Series	Service Interworking
11 Series	Equipment and Type-Approval Specification
12 Series	Operation and Maintenance

---

[1] Die einzelnen Systemkomponenten wie MSC, BS, BSS usw. werden in
Kapitel 7.2.1 vorgestellt.

Wesentliche Punkte, die zum Erfolg von GSM beigetragen haben, sind:

- Es handelt sich um öffentlich zugängliche Empfehlungen.

- Komponenten (MS/BS/MSC) unterschiedlicher Hersteller sind kompatibel zueinander, insbesondere harmonieren MSs mit BSs.

- Trotz Kompatibilität und der recht umfangreichen Empfehlungen sind eine Reihe wichtiger Dinge wie Equalizer, Handover-Algorithmen oder Netzaspekte nur optional spezifiziert und lassen, wie im weiteren Text noch dargestellt wird, den Herstellern und Netzbetreibern erhebliche Spielräume, um sich zu profilieren [FUH93].

Endgeräte, die in einem Land bzw. GSM-Netz zugelassen sind, sind damit auch automatisch in allen anderen GSM-Netzen zugelassen und kompatibel. Für die Zulassung gibt es akkreditierte Testlabors, die den sogenannten Type Approval für den Typ eines Endgerätes nach erfolgreich absolvierten Tests ausstellen. Diese umfangreichen Tests reichen über HF-Messungen bis hin zu verschiedenen Protokolltests. Anfang 1991 hat sich der Start von GSM-Netzen verschoben, da sich die Fertigstellung des Testers und damit die Abnahme der Endgeräte verzögerte. Zur Beschleunigung wurde ein vereinfachtes Zulassungsverfahren, der Interim Type Approval (ITA) eingeführt.

Auch stellte man im Laufe der Standardisierung fest, daß die Spezifikation aller Erweiterungen und Dienste mehr Zeit in Anspruch nahm als erwartet [DUP95]. Um den Start von GSM nicht weiter zu verzögern, entschloß man sich, GSM in mehreren Phasen einzuführen: Phase 1, Phase 2 und Phase 2+. Dabei stellt ein wichtiges zu lösendes Problem die Kompatibilität zwischen den Phasen dar. Um die Mobilstation (MS) einfach zu halten, hat man sich zu folgendem entschlossen: Die Infrastruktur kann erkennen, ob es sich um eine MS der Phase 1 oder Phase 2 handelt und stellt die entsprechend notwendigen Funktionen zur Verfügung. Der Name Phase 2+ wurde gewählt, um auszudrücken, daß es sich um Erweiterungen handelt, die keinerlei Einschränkungen für Phase 2 GSM-Infrastruktur oder MSs bedeuten. Damit wird die weitere Entwicklung von GSM aber nicht abgeschlossen sein (siehe auch Kapitel 8.8). Das Ziel dieses GSM-Kapitels ist es, die wesentlichen Zusammenhänge und Prinzipien von GSM darzustellen; daher wird auf diese unterschiedlichen Phasen nicht weiter eingegangen. Informationen hierzu kann man den aktuellsten Versionen des GSM-Standards und den Pressemitteilungen der Netzbetreiber entnehmen.

7.1.2 GSM-Dienste

Dienste, mit anderen Worten Dienstleistungen für den Kunden des Mobilfunksystems, stellen aus Kunden- und Netzbetreibersicht einen ganz zentralen Punkt eines Kommunikationssystems dar. GSM bietet vier Hauptarten von Diensten: **Bearer Services, Teleservices, Supplementary Services** und **Value Added Services**.

Bearer Services (GSM 02.02) bzw. Trägerdienste sind reine Transportdienste (siehe Bild 7.1.1) und umfassen die Schichten 1 bis 3 des OSI-Modells [HAU94]. Als Trägerdienste sind unter anderem folgende Dienste vorgesehen:

- Leitungsvermittelte Datenübertragung, duplex, asynchron, 300 - 9600 bit/s,

- Zugang zu PAD (Paketier-/Depaketierung) eines paketvermittelten Datennetzes (z.B. Datex-P), 300 - 9600 bit/s,

- Leitungsvermittelte Datenübertragung, duplex, synchron, 1200 - 9600 bit/s,

- Sprache, Sprache gefolgt von Daten,

- 12 kbit/s digitale Datenübertragung.

Bei asynchroner Übertragung ist der Moment der Übertragung von Bits nicht mit einer Zeitbasis synchronisiert wie bei der synchronen Übertragung, d.h., Start- und Stop-Informationen müssen mitübertragen werden. Dies ist z.B. bei der Verbindung zwischen einem Computer und einem Terminal oder vielen Modem-Datenübertragungen der Fall.

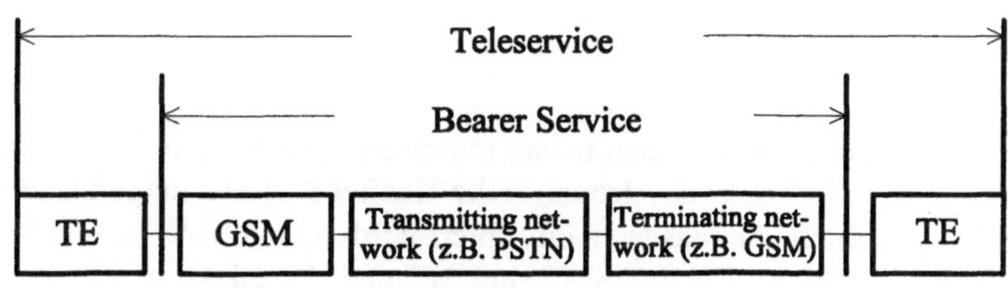

Bild 7.1.1: Unterscheidung von Teleservices und Bearer Services

Man kann die Bearer Services noch in **transparente Dienste** (d.h. der Übertragungskanal wird mit einer konstanten Übertragungsrate, einer konstanten Verzögerung, variabler Fehlerrate und einer spezifizierten Schnittstelle zur Verfügung gestellt, wie z.B. bei Telefonie) und **nichttransparente Dienste** unterteilen. Nur bei nichttransparenten Diensten garantiert der Einsatz des Radio Link Protocol (RLP), welches ARQ (siehe Kapitel 5.3) verwendet, eine hohe Fehlersicherheit (BER $\leq 10^{-8}$ möglich); es gibt aber keine feste Verzögerungszeit bzw. feste Übertragungsrate mehr. Das RLP beruht auf den Prinzipien der ISO-HDLC-Protokolle und ist für die Funkübertragung optimiert.

Teleservices sind zwischen Endgeräten unter Einschluß der Benutzerschnittstelle definiert und in GSM 02.03 näher spezifiziert. Sie basieren auf den Bearer Services und umfassen zusätzlich die Schichten 4 - 7 im OSI-Modell. Es wird dabei eine Einstufung der Teleservices in "essential" (E), "additional" (A) und "further study" (FS) vorgenommen. Dabei müssen die E-Dienste von GSM-Netzbetreibern angeboten werden, A-Dienste sind optional und FS-Dienste noch nicht fertig spezifiziert. E-Dienste sind zusätzlich in drei Einführungsphasen eingeteilt (E1,E2 und E3). Es gibt:

- Telefondienst (E1), sicherlich der wichtigste Dienst.

- Telefondienst mit Notruf (E1) (europaweit unter der Nummer 112). Einziger Dienst, der ohne SIM-Karte funktioniert. Die Verbindung wird automatisch und mit hoher Priorität im Netz mit der besten Verbindungsqualität aufgebaut.

- 3 Kurznachrichtendienste (E3, A und FS), sogenannte Short Message Services (SMS) bis maximal 160 (7-Bit ASCII) alphanumerische Zeichen.

- Teletex (A).

- Telefax Gruppe 3 (E2), dabei kann transparente oder nichttransparente Übertragung verwendet werden.

- 3 Videotext-Zugriffsprotokolle (A).

- etc.

Bei SMS handelt es sich um einen neuen mobilfunkspezifischen Dienst, der mit GSM (bzw. auch mit Funkrufsystemen, siehe Kapitel 8.2) neu eingeführt wurde. Es ist GSM-spezifisch, daß das Netz informiert wird, ob ein SMS bei der MS angekommen ist oder nicht. Die drei SMS sind: Bei der MS ankommende, abgehende und von einer BS zu mehreren MS gesendete SMS, z.B. für Verkehrsinfos. Die zuletzt genannte Punkt-zu-Mehrpunkt-Verbindung heißt "Cell Broadcast SMS". Die Punkt-zu-Punkt SMS-Nachrichten werden innerhalb oder außerhalb der "gewöhnlichen" Verkehrskanäle übertragen, d.h. sie können während einer Sprachverbindung übertragen werden. Die SMS benötigen ein Service Centre

(SC), das die Nachrichten speichert und weitergibt. Das SC ist nicht in GSM spezifiziert.

Für den Fax-Dienst sind auf der MS-Seite zusätzliche Fax-Adapter erforderlich.
Dies wurde unter anderem notwendig, da die gegenüber dem Festnetz höheren
Verzögerungen von GSM nicht unmittelbar mit dem Fax-Protokoll nach ITU-T
harmonierten. Weil ohne ISDN ein Endgerät nicht in der Lage ist, zu erkennen,
ob es sich bei einem ankommenden Ruf um Sprache, Fax oder Daten handelt,
wird dies über unterschiedliche Rufnummern, sogenanntes Multi-Numbering,
mitgeteilt.

Schließlich gibt es noch eine Fülle von sogenannten **"Supplementary Services"**
bzw. Zusatzdiensten (GSM 02.04), die auf den obigen Bearer- und Teleservices
aufsetzen. Hier findet man auch viele Dienste wieder, die im Festnetz mit ISDN
eingeführt wurden. Die eckigen Klammern [] in der nachfolgenden Aufstellung
kennzeichnen Optionen.

-       Anrufanzeige (oder -unterdrückung),

-       Rufumleitung,

-       Makeln - das Hin- und Herschalten zwischen 2 Verbindungen,

-       Rufweiterleitung [wenn keine Antwort/wenn MS nicht erreichbar],

-       Konferenzschaltung,

-       geschlossene Benutzergruppe (CUG, *engl.* Closed User Group),

-       gebührenbezogene Zusatzdienste (z.B. Service 0130),

-       Sperren von abgehenden Verbindungen [z.B. ins Ausland],

-       Sperren von [bestimmten] kommenden Verbindungen,

-       Signalanzeige

-       etc.

Außerdem bieten die einzelnen Netzbetreiber und Service Provider noch eine
Reihe von "**Value Added Services**" bzw. Mehrwertdiensten an, z.B.:

-       Hot-Line (kostenlose Kundeninformationen, Tag und Nacht),

-       Verkehrsinformationen,

-       Tankkarte,

-       Sekretariatsservice,

-     Hotelreservierung,

-     Mailbox,

-     Pannenhilfe,

-     Flugbuchung,

-     Info-Service

-     etc.

Nicht zuletzt bieten die D-Netze bzw. GSM europa- und weltweites Roaming. Unter Roaming versteht man Beweglichkeit bei gleichzeitiger Erreichbarkeit. Was kostet dieser Service? Der Mobiltelefonierer bezahlt die Gebühren des Landes, aus dem er telefoniert, plus einen Aufschlag von z.B. 25 % des deutschen Kartendienstleisters. Wer den mobilen Reisenden aus der Heimat anruft, muß den in Deutschland üblichen Tarif ausgeben. Den Rest übernimmt der Angerufene.

Eine Erleichterung für europaweites Roaming ist die Möglichkeit, die Stellen vor dem Landescode durch ein "+" ersetzen zu können. Dies erspart die Unterscheidungen zwischen 00 und z.B. 009.

7.2 Systemtechnik

7.2.1 Systemarchitektur des GSM-Systems

In diesem Kapitel werden die wesentlichen Komponenten des GSM-Systems vorgestellt. Da ist zunächst die Mobile Station (MS), das Endgerät des mobilen Teilnehmers. Wie in Bild 7.2.1 gezeigt, ist die MS über die Funkverbindung mit der Sendestation, der Base Station (BS), die sich aus BTS und BSC zusammensetzt, in Verbindung. Die Vermittlungsfunktion für mehrere Basisstationen wird vom Mobile Switching Centre (MSC) übernommen. Für die im folgenden noch genauer beschriebene Teilnehmerverwaltung und Identifikation sind einer (oder auch mehreren) MSC(s) mehrere Register (VLR, HLR, AC und EIR, siehe Bild 7.2.1) zugeordnet. Von einer MSC gibt es zum einen Verbindungen in öffentliche Festnetze und zum anderen eine Verbindung zum Betriebs- und Wartungszentrum (**OMC**, *engl.* **Operation and Maintenance Centre**).

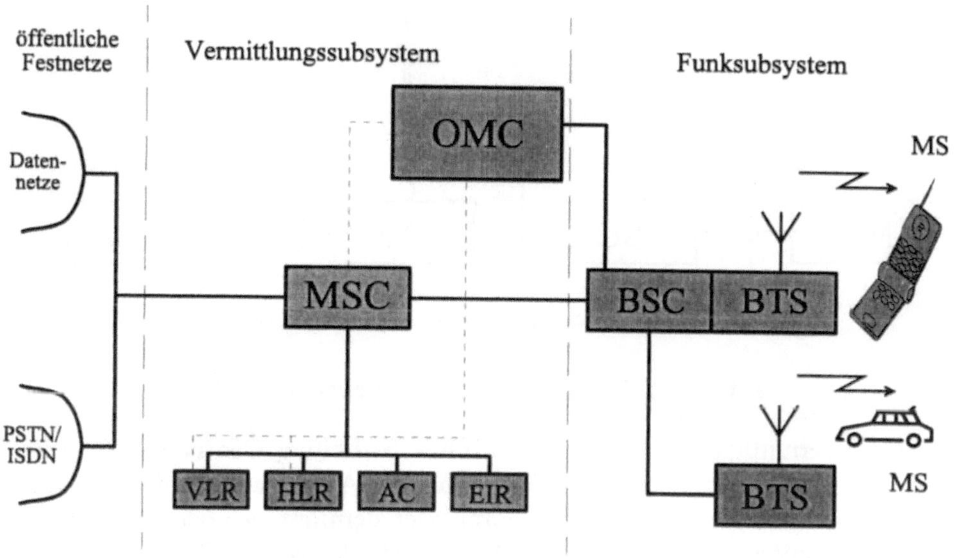

—— physikalische Verbindung - - - - - funktionale Verbindung

AC	Authentication Centre	**MS**	Mobile Station
BSC	Base Station Controller	**MSC**	Mobile Switching Centre
BTS	Base Transceiver Station	**OMC**	Operation and Maintenance C.
EIR	Equipment Identity Register	**PSTN**	Public Switched Teleph. Network
HLR	Home Location Register	**VLR**	Visitor Location Register

Bild 7.2.1: Gesamtübersicht des GSM-Systems [KED94]

Nach diesem groben Überblick über die wesentlichen Komponenten, die in Bild 7.2.1 gezeigt sind, werden ihre Funktionen und Schnittstellen etwas genauer betrachtet. Beispiele des Zusammenspiels und Informationsaustausches folgen in den Kapiteln 7.3 und 7.4.

Drei wesentliche, standardisierte Schnittstellen sind das **A-Interface,** das **A$_{bis}$-Interface** und das **U$_m$-Interface,** die in Kapitel 7.3 näher betrachtete Luftschnittstelle (siehe Bild 7.2.2). Dabei haben die Bezeichnungen keine Bedeutung an sich. Das A-Interface zwischen BSS und MSC basiert auf 2 Mbit/s Verbindungen, wobei von den 32 mal 64 kbit/s Verbindungen in der Regel eine für die mobilfunkspezifische Signalisierung und eine für Synchronisation verwendet wird. Das A$_{bis}$-Interface benutzt 64 kbit/s Verbindungen und erlaubt 16 kbit/s Submultiplexkanäle.

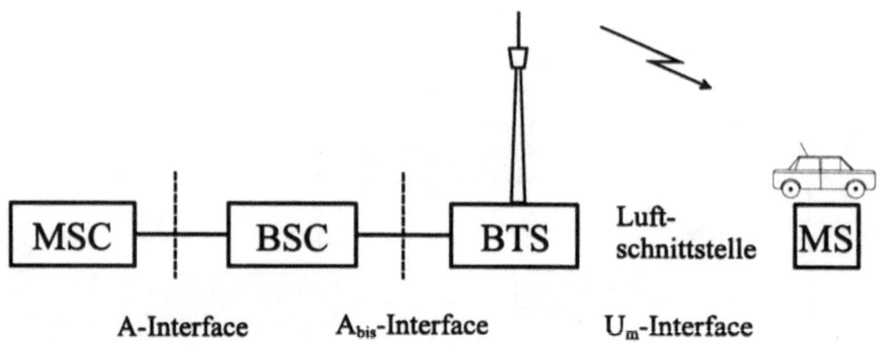

Bild 7.2.2: Drei wichtige Schnittstellen in GSM

Die Mobilvermittlungsstelle bzw. das **Mobile Switching Centre (MSC)**, eine modifizierte ISDN-Vermittlungsstelle, ist über das A-Interface mit den Basisstationen (BS) verbunden. Dies kann in Form einer sternförmigen oder einer Multidrop-Netztopologie erfolgen. In den D-Netzen sind die MSCs z.B. durch ein Maschennetz miteinander verbunden. Die MSC führt in der Gruppe von Zellen, die sie bedient, alle Vermittlungsfunktionen aus, wobei nur 64 kbit/s Verbindungen geschaltet werden. Des weiteren umfaßt dies den Verbindungsaufbau und das Betreiben einer Telefonverbindung. Im einzelnen werden hier insbesondere folgende Funktionen ausgeführt:

- Prozeduren, um mit anderen Netzen in Verbindung zu treten (z.B. PSTN, ISDN). Der Anschluß an diese anderen Netze wird mittels einer **Interworking Function (IWF)** vorgenommen.

- Prozeduren für das Mobilitätsmanagement einer MS, also z.B. Paging für ankommende Anrufe, Verwalten der Register (VLR, HLR und EIR) und Steuerung einiger Arten von Handover (HO, wird noch genauer in Kapitel 7.3.7 behandelt).

- Der Zugang zu einem GSM-System erfolgt normalerweise über die sogenannte **Gateway MSC (GMSC)**. Dabei kann es sich um eine oder auch mehrere MSCs handeln.

Ein oder mehrere MSCs können auf die Heimatdatei bzw. ein **Home Location Register (HLR)** zugreifen. Das HLR kann aus mehreren, räumlich getrennten Registern bestehen. Es enthält die Basisdaten für das Management und die Mobilitätsunterstützung von MSs. Dies sind zum einen statische Parameter wie die International Mobile Subscriber Identity (IMSI) Nummer, welche z.B. verwendet wird, um die Berechtigung des Benutzers über sein Authentication Centre (AC) zu ermitteln, die Rufnummer (MSISDN, *engl.* Mobile Station ISDN Number), vereinbarte Dienste, Authentikationsschlüssel, Prioritäten etc. Zum anderen temporäre Parameter wie die Adresse des VLR. Jeder Teilnehmer, genauer seine Chipkarte, ist in dem HLR seines Netzes registriert. Der Zugriff auf HLR-Daten wird mittels MSISDN-Number oder IMSI vorgenommen.

Die für das Management der MS benötigten Daten können in der Besucherdatei, dem **Visitor Location Register (VLR)**, das für den Aufenthaltsbereich der MS zuständig ist, temporär gespeichert werden. Damit wird eine häufige Abfrage des HLR und damit ein nicht unerheblicher Signalisierungsverkehr vermieden. Da sich das VLR nahe des tatsächlichen Aufenthaltsbereichs befindet, werden auch die Zugriffszeiten verringert. Mehrere Zellen können zu einem Zellverbund zusammengefaßt werden, der als **Location Area (LA)** bezeichnet wird. Gespeichert werden insbesondere die MSRN (*engl.* Mobile Station Roaming Number), TMSI (*engl.* Temporary Mobile Subscriber Identity), LA, in der sich die MS befindet, und Daten bzgl. des Diensteprofils.

Für den Zugriff auf die Register wurde im Rahmen des ITU-T-Signalisierungssystems Nr. 7 ein eigener Mobilanwenderteil definiert. Die Schnittstelle zwischen den Registern wird als **Mobile Application Part (MAP)** bezeichnet.

Das **Authentication Centre (AC)** enthält die für die Zugangssicherung und den Abhörschutz notwendigen Algorithmen (A3, A8) und für jeden Teilnehmer den Authentikationsschlüssel. Weitere Einzelheiten werden in Kapitel 7.2.2 besprochen.

Im **Equipment Identity Register (EIR)** sind die Endgeräte anhand ihrer IMEI (*engl.* International Mobile Equipment Identity) registriert. Damit können z.B. gestohlene oder fehlerhafte Geräte identifiziert werden. Unter Regie des GSM-MoU ist in Dublin das Central EIR (CEIR) eingerichtet. Hier werden alle Angaben über zugelassene, verloren oder gestohlen gemeldete Funktelefone in den "weißen" und "schwarzen" Listen gesammelt und an die einzelnen GSM-Betreiber weitergeleitet.

Die Register HLR, VLR, EIR, das MSC und das AC werden teilweise auch als **Network and Switching Subsystem (NSS)** bezeichnet.

Eine **Base Station (BS)** besteht aus dem **Base Station Controller (BSC)** und einer oder mehreren **Base Transceiver Stations (BTS)** und wird teilweise auch als **Base Station System (BSS)** bezeichnet. BSC und BTS sind über die A_{bis}-

Schnittstelle, welche das ISDN LAPD-Protokoll unterstützt, miteinander verbunden.

Die BTS besteht aus dem Sender für die Funkversorgung, dem Empfänger und der Signalisierungstechnik der Funkschnittstelle. Hier wird auch das Timing-Advance zur Synchronisation berechnet (siehe Kapitel 7.3.2). Eine wichtige Komponente, die funktional zur BTS gehört, ist die **TRAU** (*engl.* **Transcoder/Rate Adapter Unit**). Hier wird die GSM-spezifische Sprachcodierung bzw. Decodierung und die Ratenadaption für Datendienste vorgenommen. Wenn sich die TRAU physikalisch nicht in der BTS befindet, werden für Sprache statt 13 kbit/s zusätzlich noch Informationen zur Synchronisation, DTX (*engl.* Discontinuous Transmission) etc. mit dann 16 kbit/s übertragen. Insbesondere erfolgt in der TRAU eine Ratenumwandlung von 13 bzw. 16 kbit/s nach 64 kbit/s.

Die BSC, eine Art kleiner Vermittlungsstelle, ist zuständig für die Kontrolle von einer oder mehreren BTSs, Handover und Management der Funkverbindung (Leistungsregelung, Frequenzspringen (FH)).

Das **Operation and Maintenance Centre** (**OMC**) ist die funktionale Instanz, die den Betrieb des Netzes unterstützt. Dies umfaßt:

- Netzsicherheit und -betrieb sowie rechtzeitige Behebung von Fehlersituationen,

- Netzoptimierung und Erweiterung, unterstützt von Verkehrsmessungen,

- abrechnungsrelevante Funktionen wie: Teilnehmerverwaltung und Daten für die Abrechnungen der Verbindungsgebühren (mit Unterstützung des MSC).

Die **Mobile Station** (**MS**) besteht aus den zwei wesentlichen Komponenten Endgerät (ME, *engl.* Mobile Equipment) und Chipkarte (SIM-Karte oder Telekarte). Bei den Endgeräten gibt es die drei grundsätzlichen Klassen Autotelefon, Portable und Handy, die sich im wesentlichen durch ihre Sendeleistung (genaueres folgt in Kapitel 7.3.6), die Akkugröße und das Gewicht unterscheiden. Der Trend ist eindeutig zugunsten der kleinen und leichten (200 g und weniger) Handys, Handgeräte, die in die Jackentasche passen. Auf der SIM findet man alle für die Teilnehmerverwaltung, die Zugangskontrolle und die Verschlüsselung notwendigen Informationen. Sie ist integraler Bestandteil des GSM-Sicherheitskonzepts. Die Trennung der MS in ME, welches keinerlei Daten zur Teilnehmerverwaltung beinhaltet, und SIM erlaubt dem Netzbetreiber die vollständige Kontrolle der Teilnehmerverwaltung und Sicherheitsfunktionen. Auch kann ein Teilnehmer mit ein und derselben SIM-Karte mehrere MEs benutzen. Dies wird auch als "SIM-

Roaming" bezeichnet. Die funktionalen Schnittstellen der MS werden in Anhang 7.1 behandelt.

Bemerkenswert ist auch, daß die Systemarchitektur von GSM schon eine Reihe von IN-Funktionen (Intelligentes Netz) des Festnetzes enthält. So können MSC/ VLR zu einem "Service Switching Point (SSP)" und das HLR zu einem "Service Control Point (SCP)" weiterentwickelt werden. Im GSM erfolgt die Kommunikation zwischen MSC/VLR und HLR mittels des MAP-Protokolls, während dies im IN über das INAP (Intelligent Network Application Protocol) erfolgt. In der Tat hat GSM auch bzgl. dieser Netzfunktionen eine Vorreiterrolle gegenüber der Festnetzentwicklung eingenommen.

Es sei noch einmal betont, daß der Netzbetreiber umfangreiche Spielräume hat, um ein Netz aufzubauen. So kann die Anzahl der HLRs variieren, sie können räumlich dem OMC oder einem bzw. mehreren MSCs zugeordnet sein, auch kann die Anzahl der BTSs pro BSC unterschiedlich sein, Komponenten verschiedener Hersteller können kombiniert sein, usw.

Tabelle 7.2.1 zeigt die Relation des klassischen OSI-Models zu GSM. Die Schichten 7 bis 4 sind identisch. Für die darunterliegenden Schichten sind die spezifischen GSM-Funktionen angegeben. Schicht 1 realisiert die physikalische Bitübertragung über die Luftschnittstelle; dies schließt auch die Steuerung der Sendeleistung ein.

In Bild 7.2.3 ist insbesondere die Verteilung der mobilfunkspezifischen Funktionen Mobilitäts- und Radio-Management auf die einzelnen Systemkomponenten dargestellt [MOU92]. Zum Mobilitäts-Management gehören die Funktionen zum Lokalisieren des mobilen Teilnehmers und die Sicherheitsdienste (Kapitel 7.2.2). Die Aufgabe des Radio-Managements (Kapitel 7.3) ist die Verbindungsherstellung und -aufrechterhaltung unter den Randbedingungen der knappen Radioressourcen und der ungünstigen Übertragungseigenschaften des Mobilfunkkanals. Auch die Handover-Funktionen gehören hierzu. Weitere Details bezüglich der einzelnen Protokolle finden sich auch in [GSM95], [BIA95], [MOU92]. Bild 7.2.4 zeigt noch einmal die ersten drei Schichten mit den verschiedenen Signalisierungsprotokollen.

Tabelle 7.2.1: Relation zwischen OSI und GSM (Control Plane)

OSI Schicht	Name	GSM
7	Application	gleich
6	Presentation	gleich
5	Session	gleich
4	Transport	gleich
3	Network	Call Management Mobilitäts-Management Radio-Management
2	Data Link	Verwaltung der Signa-lisierungsverbindungen, eventuell ARQ
1	Physical	Übertragung von Ver-kehrs- und Signalisie-rungsdaten, Kanalcodie-rung, Modulation etc.

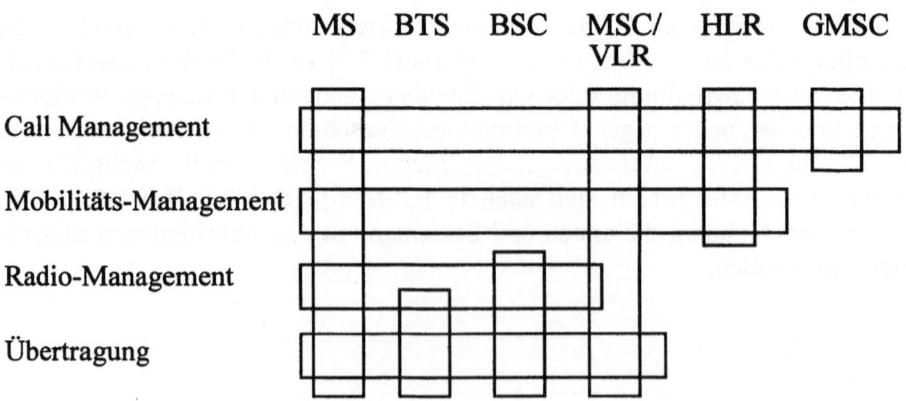

Bild 7.2.3: Generelle Protokollfunktionen von GSM

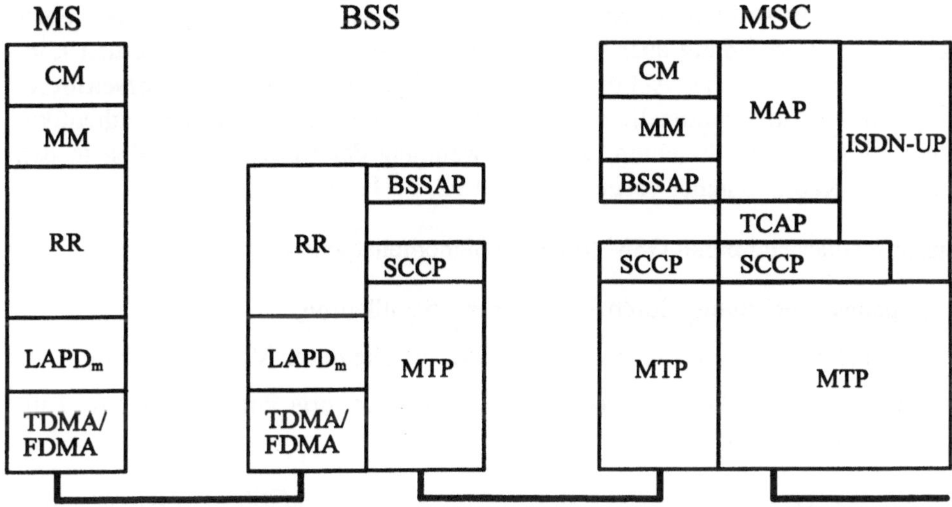

AP	Application Part	**BSSAP**	BSS Application Part
CM	Call Management	**ISDN-UP**	ISDN User Part
MAP	Mobile Application Part	**MM**	Mobility Management
MTP	Message Transfer Part	**RR**	Radio Management
SCCP	Signaling Connection Control Part		
TCAP	Transaction Capabilities AP		
LAPD$_m$	Link Access Procedure for the D$_m$ Channel		

Bild 7.2.4: Übersicht der verschiedenen Signalisierungsprotokolle in GSM

7.2.2 Sicherheitsdienste in GSM

Die notwendigen Sicherheitsvorkehrungen eines öffentlichen Festnetzes und eines öffentlichen Mobilfunknetzes unterscheiden sich wesentlich voneinander. So
gibt es in Mobilfunksystemen offensichtlich keine feste, im voraus bekannte Verbindung zwischen einer lokalen Vermittlung und einem mobilen Teilnehmer. Zur
Gebührenabrechnung und zum Routing einer Verbindung ist die Identifikation
des Teilnehmers wesentliche Voraussetzung, damit zum Beispiel Gebühren nicht
den falschen Teilnehmern zugeordnet werden. Dieser Schutz vor unzulässigem
Netzzugang wird durch **Authentikation** erreicht. Eine zweite wesentliche Anforderung ist der Abhörschutz von Sprach-, Daten- und Signalisierungsverbindun-

gen, sowie von Aufenthaltsdaten. Da innerhalb einer Zelle die HF-Signale einer bestimmten Verbindung auch von anderen Endgeräten empfangen werden können, ist ein zusätzlicher Abhörschutz notwendig. Dies wird durch **Verschlüsselung** auf der Luftschnittstelle erreicht. Diese beiden Prozeduren der Authentikation und der Verschlüsselung, unter Verwendung der Chipkarte, werden in den folgenden Kapiteln näher vorgestellt [RUE92, PÜT95].

Zusammenfassend bietet GSM folgende Sicherheitsdienste:

- Zugangsberechtigung durch Teilnehmerauthentikation,

- Vertraulichkeit der Daten auf der Luftschnittstelle durch Verschlüsselung,

- Anonymität des Teilnehmers und des Aufenthaltsorts durch temporäre Teilnehmerkennungen.

Da die meisten Gespräche bzw. Datenverbindungen, die GSM involvieren, auch das PSTN verwenden (sei es nur für die Verbindung zweier MSCs), wurde keine höhere Sicherheit als bei PSTN/PSTN-Verbindungen angestrebt.

7.2.2.1 SIM-Karte (Subscriber Identity Module)

Da, wie in Kapitel 7.2.1 schon erläutert wurde, die ME keinerlei Daten zur Teilnehmerverwaltung beinhaltet, erlaubt die Trennung der MS in ME und SIM dem Netzbetreiber die vollständige Kontrolle der Teilnehmerverwaltung und der Sicherheitsfunktionen.

Ein weiterer Vorteil der SIM besteht darin, daß bei Reparaturen ein Austauschgerät unmittelbar nach Einstecken der SIM mit dem alten Kundenverhältnis (Telefonnummer, Abrechnung, etc.) verwendet werden kann. Auch kann ein Teilnehmer mehrere Endgeräte, z.B. Autotelefon und Handy, verwenden. Ebenso läßt sich ein Endgerät von mehreren Teilnehmern verwenden.

Nach Einschalten des Endgerätes sind die ersten Handlungen: SIM-Karte und danach PIN-Code eingeben. Mit der **PIN** (*engl.* Personal Identification Number), einer vier- bis achtstelligen Geheimzahl, identifiziert sich der Teilnehmer gegenüber seiner SIM-Karte. Nach dreimaliger Falscheingabe wird die Karte gesperrt und kann nur mit der separaten, achtstelligen Geheimzahl **PUK** (*engl.* PIN Unblocking Key) wieder freigegeben werden. Nach zehnmaliger Falscheingabe der PUK wird die Karte jedoch unbrauchbar. Prinzipiell steht es dem Netzbetreiber offen, eine Deaktivierung der PIN zuzulassen. Es gibt in GSM nur einen Dienst, der ohne SIM-Karte funktioniert, den Notruf.

Die SIM-Karte, auch Chipkarte oder Telekarte genannt, die der Anwender in sein mobiles Telefon schiebt, ist eigentlich ein Mikrocontroller mit RAM, ROM und NVM (*engl.* Non Volatile Memory). Es gibt sie als SIM-Karte im Scheckkartenformat (54 mm · 85,6 mm) oder als kleinere Plug-In-Karte (15 mm · 25 mm), siehe Bild 7.2.5.

Das ROM enthält die nicht kopierbaren A3- und A8-Algorithmen. Die ROM-Speichergröße beträgt 4 - 6 kByte (maximal 16 kByte). Das RAM wird zur Schlüsselberechnung benötigt und hat nur eine Größe von 126 - 160 Byte (maximal 256 Byte). Das NVM enthält K_i (Teilnehmerauthentikationsschlüssel), IMSI (*engl.* International Mobile Subscriber Identity), TMSI (*engl.* Temporary MSI), LAI, PIN, ein persönliches Rufnummernverzeichnis, eine Liste der bevorzugten, ausländischen Mobilfunknetze und die empfangenen SMS-Nachrichten. Die typische Größe des NVM ist 2 - 3 kByte (maximal 8 kByte). Das Interface der Karte besitzt 8 Kontakte, von denen jedoch nur 5 - 6 benutzt werden. Die Schnittstelle hat eine Übertragungsrate von 9,6 kbit/s und arbeitet im Halbduplex-Betrieb. Pro Datenbyte werden 12 Bit übertragen (8 Datenbits, 1 Startbit, 2 Stopbits und 1 Paritätsbit). Dies ergibt eine effektive Übertragungsgeschwindigkeit von 3,2 kbit/s je Richtung.

Bild 7.2.5: SIM-Karte

7.2.2.2 Authentikation

Unter Authentikation, teilweise auch synonym als Authentifikation bezeichnet, versteht man die eindeutige Identifizierung eines Teilnehmers. Damit werden Abrechnungsfehler durch falsche Identitäten und Maskeradeangriffe mittels Vortäuschen einer Identität wirkungsvoll bekämpft. In GSM authentisiert sich nur der Teilnehmer (genauer: die SIM) gegenüber dem Netz, nicht jedoch das Netz gegenüber dem Teilnehmer.

Der Authentikationsalgorithmus A3 wird vom Netzbetreiber festgelegt; spezifiziert sind lediglich das prinzipielle Protokoll und die geforderte Antwortzeit von weniger als 500 ms. Die zur Authentikation verwendete Methode zwischen AC/HLR/VLR und SIM ist ein Challenge-Response-Verfahren (siehe Bild 7.2.6). Im Netz wird eine 128 Bit lange Zufallszahl, RAND, generiert und an die MS übertragen. Sowohl im Netz als auch in der MS wird dann mit RAND und dem geheimen, teilnehmerspezifischen Authentikationsschlüssel K_i (128 Bit) mittels des Algorithmus A3 die 32 Bit Antwort SRES (*engl.* Signed Response) berechnet. SRES wird an das Netz übertragen und bei Übereinstimmung mit dem netzseitigen Ergebnis ist der Teilnehmer authentisiert, andernfalls wird der Teilnehmer nicht zugelassen. Authentisiert wird immer dann, wenn die Identifizierung des Teilnehmers notwendig ist, z.B. beim Einbuchen oder dem Wechsel zu einem neuen VLR.

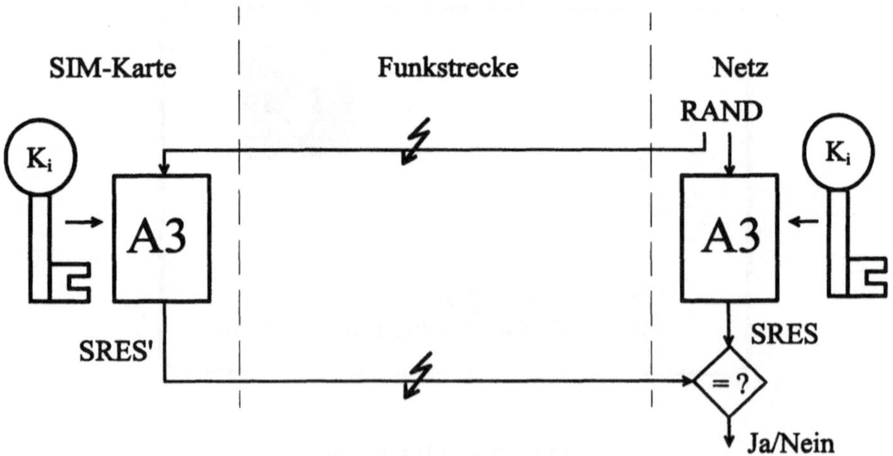

Bild 7.2.6: Authentikations-Prozedur mit Challenge-Response-Verfahren

Da SRES nur 32 Bit lang ist, ist es allein schon deshalb nicht möglich, eindeutig von dem Ergebnis auf den Schlüssel K_i zurückzuschließen; es gibt viele Möglichkeiten mit dem gleichen Ergebnis. Der A3-Algorithmus ist auf der SIM-Karte in Hardware implementiert. Der Authentikationsschlüssel K_i befindet sich auf der SIM und im AC, er wird nie auf der Luftschnittstelle übertragen.

Die Verifikation von SRES wird im VLR und die Berechnung im AC/HLR vorgenommen. Um die Bearbeitungszeit einer Teilnehmerauthentikation zu reduzieren, werden im AC sogenannte Authentication Triplets (AT) vorgefertigt und an das VLR übertragen. Neben dem Kommunikationsschlüssel K_c enthält ein AT fertige Paare von RAND/SRES. ATs werden immer in 5er-Blöcken mittels der IMSI vom AC angefordert. Das hat den Vorteil, daß das VLR den netzbetreiberspezifischen A3-Algorithmus nicht kennen muß. Damit ist uneingeschränktes Roaming möglich. Jedes dieser Triplets wird nur einmal verwendet. Wechselt die MS zu einem anderen VLR, werden die noch "unverbrauchten" Triplets an das neue VLR weitergereicht. Bild 7.2.7 zeigt noch einmal den logischen Authentikationsablauf, incl. der Algorithmen A5 und A8, deren Aufgaben im folgenden noch beschrieben werden.

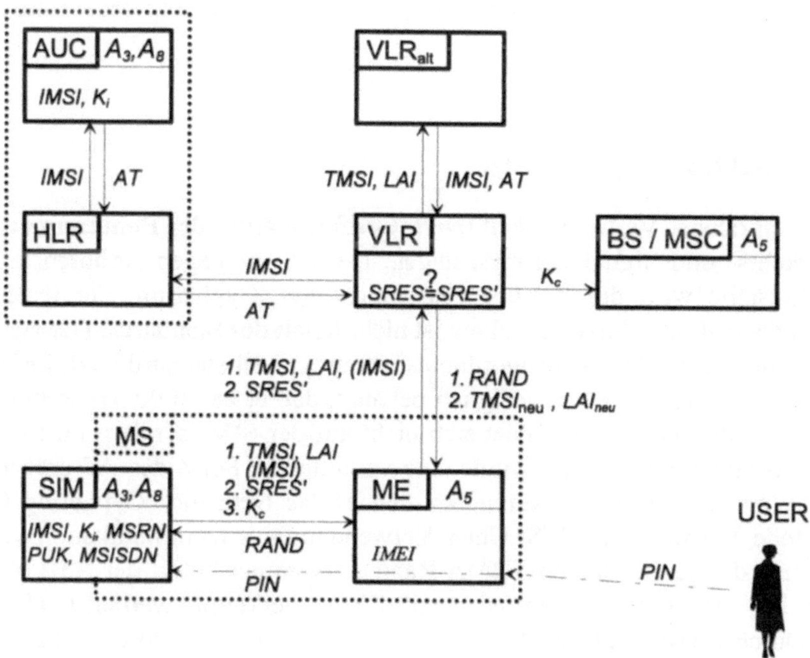

Bild 7.2.7: logischer Authentikationsablauf [PÜT95]

7.2.2.3 Internationale und temporäre Identitäten

Zur eindeutigen, weltweiten Identifizierung des Teilnehmers ("repräsentiert" durch die SIM) dient die **International Mobile Subscriber Identity (IMSI)**. Sie besteht aus 15 Stellen, die jeweils mit 4 Bit codiert sind. Die permanent auf der SIM gespeicherte IMSI beinhaltet einen Landes-, einen Mobilfunknetz- und einen Teilnehmercode.

Anstelle der IMSI wird in der Regel die **Temporary Mobile Subscriber Identity (TMSI)**, eine fünfstellige Ziffer, verwendet. Die TMSI verhindert das Erstellen von Teilnehmer-Bewegungsprofilen. Nur bei der ersten Verwendung der SIM ist die TMSI dem VLR unbekannt und die Übertragung der IMSI über die Luftschnittstelle notwendig. Nach der Authentikation ordnet das VLR dem Teilnehmer eine TMSI zu, die verschlüsselt an die MS übertragen und zusammen mit dem Aufenthaltsort, dem LAI (*engl.* Location Area Identifier), auf der SIM gespeichert wird.

Mindestens bei jedem Wechsel des VLR-Bereiches (Location Update) muß eine neue TMSI zugeordnet werden. Falls es nicht zu einem Systemfehler kommt, wird die IMSI nicht mehr auf der Luftschnittstelle übertragen, sie wird also nur einmal verwendet. Dieses Verfahren bildet einen guten Schutz der Teilnehmer- und Ortsanonymität.

7.2.2.4 Verschlüsselung der Daten

GSM gewährleistet Vertraulichkeit (*engl.* Confidentiality) der Benutzerdaten auf den Verkehrs- und Signalisierungskanälen. Der Schutz gegen Abhören auf der Luftschnittstelle wird durch Verschlüsselung (*engl.* Cyphering) der Daten erreicht. Ende-zu-Ende Verschlüsselung ist nicht Inhalt des Standards. Der zur Verschlüsselung verwendete A5-Algorithmus ist europaweit standardisiert. Er ist nur Herstellern zugänglich. Es ist lediglich bekannt, daß er ca. 3000 Transistorfunktionen beinhaltet. Der A5 befindet sich nicht auf der SIM, sondern im ME. Für den Export außerhalb der EU wurde eine vereinfachte Form des A5 entwickelt. Um die Verschlüsselung zu aktivieren, sendet das Netz die "Cyphering Command Mode Message" zur MS. Unter Verwendung des Kommunikationsschlüssels K_C und der 22 Bit langen TDMA-Rahmen-Nummer liefert der A5 114 Bits, die mit den 114 Bits des "normal burst" EXOR-verknüpft werden (siehe Bild 7.2.8). Durch dieses additive Verfahren erfolgt keine Fehlerfortpflanzung. Bei der MS wird K_C (64 Bit lang) im Algorithmus A8 aus RAND und K_i erzeugt.

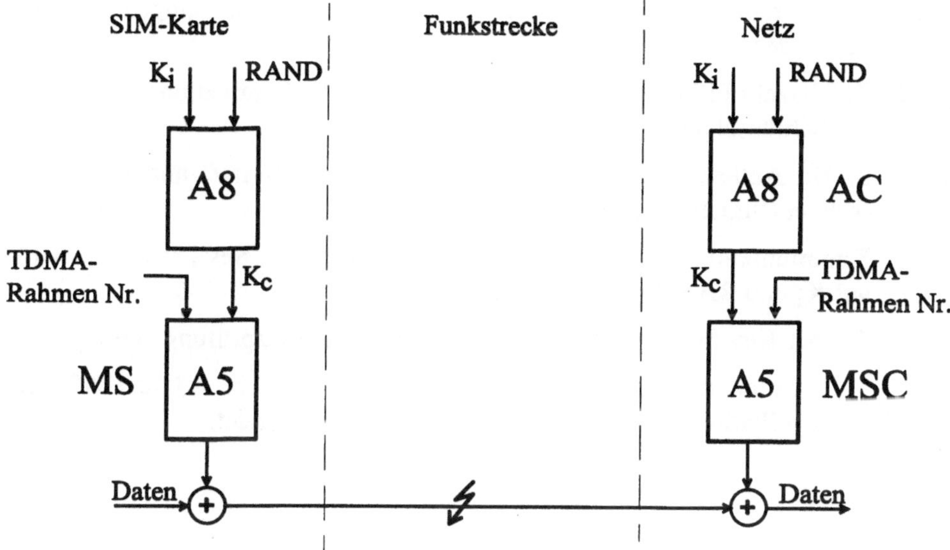

Bild 7.2.8: Verschlüsselung der Nutzdaten

Damit wird vermieden, daß der Schlüssel auf der Funkstrecke übertragen werden muß. Das VLR erhält einen bereits errechneten K_c vom AC als Teil des AT. Um die Konsistenz von K_c zu überprüfen, wird parallel zur RAND eine CKSN (*engl.* Cypher Key Sequence Number) zur MS gesendet und das zurückgesendete Abbild dann im VLR mit der gespeicherten CKSN verglichen. Wie der A3-Algorithmus, so ist auch der A8-Algorithmus Sache des Netzbetreibers, in GSM sind nur die Rahmenbedingungen spezifiziert. A3 und A8 sind in der Regel als ein kombinierter Algorithmus realisiert, da sie mit RAND und K_i denselben Input verwenden.

Es folgt eine kurze Zusammenfassung wichtiger Begriffe:

A3   Algorithmus 3, wird zur Authentikation des Teilnehmers verwendet.

A5   Algorithmus 5, wird zur Verschlüsselung der Daten verwendet.

A8   Algorithmus 8, wird zur Erzeugung des Kommunikationsschlüssels K_c verwendet.

SIM   Subscriber Identity Module, enthält wichtige Daten zur Teilnehmer-Authentikation und -Verwaltung.

IMSI   International Mobile Subscriber Identity, dient zur eindeutigen Identifikation des Teilnehmers.

RAND   Zufallszahl (128 Bit), dient als Challenge im Authentikationsprozeß und zur Schlüsselgenerierung.

SRES   32 Bit Authentikationsantwort, wird aus K_i und RAND mittels A3 berechnet (Signed Response).

K_c Kommunikationsschlüssel (64 Bit, symmetrischer Session-Key), wird aus K_i und RAND mittels A8 berechnet.

CKSN   Cypher Key Sequence Number, dient zur Konsistenzprüfung von K_c.

K_i Teilnehmerauthentikationsschlüssel (128 Bit), wird in A3 und A8 zur Authentikation und zur Schlüsselgenerierung verwendet.

7.3 Die Luftschnittstelle

In diesem Kapitel werden die verschiedenen Aspekte des Interfaces zwischen BTS (*engl.* Base Transceiver Station) und MS, der Luftschnittstelle (*engl.* Air Interface) bzw. des U_m-Interfaces betrachtet. Die Luftschnittstelle ist für die Übertragung über den Funkkanal zuständig. Dieser übertragungstechnische Teil wird auch als Radio-Sub-System (RSS) bezeichnet und umfaßt die Aspekte: Verkehrs- und Signalisierungskanäle, Vielfachzugriff, Zeitschlitz- bzw. Burstdefinitionen, Synchronisation, Multiplexen, Leistungsregelung, Handover (HO), Frequenzspringen (FH) und Kanalcodierung. Bild 7.3.1 zeigt die digitale Übertragungsstrecke eines Sprachkanals. Die oben aufgelisteten Techniken sind im HF-Sender zusammengefaßt. Die Sprachcodierung (RPE-LTP Coder und VAD), die nicht unmittelbar zur Luftschnittstelle gehört, wird hier ebenfalls behandelt. Die zur Luftschnitte gehörende Modulation ist in Kapitel 4 näher erläutert.

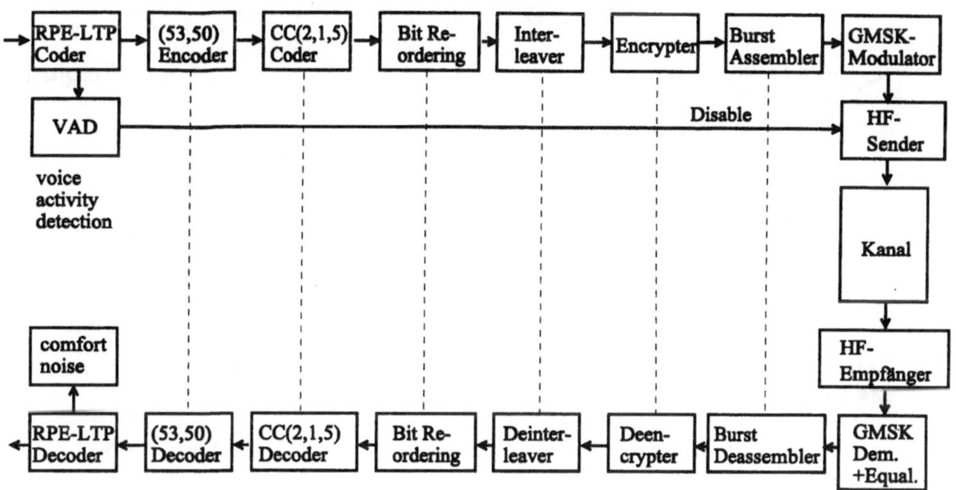

Bild 7.3.1: Die digitale Übertragungsstrecke eines GSM-Sprachkanals

7.3.1 Einführende Zusammenfassung wichtiger Charakteristika

Wie bereits in Kapitel 6 erläutert, gibt es die drei grundsätzlichen Vielfachzu-griffsverfahren FDMA, TDMA und CDMA. Für GSM wurde eine Kombination von FDMA und TDMA mit 8 Zeitschlitzen pro Träger gewählt (siehe Bild 7.3.2). Zur Trennung von Up- und Downlink, manchmal auch als "reverse" bzw. "for-ward" Link bezeichnet, werden sowohl FDD (*engl.* Frequency Division Duplex) als auch TDD (*engl.* Time Division Duplex) verwendet. Der zeitliche Versatz der Bursts von Up- und Downlink um drei Zeitschlitze erlaubt Vereinfachungen im Endgerät, da nicht gleichzeitig gesendet und empfangen werden muß. Für den Uplink wurde das tiefer liegende Frequenzband gewählt, da hier die Dämpfung des Übertragungskanals etwas geringer ist.

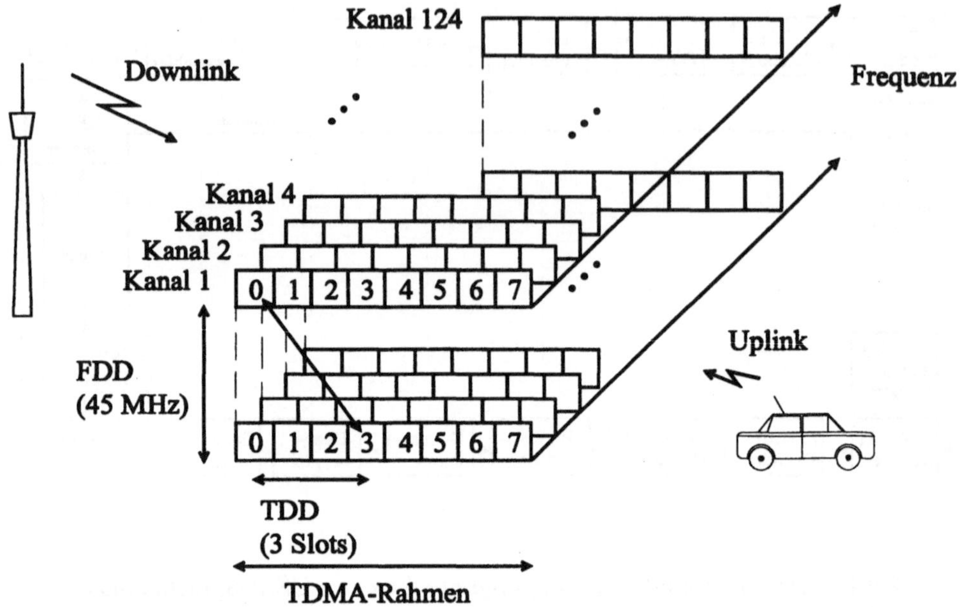

Bild 7.3.2: Schematischer Aufbau der FDMA/TDMA-Luftschnittstelle von GSM

Der HF-Kanalabstand hat einen wichtigen Einfluß auf die Teilnehmerkapazität
eines Mobilfunksystems. Er wird vor allem von dem gewählten Modulationsverfahren, der Übertragungsrate und den Schutzabständen zur Vermeidung von
Nachbarkanalstörungen (*engl.* Adjacent Channel Interference) bestimmt. Für
GSM ist festgelegt, daß bei einem Referenz-Gleichkanalstörabstand (C/I) von
9 dB die direkten Nachbarkanäle (200 kHz Abstand) 18 dB und der übernächste
Kanal (400 kHz Abstand) 50 dB unterdrückt sein müssen. Tabelle 7.3.1 gibt einen kurzen Überblick über die wesentlichen Parameter der GSM-Luftschnittstelle.

Für GSM sind zwei Übertragungsbänder mit je 25 MHz Breite vorgesehen. In einem derartigen Band können maximal 124 Kanäle untergebracht werden. Am unteren und oberen Bandende befindet sich ein Schutzband (*engl.* Guard Band), das
in der Regel nicht benutzt wird. Damit würden sich dann 122 Kanäle ergeben.
Eventuell könnte es einmal zu Erweiterungen des bisherigen Spektrums kommen.
In einigen Ländern gibt es schon das "extension band" zwischen 880 - 890 MHz
und 925 - 935 MHz.

Tabelle 7.3.1: Wesentliche Parameter der GSM-Luftschnittstelle

Frequenzbereich	Uplink (MS $\rightarrow$ BS), 890-915 MHz Downlink (BS $\rightarrow$ MS), 935-960 MHz d.h. 124 FDMA-Kanäle bzw. 992 Sprachkanäle
HF-Kanalabstand	200 kHz
Duplexabstand	45 MHz (Frequenz) und 1,73 ms (Zeit, 3 Zeitschlitze)
TDMA-Rahmen	8 Zeitschlitze pro Träger ($\cong$ 4,615 ms). Ein Zeitschlitz dauert 0,577 ms, entsprechend 156,25 Bitperioden. Für Halfrate-Dienste: 16 Verbindungen pro Träger
Zugriffsverfahren	FDMA/TDMA
Übertragungs-verfahren	GMSK-Modulation mit BT = 0,3 Übertragungsrate: 270,833 kbit/s $\cong$ 3,692 µs/Bit 22,8 kbit/s Bruttorate per Zeitschlitz
Equalizer (Entzerrer)	muß bis 16 µs Delay Spread verarbeiten können
Frequenzspringen	optional: SFH (*engl.* Slow Frequency Hopping) mit 217 Sprüngen/s
DTX	optional (diskontinuierliche Übertragung, d.h. keine Übertragung von Sprachpausen)
Leistungsregelung	optional

7.3.2 Bursts und Synchronisation

Während der Zeitschlitze werden die zu übertragenden Informationen wie Sprache oder Signalisierung in Paketen mit fest vorgegebener Struktur, sogenannten **Bursts**, übertragen. Es gibt die in Bild 7.3.3 gezeigten 5 Typen von Bursts, deren Länge jeweils der Dauer von 156,25 Bit entspricht. Bei einer Übertragungsrate von 271 kbit/s entspricht dies einer zeitlichen Länge von 0,577 ms bzw. 1733 Bursts pro Sekunde.

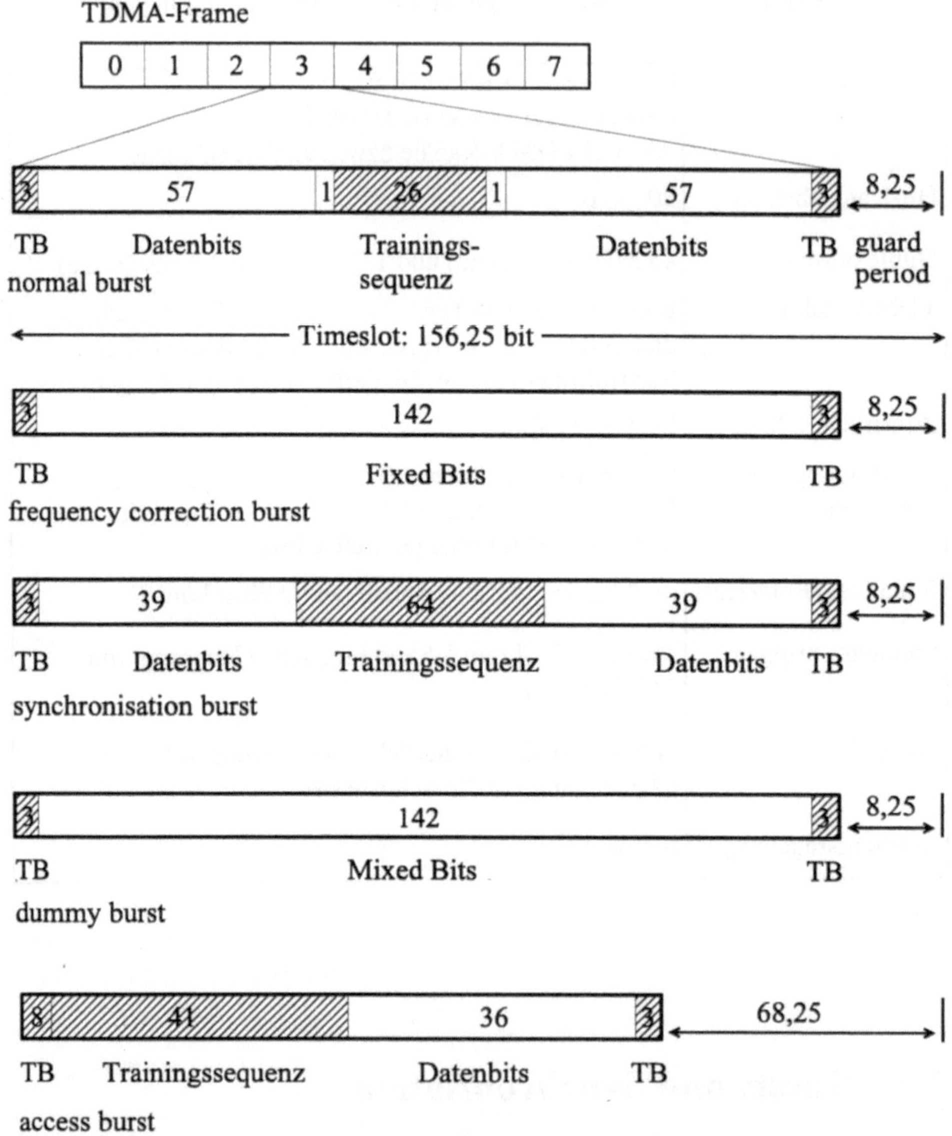

Bild 7.3.3: Die verschiedenen Bursts in GSM

In einer laufenden Verbindung wird meistens der **"normal burst"** gesendet. Dazu erfolgt eine Regelung der Sendeleistung von bis zu 70 dB innerhalb von 28 µs

($\cong$ 7,6 Bit) in einer genau festgelegten Zeitmaske (siehe Bild 7.3.4). Diese Zeitmaske gilt auch für die anderen Arten von Bursts, außer dem "access burst".
Nachdem der Burst übertragen wurde, wird die Leistung wieder innerhalb von
28 μs abgesenkt. Das Einhalten der Zeitmaske ist erforderlich, damit zeitlich angrenzende Kanäle nicht zu stark gestört werden. In Bild 7.3.3 erkennt man einige
wesentliche Teile des "normal burst". Da sind zum einen 2·57 = 114 Datenbits,
auf die die logischen Kanäle abgebildet werden und die TCHs für Sprache, Fax
etc. oder die CCHs (jeweils incl. Codierung) übertragen werden. Man sieht, daß
bei einer Coderate von etwa r = 1/2 (für Sprache ist r = 260/456 = 0,57) von den
156,25 Bits "nur" rund 37 % (nämlich 57 Bit) für die zu übertragenden Nutzdaten
zur Verfügung stehen. Die restlichen 63 % werden für Codierung, Schutzabstände und die Trainingssequenz benötigt. Dabei ist die Signalisierung noch nicht berücksichtigt.

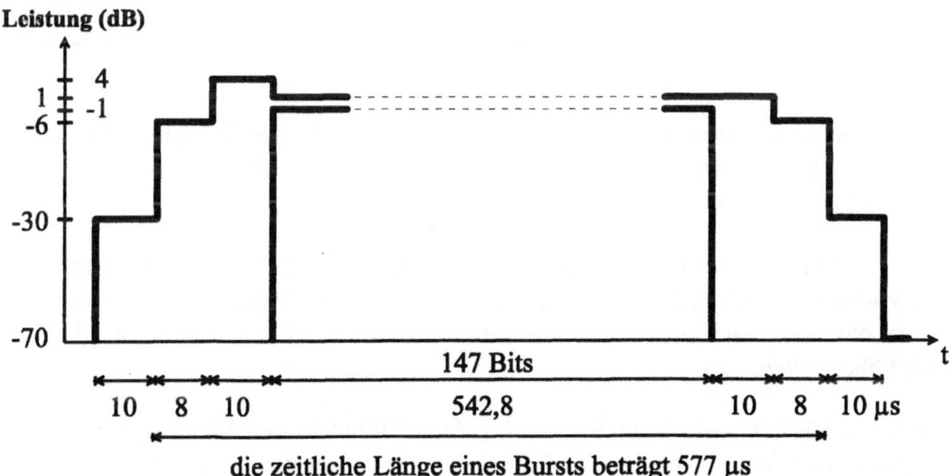

Bild 7.3.4: Zeitmaske für das Leistungsprofil eines Normal Burst

Ferner gibt es die Trainingssequenz von 26 Bit. Zusammen mit den vorderen und
hinteren je 3 Tail Bits dient sie zum einen zur bitgenauen Synchronisation der
Bursts (siehe auch "Timing Advance") und zum anderen zur Schätzung der Kanalimpulsantwort h(t). Dies wiederum dient zum Einstellen der Parameter des
Equalizers, um die inverse Kanalimpulsantwort zur Kanalentzerrung zu erzeugen.
Da die Kanaleigenschaften sich über die zeitliche Länge eines Bursts ändern, ergibt eine Kanalschätzung mit einer symmetrisch angeordneten Trainingssequenz
den geringsten Fehler. Unmittelbar vor und nach der Trainingssequenz steht je

ein Flag-Bit, das angibt, ob die 57 Datenbits Verkehrs- oder Signalisierungsbits sind. Es gibt acht unterschiedliche Trainingssequenzen, die zur Unterscheidung von Signalen unterschiedlicher Zellen beitragen können.

Die "guard period" von 8,25 Bit bzw. 30,5 µs ist erforderlich, damit:

- Ungenauigkeiten beim Burst-Sendezeitpunkt, die durch die veränderlichen Laufzeiten einer bewegten MS unvermeidlich sind, nicht zu Störungen führen bzw. eine Überlappung von Bursts verschiedener Sender vermindert wird,

- das Einhalten der Zeitmasken leichter möglich wird.

Die Länge der Guard Period, entsprechend einer Dauer von 8,25 Bits, ist kein ganzzahliges Vielfaches der Bitdauer. Sie entsteht aufgrund der Verhältnisse zwischen verschiedenen Systemtakten (Bit, Zeitschlitz, Zeitrahmen usw.), die alle aus einer einzigen Frequenz von 13 MHz durch Frequenzteilung abgeleitet werden. Als Nachteil der Aussendung in Burstform ist anzumerken, daß, bedingt durch die zeitliche Länge von 0,577 ms, Störsignale bei 217 Hz und harmonische Störfrequenzen bei 434 Hz und 651 Hz entstehen.

Beim **"frequency correction burst"** sind alle 148 Bits gleich Null. Dies ergibt bei GMSK-Modulation eine reine Sinusschwingung, die für eine Frequenzkorrektur gut geeignet ist.

Der **"synchronisation burst"** enthält eine besonders lange Trainingssequenz zur Zeitsynchronisation. Außerdem werden die TDMA-Rahmen-Nummer (FN, *engl.* Frame Number) und die BS-Identifikation (BISC, *engl.* Base Station Identity Code) übertragen.

In Kapitel 7.3.7 (Handover) wird gezeigt, daß Mobilstationen Messungen von angrenzenden Zellen vornehmen. In Situationen, in denen die für diese Messungen vorgesehenen Kanäle nicht mit einer Verbindung belegt sind, werden die sogenannten **"dummy bursts"** gesendet.

Wenn die MS eingeschaltet wird, wird zunächst der im folgenden näher beschriebene "Broadcast Control Channel" von der MS durch "Scannen" aller möglichen Trägerfrequenzen gesucht. In der Regel handelt es sich bei der ausgesuchten Trägerfrequenz um das stärkste Signal. Danach werden der "frequency correction burst" und der "synchronisation burst" empfangen und ausgewertet. Die Informationen dieser beiden Bursts ermöglichen der MS die Wahl der richtigen Frequenz und einen ersten Zeitbezug. Dieser Zeitbezug zwischen BTS und MS differiert um die unbekannte Laufzeit T_r, siehe Bild 7.3.5.

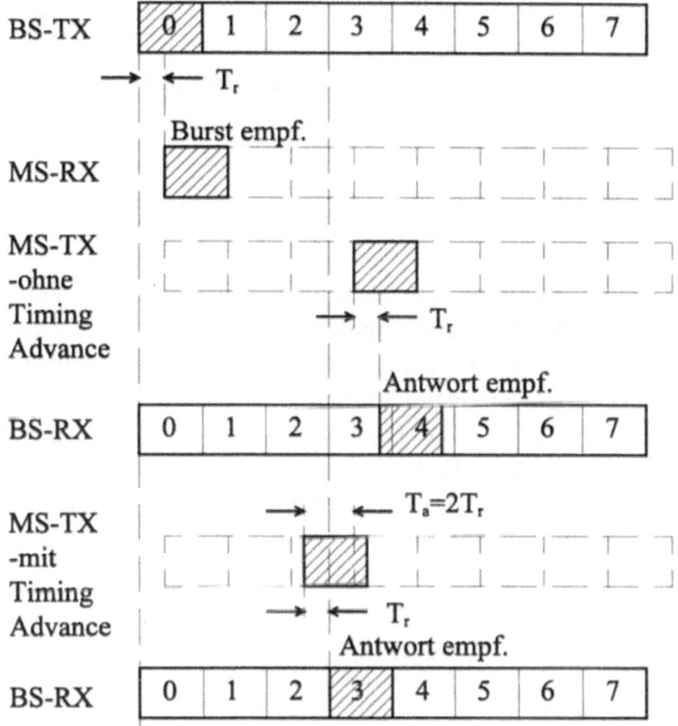

Bild 7.3.5: Prinzip des Timing Advance

Der **"access burst"** ist das erste von der MS gesendete Signal. Ankommende Signale weit entfernter sowie naher Mobilstationen müssen bei der Basisstation in der richtigen Zeitbeziehung eintreffen, damit sich Bursts unterschiedlicher MSs zeitlich nicht überlappen. Zum Ausgleich dieser Zeitungenauigkeit, die an der BTS maximal $2 \cdot T_r$ beträgt, besitzt der "access burst" eine besonders lange "guard period" von 68,25 Bit. Dies entspricht einer zeitlichen Dauer von 252 µs, in der der Burst eine Entfernung von 76 km zurücklegen kann. Durch die im Standard festgelegte Zeitmaske für das Leistungsprofil reduziert sich die zeitliche Dauer auf 233 µs. Der maximale Zellradius beträgt deshalb bei GSM 35 km. Für Sonderfälle kann der Radius auf Kosten der Kapazität erhöht werden, indem nur jeder zweite Zeitschlitz verwendet wird. In der BTS wird die Rundlaufzeit, das Timing Advance $T_a = 2 \cdot T_r$, berechnet und der MS mitgeteilt. Alle weiteren Bursts der MS werden um T_a früher abgesendet und treffen damit im richtigen

Moment an der BTS ein. Dieser Prozeß wird "adaptive time alignment" genannt.
Der "access burst" wird außer für den RACH auch nach einem HO verwendet.
Die Synchronisation zwischen verschiedenen BTSs ist optional.

7.3.3 Logische Kanäle

Neben der in Bild 7.3.6 gezeigten, grundsätzlichen Aufteilung in Verkehrskanäle
TCH (*engl.* Traffic Channel) und Signalisierungskanäle CCH (*engl.* Control
Channel) gibt es eine weitere Grobaufteilung der CCH in die folgenden 3 Kontrollkanäle: BCCH (*engl.* Broadcast Control Channel), CCCH (*engl.* Common
Control Channel) und DCCH (*engl.* Dedicated Control Channel). Der zuletzt genannte übernimmt dabei ähnliche Funktionen wie der ISDN D-Kanal, während
die beiden anderen Kontrollkanäle kein Äquivalent im ISDN haben und mobilfunkspezifische Aufgaben erfüllen.

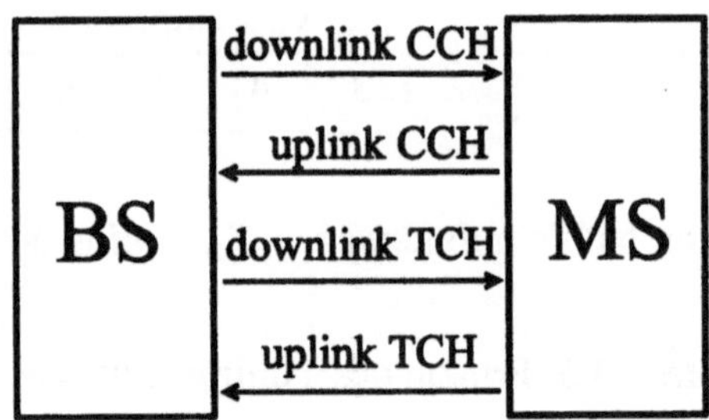

Bild 7.3.6: Übersicht der grundsätzlichen, logischen Verbindungen in GSM

Eine Übersicht aller Verkehrs- und Kontrollkanäle ist in Tabelle 7.3.2, Bild 7.3.7
und 7.3.8 gegeben. Im folgenden werden diese Kanäle und ihre Funktionen näher
beschrieben.

Der **BCCH** (*engl.* **Broadcast Control Channel**) ist unidirektional von der BS
zur MS, und vermittelt der MS die aufgelisteten Informationen, die sie für die
Kommunikation mit der BS benötigt:

- Konfiguration der Common Control Channel,

- Informationen über Frequenzzuweisungen an der BS,

- Informationen über die Lage des BCCH in den Nachbarzellen,

- optionale Informationen über Frequenzspringen (*engl.* Frequency Hopping, FH), Sprachaktivitätsauswertung (VAD, *engl.* Voice Activity Detection), Leistungsregelung,

- Funkkriterien für die Zellenauswahl, z.B. die Mindestempfangsfeldstärke.

Tabelle 7.3.2: Übersicht der Traffic- (TCH) und Control Channels (CCH)

Logische Kanäle					
TCH (Traffic Channel, duplex)		CCH (Control Channel)			
FEC-coded Speech	FEC-coded Data	BCCH Broadcast CCH	CCCH Common CCH	DCCH Dedicated CCH	
				SDCCH Stand-Alone DCCH	ACCH Associated CCH
BS ⇔ MS	BS ⇔ MS	BS ⇒ MS		BS ⇔ MS	BS ⇔ MS
TCH/F 22,8 kbit/s	TCH/F9,6 TCH/F4,8 TCH/F2,4 22,8 kbit/s	FCCH Frequency Correction Channel	PCH Paging Ch. BS ⇒ MS	SDCCH/4	Fast ACCH FACCH/F FACCH/H
TCH/H 11,4 kbit/s	TCH/H4,8 TCH/H2,4 11,4 kbit/s	SCH Synchron. Channel	RACH Random Access Ch. MS ⇒ BS	SDCCH/8	Slow ACCH SACCH/TF SACCH/TH SACCH/C4 SACCH/C8
			AGCH Access Grant Channel BS ⇒ MS		

Der BCCH ist in einen Multirahmen, bestehend aus 51 Rahmen (siehe Kapitel 7.3.4), organisiert und wird in dem nullten Zeitschlitz eines Trägers ohne FH (*engl.* Frequency Hopping) und ohne Leistungsregelung übertragen. Der Ausschluß von Leistungsregelung des BCCH-Trägers und FH des BCCH-Zeitschlitzes ist darin begründet, daß der BCCH bzw. sein Träger von MSs in Nachbarzellen abgehört wird und sein Empfangspegel ein Maß für den Pfadverlust ist, beides Informationen, die z.B. für Handover benötigt werden (siehe Kapitel 7.3.7).

Darüber hinaus findet man auf dem BCCH die folgenden beiden Kanäle:

- FCCH (Frequency Control Channel) zur Frequenzkorrektur unter Benutzung des "frequency burst",

- SCH (Synchronisation Channel) zur Synchronisation, hier wird der "synchronisation burst" benutzt. Die BTS-Identifizierung (der "Farbcode") folgt zeitlich jeweils 8 · 8 Burst-Perioden nach einem FCCH.

Der **CCCH** (*engl.* **Common Control Channel**) wird zur eigentlichen Verbindungsaufnahme verwendet. Von der MS aus (MOC, *engl.* Mobile Originated Call) erfolgt die Verbindungsanfrage mittels wahlfreiem Zufallszugriffverfahren (*engl.* Slotted Aloha Random Access) unter Verwendung des **RACH** (*engl.* **Random Access Channel**). Der RACH wird in einem Access Burst übertragen. Falls Ressourcen vorhanden sind, wird die MS auf dem **AGCH** (*engl.* **Access Grant Channel**) über die Zuweisung eines TCH oder SDCCH informiert. Der PCH und der AGCH werden nie parallel verwendet. Da die BS die Übersicht über ihre Ressourcen hat, ist ein Verbindungsaufbau vom Netz (MTC, *engl.* Mobile Terminated Call) vergleichsweise einfach: Die Verbindungsaufnahme beginnt unmittelbar durch den **PCH** (*engl.* **Paging Channel**).

Der **DCCH** (*engl.* **Dedicated Control Channel**) erfüllt ähnliche Funktionen wie der D-Signalisierungskanal in ISDN und zusätzlich mobilfunkspezifische Aufgaben wie die Übertragung von Meßwerten (z.B. RXLEV, siehe Kapitel 7.3.5). Er ist unterteilt in den **SDCCH** (*engl.* **Stand-alone DCCH**) und den **ACCH** (*engl.* **Associated Control Channel**).

Der SDCCH (Stand-alone DCCH) existiert immer dann, wenn nicht zusätzlich ein TCH existiert. Seine Aufgaben sind:

- die MS über den zu verwendenden Kanal zu informieren,

- Gebührendaten zu übertragen,

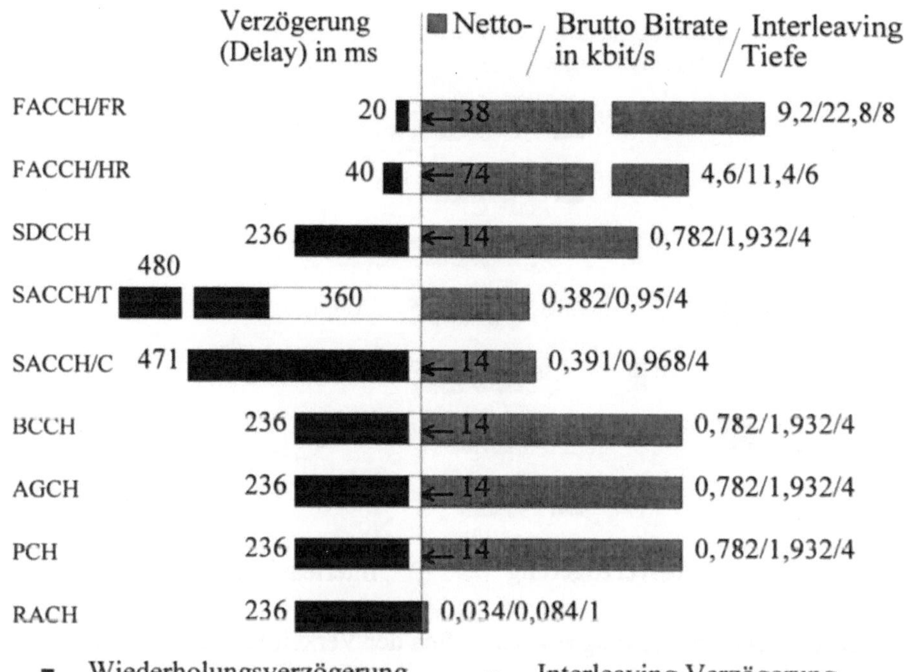

Bild 7.3.7: Übertragungseigenschaften der Signalisierungskanäle (CCH)

- Aktualisierung des Aufenthaltsbereichs bzw. Durchführen von Umbuchungsprozeduren (*engl.* Location Updating), Gesprächsweiterreichen (*engl.* Call Forwarding),

- Authentikation,

- Gesprächsaufbau (z.B. Nummer des anzurufenden Teilnehmers übertragen),

- falls kein TCH zugeordnet ist, kann er auch für SMS verwendet werden, insbesondere für den ähnlich strukturierten CBCH (*engl.* Cell Broadcast Control Channel).

Der CBCH wird nur auf dem Downlink gesendet und von mehreren MSs empfangen. Der korrekte Empfang wird nicht bestätigt.

Der ACCH (*engl.* Associated Control Channel) existiert automatisch dann, wenn eine TCH- oder SDCCH-Verbindung vorhanden ist (deshalb wird er als "associated", dt. "zugeordnet", bezeichnet). Er ist unterteilt in **FACCH** (*engl.* Fast ACCH) und **SACCH** (*engl.* Slow ACCH).

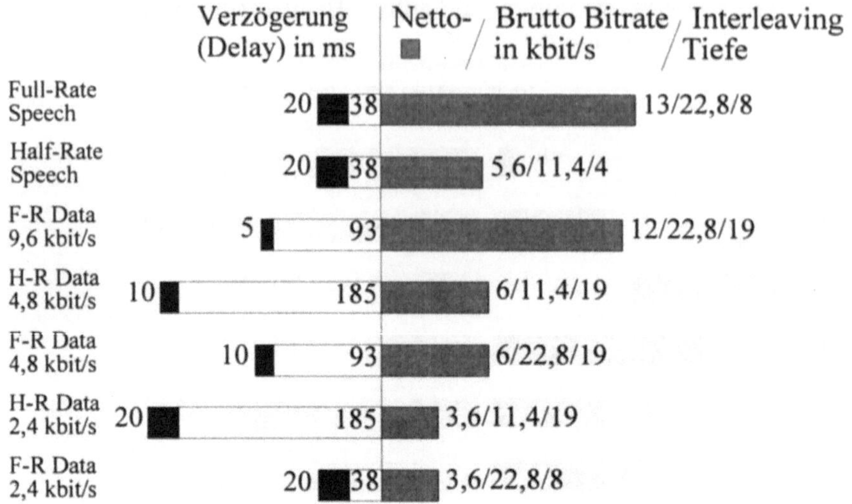

Bild 7.3.8: Übertragungseigenschaften der Verkehrskanäle (TCH)

Wie Bild 7.3.7 zeigt, haben die SACCH nur geringe Übertragungsraten, verbunden mit langen Verzögerungen (rund 480 ms). Ist dies, z.B. für Handover, nicht tolerierbar, wird der FACCH verwendet. Für diesen logischen Kanal wird ein TCH zur Übertragung benutzt. Die Unterscheidung, ob ein TCH für Nutzdaten oder für den FACCH verwendet wird, erfolgt durch das "stealing flag". Ist es gesetzt, wird der FACCH zu Lasten der Übertragung von Nutzdaten übertragen. Für den Empfänger wirkt sich diese Situation wie ein Übertragungsfehler (Burst-Verlust) aus, daher "stealing flag".

Der SACCH wird automatisch aufgebaut, wenn es einen TCH oder SDCCH gibt. Er ist die Version des ACCH ohne Frame Stealing und wird für die Übertragung von Signalisierungsinformationen verwendet:

- Leistungsregelung, BS $\Rightarrow$ MS,

- "comfort-noise" (siehe Kapitel 7.3.9),

- timing advance, BS $\Leftrightarrow$ MS,

- generelle Meßwertübertragung (z.B. RXLEV, RXQUAL).

Je nach Verwendung der Signalisierung wird zwischen den Bezeichnungen SACCH/T (T für Traffic) oder SACCH/C (C für Control) unterschieden.

Die Übertragungszeit einer SACCH-Nachricht beträgt rund 480 ms (ergibt sich durch einen Zeitschlitz pro Multirahmen, der Multirahmen-Zeitdauer von 120 ms und der Interleavingtiefe von 4 Zeitschlitzen). Die Übertragungsrate erlaubt die Übermittlung von bis zu 2 Nachrichten/s in beiden Richtungen.

Abgesehen von den Meßwerten des SACCH und den Punkt-zu-Mehrpunkt Informationen des BCCH muß der korrekte Empfang der meisten anderen Signalisierungsinformationen innerhalb bestimmter Zeitfenster positiv bestätigt werden.

7.3.4 Multiplexen der logischen Kanäle auf die Bursts

Die Datenübertragung der verschiedenen logischen Kanäle (TCH und CCH) erfolgt über die physikalischen Kanäle, also den entsprechenden Bursts, denen alle 4,615 ms ein Zeitschlitz zur Verfügung steht. Wie in Bild 7.3.9 skizziert, werden die logischen Kanäle auf die Zeitschlitze gemultiplext. Dies erfolgt gemäß einer der folgenden fünf Multiplexfälle, die hier in vereinfachter Darstellung erläutert werden:

1.   TCH/F + SACCH

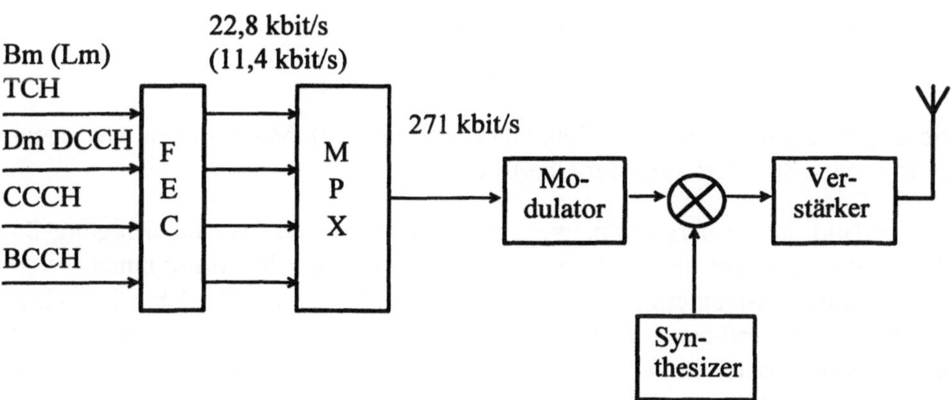

Bild 7.3.9: Multiplexen der logischen Kanäle im Sender

Dieser Fall bezieht sich auf den, in Bild 7.3.10 gezeigten, "26 Multirahmen", während die folgenden vier Fälle sich auf den "51 Multirahmen" beziehen.

    2. $2 \cdot$TCH/H + $2 \cdot$SACCH

    3. ein BCCH + mehrere CCCH

    4. $8 \cdot$SDCCH

    5. $4 \cdot$SDCCH + BCCH + CCCH

Der Dm-Kanal (Data mobile) enthält die verschiedenen Signalisierungskanäle CCH; die Bm- (Bearer mobile) bzw. Lm-Kanäle (Low mobile) den TCH/F bzw. TCH/H. Die Bezeichnungen D und B wurden in Anlehnung an die ISDN-Standardschnittstelle ($2B + D$, $2 \cdot 64$ kbit/s + 16 kbit/s) gewählt.

Für die optionale Entscheidung, welcher Zeitschlitz mit welchem Multiplexfall belegt wird, ist zu bedenken, daß pro Zelle mindestens ein BCCH vorhanden sein muß. Für eine Zelle geringer Kapazität, mit z.B. einem Träger, kann daher die Multiplexstruktur folgendermaßen aussehen:

    Zeitschlitz 0:   Multiplexfall 5

    Zeitschlitz 1-7:   Multiplexfall 1

Für eine Zelle mittlerer Kapazität mit 4 Trägern:

    Zeitschlitz 0:   Multiplexfall 5

    2 mal: Multiplexfall 4

    29 mal: Multiplexfall 1

Die Organisation der Bursts in Rahmen (*engl.* Frames), Multirahmen usw. dient der logischen Strukturierung der Übertragung.

Wie in Bild 7.3.10 dargestellt, werden zur Sprach- und Datenübertragung 26 TDMA-Rahmen, von je 4,615 ms Länge, zu einem "26 Multirahmen" von 120 ms Länge zusammengefaßt. TDMA-Rahmen 0 bis 11 und 13 bis 24 stehen für TCH/F zur Verfügung, während der TDMA-Rahmen Nr. 12 für den SACCH genutzt wird. Der letzte TDMA-Rahmen ist leer (*engl.* Idle). Die zweite Art von Multirahmen dient ausschließlich der Signalisierung und umfaßt 51 TDMA-Rahmen von zusammen 235 ms Länge. Die "51 Multirahmen" sind mit CCH-Kanälen belegt.

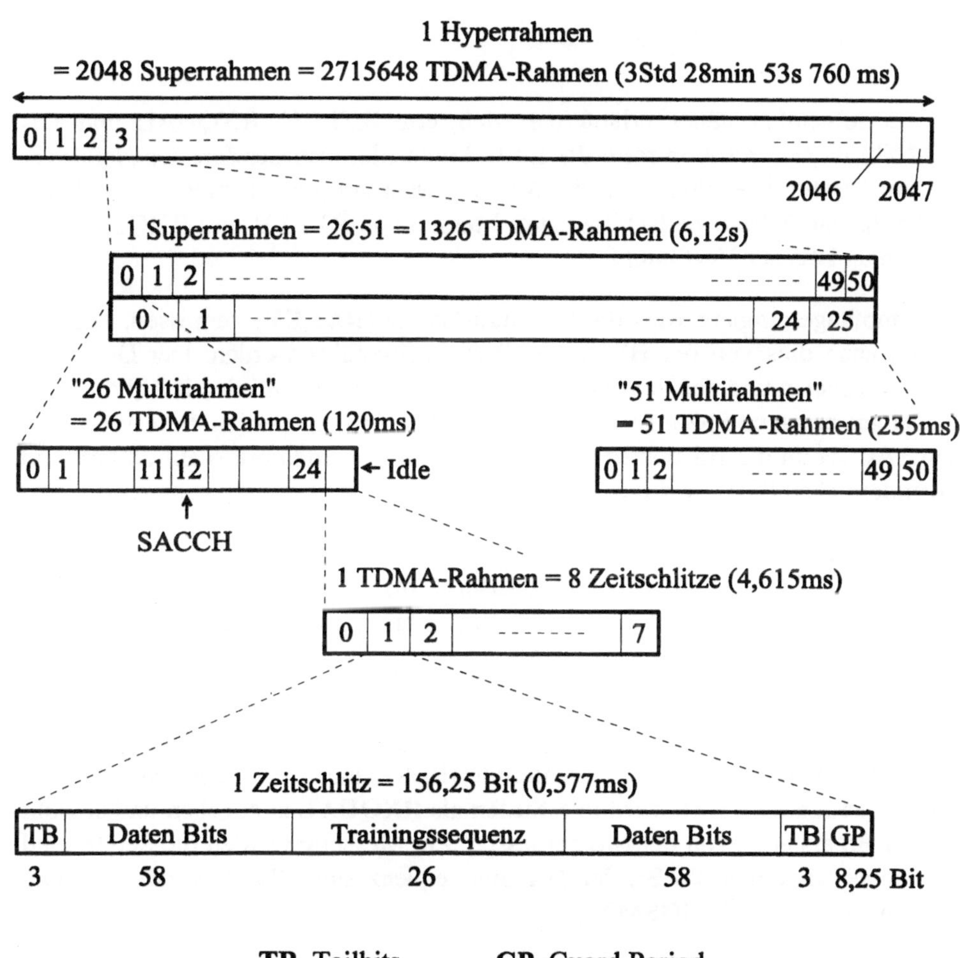

Bild 7.3.10: Rahmenanordnungen für die Übertragung

26 mal 51 TDMA-Rahmen sind zu einem 6,12 s langen Superrahmen zusammengefaßt. 2048 Superrahmen wiederum ergeben einen sogenannten Hyperrahmen. Ein Hyperrahmen hat eine Dauer von 3 Std 28 min 53 s 760 ms. Mit dieser Wiederholrate werden bestimmte Informationen zur Abhörsicherheit wiederholt.

In einer laufenden Verbindung kann je nach aktuellen Erfordernissen von Rahmen zu Rahmen zwischen TCH und Signalisierungsrahmen hin- und hergewechselt werden. Mit welchem Multiplexfall ein Zeitschlitz belegt ist, wird durch Zähler gekennzeichnet.

7.3.5 Link Control

Die im folgenden näher erläuterten Meßwerte RXLEV, RXQUAL und DI-STANCE dienen zur Kontrolle der Luftschnittstelle, insbesondere für Handover und zur Leistungsregelung. Da die MS nur während jedes achten Zeitschlitzes sendet, hat sie 7 freie Zeitschlitze zum Messen von RXLEV und RXQUAL angrenzender BSs zur Verfügung.

Am Empfängereingang wird die RX-Signalstärke (**RXLEV**) gemessen. Für den Uplink kann dies von der BS unmittelbar durchgeführt werden. Der Downlink der momentanen und den angrenzenden BSs wird von der MS durch Abhören des BCCH gemessen und über 480 ms gemittelt. Alle 480 ms werden diese Werte auf dem SACCH an die BS übertragen. Die Meßwerte werden mit 6 Bit codiert und folgendermaßen RXLEV zugeordnet:

RXLEV 0	=	kleiner als		-110 dBm
RXLEV 1	=	-110 dBm	bis	-109 dBm
RXLEV 2	=	-109 dBm	bis	-108 dBm
⋮				
RXLEV 63	=	-49 dBm	bis	-48 dBm

Der nächste Parameter ist die Bitfehlerrate (BER) einer Verbindung vor der Kanaldecodierung. Die BER wird in 8 Stufen als **RXQUAL** angegeben und sowohl von der BS als auch von der MS gemessen. Zur Messung werden die Sender und Empfänger bekannten 26 Bit der Trainingssequenz eines Bursts verwendet. Die Zuordnung ist wie folgt [GSM95]:

			angenommener Wert
RXQUAL_0		BER $< 0,2\,\%$	$0,14\,\%$
RXQUAL_1	$0,2\,\% <$	BER $< 0,4\,\%$	$0,28\,\%$
RXQUAL_2	$0,4\,\% <$	BER $< 0,8\,\%$	$0,57\,\%$
RXQUAL_3	$0,8\,\% <$	BER $< 1,6\,\%$	$1,13\,\%$
RXQUAL_4	$1,6\,\% <$	BER $< 3,2\,\%$	$2,26\,\%$
RXQUAL_5	$3,2\,\% <$	BER $< 6,4\,\%$	$4,53\,\%$
RXQUAL_6	$6,4\,\% <$	BER $< 12,8\,\%$	$9,05\,\%$
RXQUAL_7	$12,8\,\% <$	BER	$18,10\,\%$

Für den Fall, daß durch eine zu hohe BER der Burst nicht mehr demoduliert werden kann, bleiben die im ganzen Rahmen gesendeten Bits unberücksichtigt. Die MS zeigt dies mit der sogenannten Bad Frame Indication (BFI) an. Die unter

Vernachlässigung dieser Frames gemessene BER wird als Residual BER (RBER) bezeichnet. Die Rate der fehlerhaften Frames wird mit der Frame Error Rate (FER) erfaßt.

Der letzte erwähnte Parameter, **DISTANCE**, wird aus der Information des "timing advance" berechnet und gibt einen Hinweis über die Entfernung von der BS.

7.3.6 Leistungsregelung (Power Control) und Unterschiede zu DCS1800

Im wesentlichen sind GSM und DCS1800 identisch. Trotzdem gibt es auch einige Unterschiede, die in Tabelle 7.3.3 aufgelistet sind. Insbesondere der Frequenzbereich von DCS1800 liegt, darauf deutet der Name schon hin, im 1800 MHz Bereich. Wie in Kapitel 2 behandelt wurde, nimmt die Funkfelddämpfung bei höheren Frequenzen zu. Tendenziell sind damit in DCS1800 kleinere Zellen (Zellradius = 0,2 - 8 km) als bei GSM typisch. Eine Weiterentwicklung von DCS1800, speziell als Systemstandard für amerikanische PCS-Systeme, ist das um 100 MHz verschobene DCS1900 System.

Tabelle 7.3.3: Die wesentlichen Unterschiede zwischen GSM und DCS1800

	GSM	DCS1800
Frequenz- Uplink bereich Downlink	890 - 915 MHz 935 - 960 MHz	1710 - 1785 MHz 1805 - 1880 MHz
Zahl der Duplexkanäle	992 (FR) 1984 (HR)	2976 (FR) 5952 (HR)
Trägerfrequenzen	124	374
Duplexabstand	45 MHz	95 MHz
Maximale BS Leistung	320 W (55 dBm)	20 W (43 dBm)
Maximale MS Leistung	8 W (39 dBm)	1 W (30 dBm)
Minimale MS Leistung	0,02 W (13 dBm)	0,0025 W (4 dBm)
Max. MS Geschwindigkeit	250 km/h	130 km/h

Bei den Mobilstationen gibt es die in Tabelle 7.3.4 gezeigten Leistungsklassen bzw. Arten von Endgeräten. Zusätzlich zu den verschiedenen, festen Leistungsklassen kann für jede Verbindung (Zeitschlitz) getrennt die Leistung sowohl der MS als auch der BS (optional) geregelt werden. Für die MS ist die Unterstützung der Leistungsregelung zwingend. Dadurch lassen sich die folgende Vorteile erzielen:

1. Mögliche Reduktion der Interferenz auf die anderen Verbindungen (Cochannel Interference). Dies kann sich insgesamt positiv auf die Kapazität und auf die Qualität der einzelnen Verbindungen auswirken.

2. Reduktion der mittleren Ausgangsleistung; dies wirkt sich positiv auf die Batterielebensdauer aus.

3. Teilweise Ausregelung des Pfadverlustes.

Tabelle 7.3.4: Leistungsklassen von GSM- und DCS1800-Mobilstationen

Class	GSM		DCS 1800	
1	-- -- [1]	Autotelefon/Portabel	1 W (30 dBm)	Handy
2	8 W (39 dBm)	Autotelefon/Portabel	0,25 W (24 dBm)	Handy
3	5 W (37 dBm)	Autotelefon/Portabel		
4	2 W (33 dBm)	Handy		
5	0,8 W (29 dBm)	Handy		

Die in GSM vorgesehene Leistungsregelung hat die folgenden weiteren Eigenschaften:

- Eine Verzögerung zwischen Messung und Leistungsregelung von 2 - 3 s,

- eine Dynamik von 30 dB, unterteilt in 2 dB Schritte,

---

[1] Ursprünglich waren bis 20 W (43 dBm) vorgesehen, die aber nicht realisiert sind.

- eine maximale Änderungsrate von 2 dB/60 ms.

Zur Leistungsregelung des Downlinks signalisiert die MS RXLEV und RXQUAL des Downlinks an die BTS. Hier werden diese Werte mit den Qualitätsanforderungen verglichen, und die BTS regelt dann die Leistung des Downlinks entsprechend. Für die Regelung des Uplinks werden die Messungen in der BTS vorgenommen und die MS dann angewiesen, die Leistung entsprechend anzupassen.

Bei den BTS gibt es 8 Leistungsklassen von 2,5, 5, 10, 20, 40, 80, 160 und 320 W, wobei typische Werte ca. 10 bis 40 W sind. Für DCS1800 Basisstationen gibt es die Leistungsklassen 2,5, 5, 10 und 20 W. Zusätzlich sind noch sogenannte Micro-BTSs spezifiziert. Sie besitzen niedrigere Ausgangsleistungen und geringere Anforderungen an das HF-Teil. Dies erlaubt besonders kleine und preiswerte BTS.

Für eine typische städtische Umgebung ("urban", Delay Spread $\leq$ 5 µs) wird die Qualitätsschwelle des Sprachcoders bei einem C/I von 9 dB erreicht. Bei GSM beträgt die spezifizierte Empfängerempfindlichkeit von Handys -102 dBm und von allen anderen MS und der BS -104 dBm. Betrachtet man diese Empfindlichkeitswerte zusammen mit den obigen Ausgangsleistungen, erkennt man die deutlichen Reserven von Portabel/Autotelefonen gegenüber Handys von 2 bis 12 dB. Dies ist der Grund, warum Handys vor allem für Kleinzellen guter Ausleuchtung und weniger für Großzellen geeignet sind.

Da in den meisten Fällen die Leistung der BTS höher ist als die der MS, besteht eine Unsymmetrie der Pegelbilanzen von Up- und Downlink. Möglichkeiten, dies an der Empfangsseite der BTS zumindest teilweise auszugleichen, sind der Einsatz von Antennen-Diversity, von Antennen mit erhöhtem Gewinn oder von besonders empfindlichen Eingangsverstärkern.

7.3.7 Handover (HO)

Bewegt sich eine MS während einer laufenden Verbindung in eine Nachbarzelle, muß die Verbindung möglichst ohne Unterbrechung weitergereicht werden; es muß ein sogenannter Handover[2] erfolgen (siehe auch Kapitel 3.1.3). Weitere

---

[2] Teilweise in der Literatur auch synonym als "Handoff" bezeichnet

Gründe für einen möglichen HO sind die Minimierung von Interferenzen und damit eine Optimierung der Teilnehmerkapazität und der Verbindungsqualität.

Bezüglich des Verbindungsweges kann man drei grundsätzliche Situationen unterscheiden. Bild 7.3.11 zeigt den Verbindungsweg für einen Intrazell-HO. Dies kann z.B. zur Interferenzminimierung in Nachbarzellen günstig sein. Die Verbindungswege unterscheiden sich nur auf der Luftschnittstelle.

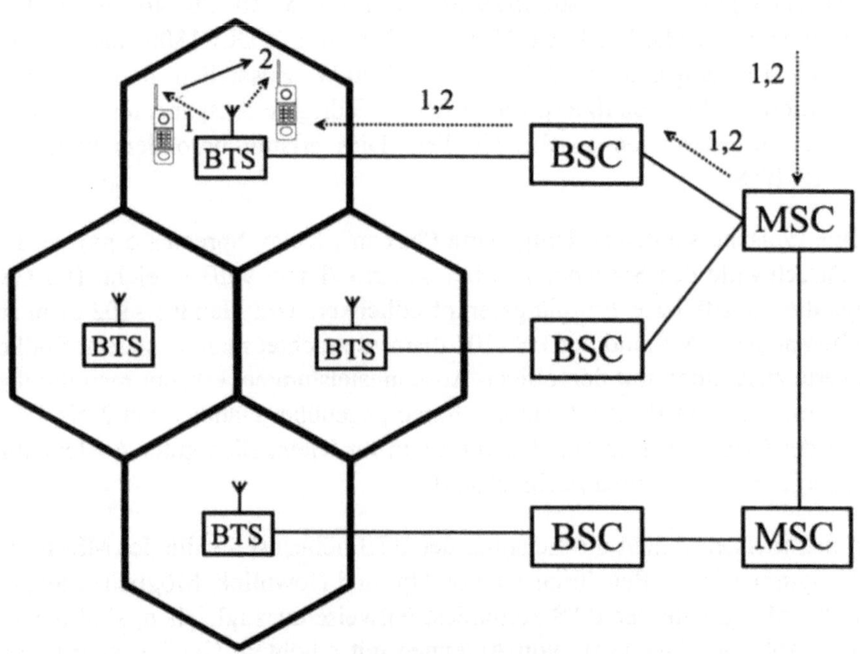

Bild 7.3.11: Verbindungswege bei Intrazell-HO

Erfolgt der HO nicht innerhalb einer Zelle, können die folgenden drei Fälle von Interzell-HO auftreten:

- Die neue Zelle gehört zur gleichen BSC.

- Die neue Zelle gehört zu einer zweiten BSC (Bild 7.3.12). Man erkennt unmittelbar, daß es sich um einen "aufwendigeren " HO handelt als in den beiden obigen Fällen. Diesmal muß die MSC involviert werden und von ihr aus ein neuer Verbindungsweg aufgebaut werden.

- Die neue Zelle gehört zu einer neuen MSC, ein sogenannter Inter-MSC-HO
  (Bild 7.3.13). Dieser Fall ist noch einmal deutlich aufwendiger als Fall A oder
  B. Diesmal muß eine Festnetzverbindung von der ersten MSC zur zweiten aufgebaut werden. Damit kann ein Netz involviert sein, das dem GSM-Betreiber
  nicht unbedingt gehört. Auch wenn sich die MS nur einige Meter bewegt hat,
  kann dies einen Festnetz-Wegunterschied von einigen 100 km bedeuten. Typischerweise bleibt der Übergangspunkt zum PSTN über die ursprüngliche
  GMSC (*engl.* Gateway MSC) und der Leitungsweg von dort zur ersten MSC
  (*engl.* Anchor MSC) bestehen.

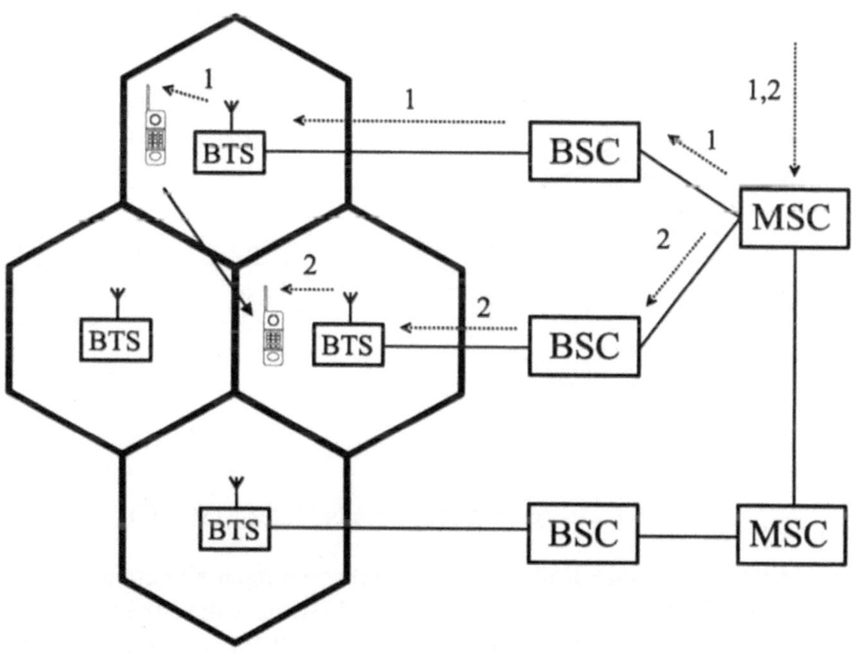

Bild 7.3.12: Verbindungswege bei Interzell-HO mit neuer BSC

In analogen Systemen hat man als Meßwerte zum Auslösen eines HO Informationen über den Uplink (Qualität und/oder Feldstärke) und eventuell Entfernungen von den BSs zur Verfügung. Die HO-Messung und Verarbeitung erfolgt
also im Netz. Dies führt zu Problemen bei schnellen HO. Ein weiteres HO-Pro-
blem bei Systemen mit analoger Signalisierung ist, daß eine Signalisierung ohne

Übertragungsfehler - eine wichtige Voraussetzung für zuverlässige HO - schwierig ist.

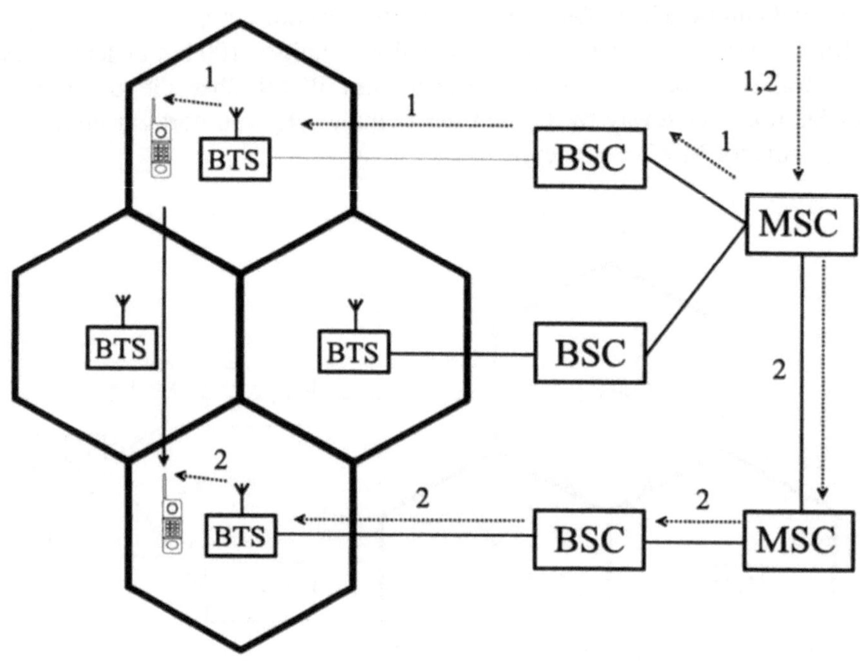

Bild 7.3.13: Verbindungswege bei Inter-MSC-HO

Bei GSM sind eine ganze Reihe von HO-Verbesserungen eingeführt worden. So liegen sowohl für den Uplink als auch für den Downlink die Meßwerte der Feldstärke und der Verbindungsqualität (Uplink: RXLEV_U, RXQUAL_U und Downlink: RXLEV_D, RXQUAL_D) vor. Außerdem gibt es bei GSM Informationen über die Entfernung: DISTANCE. Von der MS wird regelmäßig die Empfangsfeldstärke der BCCHs von bis zu 16 BS gemessen. Die Resultate der 6 stärksten BS werden alle 0,48 s mittels des SACCH an die BS übertragen. Zusätzlich liegen Informationen über die Interferenzen der momentanen und der zukünftigen Zellen vor. Die Interferenzmessungen erfolgen von der BTS durch RXLEV-Messungen freier Zeitschlitze. Zusätzlich sind über das O&M Centre aktuelle Werte der Verkehrsdichten verfügbar. Der HO-Prozeß erfolgt nach optionalen, nicht standardisierten Algorithmen und ist nicht im Netz zentralisiert, wie es bei analogen Systemen typisch ist, sondern auf die MS und das Netz verteilt.

Spezifizierte Anforderungen an HO sind:

- Der HO muß innerhalb einer Sekunde abgeschlossen sein. Dauert er weniger als 100 ms, entsteht nur eine kaum wahrnehmbare Verbindungsunterbrechung.
- Wenn ein Fehler auftritt, erfolgen zwei Schritte:

  1. HO zurück zur ursprünglichen BS,

  2. Bei "Radio Link Failure" wird in der BS mit dem stärksten BCCH innerhalb von 4 - 8 s eine Verbindungsreaktivierung durchgeführt.

Im folgenden wird zur Erklärung von grundlegenden Zusammenhängen und als Beispiel für einen optionalen HO-Algorithmus ein HO vorgestellt, der nur Empfangsfeldstärken verwendet [TAR88]. Ein HO soll immer dann erfolgen, wenn in einer angrenzenden Zelle (*engl.* Adjacent Cell) eine Verbindung mit kleinerer Leistung möglich ist. Hierbei wird angenommen, daß die Leistungsbilanz auf dem Up- und Downlink symmetrisch ist.

Es werden zwei Kriterien zur Entscheidung, ob ein Handover zu Zelle n durchgeführt werden soll, verwendet.

<u>1. Pfadverlustkriterium:</u>

$$[\text{Min}(\text{MS\_TXPWR\_MAX}, P) - \text{RXLEV\_DL}] \ - $$
$$[\text{Min}(\text{MS\_TXPWR\_MAX}(n), P) - \text{RXLEV\_NCELL}(n)] \hspace{3cm} (7.3.1)$$
$$\geq \text{HO\_MARGIN}(n)$$

Der erste Term in Gl.(7.3.1) ist proportional zur Funkfelddämpfung in der momentanen Zelle und der zweite Term zur Funkfelddämpfung der n-ten Zelle. Die Abkürzungen bedeuten:

MS_TXPWR_MAX	Maximal erlaubte Leistung der MS in der momentanen Zelle
MS_TXPWR_MAX(n)	Maximal erlaubte Leistung der MS in der n-ten Zelle
RXLEV_DL	Downlink Empfangssignal in der momentanen Zelle
RXLEV_NCELL(n)	Downlink Empfangssignal von n-ter Zelle
P	maximale Sendeleistung der MS
HO_MARGIN(n)	HO Margin (Hysterese) der n-ten Zelle
RXLEV_MIN(n)	minimales Empfangssignal von der n-ten Zelle um HO nach Zelle n zu erlauben

2. Garantieren eines minimalen Empfangssignals:

$$\text{RXLEV\_NCELL(n)} > \text{RXLEV\_MIN(n)} + \text{Max}(0, P_a) \qquad (7.3.2)$$

mit $P_a = (\text{MS\_TXPWR\_MAX(n)} - P)$. Falls Gl. (7.3.1) und (7.3.2) erfüllt sind, sollte die MS ein HO durchführen, da die MS nach diesem HO mit geringerer Leistung senden kann. Bleibt anzumerken, daß es beim HO zu Fehlentscheidungen kommen kann, da die zugewiesenen Kanäle anderen Ausbreitungssituationen als die des BCCH ausgesetzt sein können.

Bild 7.3.14 zeigt den Empfangspegel zwischen zwei Basisstationen A und B als Funktion des Ortes. Bewegt sich eine MS von Zelle A nach Zelle B, ist ein HO zwischen den Punkten P_1 und P_3 möglich und aufgrund der Pfadverlustbedingung nach Gl.(7.3.1) (HO_MARGIN(B) = 0) am Punkt P_2 empfohlen. Bei umgekehrter Bewegungsrichtung erfolgt der Handover ebenfalls an Punkt P_2.

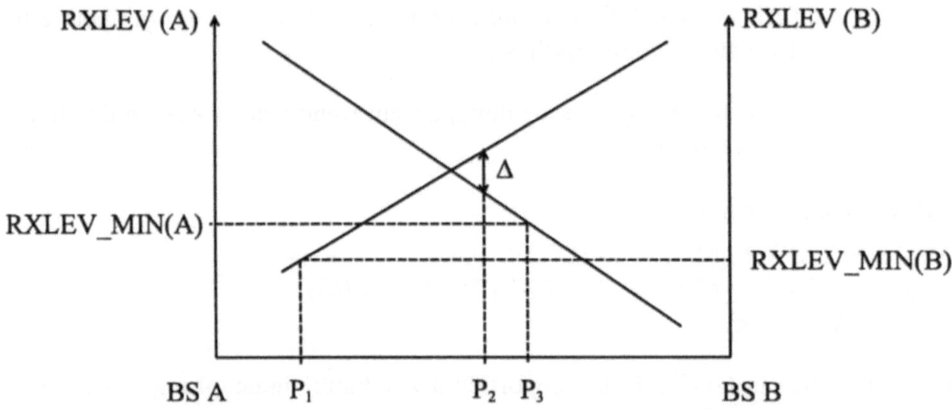

Bild 7.3.14: Handover zwischen den Zellen A und B aufgrund der Pfadverlustbedingung ($\Delta = \text{MS\_TXPWR\_MAX(A)} - \text{MS\_TXPWR\_MAX(B)}$)

Der Ort des Handover kann durch Erhöhen oder Erniedrigen der Empfangsschwellen (RXLEV_MIN) nach links bzw. rechts verschoben werden. In Bild 7.3.15 wurde RXLEV_MIN(A) soweit erhöht, daß das zweite Handover-Kriterium nach Gl.(7.3.2) bereits vor der Pfadverlustbedingung greift. Dies stellt eine Möglichkeit dar, die Zelle A zu verkleinern. Bei der Bewegung von Zelle A in Richtung von Zelle B muß der Handover an Punkt P_3, vor P_2, erfolgen. Bei umgekehrter Bewegungsrichtung ist P_3 die früheste Möglichkeit für einen Handover.

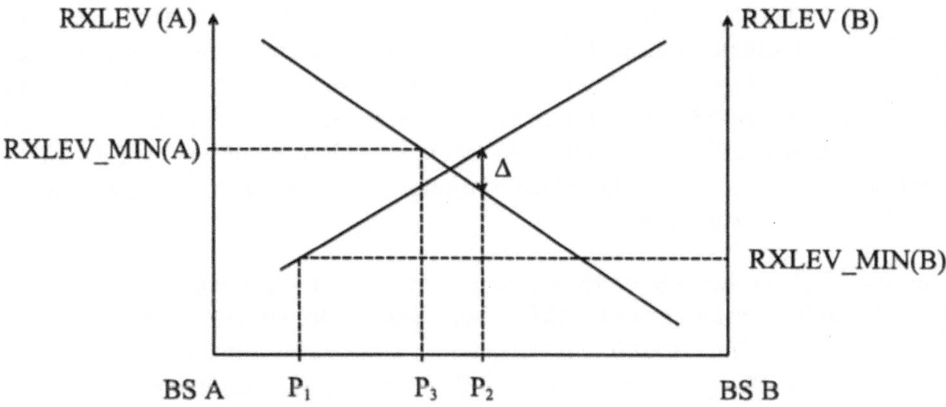

Bild 7.3.15: Handover aufgrund RXLEV_MIN(A)

Bei dem in Bild 7.3.14 und 7.3.15 skizzierten Handover ist die HO-Schwelle fest. Aufgrund von Fading kann es zu häufigen wechselseitigen HO, dem sogenannten Ping-Pong Effekt, kommen. Wie Bild 7.3.16 zeigt, kann man durch zusätzliche HO-Margins (HO_MARGIN(A) und HO_MARGIN(B)) eine räumliche Trennung, eine sogenannte Hysterese, der Handover-Punkte aus Richtung A und B erreichen. Damit kann der Ping-Pong Effekt zumindest gemindert werden. Bild 7.3.16 zeigt den Einfluß verschiedener HO-Margins auf die HO-Punkte und -Bereiche.

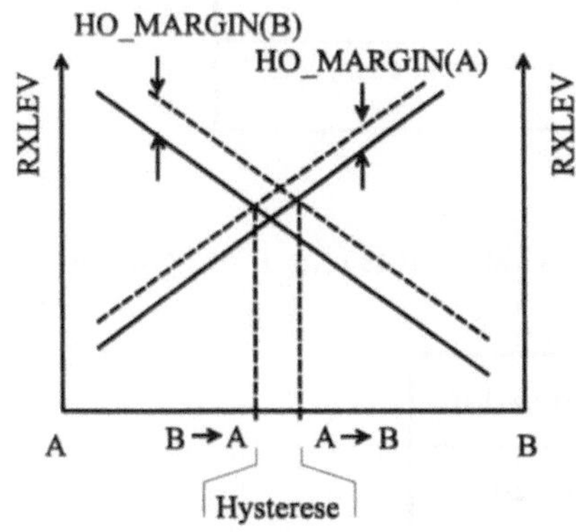

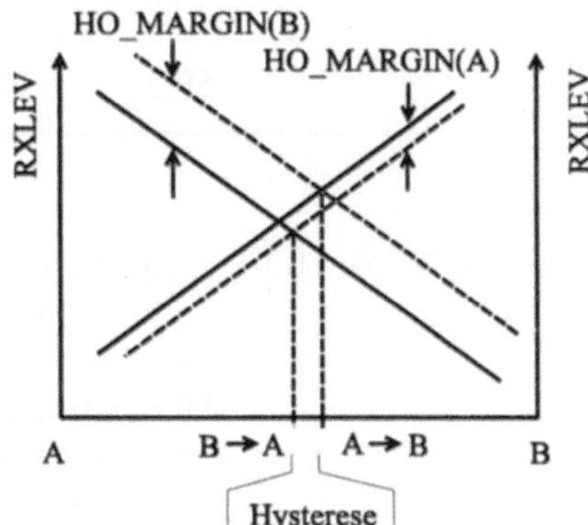

HO_MARGIN(A) > 0, HO_MARGIN(B) > 0   HO_MARGIN(A) < 0, HO_MARGIN(B) > 0

Bild 7.3.16: Handover zwischen den Zellen A und B mit HO-Margins

Die Synchronisation hat einen wesentlichen Einfluß auf die Geschwindigkeit, mit der ein HO erfolgen kann, und damit auf die mögliche Unterbrechungslänge der Verbindung während des HO. Man unterscheidet den "synchronized HO", bei dem schon vor dem HO das Timing Advance zur neuen BS bekannt ist, und den "non-synchronized HO". Im ersten Fall ist ein schnelles "seamless" HO möglich, während im zweiten Fall die Synchronisation erst wieder mit einem "access burst" hergestellt werden muß.

Eine in [LEE89] durchgeführte Simulation gibt einen Eindruck von der Wahrscheinlichkeit, mit der ein HO auftritt. Dabei wurden folgende Annahmen getroffen: Eine MS beginnt zufällig ein Gespräch in einer Zelle mit 16 km Radius; die Richtung ist zufällig zwischen 0 und 360 Grad und die Geschwindigkeit zwischen 8 und 96 km/Std. verteilt. Tabelle 7.3.5 gibt die HO-Wahrscheinlichkeit als Funktion der Gesprächslänge an. Tabelle 7.3.6 zeigt den Einfluß des Zellradius (für 1,76 Minuten Gesprächslänge).

Tabelle 7.3.5: HO-Wahrscheinlichkeit als Funktion der Gesprächslänge

HO-Wahrscheinlichkeit/%	Gesprächslänge/Minuten
11,3	1,76
18	3
42,6	6
59,3	9

Tabelle 7.3.6: HO-Häufigkeit als Funktion des Zellradius (für 1,76 Minuten Gesprächslänge)

HO-Häufigkeit	Zellradius/km
0,2 mal	16 - 24
1-2 mal	3,2 - 8
3-4 mal	1,6 - 3,2

7.3.8 Frequenzspringen

Das Frequenzspringen, genauer das "Slow Frequency Hopping" (SFH), ist eine von der BTS optional zu unterstützende Technik. Dabei wird die Trägerfrequenz eines Zeitschlitzes von TDMA-Rahmen zu TDMA-Rahmen, also 217 mal pro Sekunde, gewechselt. Alle MSs müssen SFH unterstützten können, da sie dazu von der BTS mittels einer Nachricht auf dem BCCH aufgefordert werden können. Bild 7.3.17 zeigt ein Beispiel von SFH über zwei Frequenzen. In diesem Beispiel empfängt die MS im Zeitschlitz 2 auf dem Downlink. Danach sendet sie drei Zeitschlitze (TDD-Zeitabstand) und um 45 MHz versetzt (FDD-Frequenzabstand) selbst. Bevor die MS wieder auf ihrem Zeitschlitz empfängt, hat sie 4 Zeitschlitze Zeit, eine weitere Trägerfrequenz abzutasten, um dort den BCCH abzuhören. Da die Zeitschlitze unterschiedlicher Zellen nicht bitgenau synchronisiert sein können, ist es nicht möglich, daß der TDMA-Zeitschlitz, auf dem sich der BCCH befindet, SFH durchführt. Der folgende Empfangszeitschlitz ist in Bild 7.3.17 von f1 auf f2 gesprungen.

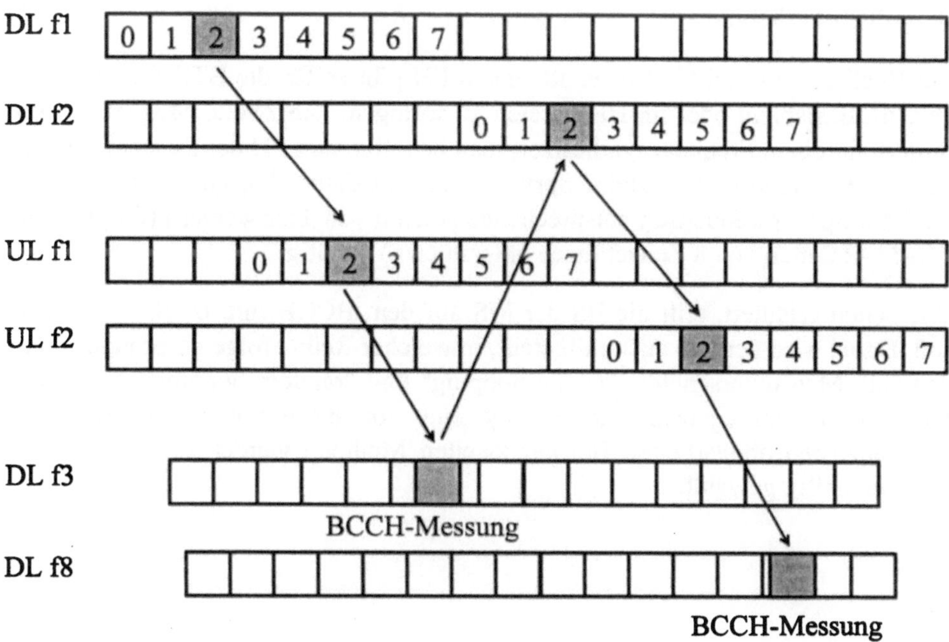

Bild 7.3.17: Frequenzspringen (SFH)

SHF bietet zwei potentielle Vorteile. Erstens, eine Verbesserung einer einzelnen Verbindung durch das in Kapitel 2.1.7 besprochene **Frequenz-Diversity**. Dies ist vor allem bei langsamen MS-Geschwindigkeiten wirksam, da bei schnellen Bewegungen die Fadingeinbrüche auch ohne SFH schnell genug wieder verlassen werden. Dabei kann ein S/N-Gewinn von bis zu 2 dB resultieren [RED95]. Mit SFH wird in GSM bereits eine CDMA-Komponente eingeführt, da FH mit zunehmender Sprunggeschwindigkeit eine Möglichkeit ist, CDMA zu realisieren (siehe Kapitel 6.4.4). Entscheidend für die Wirksamkeit von FH ist neben der Bewegungsgeschwindigkeit auch der Frequenzabstand aufeinanderfolgender Frequenzen. Dieser Abstand muß so groß sein, daß die Fadingprofile unkorreliert sind, d.h., wie in Kapitel 2.1.4 gezeigt wurde, daß dieser Abstand die Kohärenzbandbreite B_C übersteigen muß. B_C ist proportional zum Kehrwert des Delay Spreads und damit umgebungsabhängig. Außerdem muß die Interleavingtiefe des jeweiligen Dienstes berücksichtigt werden. Im Idealfall wird eine der Interleavingtiefe entsprechende Anzahl von unkorrelierten Trägerfrequenzen verwendet. Der zweite Vorteil von SFH ist **Interferenz-Diversity**, ein zellularer Effekt, der eine Mittelung der C/I-Verteilungen der einzelnen Verbindungen bewirkt. Insbesondere zusammen mit DTX (Discontinuous Transmission) ist dies eine wirkungsvolle Methode, die Teilnehmerkapazität über eine Verringerung der Clustergröße zu erhöhen.

Zur Realisierung von SFH bzw. allgemein FH gibt es für die BTS die Möglichkeit, im Basisband oder im HF-Bereich zu springen. Die zweite Möglichkeit erfordert nur einen Frequenzsynthesizer; man benötigt zum FH der Zeitschlitze keine weiteren Transceiver. Beim Springen im Basisband dagegen wird eine der Zahl der Sprungfrequenzen entsprechende Anzahl von Transceivern (die je einen TDMA-Rahmen von 8 Zeitschlitzen unterstützen) benötigt.

Wie schon erläutert, teilt die BS der MS auf dem BCCH mit, ob SHF erfolgen soll. Dabei wird der MS auch mitgeteilt, in welcher Reihenfolge gesprungen werden soll. Man unterscheidet "cyclic hopping" und "random hopping". Im ersten Fall wird in vorgegebener Reihenfolge eine von insgesamt 63 vorgesehenen Frequenzlisten abgearbeitet. Bei der zweiten Methode werden die Frequenzen pseudozufällig gewählt.

7.3.9 Kanal- und Sprachcodierung bei GSM

7.3.9.1 Sprachkanal

Bild 7.3.18 zeigt das Prinzip der Codierung für Fullrate-Sprache bei GSM [PRE94]. Das analoge Sprachsignal des Mikrophons wird zuerst im A/D-Wandler digitalisiert. In der MS erfolgt dies entweder nach PCM (8 kHz Abtastfrequenz, 8 Bit Genauigkeit, "A-Law"-Kompandierungskennlinie) oder auch mit höherer Genauigkeit, z.B. 13 Bit. Daraus folgen nach A/D-Wandlung 64 bis ca. 104 kbit/s. Im Sprachcoder wird dann mit den weiter unten skizzierten Filtermethoden die Bitrate auf 13 kbit/s reduziert. Im Kanalcodierer werden 9,8 kbit/s Redundanz hinzugefügt und die nun vorliegende Datenrate von 22,8 kbit/s über den Funkkanal übertragen. Am Interface zum Festnetz ist das "A-Law" mit 64 kbit/s aus Kompatibilitätsgründen zwingend vorgeschrieben.

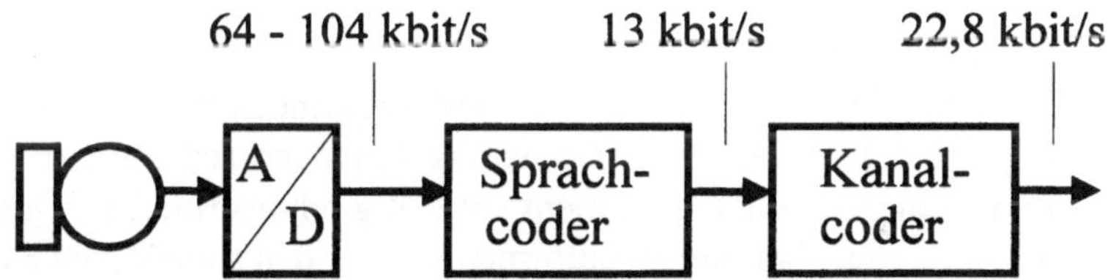

Bild 7.3.18: Prinzip der Codierung für Fullrate-Sprache bei GSM

Die grundlegenden Funktionseinheiten des GSM-Sprachcoders, eines hybriden Vocoders, sind:

- Vorverarbeitung

- LPC (*engl.* Linear Predictive Coding) - Analyse

- LTP (*engl.* Long Term Prediction) - Analyse und - Filterung

- Langzeit-Prädiktion

- RPE (*engl.* Regular Pulse Excitation) - Codierung

Dabei wird bei der Sprachcodierung versucht [KED94], eine Analogie zur Spracherzeugung im menschlichen Sprechapparat zu erzielen. Das digitale PCM Signal wird in ein Erregersignal (RPE-Signal) und in Koeffizienten eines zeitvarianten Filters (LPC-Koeffizienten) aufgeteilt. Zur zusätzlichen Datenreduktion dient die Long Term Prediction (LTP).

Während der Vorverarbeitung wird das digitale Signal von einem eventuellen Gleichsignalanteil, der Pfeiftöne bei 2,6 kHz erzeugen kann, befreit. Außerdem erfolgt eine Preemphase-Filterung zur Anhebung höherer Spektralanteile. Dies ist für die nachfolgende LPC-Analyse vorteilhaft.

Das Ziel der LPC (*engl.* Linear Predictive Coding) - Analyse ist die Reduzierung des Dynamikumfangs des Signals. Dazu wird das Sprachsignal in Abschnitte von 20 ms bzw. 160 Abtastwerten, sogenannte Sprachrahmen, eingeteilt. Diese 160 Werte werden dann gefiltert (nichtrekursives Lattice-Filter). Durch dieses Verfahren kommt es zu einer Verzögerung von 20 ms. Das LPC-Analyse Filter hat ein „Gedächtnis" von nur etwa 1 ms (8 Abtastwerte) und wird deshalb auch oft als Short Term Prediction Filter bezeichnet.

Auch die LTP (*engl.* Long Term Prediction) hat als Ziel eine weitere Reduktion der Dynamik des Signals, insbesondere von periodischen, stimmhaften Abschnitten. Dieses Verfahren wird alle 5 ms (ca. 40 Abtastwerte) durchgeführt und besitzt ein „Gedächtnis" von 5 bis 15 ms Länge.

Sowohl LPC als auch LTP dienen zur Redundanzverminderung des Signals. Dies bedeutet, daß das Ausgangssignal eindeutig wiedergewonnen werden könnte. Die RPE (*engl.* Regular Pulse Exitation) Codierung hingegen reduziert Irrelevanz, d.h., das ursprüngliche Signal ist nicht mehr eindeutig rekonstruierbar. Dabei versucht man nur solche Signalanteile zu entfernen, die für den subjektiven Eindruck beim Hörer nicht wichtig sind. Auch diese Codierung wird wieder für Subsegmente von 5 ms durchgeführt und besteht im wesentlichen aus einer Tiefpaßfilterung zur Drittelung der Bandbreite, danach folgt eine Unterabtastung und schließlich die Codierung der Abtastwerte.

Im Sprachdecoder laufen die inversen Funktionen in umgekehrter Reihenfolge ab. Es sei noch einmal betont, daß das Ziel des GSM-Sprachcoders und der Sprachübertragung eine möglichst gute subjektive Sprachqualität ist. Dies heißt, daß die Minimierung der BER oder die Rekonstruktion der beim Mikrofon erzeugten Signale nicht im Vordergrund steht.

Bezogen auf einen Sprachrahmen von 20 ms Länge ergibt sich die Bitrate folgendermaßen:

	Bitanzahl	Funktion	Bitrate
LPC	36	Filterkoeffizienten	1,8 kbit/s
LTP	36	Filterkoeffizienten	1,8 kbit/s

| RPE | 188 | Erregungssequenzen | 9,4 kbit/s |
| Summe | 260 | Sprachsignal | 13 kbit/s |

In subjektiven Tests, bei denen einzelne Bits mit beliebigen BER gestört werden konnten, fand man heraus, daß der Höreindruck bei Störung verschiedener Bits sehr unterschiedlich sein kann. Manche Bits (ca. 50) sind für den Höreindruck sehr wichtig, hier auftretende Fehler äußern sich z.B. als lautes Knacken. Das andere Extrem sind Bits, deren Störung praktisch kaum auffällt. Diesem Sachverhalt trägt die Kanalcodierung durch Einteilung in drei Klassen Rechnung.

Um zu gewährleisten, daß unterschiedliche Kombinationen von Sprachcodern in BS und MS von verschiedenen Herstellern zur gleichen Sprachqualität führen, hat man den GSM-Sprachcoder bitexakt festgelegt. Dies bedeutet: Für beliebige Eingangssignale liefert der Sprachcoder, implementiert auf einer beliebigen Hardware, bitgenau die gleichen Ausgangssignale[3]. Zum Test von Sprachcoderalgorithmen sind digitale Testsequenzen festgelegt.

Während eines normalen Gesprächs wechseln sich die Teilnehmer beim Sprechen ab, so daß pro Richtung etwa 50 % der Zeit gesprochen wird. DTX (*engl.* Discontinuous Transmission) ist eine optionale Übertragungsart, bei der nur dann Bursts mit Sprachdaten gesendet werden, wenn auch gesprochen wird. In Sprechpausen werden dann also keine Bursts gesendet. Vorteile dieses Verfahrens sind:

- Verlängerung der Batterielebensdauer,

- Verringerung der Interferenzen, was günstig für die QoS und die Kapazität ist.

Die Information, bei welchen Rahmen (Frames) es sich um Sprechpausen handelt, wird im Voice Activity Detector (VAD) errechnet. Dabei ist die Kunst, Hintergrundgeräusche, insbesondere bei fahrenden Autos, von der eigentlichen Sprache unterscheiden zu können, um damit auch Sprechpausen sicher detektieren zu können. Wird eine Sprechpause erkannt, kommt es zu einem sogenannten "hangover", d.h. es werden noch 4 Rahmen zusätzlich zu dem letzten Sprachframe übertragen. Dies hat sich für die subjektive Sprachqualität als sehr günstig erwiesen, da auch die ausklingenden Sprachanteile geringer Energie wichtig sind.

---

[3] Trotzdem ist die Sprachqualität von Endgeräten unterschiedlicher Hersteller nicht unbedingt gleich. Und zwar deshalb, da die Fehlerrate durch den nicht näher spezifizierten Equalizer variiert und auch der analoge akustische Teil einen wichtigen Einfluß auf die Sprachqualität hat.

Damit der hörende Teilnehmer nicht durch das plötzliche Ausbleiben von Sprache und Rauschen irritiert wird, hat es sich als wichtig herausgestellt, in Sprechpausen Hintergrundrauschen, sogenanntes "comfort noise", zu erzeugen. Dazu wird dem Sender in speziellen Frames, den SID (*engl.* Silence Information Descriptor), die Charakteristik des "comfort noise" übertragen. Insgesamt führt dies in der Praxis zu einer mittleren Kanalauslastung von ca. 55 bis 65 %.

Aufgrund der obigen Beschreibung wird verständlich, daß die im Festnetz über den Sprachkanal mitübertragene Signalisierung (DTMF, Dual Tone Multi Frequency) zum Steuern eines Anrufbeantworters oder einer Mailbox, bei GSM mittels Signalisierungskanal übertragen wird.

Die Kanalcodierung für GSM-Sprachsignale umfaßt die im folgenden näher erläuterten 4 Schritte (siehe Bild 7.3.19):

1. Umordnen der Bits, so daß sie mit absteigender Wichtigkeit vorliegen. Danach erfolgt eine Einteilung der Bits in die 3 Klassen: class 1a, class 1b und class 2.

2. Die 50 wichtigsten Bits werden mit 3 Bit zur Fehlererkennung bzw. CRC (*engl.* Cyclic Redundancy Check) ergänzt. Dazu wird ein systematischer, zyklischer Blockcode mit dem Generatorpolynom: $G(D) = 1 + D + D^3$ verwendet. Nachdem die 132 Class 1b Bits angehängt wurden, werden 4 Bit (Nullen) zum Zurücksetzen des folgenden Faltungscoders zugefügt.

3. Die aus dem 2. Schritt resultierenden 189 Bit werden dann mit einem Faltungscode der Coderate $r = 1/2$ und der "constraint length" $K = 5$ zu 378 Bit umcodiert. Die zugehörigen Generatorpolynome lauten: $G_0 = 1 + D^3 + D^4$ und $G_1 = 1 + D + D^3 + D^4$.

4. Zum Schluß werden die 456 Bit mittels "block diagonal" Interleaving auf 8 Bursts bzw. Blöcke zu je 57 Bits zeitlich gespreizt. Diagonales Interleaving wird insbesondere wegen des Vorteils kleiner Verzögerungen verwendet. Zwei aufeinanderfolgende Bits der 456 Bits werden dabei immer in zwei unterschiedlichen Bursts übertragen. Sei j die Nummer des Bursts (bzw. Zeitschlitzes) einer laufenden Sprachverbindung und i die Bitposition innerhalb eines Blocks von 57 Bit, so lautet die Interleavingvorschrift bei GSM vereinfacht:

$$j = k \bmod 8, \ j = 0, 1, \ldots 7 \qquad i = (49\,k) \bmod 57, \ k = 0, 1, \ldots, 56 \qquad (7.3.3)$$

mit $k = 0, 1, \ldots, 455$, der aktuellen Bitposition der 456 Bit eines Sprachrahmens.

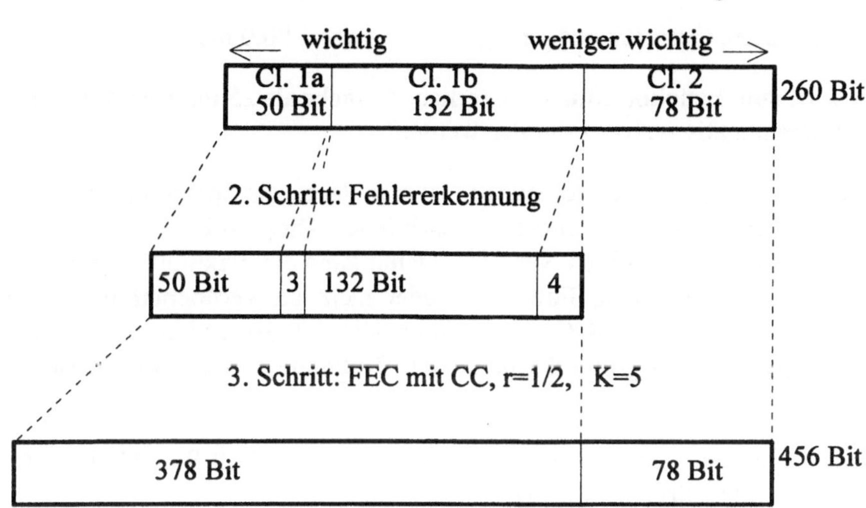

Bild 7.3.19: Fehlerschutz von Sprache bei GSM

Bei der Decodierung laufen die oben beschriebenen 4 Schritte in umgekehrter Reihenfolge ab. Die Decodieralgorithmen sind in GSM nicht spezifiziert. Da es eine Fülle unterschiedlicher Möglichkeiten gibt, z.B. "hard-" oder "soft-decision", erlaubt dies herstellerspezifische Unterschiede. Werden mit dem CRC Fehler, die also nicht mit dem Faltungscoder korrigiert werden konnten, erkannt, wird der Sprachrahmen als "bad" klassifiziert und diese binäre Information als Bad Frame Indication (BFI) an den Sprach-Decoder weitergegeben. Als "bad" klassifizierte Sprachrahmen werden nicht an den Sprach-Decoder weitergereicht, sondern durch eine Extrapolation aus den vorhergehenden Sprachrahmen ersetzt. Spätestens nach 320 ms wird die Verbindung stumm geschaltet und dem Teilnehmer damit der momentane Zusammenbruch der Verbindung angezeigt.

Insgesamt kommt es bei der Sprachübertragung zu folgenden Verzögerungen [KED94]:

- Sprachrahmen-/Coder-Verzögerung   20   ms

- Interleaving (8 Bursts plus 1 Zeitschlitz)   37,5 ms

- minimale Gesamtverzögerung   57,5 ms

- Verarbeitungszeit   etwa 27,5 ms

- BS-MSC-Link   etwa   5,0 ms

- erwartete Gesamtverzögerung   etwa 90,0 ms

Damit wird eine Echokontrolle erforderlich, da mehr als 25 ms Verzögerung von Teilnehmern negativ wahrgenommen werden.

Für zukünftige Kapazitätserweiterungen ist man dabei, die Spezifikation eines sogenannten Half-Rate- (HR-) Coders abzuschließen. Dieser arbeitet bei 11,4 kbit/s Brutto- und ca. 5 bis 6,5 kbit/s Nettorate. Damit kann die maximal mögliche Teilnehmerzahl gegenüber dem Full-Rate Coder mehr als verdoppelt werden. Die bisher erwogenen GSM-HR-Coder basieren alle auf der codeerregten linearen Prädiktion (CELP). Aufgrund der halbierten Bruttorate ist auch die Interleaving-Tiefe auf 4 halbiert.

Eine andere interessante Entwicklung ist der "Enhanced Full Rate Codec" (EFR) mit quasi "Toll Quality" [MOU95].

7.3.9.2 Datenkanäle

Die Daten der Signalisierungs- und Datenkanäle stellen besonders hohe Anforderungen an eine fehlerfreie Übertragung. Bei Sprache äußern sich Übertragungsfehler in einer schlechteren Sprachqualität bis hin zu Knacken etc. Bei Daten- bzw. Signalisierungsübertragung hingegen wird leicht der Informationsinhalt stark verfälscht, wie zum Beispiel ein Übertragungsfehler einer Ziffer oder des Pluszeichens bei "+ 30.000 DM" sofort verdeutlicht.

Das Prinzip des Fehlerschutzes für Signalisierungskanäle wie den SDCCH, SACCH, PCH oder BCCH zeigt Bild 7.3.20. Andere Prinzipien gibt es für den SCH und RACH. Ihre jeweilige Information wird von einem einzigen Burst übertragen. Der FCCH erfordert keine Kanalcodierung. Wie Bild 7.3.20 zeigt, werden Blöcke von 184 Bit um 40 Bit eines Blockcodes und um 4 Bit zum Zurücksetzen des folgenden Faltungscoders ergänzt. Bei dem Blockcode handelt es sich um einen sogenannten Fire-Code, einen verkürzten, zyklischen, linearen und binären Blockcode. Diese sind besonders zur Korrektur von Burstfehlern geeignet (hier bis 11 aufeinanderfolgende Fehler). Das Generatorpolynom lautet: $G(D) = (1 + D^{23}) \cdot (1 + D^3 + D^{17})$. Danach wird der Faltungscoder des Sprachkanals verwendet und zuletzt die 456 Bits auf 4 Bursts verteilt.

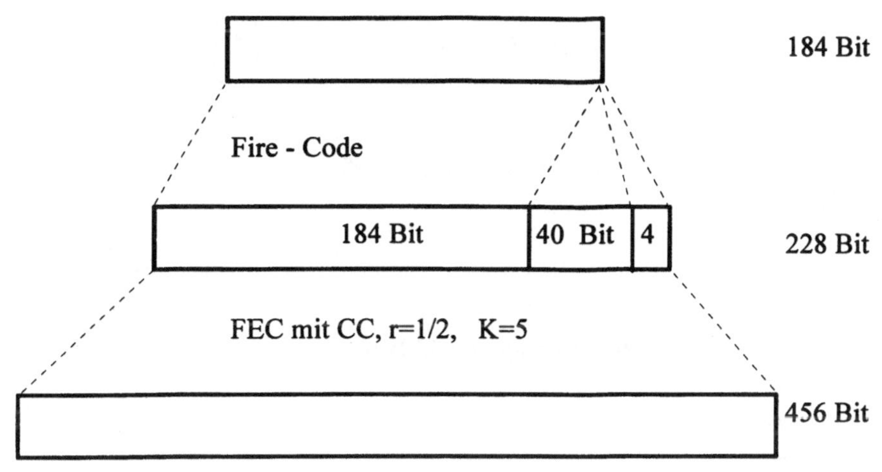

Bild 7.3.20: Fehlerschutz der Signalisierungsdaten bei GSM

Bild 7.3.21 zeigt den Fehlerschutz eines 9,6 kbit/s Datenkanals (TCH, F-R Data 9,6 kbit/s). Die effektiv dem Teilnehmer zur Verfügung stehende Datenbitrate von 9,6 kbit/s wird im Terminal Equipment durch eine nicht GSM spezifische Kanalcodierung auf 12 kbit/s erhöht. Dies dient zur Fehlererkennung auf drahtgebundenen Netzen. Im Gegensatz zu Sprach- oder Signalisierungsübertragung gibt es keine Blockcodierung. Blöcke von 240 Bit werden nach Ergänzen von 4 Bit zum Rücksetzen des Faltungscoders mit diesem unmittelbar zu 488 Bits codiert. Dabei wird der Faltungscoder der Sprachübertragung verwendet. Um zum Blockformat von 456 Bits kompatibel zu sein, werden 32 Bits nicht übertragen, der Faltungscode wird "punktiert". Dabei handelt es sich um die Bits folgender Positionen:

$$\text{Bit}(11+15j) \text{ mit } j = 0, 1, ... 31 \qquad (7.3.4)$$

Danach erfolgt Interleaving mit der Tiefe "19". Dabei ist 19 eine "historische" Bezeichnung und entspricht real einer Interleaving-Tiefe von 22. Für die weiteren Datendienste sind ähnliche Prinzipien des Fehlerschutzes spezifiziert. Dabei kommen eventuell andere Coderaten und Interleavingtiefen zum Einsatz. Der Fehlerschutz ist mit sinkender Datenrate leistungsstärker, wie z.B. die Coderate r = 1/6 für den F-R Datenkanal mit 2,4 kbit/s erwarten läßt.

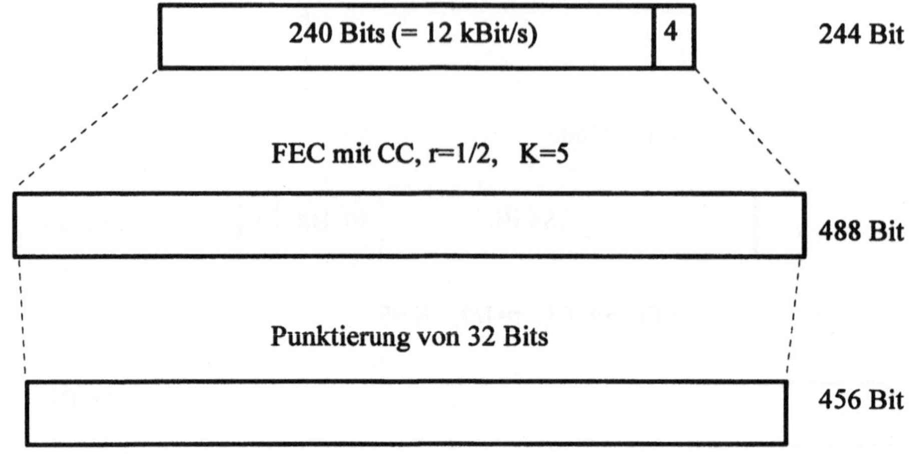

Interleaving auf 22 Bursts (als Interleaving Tiefe 19 bezeichnet)

Bild 7.3.21: Fehlerschutz des 9,6 kbit/s Datenkanals bei GSM

7.4 Fallbeispiele

In diesem Kapitel sollen anhand einiger "Fallbeispiele" von typischen Situationen und Protokollabläufen die verschiedenen Techniken und Systemkomponenten in ihrem Zusammenspiel und Gesamtzusammenhang dargestellt werden.

7.4.1 Beispiele von Protokollabläufen

Nach dem Einschalten eines Endgerätes erfolgt das Einbuchen bzw. Registrieren im Netz. Die hierzu erforderlichen Protokollabläufe sind in Bild 7.4.1 dargestellt. Nach der Kanalanfrage und -zuweisung durch die BSC erfolgt ein sogenannter "Location Update Request" von der MS, um dem Netz ihren Aufenthaltsort mitzuteilen, falls sie die Location Area (LA) seit dem letzten Mal gewechselt hat. Bevor dies vom Netz beantwortet wird, wird sie vom MSC bzw. der Gateway

MSC (GMSC) zur Authentikation aufgefordert (siehe auch Kapitel 7.2.2). Nach erfolgreicher Authentikation wird der MS von der MSC eine neue TMSI (*engl.* Temporary Mobile Subscriber Identity) und ein LAI (*engl.* Location Area Identifier) zugewiesen. Danach wird der Kanal wieder freigegeben, und das Einbuchen ist abgeschlossen.

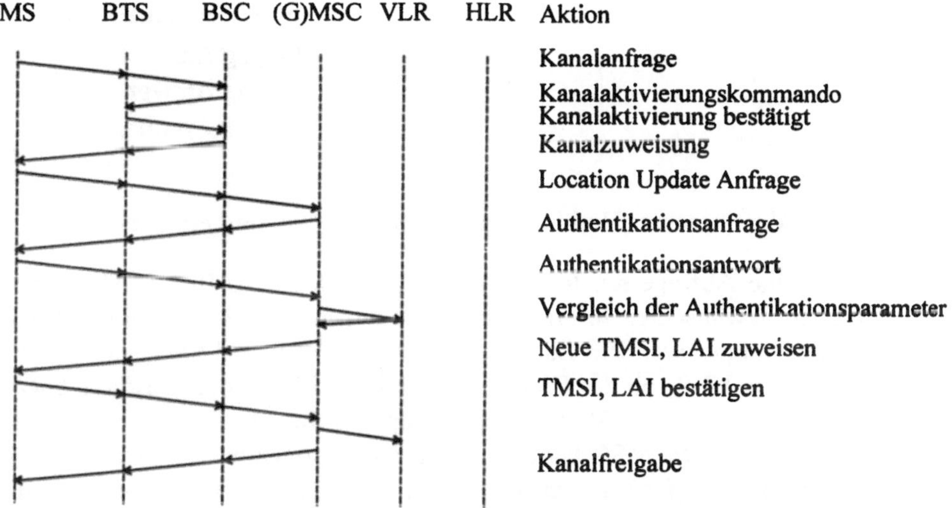

Bild 7.4.1: Einbuchen eines Endgerätes

Weitere Gründe, die zu Location Updates führen, sind außer dem Einbuchen ein Anstoß von Seiten des Netzes oder die Bewegung in eine neue Location Area. Eine Location Area besteht aus ein oder mehreren Funkzellen.

Wie schon mehrfach betont, ist die Unterstützung von Mobilität, insbesondere das Lokalisieren von Teilnehmern, ein herausragendes Merkmal eines Mobilfunksystems wie GSM. Bereits in Kapitel 1.2.3 wurde kurz erläutert, wie eine vom Netz kommende Verbindungsanfrage zur MS aufgebaut wird. Dieser Fall eines "Mobile Terminated Call" (MTC) wird nun detaillierter vorgestellt (siehe Bild 7.4.2). Der erste Schritt ist, daß die vom ISDN-Netz kommende Verbindungsanfrage zum Zugangspunkt des Mobilfunknetzes, dem Gateway MSC (GMSC), vermittelt wird. Würde es sich bei dem Mobilfunknetz um ein "klassisches" Festnetz handeln, würde die Verbindung von der GMSC unmittelbar zum Teilnehmer aufgebaut. Hier ist es nun allerdings notwendig, die MS zu lokalisieren.

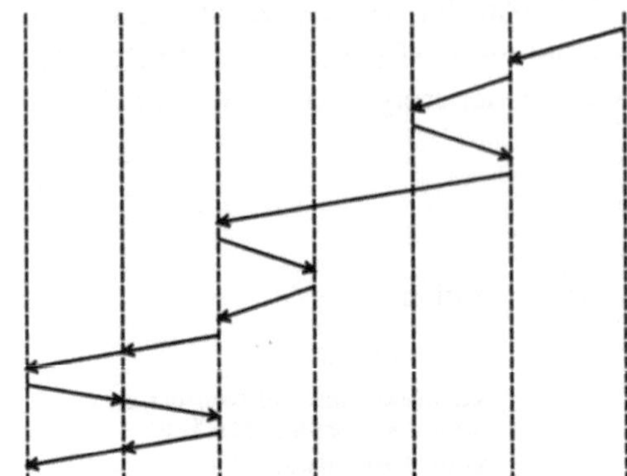

Bild 7.4.2: Vereinfachter Verbindungsaufbau eines Mobile Terminated Call

Dazu erfolgt eine Abfrage der Routing-Informationen am HLR. Das HLR antwortet mit den gewünschten Informationen. Sie liegen nach dem oben beschriebenen Einbuchen bzw. weiteren Location Updates im HLR und VLR vor. Außerdem überprüft das HLR, ob das Diensteprofil mit der Verbindungsanfrage übereinstimmt. Danach wird die Verbindungsanfrage an die für die MS zuständige MSC weitergegeben. Die MSC kontaktiert das zum Teilnehmer gehörende VLR, um die Location Area (LA), in der die MS zu suchen ist, zu bekommen. Nachdem die MSC die aktuelle LA der MS kennt, gibt sie an alle für diese LA zuständigen BSCs eine MS-Suchanfrage, den Paging Request. Wenn die MS antwortet, ist sie lokalisiert, und damit ist eine wichtige Aufgabe der Mobilitätsunterstützung erfolgreich beendet. Danach erfolgt der mehrere Schritte umfassende, weitere Verbindungsaufbau, wie z.B. die Address Complete Message an das ISDN-Netz.

Der Verbindungsaufbau von der MS aus, der Mobile Originated Call (MOC), ist dem Ablauf im Festnetz sehr ähnlich. Insbesondere sind offensichtlich keine besonderen Schritte zum Lokalisieren des Teilnehmers notwendig.

Der Verbindungsaufbau ohne Zuschaltung des TCH wird als "Off Air Call Set-Up" (OACSU) bezeichnet. Dadurch wird die Kapazität des Netzes erhöht, da TCHs nicht unnötig belegt werden.

7.4.2 Abläufe von Verbindungsszenarien

Herr Peters befindet sich mit seinem Autotelefon in der Mobilfunkzelle A. Sein
Autotelefon ist nicht eingeschaltet. Herr Müller versucht nun, Herrn Peters telefo-
nisch zu erreichen. Da Herrn Peters Autotelefon nicht eingeschaltet ist, erhält
Herr Müller entweder die automatische Durchsage, daß der Teilnehmer unter der
Rufnummer ... nicht erreichbar ist, oder er wird aufgefordert, eine Nachricht auf
die Mailbox von Herrn Peters zu sprechen (vorausgesetzt diese wurde von Herrn
Peters eingerichtet). Herr Müller hinterläßt seine Handy-Nummer mit Bitte um
Rückruf in der Mailbox.

Herr Peters schaltet nun sein Autotelefon ein. Zuerst wird er aufgefordert, die
SIM-Karte und die vierstellige PIN einzugeben. Danach "bucht" sich das Gerät,
wie in Kapitel 7.4.1 beschrieben, ein und ist im sogenannten "idle mode" emp-
fangs- und gesprächsbereit. In dieser Betriebsart ist der Stromverbrauch gering.
Der Aktualisierungszyklus von Meßwerten, wie z.B. RXLEV, ist relativ lang und
beträgt ca. 5 bis 20 s. Herr Peters wählt nun die Nummer seiner Mailbox und initiiert damit einen "Mobile Originated Call" (MOC). Dabei wird mittels RACH
ein Verbindungswunsch angefragt und nach Bestätigung sowie Kanalzuweisung
wird ein TCH aufgebaut. Das Endgerät befindet sich nun im "dedicated mode".
In diesem Moment biegt Herr Peters ab, und zwischen "seiner" BTS und ihm befindet sich nun ein Wald, der die Funkfelddämpfung deutlich erhöht. Wie die
Fehlerschätzungen des Viterbi-Decodierers anzeigen, wird die Verbindungsqualität schlechter. Das System reagiert prompt und erhöht die Leistung, sowohl auf
dem Up- als auch auf dem Downlink, bis wieder eine gute Verbindungsqualität
erreicht ist. Herr Peters hat von alledem nichts bemerkt und hört seine Mailbox
ab. Während die aufgezeichnete Nachricht von Herrn Müller übertragen wird,
mißt das Autotelefon fortlaufend in den Sende- und Empfangspausen die Empfangsleistung der umliegenden Sendestationen. Nun wird eine deutlich stärkere
BTS als die eigene empfangen. Die in Kapitel 7.3.7 beschriebenen Kriterien für
einen Handover werden erfüllt, und ein HO wird daher eingeleitet. Herr Peters
hat die Abfrage der Mailbox gerade abgeschlossen und wählt über Spracheingabe
die Handy-Nummer von Herrn Müller. Der Handover ist mittlerweile abgeschlossen und die Verbindung so gut, daß die Leistung wieder deutlich verringert werden kann. Im nächsten Moment fährt Herr Peters durch eine Eisenbahnunterfüh-
rung. Von einem Moment zum nächsten ist die Funkübertragung vollständig unterbrochen. Für eine Leistungsregelung oder gar einen Handover bleibt keine
Zeit. Andererseits dauert die Unterbrechung so lange, daß die gerade in diesem
Moment gesendete Handy-Nummer von Herrn Müller falsch übertragen wurde.

Dieser Signalisierungsfehler wird allerdings detektiert und ein Automatic Repeat Request (ARQ) initiiert. Der kurze Tunnel ist längst durchfahren und die Verbindung wieder ausgezeichnet. Der MOC wird für Herrn Müller zu einem MTC. Dazu wird zunächst, wie in Kapitel 7.4.1 beschrieben, das für Herrn Müller zuständige HLR abgefragt. Dieses befindet sich einige hundert Kilometer von Herrn Peters entfernt. Herr Müller selbst befindet sich gerade einige tausend Kilometer entfernt im Ausland. Das für ihn nun zuständige VLR und die LA werden vom Netz lokalisiert, und die Verbindung wird aufgebaut. Nachdem Herr Peters die letzte Zahl der Handy-Nummer gesprochen hat, ist nur ein kurzer Moment vergangen, und er hört den Wählton, der ihm anzeigt, daß das Handy von Herrn Müller klingelt. In diesem Moment erreicht er den Bahnhof. Sein Autotelefon ist gerade dabei, einen Handover zu der für den Bahnhofsbereich zuständigen Zelle durchzuführen. In dieser Zelle wird das Autotelefon von der BS aufgefordert, nach einem bestimmten Frequenzsprungmuster 217 mal pro Sekunde die Frequenz zu wechseln. Als Herr Peters sein Auto parkt und sein Autotelefon mit Frequenzspringen beginnt, meldet sich Herr Müller.

Anhang A7.1

Funktionale Schnittstellen am Endgerät

Die funktionalen Schnittstellen bzw. Netzabschlüsse im GSM-Endgerät sind in Bild A7.1 gezeigt. Sie reichen auf der Teilnehmerseite bis zur ISDN-Referenzschnittstelle S oder der ISDN-fremden (ITU-T standardisierten) Referenzschnittstelle R. Der einfachste Netzabschluß ist der MT 0 (*engl.* Mobile Termination), der eine unmittelbare Umsetzung incl. Adaptionen des Luftschnittstellensignals (U_m-Interface) in den Teledienst, z.B. Sprache oder Fax, vorsieht. TE 1 und TE 2 (*engl.* Terminal Equipment) unterstützen das Man-Machine-Interface zum Benutzer am Zugangspunkt 3. MT 1 ist das ISDN-Interface, an das ein ISDN-Endgerät TE 1 mit Ratenanpassung angeschlossen werden kann. TE 2 ist der Netzabschluß eines ISDN-fremden Endgerätes mit z.B. V- oder X-Schnittstelle. Dies kann über einen Terminal Adapter (TA) am ISDN MT 1 Interface oder direkt an MT 2 angeschlossen sein.

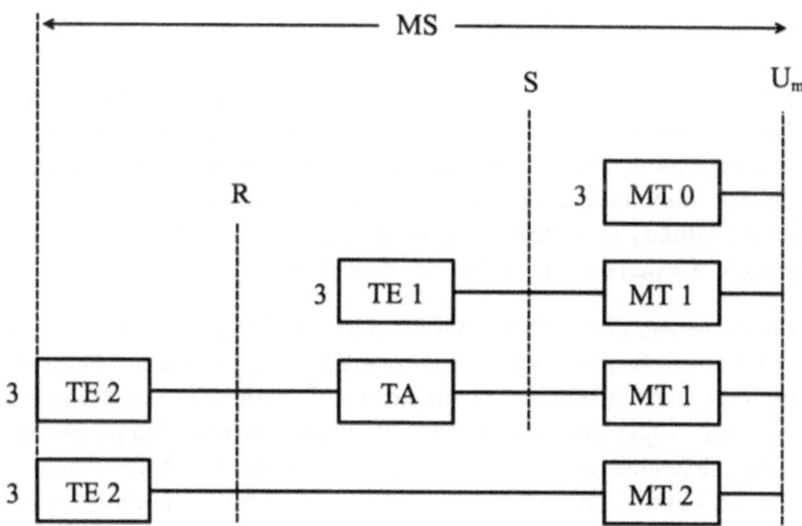

MT Mobile Termination **TA** Terminal Adaptation **TE** Terminal Equipment

Bild A7.1: GSM-Referenz-Konfigurationen

Anhang A7.2

Access Control

Unter bestimmten Umständen, z.B. bei sehr starker Auslastung des Netzes, ist es günstig, den Zugang mit Prioritätsstufen regeln zu können. Jede MS gehört zu einer von 10 Prioritätsklassen (Classes 0 - 9) oder zu einer von 6 speziellen Kategorien (bis Class 15, diejenige mit der höchsten Priorität - PLMN Staff, Class 14 - Emergency Call, etc.). In einer Überlastungssituation kann es günstiger sein, z.B. Class 0 bis 4 und 5 bis 9 nur im Wechsel, z.B. alle 5 min, zuzulassen.

Anhang A7.3

Weitere digitale zellulare Systeme

Tabelle A7.3.1 gibt einen Überblick der Systemparameter zweier weiterer digitaler zellularer Systeme. Dies ist zum einen das amerikanische D-AMPS (*engl.* Digital Advanced Mobile Phone System). Es wird auch als Interim Standard 54 (IS-54) bezeichnet. Zum anderen handelt es sich um das japanische JDC (*engl.* Japanese Digital Cellular) bzw. auch PDC (*engl.* Personal Digital Cellular) genannt. Beide Systeme werden im folgenden kurz diskutiert.

Die Bruttobitrate von D-AMPS beträgt 48 kbit/s pro Träger [SCH92]. Anfänglich wird ein 13,2 kbit/s Brutto-/8 kbit/s Nettorate CELP-Sprachcoder mit 40 ms Rahmendauer eingesetzt [BRO95]. Ein zukünftiger Sprachcoder soll sechs statt drei Teilnehmer pro Träger erlauben. Die HF-Parameter wurden derart gewählt, daß Zug um Zug einzelne analoge AMPS-Träger gegen D-AMPS-Träger ausgetauscht werden können. In der Einführungsphase sind für die D-AMPS-Endgeräte Dual-Mode-Geräte geplant, die auch AMPS unterstützen.

Von Hughes Network Systems wurde E-AMPS (extended AMPS) entwickelt [BRO95]. Es ist zu D-AMPS abwärtskompatibel und erlaubt eine Verdopplung der Kapazität. Dies wird durch VAD und Sprachinterpolation erreicht.

Für das sich seit 1993/94 in Betrieb befindliche JDC sind weitere Frequenzen im 1,5 GHz Bereich geplant. Die mit 42 kbit/s relativ geringe Trägerübertragungsrate ergibt eine Bitdauer von 23,8 µs. Unterstützt durch die Verwendung von Raum-Diversity (sowohl im Up- als auch im Downlink) ist es möglich, auf einen Equalizer zu verzichten [LOR93] (siehe auch Kapitel 2.1.4). Der Sprachcoder ist ein CELP mit 20 ms Rahmendauer. Die Ausgangsleistung der MS beträgt 0,8 W.

Tabelle A7.3.1: Übersicht der Systemparameter

System	GSM	D - AMPS	JDC
Frequenzbereich			
UL	890 - 915 MHz	824 - 849 MHz	940 - 960 MHz
DL	935 - 960 MHz	869 - 894 MHz	810 - 830 MHz
Kanalraster	200 kHz	30 kHz	25 kHz
Kanäle/Träger	8 (16)	3 (6)	3 (6)
Trägerfrequenzen	124	832	800
Modulation	GMSK	π/4-DQPSK	π/4-DQPSK
Zugriffsverfahren	TDMA	TDMA	TDMA
FDD-Duplexabstand	45 MHz	45 MHz	130 MHz

8 Weitere Mobilfunksysteme

Das in Kapitel 7 vorgestellte GSM-System nimmt unter den modernen Mobilfunksystemen eine zentrale Rolle ein. Darüber hinaus gibt es eine Reihe weiterer, für bestimmte Anforderungen an Preis, räumliche Mobilität der MS, erforderliche Dienste und Anwendungsszenarien optimierter Systeme, die in diesem Kapitel diskutiert werden. Für Anwendungen geringer räumlicher Mobilität wurden die in Kapitel 8.1 vorgestellten schnurlosen Telefone, wie z.B. das DECT-System (*engl.* Digital European Cordless Telephone), entwickelt. Eine flächendeckende, besonders preisgünstige Übertragung von kurzen Nachrichten in Richtung des mobilen Teilnehmers ermöglichen die in Kapitel 8.2 beschriebenen Funkrufsysteme, z.B. ERMES (European Radio Message System). Kapitel 8.3 stellt zwei, speziell für die Duplex - Datenübertragung entwickelte Datenfunksysteme vor. Danach wird in Kapitel 8.4 die moderne Systemtechnik des Betriebsfunks, nämlich der Bündelfunksysteme, beschrieben. Dies umfaßt auch das neue TETRA- (*engl.* Trans European Trunked Radio) System. Ein System besonderer räumlicher Mobilitätsanforderungen ist das in Kapitel 8.5 dargestellte Flugtelefonsystem TFTS (Terrestrial Flight Telephone System). Den höchsten Grad räumlicher Mobilität unterstützen die in Kapitel 8.6 diskutierten Satellitensysteme, wie die verschiedenen INMARSAT (*engl.* International Maritime Satellite Organization)

Dienste. Kapitel 8.7 gibt einen Überblick über den IS-95 Standard, einem zellularen Mobilfunksystem, welches auf dem CDMA-Zugriffsverfahren beruht.

Den Abschluß des Buches bildet in Kapitel 8.8 ein Ausblick in die Zukunft. Dabei werden die Anforderungen an die Systeme der 3. Generation bzw. UMTS (*engl.* Universal Mobile Telecommunication System) und ein Überblick der europäischen Forschungsprojekte im RACE-Programm, insbesondere was die Luftschnittstelle betrifft, dargestellt.

8.1 Schnurlose Telefone

8.1.1 Einleitung

Schon in den 70er Jahren tauchten in den USA die ersten schnurlosen Telefone (CT, *engl.* **Cordless Telephone**) auf. 1990 waren bereits 27 Mio. Geräte in Gebrauch. Imposant sind auch die Zuwachsraten von ca. 8 Mio. neuen Geräten pro Jahr [BOH92]. Die Einführung immer längerer Anschlußschnüre (2 - 10 m) für Festnetztelefone deutet schon auf die erste Anwendung hin, den Ersatz für drahtgebundene Telefone. Weitere Anwendungen umfassen schnurlose Nebenstellenanlagen (PABX), insbesondere in großen Bürogebäuden und die im folgenden noch erläuterten Telepoint-Systeme.

Bei den CTs ist ein gefordertes Systemmerkmal, daß es mittels einer festen Kennungszuordnung zur Pärchenbildung zwischen Basis[1]- und Mobilteil kommt. So wird vermieden, daß auf Kosten anderer, wie z.B. der Nachbarn, telefoniert wird. Typische Zellradien der CT liegen, in Abhängigkeit von der Umgebung, bei 50 - 300 m.

Ende 1984 wurde der **CT1**-Standard verabschiedet und von den meisten europäischen Ländern übernommen [DUE91]. Tabelle 8.1 zeigt wesentliche Parameter des in Deutschland eingeführten CT1 plus Standards. Er besitzt gegenüber CT1 einige Verbesserungen wie etwa die Verdoppelung der Kanalzahl auf 80. Bei

---

[1] Dies ist die Sendestation, die auch als Heimstation bezeichnet wird.

CT1 ergibt die Mindestempfangsfeldstärke von 30 dB(μV/m) eine Reichweite von ca. 50 m in und ca. 300 m außerhalb von Gebäuden [KED94]. Es bleibt anzumerken, daß CT1/CT1 plus Gespräche mit den auch in Deutschland erhältlichen Scannern abgehört werden können.

Das erste digitale System, das **CT2** (siehe Tabelle 8.1), wurde 1985 in Großbritannien eingeführt. Zunächst nicht standardisiert, wurde es später als CAI (*engl.* Common Air Interface) verabschiedet und ab 1991 zum ETSI Interims-Standard (I-ETS).

Tabelle 8.1: Übersicht der Systemparameter von CT-Systemen

	CT1 plus	**CT2/CAI**	**DECT**
Frequenzbereich	UL: 885-887 MHz DL: 930-932 MHz	864-868 MHz	1880-1900 MHz
Zahl Duplexkanäle	80	40	120
Kanalabstand	25 kHz	100 kHz	1728 kHz
Gespräche/Kanal	1	1	12
Übertragungsart	analog	FSK mit Gaußfilter, 72 kbit/s	GMSK (BT = 0,5), 1152 kbit/s
Zugriffsverfahren	FDMA	FDMA, 2 ms Rahmen	TDMA, 10 ms Rahmen
Duplexverfahren	FDD (45 MHz)	TDD	TDD
Sendeleistung (mittlere/max.)	10 mW/10 mW	5 mW/10 mW	10 mW/250 mW
Sprachcoder	analog	32 kbit/s-ADPCM	32 kbit/s-ADPCM
ankommende Rufe für Telepoint	nein	nein	möglich

In Schweden wurde von Ericsson der **CT3**-Firmenstandard entwickelt, der auch als Digital Cordless Telephone (DCT) 900 bzw. 1800 bezeichnet wird [KED94].

Standardmäßig arbeitet das System mit einer Übertragungsrate von 32 kbit/s. Dies kann für spezielle Datenanwendungen auf 256 kbit/s erweitert werden. Weitere Eckdaten sind: 1 MHz Kanalabstand, TDMA/TDD Zugriffsverfahren (16 Zeitschlitze pro Träger, 5 mW mittlere Sendeleistung (80 mW max.) und Möglichkeit des Handover [BOH92]. CT3 hat keine weite Verbreitung gefunden, allerdings gingen von CT3 einige wichtige Impulse zur Entwicklung von DECT aus.

Das im folgenden Kapitel näher beschriebene DECT-System wurde bei ETSI als Nachfolgesystem von CT2 entwickelt. Anhang A8.1 gibt einen Überblick über wesentliche Parameter des japanischen PHS Systems.

Unter **Telepoint**-Systemen versteht man üblicherweise kleine, preiswerte Endgeräte, die an markanten Punkten, wie z.B. in der Nähe von öffentlichen Telefonzellen, in Fußgängerzonen, Bahnhöfen, usw. im Umkreis bis ca. 200 m von den Sendern verwendet werden können. Dabei wird üblicherweise der Gesprächsaufbau nur in Uplink-Richtung, also vom Endgerät aus ins Netz, unterstützt. Teilweise ist es bei Telepoint-Systemen möglich, zu Hause mit dem Endgerät wie mit einem schnurlosen Telefon zu telefonieren.

Telepoint-Systeme werden in Paris unter dem Markennamen Bi-Bop angeboten. Insbesondere in Hongkong haben sie einen großen wirtschaftlichen Erfolg zu verzeichnen. In England sind diese Systeme mittlerweile im Abbau begriffen. In Deutschland ist es über technisch erfolgreiche Testnetze hinaus, in München und Münster unter dem Markennamen BIRDIE, bislang zu keiner Einführung gekommen.

8.1.2 Digital European Cordless Telephone (DECT)

Um auch für CT-Anwendungen ein führendes, europäisches System zur Verfügung zu haben, wurde beim ETSI das Digital European Cordless Telephone (DECT) spezifiziert. Der Standard besteht aus den folgenden Teilen[2]:

---

[2] Prinzipiell gibt es noch den "Common Interface Part 9: Public Access Profile", der allerdings quasi schon überholt ist. Außerdem gibt es noch den "Common Interface Part 10/11: Cryptographic Algorithm".

Common Interface Part 1:	Overview
Common Interface Part 2:	Physical Layer (PHL)
Common Interface Part 3:	Medium Access Control Layer (MAC)
Common Interface Part 4:	Data Link Control Layer (DLC)
Common Interface Part 5:	Network Layer (NWK)
Common Interface Part 6:	Identities and Addressing
Common Interface Part 7:	Security Features
Common Interface Part 8:	Speech Coding and Transmission

Beim DECT-Standard handelt es sich um eine Art "Baukastenprinzip". Außer der standardisierten Luftschnittstelle (PHL, *engl.* Physical Layer) und dem Medium Access Control Layer (MAC) können je nach Anwendung weitere Funktionalitäten wie Sicherheitsfunktionen oder Handover für quasi zellulare Netze ergänzt werden. Um trotz Baukastenprinzip Interoperabilität zwischen Endgeräten verschiedener Hersteller zu erzielen, wurden sogenannte "Profiles" definiert. Das zukünftig für Sprache gültige Profile hat den Namen Generic Access Profile (GAP).

DECT bietet folgende Dienstemöglichkeiten:

- Sprachübertragung quasi in Festnetzqualität.

- Duplex-Datenübertragung mit einer Bruttobitrate von 38,8 kbit/s. Im Simplexbetrieb beträgt die Bruttobitrate bis zu 931,2 kbit/s pro Träger. Noch höhere Datenraten sind durch Multiplexen mehrerer Träger möglich. Damit sind viele schnurlose Datenanwendungen realisierbar wie z.B. ISDN, Telefax, Teletex, Bildübertragung, Bildtelefonie, Filetransfer oder Echtzeitzugriff auf Files und Datenbanken.

- Das mögliche Anwendungsspektrum von DECT umfaßt neben Schnurlostelefon, PABX (*engl.* Private Branch Exchange, Private Nebenstellenanlage) und Telepoint noch weitere wie LAN oder kleine zellulare Netze.

Die DECT-Systemarchitektur besteht aus mehreren Komponenten. DECT-Endgeräte - **Portable Parts (PP)** - sind über die Luftschnittstelle mit der Basisstation, dem **Radio Fixed Part (RFP)**, verbunden. Ein oder mehrere RFPs sind über den **Central Control Fixed Part (CCFP)** an das Ziel- bzw. Backbone-Netz angeschlossen. Mögliche Zielnetze und Protokolle für DECT umfassen z.B. das PSTN, ISDN, X.25, X.400 oder GSM-Netze. RFP und CCFP zusammen bilden den **Fixed Part (FP)**.

Sprachübertragung mittels Schnurlostelefon im Privat- und Bürobereich ist ein Standarddienst und wird seit ca. 1994 bereits dem Kunden angeboten. Es werden nur ein Endgerät (PP) und ein Fixed Part (FP), das über die TAE-Anschlußschnittstelle mit dem PSTN/ISDN verbunden ist, benötigt.

Ein umfangreicheres Anwendungsszenario ist ein zellulares Netz, welches z.B. ein Firmengelände oder Fußgängerzonen abdeckt und Handover bzw. Teilnehmermobilität (incl. ankommende Rufe ohne Kenntnis des Teilnehmerstandortes) unterstützt. Eine Möglichkeit der Realisierung ist die in Bild 8.1.1 skizzierte Anbindung von DECT an die GSM-Netzinfrastruktur [PIL93]. Der Anschluß erfolgt vom CCFP über die standardisierte A-Schnittstelle von GSM an die GSM-MSC. Damit können insbesondere die GSM-Register HLR und VLR zum Teilnehmermanagement verwendet werden.

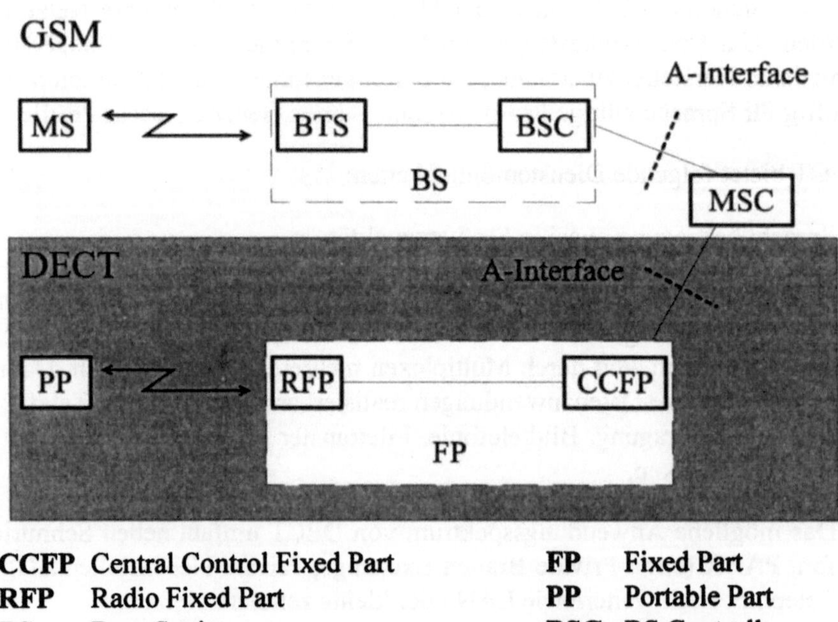

CCFP	Central Control Fixed Part	**FP**	Fixed Part
RFP	Radio Fixed Part	**PP**	Portable Part
BS	Base Station	**BSC**	BS Controller
BTS	Base Transceiver Station		

Bild 8.1.1: DECT-Anbindung an GSM

In Zukunft sind auch Dual Mode Endgeräte denkbar [LOB94], die neben DECT einen weiteren Standard wie z.B. GSM unterstützen und sich damit für ein solches Anwendungsszenario empfehlen würden.

Weitere Möglichkeiten bestehen im Anschluß mehrerer RFPs an eine PABX, die wiederum entweder an das PSTN oder an eine GSM-MSC angeschlossen ist.

8.1.2.1 DECT in Relation zum OSI- Referenzmodell

Bild 8.1.2 zeigt die Relation zwischen den DECT-Schichten und dem OSI-Referenzmodell [PIL92]. DECT realisiert nur die OSI-Layer 1 bis 3. Ähnlich wie bei GSM konnten auch hier die Grenzen zwischen dem 1. und dem 2. OSI-Layer nicht exakt eingehalten werden (u.a. wegen Handover). Im folgenden werden der Physical Layer (PHL) und der Medium Access Control Layer (MAC Layer) im Detail betrachtet.

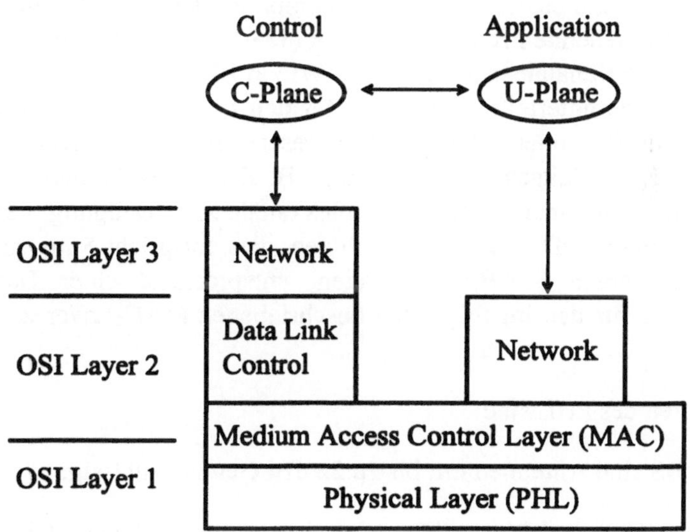

Bild 8.1.2: DECT-Protokolle in Relation zum OSI-Referenzmodell

Die Hauptaufgabe des Data Link Control Layers (DLC) ist die Übergabe fehlerfreier Daten an den Network Layer (NWK). Der DLC ist in eine Ebene für die Kontrollinformationen (sogenannte C-Plane) und in eine für die Nutzerinformationen (sogenannte U-Plane), die die verschiedenen Dienste zur Verfügung stellt, unterteilt. Der NWK entspricht dem OSI-Layer 3 (Vermittlungsschicht).

8.1.2.2 Die Luftschnittstelle: Der Physical Layer (PHL)

DECT wurde für Picozellen mit maximal 200 - 300 m Radius und Teilnehmergeschwindigkeiten bis 20 km/h entwickelt. Aufgrund der Kostenoptimierung wurde auf einen Equalizer verzichtet. Bei einer Übertragungsrate von 1152 kbit/s beträgt die Bitdauer 0,868 μs. Ohne Equalizer sind nur Laufzeitunterschiede kleiner einige 10 % der Bitdauer zulässig. Daher kann DECT nur in Umgebungen mit Delay Spreads bis zu ca. 200 - 300 ns arbeiten. Dieses Delay Spread entspricht rund 100 m Laufwegunterschied. Für viele Umgebungen gibt es damit keine Probleme mit Intersymbol-Interferenz (ISI). In einigen Umgebungen, z.B. in Bahnhöfen mit großen Hallen und sehr gut reflektierenden Metallwänden, treten höhere Delay Spreads auf. Dies erfordert dann eine sorgfältige Zellplanung, gegebenenfalls unter Einbezug von Sektorantennen.

Die Luftschnittstelle basiert auf einer Kombination aus FDMA und TDMA. Das zur Verfügung stehende Frequenzspektrum (1880 - 1900 MHz) wird in 10 Träger mit je 1728 kHz Kanalabstand aufgeteilt. Wie in Bild 8.1.3 gezeigt, ist ein Träger in 24 Zeitschlitze unterteilt. Dabei sind für den Downlink die ersten 12 und für den Uplink die folgenden 12 Zeitschlitze reserviert. Für eine Duplexverbindung werden Paare von Zeitschlitzen gebildet, z.B. Zeitschlitz 11 und 23 (siehe Bild 8.1.3). Damit stehen insgesamt 120 Duplexkanäle zur Verfügung, deren Up- und Downlink mittels TDD von 12 Zeitschlitzen, dies entspricht 5 ms, getrennt sind. Alle 10 ms werden 388 Bit übertragen, entsprechend einer Datenrate von 38,8 kbit/s, die für den im folgenden beschriebenen MAC-Layer zur Verfügung steht.

Weitere Daten des PHL sind:

- Bei den BS sind Antennen mit bis zu 22 dBi Gewinn zulässig.

- Handover (HO) und Macro Diversity sind optional. Dabei ist festgelegt, daß zwischen zwei aufeinanderfolgenden HO mindestens 3 s liegen müssen. Damit soll vermieden werden, daß bei hoher Last ein HO in Kombination mit DCA (dynamischer Kanalzuteilung, siehe Kapitel 3.3.2) eine Kettenreaktion von Kanalwechseln, ein "Selbstbeschäftigen" des Systems auslöst.

- DECT ist ein interferenzbegrenztes System (siehe Kapitel 2.3.3), spezifiziert für C/I > 10 dB.

- Empfängerempfindlichkeit: $\leq$ 83 dBm bei einer BER von 10^{-3}.

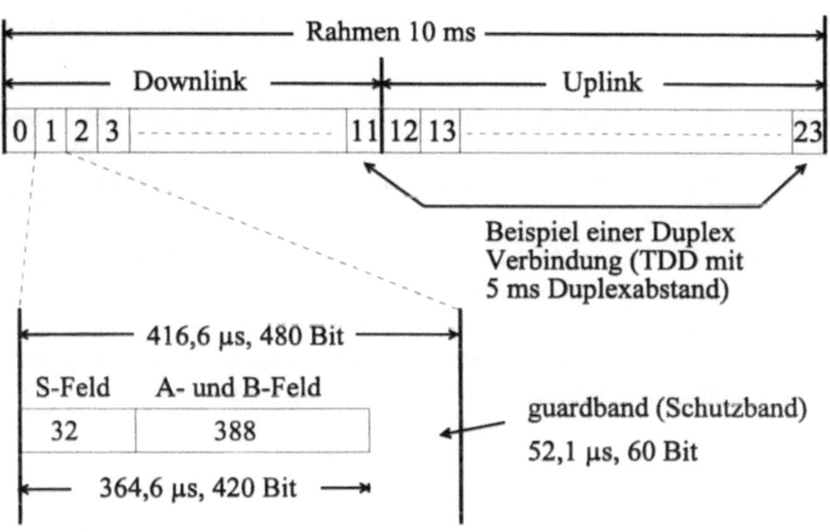

Bild 8.1.3: DECT-Rahmenanordnung (Frame) des PHL

8.1.2.3 Der Medium Access Control (MAC) Layer

Der MAC-Layer erfüllt drei Aufgaben [TUT90]:

- Ressourcenmanagement,

- Multiplexen der Kontrollkanäle,

- Fehlerschutz der Übertragung.

Das **Ressourcenmanagement** wird unterstützt durch "beacons" (Bakensignale), dynamische Kanalzuteilung (DCA) und die Möglichkeit, mehrere Zeitschlitze pro Verbindung zuzuweisen.

Jedes RFP sendet auf mindestens einem Kanal ein sogenanntes "beacon" Signal, auch dann, wenn keine Verbindung aufgebaut ist. Das PP sucht die Kanäle durch, bis es ein "beacon" detektiert. Es sendet dann einen "set-up request"; die Antwort des RFP erfolgt auf dem gleichen Kanal. Durch dieses Verfahren sind die Verbindungsaufbauzeiten sehr kurz, der Stromverbrauch der PP wird also gering gehalten. Bei n Gesprächen werden n "beacons" abgestrahlt. Danach erfolgt weiterhin regelmäßig ein kontinuierliches Absuchen aller Kanäle und eventuell ein Intrazell-HO.

Bei dem typischen Anwendungsszenario von DECT als schnurloses Telefon ist eine Frequenzplanung nicht möglich. Dies ist neben Kapazitätserhöhungen ein wesentlicher Grund für die Verwendung von DCA. Dieses Verfahren gehört zu den in Kapitel 3.3 beschriebenen interferenzadaptiven dynamischen Kanalzuteilungsverfahren. Dabei werden bei DECT die Kanäle regelmäßig abgesucht und jeweils derjenige mit guter Verbindungsqualität, oft gleichbedeutend mit ausreichend hohem C/I, ausgewählt. Durch DCA kann eine Kapazitätserweiterung bedarfsorientiert durch einfaches Hinzufügen von weiteren PFPs erfolgen. Eine vorherige Planung der Frequenzen ist hierbei nicht erforderlich.

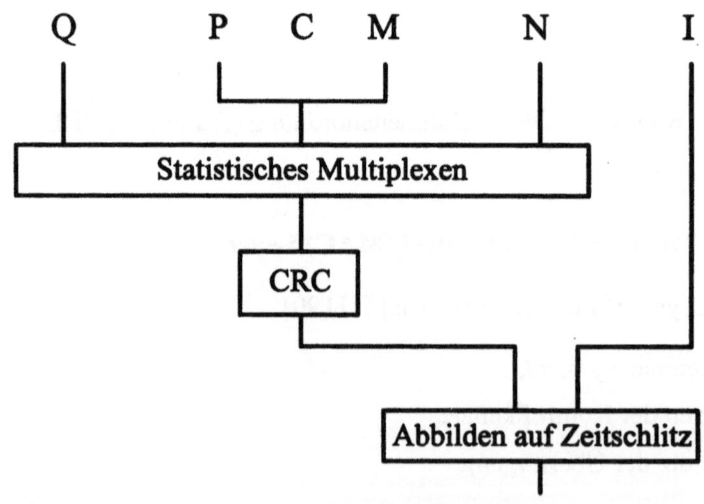

I	Nutzdaten	C	Signalisierung höherer Schichten
P	Paging Info	Q	Systeminformationen, nur Downlink
N	Hand-Shake (Identität)	M	MAC-Layer Informationen

Bild 8.1.4: Multiplexen der logischen Kanäle

DECT erlaubt auch die Zuweisung mehrerer Zeitschlitze pro Verbindung. Diese Zuteilung kann für Up- und Downlink asymmetrisch sein.

Die zweite Aufgabe des MAC-Layers ist das **Multiplexen** der logischen Kanäle I,C,P,Q,N und M, siehe Bild 8.1.4 und Bild 8.1.5.

PHL-Packet

32 Bit	388 Bit
Sync	MAC-Datenbits

S	A	B	X
	64 Bit	320 Bit	4 Bit

Unprotected Full Slot Format

Q/P/C/N/M	CRC	B	X
48 Bit	16 Bit	320 Bit	4 Bit

Protected Full Slot Format

Q/P/C/N/M	CRC	Daten	CRC	Daten	CRC	Daten	CRC	Daten	CRC	X
48 Bit	16 Bit	64	16	64	16	64	16	64	16	4

Bild 8.1.5: DECT "Physical Packets"

Die Bits werden in sogenannten "Physical Packets" (entspricht in GSM einem Burst) bzw. Zeitschlitzen übertragen. Neben dem in Bild 8.1.5 gezeigten "Unprotected Full Slot Format" und dem "Protected Full Slot Format" gibt es noch den "Half-Slot". Die Bitrate des "Unprotected Full Slot Format" beträgt im B-Feld (Nutzdatenfeld) 32 kbit/s und im gesamten A-Feld (Signalisierung) 6,4 kbit/s. Für die verschiedenen Signalisierungskanäle stehen im A-Feld 4,8 kbit/s zur Verfügung, die dynamisch, je nach aktueller Anforderung, zwischen den Signalisierungskanälen aufgeteilt werden können.

Zusammen mit einer geringen Verzögerungszeit (Delay) von nur 5 ms steht DECT damit eine leistungsstarke Signalisierungsmöglichkeit zur Verfügung. Auf den insgesamt 24 Zeitschlitzen eines Trägers beträgt damit die auf der Luft übertragene Datenbitrate 1152 kbit/s. Der Cyclic Redundancy Check (CRC), ein BCH-Code (63, 48, 2), dient zum Erkennen von Übertragungsfehlern auf den Signalisierungskanälen. Die Bits des B-Feldes sind nicht weiter geschützt. Dies ist in vielen Situationen ausreichend, da DECT für "Line of Sight" (LOS) Verbindungen konzipiert ist.

Zusätzlich werden über ausgewählte Bits des B-Feldes ein CRC mit den vier Bits des X-Feldes durchgeführt. Dies dient zur Abschätzung der Verbindungsqualität für die Handover-Einleitung. Optional kann ein 4 Bit langes Z-Feld durch Verdopplung des B-Feldes ergänzt werden. Dieses Feld kann zum Erkennen eines unsynchronisierten Nachbarsystems dienen.

Im "Protected Full Slot Format" beträgt die Bitrate im B-Feld $4 \cdot 64$ Bits/ 10 ms = 25,6 kbit/s.

8.2 Funkrufsysteme

8.2.1 Einleitung

Funkrufsysteme (*engl.* Paging System) dienen der Datenübertragung in Richtung des mobilen Teilnehmers. Die Sprachübertragung wird typischerweise nicht unterstützt[3]. Durch diese Einschränkung ist es möglich, mit einer, im Vergleich zu Funktelefonsystemen wie GSM, sehr preiswerten Infrastruktur auszukommen. Dies spiegelt sich in entsprechend geringen Gebühren wieder.

---

[3] Im Sinne von Telefonieren. Die automatische Übertragung, genauer das Pagen von Sprache von z.B. Anrufbeantwortern oder Mailboxen ist teilweise bei privaten Funkrufsystemen möglich.

Klassische Anwendungen privater Funkrufsysteme sind das Rufen und damit die ständige Erreichbarkeit von Ärzten in Krankenhäusern oder von Personen auf weitläufigen Firmengeländen. Derartige Anwendungen bezeichnet man auch als **On Site Paging** (OSP).

Die zweite Klasse von Anwendungen stellt das **Wide Area Paging** (WAP), insbesondere unter Verwendung von öffentlichen Systemen, dar. Damit erzielt man stadt-, bundes- oder europaweite Erreichbarkeit von Außendienstmitarbeitern. Weitere Anwendungen umfassen das Pagen von z.B.: Wetterinformationen, die Eingangsmeldung einer Nachricht beim Anrufbeantworter oder verschiedene lokale Informationen, beispielsweise Veranstaltungshinweise.

Das mögliche Dienstespektrum umfaßt:

- **Tonruf**: Ein oder mehrere Tonsignale (daher auch die umgangssprachliche Bezeichnung "Piepser"). Der Empfänger reagiert, wenn er "angepiepst" wird, in einer vorher abgesprochenen Weise, indem er z.B. eine bestimmte Telefonnummer anruft.
- **Numerik**: Übertragung von Ziffernfolgen, z.B. Telefonnummern, die auf dem Display des Empfängers angezeigt werden.
- **Alphanumerik**: Übertragung von kurzen Nachrichten (Text incl. Zahlen)[4].

Je nach Gestaltung des Pagers ist es auch möglich, statt Tonsignalen Lichtsignale oder Vibrationen zu verwenden. Letzteres erlaubt den Empfang von Nachrichten völlig unbemerkt von der Umwelt, z.B. im Theater.

Die Stärken des Funkrufs sind:

- Sehr kleine Empfänger (Endgeräte von einigen 10 g, problemloses Tragen am Körper bzw. Einbau in Armbanduhren),
- sehr geringer Stromverbrauch (Batterielebensdauer beträgt bis zu einigen Monaten),
- hohe Erreichbarkeit,
- "Reaktionsfreiheit", d.h., es liegt im Ermessen des Empfängers, wann er reagiert,
- geringe Kosten.

---

4 Es sei daran erinnert, daß es diesen Dienst auch bei GSM als Short Message Service (SMS) gibt. Der SMS nutzt allerdings die Möglichkeit, korrekten Empfang zu bestätigen.

Einen typischen Systemaufbau zeigt Bild 8.2.1. Die von Telefonen, Auftragsservice, BTX (Bildschirmtext)-Geräten, PCs etc. erzeugbaren Nachrichten werden über die Funkvermittlungsstelle an alle Sender einer Rufzone weitergeleitet und von dort über die Luftschnittstelle übertragen.

In Zukunft wird es, ähnlich wie bei GSM, auch bei Funkrufsystemen mehrere Netzbetreiber geben. In Deutschland haben bereits die Deutsche Funkruf Gesellschaft (DFR) und die MiniRuf GmbH bundesweite Lizenzen erhalten.

Die Interferenzminimierung und das Erreichen hoher Teilnehmerkapazitäten, u.a. mit vielen und vergleichsweise kleinen Zellen, sind in zellularen Systemen zentrale Punkte. Dagegen ist der Ansatz bei Funkrufsystemen ein anderer: Mit möglichst wenigen Zellen eine gute Ausleuchtung erreichen und dasselbe Signal senden. Dazu verwendet man typischerweise Gleichwellennetze, d.h. Netze, deren Laufzeitunterschiede so aufeinander abgestimmt sind, daß sich die Sendesignale zur Ausleuchtung gegenseitig unterstützen.

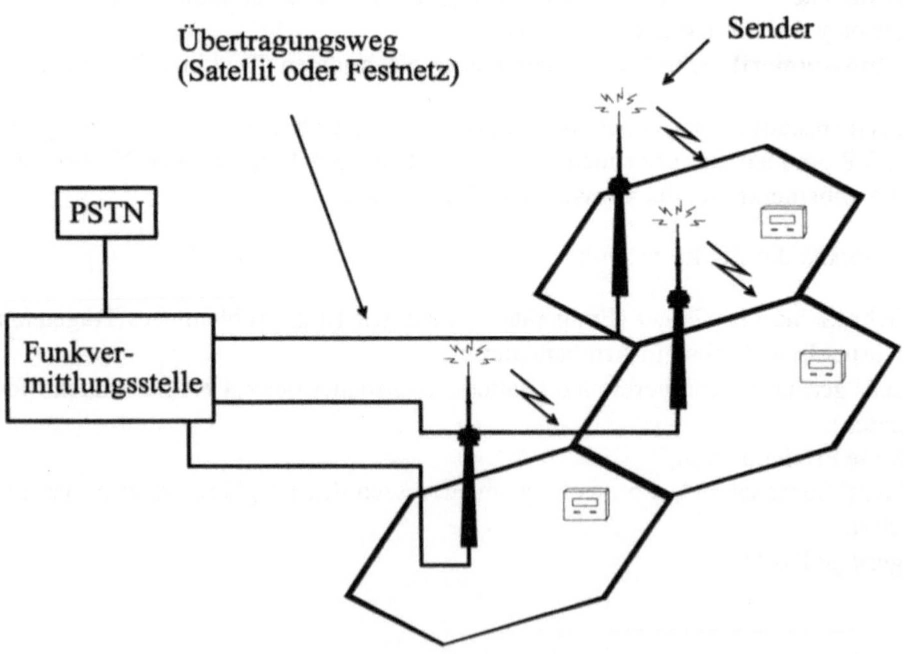

Bild 8.2.1: Typischer Systemaufbau eines Funkrufsystems

In den folgenden Kapiteln werden kurz die heutigen WAP-Funkrufsysteme Eurosignal, Cityruf (basierend auf POCSAG) und zum Abschluß das ERMES-System dargestellt. Für Funkrufsysteme wird in Europa für das Jahr 2000 ein Markt von 12 bis 16 Mio. Kunden vorhergesagt (1993: 3 Mio. Kunden) [JAG93, BOC95].

Der Vollständigkeit halber sei erwähnt, daß es noch weitere Systeme gibt, wie das in den USA verbreitete GOLAY-System, eine firmeneigene Motorola Variante von POCSAG, oder RDS (Radio Data System), welches die UKW-Radioinfrastruktur verwendet. Auch werden Pagingdienste über Satelliten, z.B. INMARSAT und andere Systeme, diskutiert.

8.2.2 Systeme in Deutschland

8.2.2.1 Eurosignal

Das analoge Eurosignal-System arbeitet seit 1974 in der BRD, seit 1975 grenzübergreifend mit Frankreich und seit 1985 mit der Schweiz. In Deutschland ist in drei Rufbereichen mit je ca. 20 Sendern ein Gleichwellennetz aufgebaut. Eine Versorgung von Gebäuden ist nur schlecht möglich. Die zu übertragenden Daten werden mit 6 Tonelementen von je 100 ms Dauer codiert.

Die angebotenen Dienste umfassen vier verschiedene Tonsignale, die mit jeweils einer eigenen Rufnummer angewählt werden können. Die Pager wiegen etwa 100 - 200 g. Die Grundgebühren betragen einige 10 DM pro Monat.

8.2.2.2 Cityruf

Seit 1989 wird in Deutschland ein neues digitales Funkrufsystem mit Markennamen Cityruf angeboten. Dieses System basiert auf dem englischen **POCSAG**-Standard (*engl.* Post Office Code Standardisation Advisory Group). Es bietet die folgenden 3 Dienste an:

- 4 verschiedene Tonsignale

- 15 Ziffern/Nachricht

- 80 alphanumerische Zeichen/Nachricht

Diese werden auf den Frequenzen $f_1 = 465{,}97$ MHz mit 512 bit/s sowie $f_2 = 466{,}075$ MHz und $f_3 = 466{,}230$ MHz mit 1200 bit/s übertragen. Folgende Rufarten sind möglich: Einzel-, Gruppen-, Sammel- und Zielruf. Auch dieses Netz ist ein Gleichwellennetz und bietet für die kleinen Endgeräte (einige 10 g, in Armbanduhren oder einzeln) auch in Gebäuden eine gute Versorgung. Zum Fehlerschutz wird ein BCH-Code mit einer Hamming-Distanz von 6 verwendet, der bis zu 5 Bündel- und 2 Zufallsfehler korrigieren kann. Der Zellradius ist durch den optischen Horizont begrenzt. Das System besitzt eine Adreßkapazität von bis zu 2 Mio. Teilnehmern je Funkkanal und Teilnehmer.

Die Teilnehmerzahl in Deutschland im Eurosignal- und Cityrufsystem betrug Ende 1993 400.000 Kunden. Seit 1990 wird unter dem Begriff Euromessage internationales Roaming mit den Netzen von Frankreich, Italien und UK angeboten. Eine andere, auf Cityruf basierende Erweiterung ist Inforuf.

Tabelle 8.2.1: Übersicht der Systemparameter von Eurosignal und Cityruf

	Eurosignal	**Cityruf (POCSAG)**
Frequenzbereich	87 MHz	467 MHz
Kanalzahl	2	3
Kanalabstand	25 kHz	20 kHz
Modulationsart	analoge AM	DFSK (+/- 4 kHz Frequenzhub) mit den Datenraten: 512 und 1200 bit/s
Sendeleistung	bis 2 kW (ERP)	50 - 100 W (ERP)

Inforuf-Pager besitzen Speicher für 80.000 Zeichen und können eine Reihe von Informationen wie z.B. Börseninformationen empfangen.

Seit Ende 1994 wird in Deutschland von DeTeMobil mit SCALL ein ebenfalls auf Cityruf basierender Dienst angeboten, für den keine monatlichen Grundgebühren mehr zu bezahlen sind.

8.2.3 ERMES (European Radio Message System)

Um für die Zukunft ein leistungsfähiges europaweites Funkrufsystem zur Verfügung zu haben, wurde ab 1985 bei ETSI ERMES als Standard spezifiziert. Der Standard besteht aus sieben Teilen, die nicht nur, wie bei den anderen Funkrufsystemen, die Luftschnittstelle, sondern das gesamte System beschreiben:

> Part 1: General aspects
> Part 2: Service aspects
> Part 3: Network aspects
> Part 4: Air interface specification
> Part 5: Receiver conformance specification
> Part 6: Base station specification
> Part 7: Operation and maintenance aspects

Nach EG-Empfehlung gibt es einen dreistufigen Plan zur Einführung von ERMES:

> 1. Stufe: Januar 94, Versorgung von 25% der Bevölkerung
> 2. Stufe: Januar 95, Versorgung von 50% der Bevölkerung
> 3. Stufe: Januar 97, Versorgung von 80% der Bevölkerung

Während ERMES in den meisten europäischen Ländern zügig eingeführt wird, hat es bei der Einführung von ERMES in Deutschland unerwartete Verzögerungen gegeben, da teilweise private Kabelfernsehsender von ERMES Sendern gestört werden[5].

Das ERMES-System bietet dem Kunden ein umfangreiches Dienstespektrum an:

- 8 verschiedene Tonsignale (Töne, Lichtsignale oder auch Vibrationen),
- Numeriksignale: 20 - 16000 Stellen,
- Alphanumerik: 400 - 9000 Stellen,
- transparente Daten: bis 64 kbit/Nachricht[6],
- internationales Roaming,
- geschlossene Benutzergruppen,

---

[5] Mitte 1996 hatte das BMPT noch keine ERMES-Lizenz vergeben.

[6] Bei der Erstellung von ERMES hat man ein spezielles Protokoll zur Datenübertragung von PCs, das "Universal Computer Protocol", entwickelt.

- Möglichkeit zur Authentikation und Verschlüsselung,
- Wahl einer besonders gesicherten Übertragung mittels ARQ.

Längere Nachrichten als oben angegeben sind durch Kombinieren mehrerer Nachrichten beim Empfänger möglich. Außerdem gibt es drei Prioritätsstufen zur Aussendung der Nachrichten:

- 1. Stufe, zeitkritische Rufe, werden spätestens nach 60 s ausgesendet,
- 2. Stufe, normale Rufe (werden typischerweise nach 2,5 - 10 min ausgesendet),
- 3. Stufe, nicht zeitkritische Rufe, werden in verkehrsschwachen Zeiten ausgesendet.

Bild 8.2.2 zeigt die Systemarchitektur von ERMES. Die Nachrichten des rufenden Kunden kommen über PSTN (oder auch andere Netze, wie ISDN) zum **Paging Network Controller (PNC)**[7]. Hier werden die Funktionen zur Teilnehmerverwaltung, Netzbetrieb und die Aufbereitung der Nachrichten zur Weiterleitung zum **Paging Area Controller (PAC)** vorgenommen. Von dort gelangt die Nachricht zu den **Base Stations (BS)** und dann über die Luftschnittstelle zum Pager. Der gewünschte Pager wird anhand des Radio Identity Code (RIC) identifiziert [BOC95].

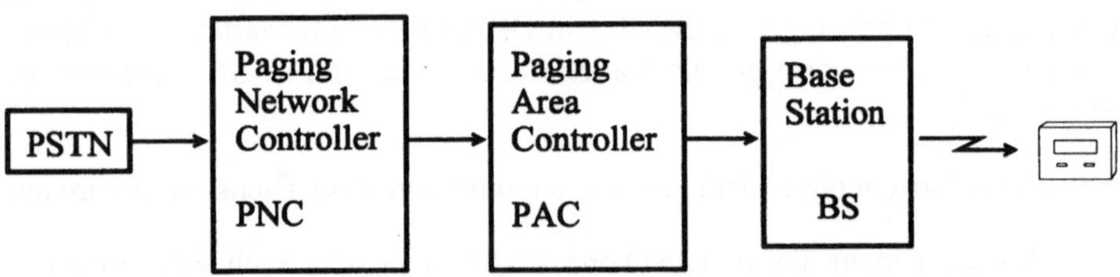

Bild 8.2.2: Systemarchitektur von ERMES

Tabelle 8.2.2 zeigt wesentliche Parameter der ERMES-Luftschnittstelle. Zur Fehlerkorrektur wird ein zyklischer FEC-Code (30,18) mit einer Hamming-Distanz

---

[7] In GSM-Terminologie entspricht dies quasi dem MSC zusammen mit dem OMC.

von 6 verwendet. Außerdem wird Interleaving der Tiefe 9 eingesetzt. Bemerkenswert ist die hohe mögliche Teilnehmerzahl.

Tabelle 8.2.2: Übersicht der Systemparameter von ERMES

Frequenzbereich	169,4 - 169,8 MHz
Kanalzahl (simplex)	16
Kanalabstand	25 kHz
Luftschnittstelle	FDMA/TDMA
Übertragungsart	4 PAM/FM mit 6,250 kbit/s pro Kanal
Teilnehmerzahl	32 Millionen Adressen je Land möglich, 4 Mio. je Netzbetreiber mit bis zu 8 Netzbetreibern je Land

Bild 8.2.3 zeigt die TDMA-Rahmenstrukturen eines Kanals. Die unterste Stufe ist das 0,75 s lange Batch (entspricht in GSM einem Burst) bestehend aus den vier Teilen Synchronisation, Systeminformationen, Adressierung und Nachricht. Die Systeminformationen beinhalten Informationen über das ERMES-Netz: Länderkennung, Netzbetreiber, Rufbereich, Ruf aus einem anderen Netz, verwendete Kanäle und die Nummer des Batch und Zyklus. Die Adressierung ("address partition") dient der pagerindividuellen Kennung (18 Bit). Ein Ruf kann sich gleichzeitig an ein oder mehrere Pager richten. Im Adreßteil werden alle, bis zu 139, Kennungen aufgeführt, für die der aktuelle Batch einen Ruf enthält. 16 Batches, numeriert von A bis P, sind zu einem 12 s langen Unterzyklus (*engl.* Subsequence) zusammengefaßt. 5 Unterzyklen ergeben einen 60 s langen Zyklus (*engl.* Cycle), der wiederum zu einer Sequenz von 60 Zyklen und Minuten zusammengefaßt ist.

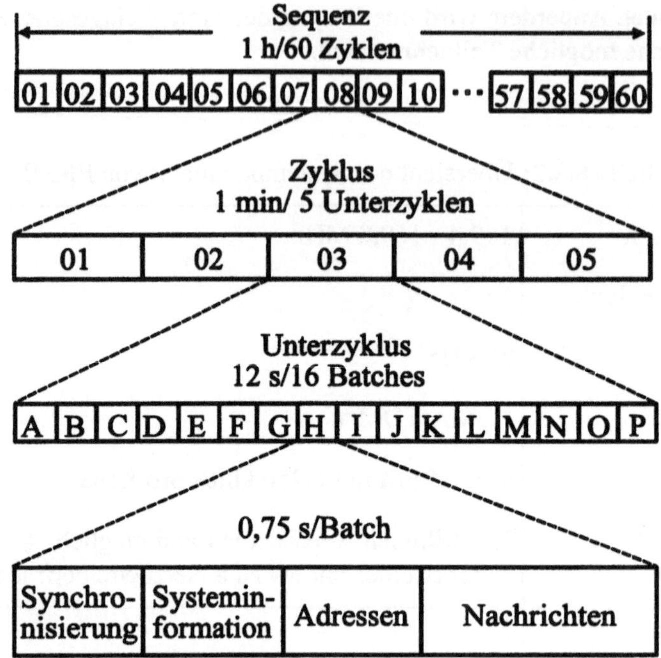

Bild 8.2.3: TDMA-Rahmenstruktur von ERMES

In Bild 8.2.4 ist die Synchronisations- und Scanningprozedur von ERMES dargestellt. Der Pager startet auf dem Frequenzkanal 01 und sucht, bis er den für ihn vorgegebenen Batch, z.B. in Bild 8.2.4 Batch A, an einer entsprechenden Kennung findet. Danach werden bis zu 16 Kanäle "gescanned" und zwar so lange bis der für diesen Pager richtige gefunden ist. Nach erfolgter Synchronisation muß ein Pager alle 12 s nur für 0,75 s empfangsbereit sein. Dies erlaubt einen geringen Stromverbrauch.

Eine von der DeTeMobil geplante Möglichkeit des flächendeckenden Aufbaus von ERMES besteht darin, die Verbindungen zwischen PAC und den ca. 1000 BS mittels Satellitenverbindungen zu realisieren.

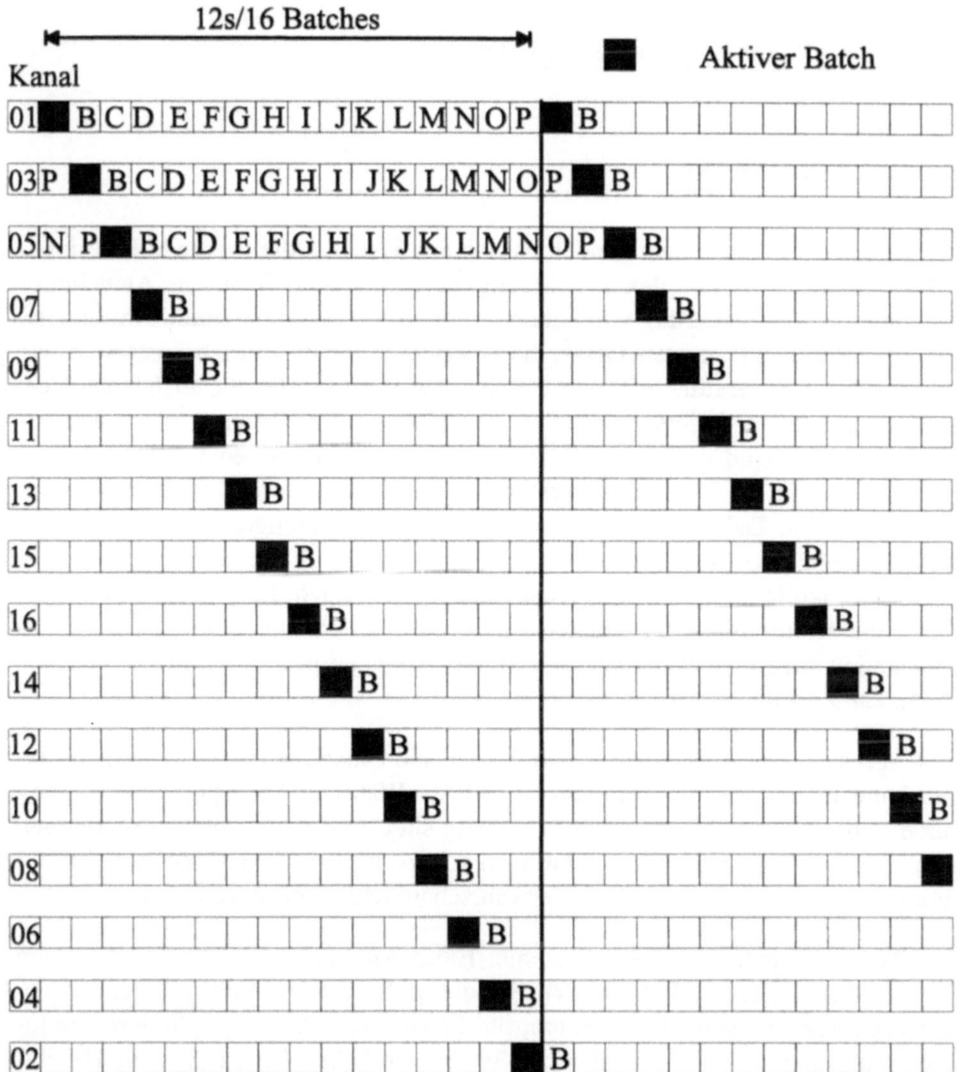

Bild 8.2.4: Sychronisations- und Scanningprozedur von ERMES-Kanälen

8.3 Datenfunksysteme

8.3.1 Einleitung

Bei den Datenfunksystemen handelt es sich um Systeme, die für die bidirektionale Datenübertragung (Duplex-Verbindung) konzipiert sind. Typische Anwendungen umfassen die Steuerung von Fahrzeugflotten, eventuell unterstützt durch eine Fahrzeugortung, z.B. mittels GPS[8], die Überwachung von Betriebszuständen wie Druck oder Temperatur, z.B. für Gefahrentransporte, oder die effiziente Vertriebsunterstützung, indem unmittelbar technische Informationen oder Lagerbestände abrufbar sind und auch Bestellungen sofort aufgegeben werden können. Allgemein kann man Datenfunksysteme auch als drahtlose Erweiterung eines LAN verstehen. Dabei handelt es sich bei den Anwendungen überwiegend um professionelle, kundenspezifische Anwendungen, die z.B. die Unterstützung spezieller Protokolle der jeweiligen Host-Rechner verlangen. Eine übliche Methode ist es, die Kommunikation und die Anwendung zu trennen. Das heißt, für die Applikation wird eine Schnittstelle, z.B. das Application Programmer's Interface (API), zur Verfügung gestellt.

Im Gegensatz zur Sprachübertragung fordert die Datenübertragung zwingend eine kleine Bitfehlerwahrscheinlichkeit (BER). Während bei Sprachübertragung kurze Ende-zu-Ende Verzögerungen wichtig sind, sind viele Datenanwendungen nicht verzögerungskritisch, d.h., daß man z.B. Automatic Repeat Request (ARQ) zum Realisieren der kleinen Bitfehlerwahrscheinlichkeit einsetzen kann.

Es gibt im wesentlichen zwei Systeme: Einen Motorola- (RD-LAP) und einen Ericsson-Firmenstandard (Mobitex). Bei diesen Systemen, die im folgenden beschrieben werden, handelt es sich um, für die Datenübertragung optimierte, zellulare Mobilfunknetze. Als europäisches System wird bei ETSI das System TETRA spezifiziert, siehe Kapitel 8.4. Der Vollständigkeit halber seien noch das "Cellular Digital Packet Data" (CDPD) System, ein "Overlay" Datenfunksystem zu D-AMPS, und "Advanced Radio Data Information Service" (ARDIS), eine IBM- Motorola Entwicklung, genannt.

---

8 GPS (*engl.* Global Positioning System) ist in erster Linie ein militärisches Satellitensystem, das auch für zivile Anwendungen Ortungen erlaubt.

In Deutschland wurden zwei Datenfunklizenzen vergeben: Eine für die DeTeMobil und die zweite für die GfD (Gesellschaft für Datenfunk). Jedem der beiden Netzbetreiber stehen maximal 30 Kanäle zur Verfügung. Bis zum Jahr 2000 werden in Deutschland insgesamt ca. 500.000 Kunden erwartet.

Die neugegründete GfD mit Firmensitzen in Leipzig und Essen plant 500 Mio. DM zu investieren, um bis 1997 80 % Flächen- und damit ~ 92 % Bevölkerungsabdeckung zu erreichen. Teilhaber der GfD sind:

> - 43 % RWE,
> - 21 % Mannesmann,
> - Deutsche Bank, ...

Es folgt ein kurzer Überblick zu Datenfunknetzen in verschiedenen Ländern:

USA	In den unterschiedlichen Staaten werden unterschiedliche Systeme eingesetzt (insbesondere Mobitex und das Motorola-System), teilweise unterscheiden sich die Systeme sogar innerhalb eines Staates.
S	Mobitex seit 1986
SF, N	Mobitex seit 1989/90
F, E, N	Mobitex Lizenzen geplant
GB	mehrere Netze seit 1989/90 in Betrieb (Motorola, Mobitex)
CH	Motorola (MODACOM) seit 1995
D	Motorola (MODACOM) seit 1993, Mobitex seit 1995

8.3.2 MODACOM (Mobile Data Communication)

Eine erste Testphase zur Einführung von MODACOM gab es ab 1991 im Rhein/ Ruhrgebiet. Seit dem 1.6.93 startete dann der Regelbetrieb des von der DeTeMobil betriebenen Systems. Mit einigen hundert Funkzellen sind Ende 1995 rund 85 % der Fläche und damit 92 % Bevölkerungsabdeckung erreicht.

Folgende Leistungsmerkmale werden unterstützt:

> - Paketorientierte Datenübertragung bis 9,6 kbit/s. Quittierung möglich,
> - Gruppenverbindung,
> - Paßwort, Authentikation, Verschlüsselung,
> - geschlossene Benutzergruppe,
> - Mailbox.

Damit eignet sich MODACOM sehr gut zur Abfrage von Datenbanken sowie zur computergestützten Außendienst- und Fahrzeugsteuerung.

Bild 8.3.1 zeigt die Systemarchitektur von MODACOM. Von den Basisstationen (**BS**), die ähnliche Aufgaben erfüllen wie bei GSM, werden die Funkzellen versorgt. Die wesentlichen Eigenschaften der Luftschnittstelle zeigt Tabelle 8.3.1 [GER93].

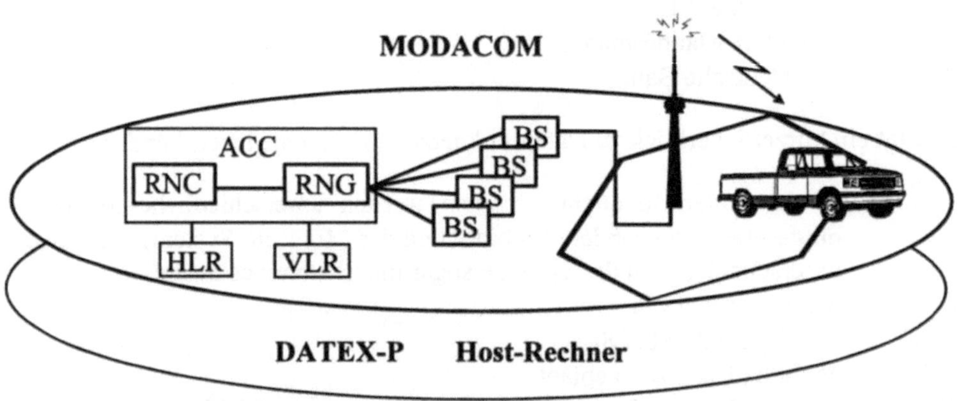

ACC   Area Communication Controller   **BS**   Base Station
RNC   Radio Network Controller   **RNG**   Radio Network Gateway
NMC   Network Management Centre

Bild 8.3.1: Systemarchitektur von MODACOM

Mehrere BSs werden von einem **Area Communication Controller (ACC)** gesteuert. Der ACC besteht aus dem **Radio Network Gateway (RNG)** und dem **Radio Network Controller (RNC)**. Das RNG ist mit dem Festnetz (Datex-P Netz) über das X.25 Protokoll verbunden. Hier findet man auch ein HLR und VLR (siehe Kapitel 7). Wesentliche Aufgaben des RNC sind u.a. die Protokollkonvertierung des X.25 zum RD-LAP bzw. umgekehrt, Routingfunktionen, Fehlerüberwachung/Meldung und Roamingunterstützung. Das gesamte Netz wird vom **Network Management Controller (NMC)** gesteuert. Über Datex-P wird die Verbindung zum Host-Rechner aufgebaut.

Tabelle 8.3.1: Systemparameter von MODACOM

Frequenzbereich	UL: 416 - 417 MHz DL: 426 - 427 MHz
Kanalabstand	12,5 kHz mit 30 Kanälen, einige hundert Terminals pro Kanal
Duplexabstand	10 MHz
Luftschnittstelle	Motorola Firmenstandard RD-LAP (*engl.* Radio Data Link Access Protocol)
Zugriffsverfahren/Modulation	FDMA/FSK
Sendeleistung	BS: 6 - 25 W (ERP) Mobiles Terminal: maximal 6 W (ERP)
Kanalzugriff	Slotted DSMA (*engl.* Digital Sense Multiple Access)
Datenübertragung	paketorientiert bis 9,6 kbit/s, mit Bestätigung der fehlerfreien Übertragung (ARQ), Trellis Code, CRC Checksumme, Bitfehlerrate typisch $\leq 10^{-8}$, max. Paketgröße 512 Byte
Zellradius	5 - 10 km

Die einfachste Verbindungsart des MODACOM-Dienstes, bei der zwei Endgeräte Daten austauschen können, ist das sogenannte **Messaging**. Damit lassen sich sehr schnell und flexibel Datenübertragungen an beliebigen Orten zur Verfügung stellen. Weiterhin gibt es die folgenden drei Verbindungstypen: **Datenbankzugriff** (früher: Einzelverbindung abgehend oder Verbindungstyp 1) von einem mobilen Teilnehmer zu einem festen X.25 Teilnehmer und Verbindungstyp 2 (oder Einzelverbindung ankommend) in umgekehrter Richtung. Verbindungstyp 3, die sogenannte „Flotten-" bzw. **Gruppenverbindung** erlaubt den Datenaustausch von einem festen X.25 Teilnehmer zu mehren mobilen Teilnehmern. Ist das mobile Terminal nicht erreichbar, so kann die Nachricht in einer MODACOM-Messagebox zwischengespeichert werden.

8.3.3 Mobitex

In Deutschland wird dieses System seit 1995 von der GfD betrieben. Bei Mobitex handelt es sich um ein System mit ähnlichen Leistungsmerkmalen und ähnlicher Systemarchitektur wie bei MODACOM [KHA95, PAH95]. Das RNG (*engl.* Radio Network Gateway) wird hier als **Mobitex Area Exchange (MOX)** und der RNC als **Mobitex Main Exchange (MHX)** bezeichnet.

Tabelle 8.3.2: Systemparameter von Mobitex

Frequenzbereich	450 und 900 MHz Bereich möglich
Kanalabstand	12,5 kHz
Luftschnittstelle	Ericsson Firmenstandard ROSI (RadiO SIgnalling)
Modulation	GMSK mit BT = 0,3
Kanalzugriff	R-ALOHA
Datenübertragung	paketorientiert bis 8 kbit/s Bruttorate, max. Paketgröße 512 Byte

Auch bei Mobitex gibt es einen leistungsstarken Fehlerschutz zur sicheren Datenübertragung mit 16 Bit CRC, (15,11) Hamming Code und selektivem ARQ. Falls ein Endgerät ausgeschaltet ist oder sich nicht im Empfangsbereich befindet, können auch hier die Informationen im Netz zwischengespeichert und später gesendet werden. Wesentliche Systemparameter zeigt Tabelle 8.3.2.

Mobitex kann über reine Datenübertragung hinaus auch zur Sprachübertragung verwendet werden. Es besitzt, ähnlich wie GSM, eine dynamische Leistungsregelung im Bereich von 100 mW bis 4 oder 10 W je nach Endgerät.

8.4 Bündelfunksysteme

8.4.1 Einleitung

Der Vorgänger der Bündelfunksysteme ist der sogenannte **Betriebsfunk** (PMR, *engl.* Private Mobile Radio). Typische Anwender der gut 700.000 Endstellen in Deutschland sind Handwerksbetriebe, Taxiunternehmen, Flughäfen usw. wie auch BOS (Behörden und Organisationen mit Sicherheitsaufgaben wie Polizei,...). Als wesentliche Nachteile der konventionellen PMR-Systeme sind zu nennen, daß es keine Abhörsicherheit gibt und die Datenübertragung sowie die Frequenzökonomie nicht dem heutigen Stand der Technik entsprechen.

Bündelfunksysteme (*engl.* Trunking System) verfügen über einen Pool von Kanälen mit intelligenter Steuerung der Kanalzuteilung. Die Kanäle werden dynamisch auf Gesprächsbasis als "Warte-Verlust-System" zugewiesen und stehen potentiell allen Teilnehmern zur Verfügung. Damit ergibt sich durch den "Bündelgewinn" (siehe Kapitel 3.2) eine deutliche Kapazitätserweiterung des Systems gegenüber Betriebsfunksystemen, bei denen die Kanäle nur jeweils einer Teilnehmergruppe zur Verfügung stehen. Die Abläufe innerhalb einer Funkzelle, die Signalisierungsvorgänge auf dem Organisationskanal und die Zuteilung von Verkehrskanälen werden von dem Funkzellenprozessor TSC (*engl.* Trunked System Controller) gesteuert.

Bündelfunksysteme bieten einem ähnlichen Kundenkreis wie oben angesprochen regionale Funkdienste an. Es wurden in Deutschland vier Lizenztypen, orientiert an sogenannten Bedarfsträgergruppen, festgelegt [KED94]. Lizenztyp A für regionale Gebiete wendet sich z.B. an Behörden, Handels- bzw. Gewerbebetriebe. Lizenztyp B für regionale Gebiete begrenzter räumlicher Ausdehnung, die nicht unter A fallen, und Speditionen etc. Zum Lizenztyp C gehören örtlich begrenzte Gebiete, z.B. Häfen, Flughäfen,... Lizenztyp D mit bundesweiter Ausdehnung ist insbesondere für Datenfunksysteme vorgesehen.

In Deutschland gibt es eine Vielzahl von Bündelfunknetzbetreibern wie z.B. den größten Betreiber, die DeTeMobil, die unter dem Markennamen CHEKKER[9] Bündelfunkdienste anbietet. Die technische Grundlage der meisten Systeme ist

---

[9] Weitere technische Informationen zu CHEKKER siehe [KED94].

der offene Standard MPT 1327/1343 (*engl*. Ministry of Post and Telecommunication) und den Ergänzungen:

- MPT 1317:   Funkgebundene Übertragung digitaler Informationen
- MPT 1318:   Auslegung und Planung von Bündelfunksystemen
- MPT 1327:   Signalisierungsstandard für Bündelfunksysteme
- MPT 1343:   Schnittstellenspezifikation für Mobilgeräte
- MPT 1347:   Schnittstellenspezifikation für die Systemtechnik
- MPT 1352:   Testbedingungen

MPT 1343 ist in Deutschland vom ZVEI (Zentralverband Elektrotechnik- und Elektronikindustrie) überarbeitet und mit den Ländern Großbritannien, Frankreich und Italien abgestimmt. Die in Deutschland zur Verfügung gestellten Frequenzen sind 410 - 418 MHz (MS → Netz), 420 - 428 MHz (Netz → MS) für öffentlichen und 418 - 420 MHz bzw. 428 - 430 MHz für privaten Bündelfunk.

Eine Zusammenfassung wichtiger Merkmale von Bündelfunksystemen (insbesondere von CHEKKER) sind:

- Die Basis des Netzes bilden Funkzellen mit bis zu 50 km Radius, die jeweils einen oder mehrere digitale Organisationskanäle und mehrere Verkehrskanäle mit analoger Sprachübertragung besitzen.

- Die Übertragung in den Verkehrskanälen erfolgt analog, phasenmoduliert mit einer Bandbreite von 300 bis 2550 Hz.

- Für die Signalisierung wird digitale FFSK-Modulation (Fast-FSK) mit 1,2 kbit/s Übertragungsrate verwendet, dabei entspricht eine binäre Null 1800 Hz und eine binäre Eins 1200 Hz.

- Die Kanalbandbreite beträgt 12,5 kHz mit einem Duplexabstand von 10 MHz.

- Die maximale Sendeleistung ist 6 W (ERP).

Das umfangreiche Diensteangebot umfaßt:

- Sprachübertragung im Semiduplex-Betrieb, d.h., der sprechende Gesprächsteilnehmer muß die Sprachtaste seines Gerätes drücken.

- Es gibt keine Gesprächsgebühren, aber eine monatliche Grundgebühr.

- Die maximale Gesprächsdauer wird auf 60 oder 360 s beschränkt, ein Handover ist daher nicht notwendig und auch nicht vorgesehen.

- Bei Datenübertragung wird ein sogenannter "Modem Call" auf einem Organisationskanal aufgebaut. Die eigentliche Datenübertragung erfolgt auf einem

Verkehrskanal (Bruttorate 1200 bit/s, Nettorate 600 - 1000 bit/s). Darüber hinaus gibt es kurze Datentelegramme (Blöcke bis 184 Bit, Datenrate bis maximal 2,4 kbit/s), die in dem digitalen Organisationskanal übertragen werden.

- Die Dienste zeichnen sich durch eine einfache Handhabung und umfangreiche weitere Leistungsmerkmale aus, z.B. Abhörschutz, die Möglichkeit des Zugangs zum Telefonnetz, drahtgebundene Bedienstellen (Dispatcher), Gruppenverbindungen, sehr kurze Verbindungsaufbauzeiten von typisch 1,5 s in einer Zelle und 3,5 s netzweit (wichtig z.B. für Rettungsdienste).

8.4.2 TETRA (Trans European Trunked Radio)

1990 begann bei ETSI die Definition von TETRA, einem europäischen Bündelfunksystem, welches auch für Datenübertragung entwickelt wurde. Die genaue Spektrumszuweisung für Bündelfunkanwendungen befindet sich noch in der Diskussion. Neben den zivilen Anwendungen ist von der NATO das Frequenzband 380 bis 400 MHz für eine einheitliche Kommunikation europäischer Polizeibehörden (Schengen-Gruppe) freigegeben.

Das Dienstespektrum von TETRA umfaßt ein umfangreiches Angebot von Sprach- und Datendiensten und ermöglicht durch das gleichzeitige Unterstützen von verschiedenen Diensten Multimedia-Anwendungen. So ist es z.B. möglich, zu einem Teilnehmer gleichzeitig eine Sprach-, Bild- und Datenübertragung durchzuführen. Damit lassen sich gesprochene Mitteilungen durch gleichzeitige Ausgaben auf einem Drucker oder Anzeigen auf einem Display präzisieren und ergänzen. Die Datendienste beinhalten sowohl paket- als auch leitungsvermittelte Datendienste. Die Sprachübertragung kann sowohl Halbduplex als auch Vollduplex erfolgen. Weiterhin umfaßt das Dienstespektrum auch Short Message Services. Es werden die folgenden Bitraten pro Träger angeboten:

- Ungeschützte Datenübertragung mit 7,2; 14,4; 21,6 und 28,8 kbit/s,
- fehlergeschützte Datenübertragung mit 2,4; 4,8; 7,2; 9,6; 14,4 und 19,2 kbit/s.

Die höheren Bitraten von 9,6; 19,2 und 28,8 kbit/s sind durch Multiplexen von bis zu 4 Zeitschlitzen realisiert.

Eine Besonderheit von TETRA ist der **"Direct Mode"**, die direkte Kommunikation zwischen zwei Endgeräten ohne Verwendung einer Basisstation. Damit ist z.B. in unversorgten Gebieten noch eine Kommunikation zwischen zwei Endgeräten möglich. Ein Endgerät kann auch als "Repeater" zum Überbrücken einer Versorgungslücke verwendet werden.

TETRA unterstützt ähnliche Sicherheitsdienste, insbesondere eine netzseitige Authentikation und Verschlüsselung, wie in Kapitel 7 bei GSM beschrieben. Zusätzlich ist mit Hinblick auf BOS-Teilnehmer eine Ende-zu-Ende Verschlüsselung vorgesehen.

Tabelle 8.4.1: Übersicht der Systemparameter von TETRA

möglicher Trägerfrequenzbereich	450 MHz
Kanalabstand	25 oder 12,5 kHz
Gespräche (Zeitschlitze) pro Kanal	4
Übertragungsart	$\pi/4$-shifted DQPSK mit Rolloff 0,35
Bitrate pro Träger	36 kbit/s, bzw. 18 kBaud/s
Sprachcoder	CELP mit 4,8 kbit/s

Spezifizierte Schnittstellen sind [PAH95]:

-       Die Luftschnittstelle zwischen MS und BS (U_m-Interface),
-       der "Fixed Network Access Point" (FNAP),
-       und der "Mobile Network Access Point" (MNAP).

Pro Zeitschlitz beträgt die maximale Datenrate 7,2 kbit/s, und es kann eine Sprachverbindung unterstützt werden. Ein Zeitschlitz besteht aus 510 Bit (ein Bit entspricht einer Dauer von 27,78 µs) und hat eine zeitliche Länge von 14,167 ms. Ein TDMA-Rahmen, der auf einem Träger übertragen wird, besteht aus 4 Zeitschlitzen (= 56,67 ms). Es gibt darüber hinaus einen Multirahmen (18 TDMA-Rahmen) und einen Hyperrahmen (60 Multirahmen).

Ein Handover zwischen Zellen wird unterstützt. Die spezifizierte Sprachqualität wird für ein C/I von 19 dB erreicht. Die Leistungsklassen der BS reichen von 0,6 W bis zu 25 W. Die MS hat die drei Leistungsklassen 1, 3 und 10 W. Zusätzlich wird Leistungsregelung unterstützt. Die verschiedenen Endgeräte und die BS haben folgende Empfindlichkeit: MS $\leq$ -104 dBm, Handy $\leq$ -103 dBm, BS $\leq$ -106 dBm. TETRA ist für städtische Gebiete (*engl.* Urban Areas) bis 50 km/h und für ländliche Gebiete (*engl.* Rural Areas) bis 200 km/h Geschwindigkeit spezifiziert.

8.5 Terrestrial Flight Telephone System (TFTS)

Bisher sind Telefonverbindungen von Flugzeugen aus in das PSTN mit Satellitenanbindungen, insbesondere seit 1990 mit INMARSAT, möglich. Die Kosten für eine Gesprächsminute liegen dabei üblicherweise bei einigen 10 DM/Minute. Eine Alternative sind Kurzwellenverbindungen (5 - 26 MHz), allerdings nur mit mäßiger Verbindungsqualität.

In Japan und Nordamerika sind seit Mitte der 80er Jahre bodengestützte, analoge Flugkommunikationssysteme im 800 MHz Bereich in Betrieb [SPI93, BUS93]. Dort, wo sie einsetzbar sind, bieten bodengestützte Systeme zwei Vorteile gegenüber derzeitigen Satellitensystemen: Potentiell geringere Kosten und eine bessere Verbindungsqualität, unterstützt durch nicht zu hohe Verzögerungen.

In Europa hat man sich 1988 entschlossen, bei ETSI[10] ein bodengestütztes Flugtelefonsystem, das TFTS (*engl.* Terrestrial Flight Telephone System), zu standardisieren.

Das Diensteangebot umfaßt:

- Sprachübertragung (Preis: unter 10 DM/Minute),
- ab 1996 auch Fax Gruppe 3 und Datenübertragung bis 4,8 kbit/s. Dabei ist der Verbindungsaufbau wie bei Sprache nur vom Flugzeug aus möglich. Auch sollen in Zukunft Datenpaketdienste unterstützt werden.
- Wahrscheinlich umfangreiche Zusatzdienste wie: Reiseinfos, Reiseticket Reservierungen, Wechselkurse, ...

---

[10] genauer: Ab 1988 bei CEPT und ab 1989 bekam ETSI diese Aufgabe.

- Die Möglichkeit eines Funkrufdienstes, auch vom Boden aus.

Die Dienste werden über Kreditkarte abgerechnet. Der gesamte europäische
Markt umfaßt rund 1000 Linienflugzeuge und mehrere hundert Geschäftsflugzeu-
ge. Ab ca. 1996 wird TFTS in Westeuropa in Betrieb gehen. Die einzelnen Län-
der haben ihre jeweilige Lizenz bereits vergeben. So erhielt in Deutschland, in
Konkurrenz zu zwei weiteren Firmen, die DeTeMobil GmbH die TFTS-Lizenz.

Die Ausleuchtung Westeuropas wird mit ca. 40 Bodenstationen erreicht. Vier
dieser Bodenstationen (GS, *engl.* Ground Station) sind für Deutschland vorgesehen. Der typische Radius dieser Bodenstationen, der sogenannten "en route" GS
(ER-GS), beträgt ca. 250 bis 350 km für Flughöhen zwischen 4,6 bis 13 km. Der
typische Abstand der GS beträgt ca. 380 km. Für die Ausleuchtung niedrigerer
Flughöhen als 4,6 km und der Anflugkorridore von Flughäfen gibt es zusätzlich
"Intermediate" GS (INT-GS) und Flughafenstationen, "Airport" GS (AP-GS). Ein
Handover zwischen Zellen wird vom System unterstützt. Dabei werden als Ent-
scheidungsparameter die Entfernung und die Signalqualität verwendet.

Den Systemaufbau zeigt Bild 8.5.1. Er besteht aus den GS, die von dem Ground
Switching Centre (GSC), einer Erweiterung einer PABX, kontrolliert werden. GS
und GSC bezeichnet man als Ground Station System (GSS). Über Festnetz sind
verschiedene GSS miteinander verbunden. Das System wird von dem Operation
and Maintenance Centre (OMC) und dem Network Management Centre (NMC)
gesteuert.

Wesentliche Parameter der TFTS-Luftschnittstelle für die Verbindung zwischen
Bodenstation und Flugzeug (AS, *engl.* Aircraft Station) zeigt Tabelle 8.5.1. Eine
AS beinhaltet auch die "cabin telephone unit" (CTU), bestehend aus Telefonhörer
für den Fluggast (entweder als drahtgebundenes oder schnurloses Telefon), Kre-
ditkartenleser, Fax- und Datenübertragungsterminal.

Ein Zeitschlitz mit insgesamt 208 Bit (entspricht ca. 4,7 ms, 1 Bit = 22.6 µs) und
der in Bild 8.5.2 gezeigten Struktur bildet die kleinste Einheit der TFTS-Rahmen-
struktur. 192 Datenbits innerhalb von 4,7 ms ergeben eine Datenrate von
2,4 kbit/s. Von den 17 Zeitschlitzen eines Rahmens bzw. eines Trägers wird einer
für Signalisierung, und 16 werden für die Datenübertragung verwendet. 20 Rahmen sind zu einem Superrahmen von 1,6 s Länge zusammengefaßt. Pro Träger ist
die Bruttodatenrate 44,2 kbit/s, die Nettodatenrate 40,8 kbit/s. Es können damit
maximal 16 Teilnehmer gleichzeitig mit 2,4 kbit/s kommunizieren. Höhere Bitraten als 2,4 kbit/s werden durch entsprechendes Multiplexen von Zeitschlitzen
realisiert. Bei der Einführung wird zunächst ein 9,6 kbit/s Sprachcoder eingesetzt,

der vier Zeitschlitze benötigt. Während eine GS mehrere Trägerfrequenzen unterstützt, wird eine AS typischerweise nur einen Träger unterstützen.

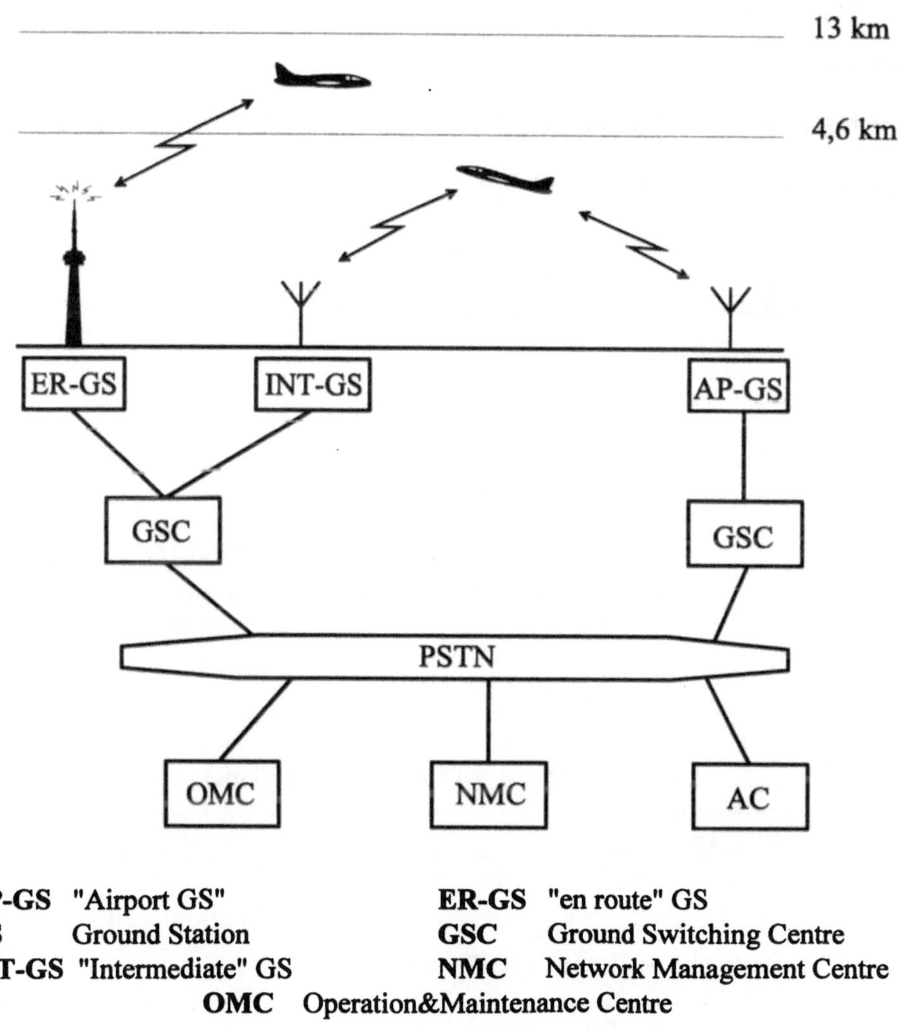

AP-GS "Airport GS"   **ER-GS** "en route" GS
GS   Ground Station   **GSC**   Ground Switching Centre
INT-GS "Intermediate" GS   **NMC**   Network Management Centre
OMC   Operation&Maintenance Centre

Bild 8.5.1: Systemaufbau von TFTS

Tabelle 8.5.1: Übersicht der Systemparameter von TFTS

Frequenzbereich	Aufwärtsstrecke: 1670-1675 MHz Abwärtsstrecke: 1800-1805 MHz
Kanalzahl (duplex)	164
Kanalabstand	30,3 kHz
Übertragungsart	digital, $\pi/4$-DQPSK mit 44,2 kbit/s Übertragungsrate
Zugriffsverfahren	TDMA/FDMA
Sendeleistung	AS: 41 dBm EIRP GS: bis 49 dBm EIRP
Empfängerempfind- lichkeit	AS: $\leq$ -111,9 dBm GS: $\leq$ -113,6 dBm
Sprachcoder	zunächst: 9,6 kbit/s (Multi-Pulse Excited Linear Predictive Coder mit 20 ms Sprachrahmen) geplant: 4,8 kbit/s oder 2,4 kbit/s Coder
Weiteres	erlaubte Dopplerverschiebung bis 1800 Hz, entsprechend einer Fluggeschwindigkeit über Grund von 1080 km/h.

1 TDMA Rahmen = 17 Zeitschlitze (80 ms)

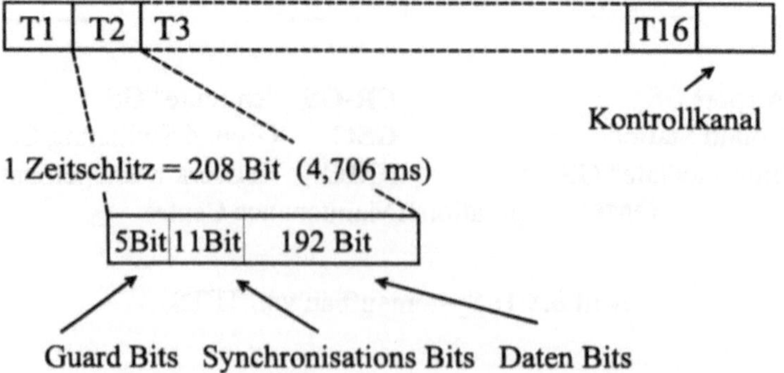

Bild 8.5.2: TDMA-Rahmenstruktur von TFTS

8.6 Satellitensysteme

Seit dem ersten Satelliten „Sputnik" von 1957 gibt es eine Vielzahl von Satellitensystemen. Hier werden kurz das INMARSAT-System und einige zukünftige Systeme dargestellt. Typische Anwendungen für Satellitenkommunikation sind Telefon, Notfallkommunikation in Krisen- und Katastrophengebieten, Pipelineüberwachung, Reportagen aus Kriegsgebieten, Flugzeug- und Schiffskommunikation.

Ein Satellitensystem besteht im wesentlichen aus drei Teilen: Dem Satelliten, der in der Regel nur die Übertragungsfunktion übernimmt, der Bodenstation bzw. Erdfunkstelle, in der oft der wesentliche Teil der Systemintelligenz zusammengefaßt ist, und dem mobilen Endgerät (MS).

8.6.1 INMARSAT

INMARSAT (*engl.* International Maritime Satellite Organization) ist eine 1979 gegründete, internationale Organisation von heute mehr als 70 Mitgliedsländern mit Sitz in London [TEL94]. Ursprünglich wurde ein Kommunikationsnetz für die Schiffahrt errichtet, seitdem hat INMARSAT viele neue Anwendungsfelder erschlossen und ist heute (Stand 1995) der einzige Anbieter weltweiter, öffentlicher Satelliten-Mobilkommunikation auf See, an Land und in der Luft.

Die Dienste werden mit unterschiedlichen Profilen, Inmarsat A bis M angeboten, und reichen von Sprache bis zu Datenübertragung niedriger und hoher Übertragungsgeschwindigkeit bis zu 64 kbit/s (siehe Tabelle 8.6.1). Für die Datenübertragung werden TDMA als Zugriffsverfahren und BPSK-Modulation (bzw. QPSK bei Inmarsat M) verwendet.

Für die Zuweisung der verfügbaren Satellitenübertragungskanäle auf die festen Erdfunkstellen gibt es zwei Möglichkeiten, die beide genutzt werden [EXN93]. Den Erdfunkstellen werden die Kanäle des Satelliten ständig bereitgestellt (*engl.* Pre-assignment) oder bedarfsweise zugeteilt.

Die Erde ist in vier Ausleuchtzonen von ebensovielen Satelliten eingeteilt. Für jeden Betriebssatelliten steht mindestens ein Ersatzsatellit zur Verfügung. Die Satelliten befinden sich auf geostationären Positionen (~ 36.000 km Höhe, GEO, *engl.* Geostationary Earth Orbiting Satellite). Diese geostationären Bahnen, für die Zentrifugal- und Gravitationskraft im Gleichgewicht sind, liegen parallel zum Äquator; dies ruft Ausleuchtungslöcher an den Polen hervor. Ein Vorteil geostationärer Bahnen ist die relativ senkrechte Ausleuchtung mit relativ wenig Schatten. Auch ein Nachführen der Antennen ist nicht notwendig. Nachteilig dagegen sind die hohen Verzögerungen von ca. 500 ms (zweimal MS-Satellit-MS) aufgrund der langen Signallaufzeiten. Durch weitflächige Überschneidung der Ausleuchtung von drei Betriebssatelliten über Teilen Afrikas und Europas wird ein weitgehend abschattungsfreier Verkehr in diesen Gebieten ermöglicht. Zum Erreichen eines Teilnehmers muß man die Ausleuchtzone kennen.

Seit 1995 kann die nächste Generation von INMARSAT-Satelliten auch "Spot-Beams" nutzen. Scharf gebündelte Antennen strahlen die Nachrichten nicht mehr breitflächig ("Global-Beam") ab, sondern auf begrenzte Regionen. Dadurch können kleinere, leichtere und preiswertere MSs verwendet werden.

Tabelle 8.6.1: Systemübersicht heutiger Inmarsat-Dienste

	Inmarsat A	Inmarsat B	Inmarsat C	Inmarsat M
Beginn	1982	seit Anfang 94	seit 1991	seit 1993
Sprache	analog	digital	keine	dig., 4,8 kbit/s
Daten/kbit/s	9,6 und 64	bis 64	bis 0,6	bis 2,4
MS EIRP	36 dBW	25 - 33 dBW	16 dBW	19 - 27 dBW
	80 - 150 cm Antennendurchmesser			
Besonderheit	klassischer Inmarsat-Dienst	hohe Sprachqualität	CRC mit ARQ als Fehlerschutz	MS in der Größe eines Aktenkoffers
	1993 ca. 35.000 Tln.			
	MS: 20-60 kg			

Für die Verbindung zwischen Satellit und MS werden zirkular polarisierte Wellen (damit spielt die vertikale bzw. horizontale Orientierung des Antennenerregers keine Rolle) bei 1,5/1,6 GHz (Down- und Uplink, L-Band) verwendet. Für die Verbindung zwischen Bodenstation und Satellit liegen die Trägerfrequenzen bei 4/6 GHz (Down- und Uplink, C-Band).

Für Duplex-Datenübertragung gibt es auch das sogenannte **OmniTRACS**-System der Firma Qualcomm. Es verwendet das Multiplexverfahren CDMA und arbeitet im 12/14 GHz Bereich. Es stellt für alphanumerische Datenübertragung 5 bis 15 kbit/s auf dem Downlink (unter Verwendung von TDMA) und 55 bis 165 bit/s auf dem Uplink (unter Verwendung von CDMA) zur Verfügung.

8.6.2 Zukünftige Satellitensysteme

Die zukünftige Entwicklung für die weltweite, persönliche, mobile Kommunikation (Sprache und Daten) ist davon geprägt, daß zum einen höhere Teilnehmerkapazitäten erreicht werden sollen und zum anderen Mobilstationen (MS) in Form von Handys möglich sein sollen. Dabei denkt man insbesondere auch an "dual-mode" Endgeräte, die z.B. GSM und das Satellitensystem unterstützen. Bei einer solchen "Verbindung" von zellularen Systemen mit Satellitensystemen kann man z.B. flächendeckende Versorgung ("coverage") erreichen, auch wenn das zellulare Netz nur in einigen Gebieten verfügbar ist. Außerdem wird es auch sogenannte "Paging-Empfänger" geben. In Tabelle 8.6.2 werden vier solcher zukünftiger Systeme vorgestellt, die alle zwischen 1998 und 2000 in Betrieb gehen sollen.

Diesen Systemen ist gemein, daß sie keine GEO-Satelliten verwenden, sondern MEO-Satelliten (*engl.* Medium Earth Orbiting) mit rund 10.000 km Bahnhöhe und einer Signallaufzeit von ca. 133 ms oder LEO-Satelliten (*engl.* Low Earth Orbiting) mit Bahnhöhen von 700 bis 800 km und einer Verzögerung von nur ca. 20 ms. Mit LEO-Satelliten wird auch eine Ausleuchtung der Pole möglich. Aufgrund der Eigenbewegung von MEO-Satelliten und insbesondere von LEO-Satelliten relativ zur Erde wird es notwendig, ein Handover zwischen angrenzenden Zellen zu unterstützen. Ein Vorteil von MEO/LEO-Satelliten gegenüber GEO-Satelliten ist der vergleichsweise geringere Preis, um sie in die jeweiligen Bahnen zu befördern und die niedrige Verzögerungszeit aufgrund der Signallaufzeit. Demgegenüber steht allerdings eine geringere Lebensdauer, da u.a. die Reibung in der (Rest-) Atmosphäre deutlich höher ist.

Tabelle 8.6.2: Systemübersicht zukünftiger Satellitensysteme

	INMARSAT P21 (ICO)	IRIDIUM	Globalstar	Odyssey
Firma	Inmarsat	Motorola	Loral/ Qualcomm	TRW
Bahnhöhe	10355 km	795 km	1410 km	10355 km
Satellitenart	MEO	LEO	LEO	MEO
Satellitenzahl	12	66+7 Reserve	48+8 Reserve	12
dig. Sprache	4,8 kbit/s	4,8 kbit/s	0,6 - 9,6 kbit/s	4,8 kbit/s
Daten	2,4 kbit/s	4,8 kbit/s	2,4 - 9,6 kbit/s	9,6 kbit/s
Besonder- heiten	TDMA-Multi- plexverfahren QPSK- Modulation	TDMA-Multi- plexverfahren QPSK- Modulation Satelliten mit Vermittlung Handy ca. 1 W	CDMA-Multi- plexverfahren QPSK- Modulation Handy durch- schnittl. 0,1 W	CDMA-Multi- plexverfahren QPSK- Modulation

Das **IRIDIUM**-System besteht aus knapp 700 kg schweren LEO-Satelliten mit
Vermittlungsfunktionen und 20 Bodenstationen weltweit. Durch Optimierungen
mittels Simulation und Erhöhung der Beamzahl pro Satellit auf 48 konnte die ursprüngliche Anzahl von 77 Satelliten auf 66 reduziert werden. Von der Zahl 77
ist der Name abgeleitet: Iridium ist das chemische Element mit der Ordnungszahl
77. Aufgrund der niedrigen Umlaufbahnen folgt eine relativ hohe Geschwindigkeit der Satelliten bezogen auf die Erdoberfläche, so daß die Wahrscheinlichkeit,
daß ein Gespräch an einen anderen Satelliten weitergereicht werden muß, ebenfalls relativ hoch ist. Durchschnittlich erfolgt während einer Verbindung jede Mi-
nute ein Handover. Für die Verbindung Satellit-MS wird das L-Band und für die
Verbindungen Satellit-Satellit, Satellit-Bodenstation das Ka-Band (20/30 GHz)
verwendet. Ein Teilnehmer wird ohne Standortkenntnisse erreicht. Die Luft-

schnittstelle Satellit-MS-Satellit arbeitet digital mit FDMA/TDMA-Multiplex und QPSK-Modulation bei 1,6 und 2,6 GHz.

Hauptpartner von **Globalstar** sind u.a.: Alcatel, Qualcomm, Vodafone, Hyundai und France Telecom. Die Vermittlung erfolgt am Boden (50 - 150 Gateways). Jeder der 48 Satelliten erzeugt 16 "Spot-Beams".

Bei **Odyssey** gibt es weltweit 8 Bodenstationen. Um eine gute Ausleuchtung zu erreichen, wird jeder Punkt der Erde von zwei Beams abgedeckt.

Ein weiteres System ist das **TELDESIC** Satellite System von Craig McCaw (dem Gründer von McCaw Cellular Communications) und Bill Gates (dem Gründer von Microsoft). Dieses System soll aus ca. 840 oder mehr LEOs bestehen. Die Dienste umfassen Sprache bei 16 kbit/s und Datendienste bis 2 Mbit/s. Auch hier werden wie bei IRIDIUM Verbindungen zwischen den einzelnen Satelliten verwendet und zwar von je einem Satellit mit bis zu 8 Nachbarsatelliten. Die Luftschnittstelle Satellit-MS-Satellit arbeitet digital mit FDMA/TDMA-Multiplex- und Paketzugriffsverfahren.

8.7 IS-95 (Qualcomm CDMA)

8.7.1 Einleitung

1985 wurde von A. Viterby und I. Jakobs die Firma Qualcomm gegründet. Aufbauend auf der Entwicklung militärischer Systeme entschloß man sich zur Entwicklung eines zivilen zellularen Mobilfunksystems basierend auf CDMA, dessen Funktion im folgenden dargestellt wird. Nach ersten Experimenten 1989 in San Diego, USA, (mit zwei MS und zwei BS) wurden die Tests 1991 erweitert (70 MS, 5 BS). 1992 erfolgten die ersten Tests in Europa (DeTeMobil, Münster [KNE94]).

Mit dem Qualcomm-System als Grundlage wurde der amerikanische IS-95 Standard spezifiziert. Im Rahmen der PCS- (Personal Communications Services, in

Europa auch als PCN (Personal Communications Network) bezeichnet)[11] Fre-
quenzvergabe haben sich 1995 mehrere führende Netzbetreiber in den USA für
die Einführung von IS-95 als kommerzielles System entschieden. Damit wird es
in den USA neben D-AMPS und GSM-Technologie auch erstmals in großen, öffentlichen Netzen CDMA-Systeme geben. Im Vorfeld zur Entscheidung für IS-95
ist es zu heftigen Diskussionen über die Vor- und Nachteile von CDMA im Vergleich zu TDMA und vor allem GSM gekommen. Insbesondere was die maximale Teilnehmerkapazität betrifft, gibt es noch widersprüchliche Untersuchungen. Im folgenden wird eine technische Beschreibung des IS-95 Standards
[TIA93] gegeben.

8.7.2 Beschreibung des IS-95 Systems

IS-95 basiert auf dem in Kapitel 6.4 beschriebenen DS-CDMA Vielfachzugriffsverfahren und besitzt die in Tabelle 8.7.1 gezeigten Systemparameter. Neben dem
Sprachdienst bietet das System verschiedene Datendienste mit den Bitraten 1,2;
2,4; 4,8 und 9,6 kbit/s.

8.7.2.1 Der Downlink (Forward Channel)

Pro Kanalbandbreite von 1,23 MHz gibt es 64 CDMA-Kanäle. Zur Identifizierung der Kanäle werden die 64 orthogonalen Walsh Codes der Länge 64 verwendet (siehe Kapitel 6.4.2.2). Von den 64 Kanälen wird einer als Pilot- und einer als
Synchronisationskanal verwendet.

Der **Pilotkanal** wird mit einigen dB höherer Sendeleistung als alle anderen Kanäle abgestrahlt. Es findet keine Leistungsregelung statt. Somit ist die Abschätzung der Funkfelddämpfung möglich. Der Pilotkanal besteht aus einer ihn kenn-
zeichnenden "pseudo random binary sequence (PRBS)" mit einer Chiprate von
1,2288 Mchip/s und besitzt keine Kanalcodierung. Er dient zur phasengenauen
Synchronisation der MS mit der BS und erlaubt eine kohärente Demodulation auf
dem Downlink.

---

[11] In Deutschland sind dies derzeit die GSM und DCS 1800 Netze.

Tabelle 8.7.1: Übersicht der Systemparameter von IS-95

Frequenzbereich	einsetzbar im amerikanischen PCS-Bereich (1850 - 1990 MHz) und im Zellular-Bereich (800 - 900 MHz)
Kanalzahl (duplex)	25 - 40 pro Sektor [BRO95]
Kanalbreite	1,23 MHz (3 dB Bandbreite) An der Spektrumsgrenze sind einige 100 kHz Schutz-Band einzuhalten, um andere Systeme wie AMPS nicht zu stören.
Modulation	QPSK, 1,2288 Mchips/s
Zugriffsverfahren	CDMA mit FDD (45 MHz)
Sprachcoder (nicht unmittelbar Teil von IS-95)	QCELP mit VAD und variabler Bitrate von 8, 4, 2 und 1 kbit/s, abhängig von der Sprechaktivität 20 ms Sprachrahmen, 1 kbit/s wird in Sprachpausen verwendet
Weiteres	- Sektorisierung mit 120 Grad Sektoren ist möglich - genaue Synchronisation der BSs zueinander ist erforderlich (z.B. mit GPS-Empfänger)

Die Datenrate des **Synchronisationskanals** beträgt 1,2 kbit/s und die Rahmenlänge 26,66 ms. Nach Faltungscodierung (CC mit $r = 1/2$ und $K = 9$) und Block-Interleaving wird er mit einem Walsh Code auf 1,2288 Mchips/s gespreizt.

Von den verbleibenden 62 Kanälen können bis zu 7 als **Paging-Kanäle** und die jeweils restlichen als Verkehrskanäle verwendet werden. Die Datenrate eines Paging-Kanals beträgt 4,8 oder 9,6 kbit/s. Nach Faltungscodierung (CC mit $r = 1/2$ und $K = 9$) liegen 9,6 oder 19,2 kbit/s vor. Durch Verdopplung der 9,6 kbit/s Symbole erhält man auch hier 19,2 kbit/s. Danach folgt der Block-Interleaver und eine modulo-2 Addition mit einem langen PRBS-Code (Periode: $2^{42} - 1$). Letztendlich folgt die Spreizung auf 1,2288 Mchips/s mittels Walsh Code.

Ein **Verkehrskanal** ist in Rahmen von 20 ms Länge aufgeteilt, siehe Bild 8.7.1. Von Rahmen zu Rahmen ist es möglich, die Übertragungsrate zu ändern. Dabei gibt es verschiedene Multiplexstrukturen, um die unterschiedlichen Bitraten der Verkehrskanäle und die verschiedenen Signalisierungskanäle zu multiplexen. Jeder (9,6 kbit/s) Rahmen ist in 16 "power control groups" von je 1,25 ms unterteilt. Die Leistung des Downlink wird mit einer "closed loop" Regelung alle 1,25 ms, den sogenannten "power control units", kontrolliert. In einem Downlink-Verkehrskanal wird permanent ein "power control subchannel" mit 800 bit/s zur Kontrolle der Uplink-Leistungsregelung übertragen.

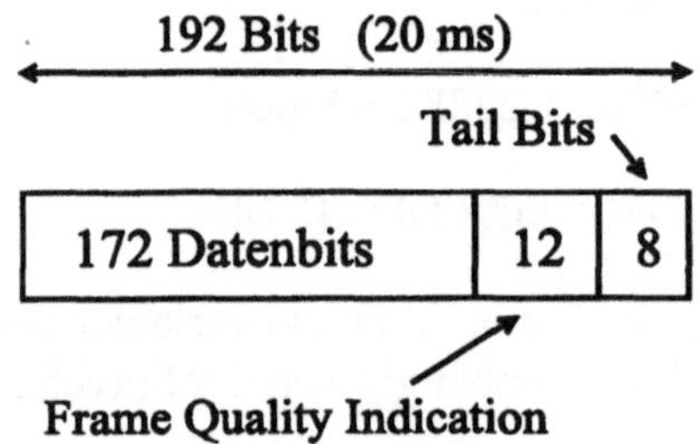

Bild 8.7.1: Rahmenstruktur des Up- und Downlinks für einen 9,6 kbit/s Verkehrskanal bei IS-95

Je nach Sprachaktivität erzeugt der Sprachcoder nach Rahmenbildung und Ergänzung von Signalisierungsinformationen die Bitraten 1,2; 2,4; 4,8 oder 9,6 kbit/s. Durch Faltungscodierung (CC mit $r = 1/2$ und $K = 9$) und entsprechende Symbolwiederholung ($2 \cdot 4{,}8$ kbit/s, $4 \cdot 2{,}4$ kbit/s, $8 \cdot 1{,}2$ kbit/s) erhält man 19,2 kbit/s. Danach erfolgt Block-Interleaving der "power control groups" über die Sprachrahmenlänge von 20 ms. Ein Kapazitätsgewinn der "power control groups" niedrigerer Bitrate ($< 9{,}6$ kbit/s) ist durch Leistungsreduktion möglich. Als nächstes erfolgt mittels modulo-2 Addition ein Scrambling mit einem reduzierten, langen PRBS-Code. Hier werden auch die Power Control Bits ergänzt. Mit Hilfe von Walsh Codes werden die Teilnehmerkennzeichnung der Kanäle und die Spreizung auf 1,2288 Mchips/s durchgeführt, siehe Bild 8.7.2.

Alle obigen Kanäle werden danach "gemultiplexed". In einem I/Q-Modulator erfolgt die modulo-2 Addition mit einem kurzen Code der Periode $2^{15} - 1$ und eine QPSK-Modulation. Durch einen zelltypischen Zeitoffset dieser kurzen Codes werden die Teilnehmer verschiedener Zellen unterschieden.

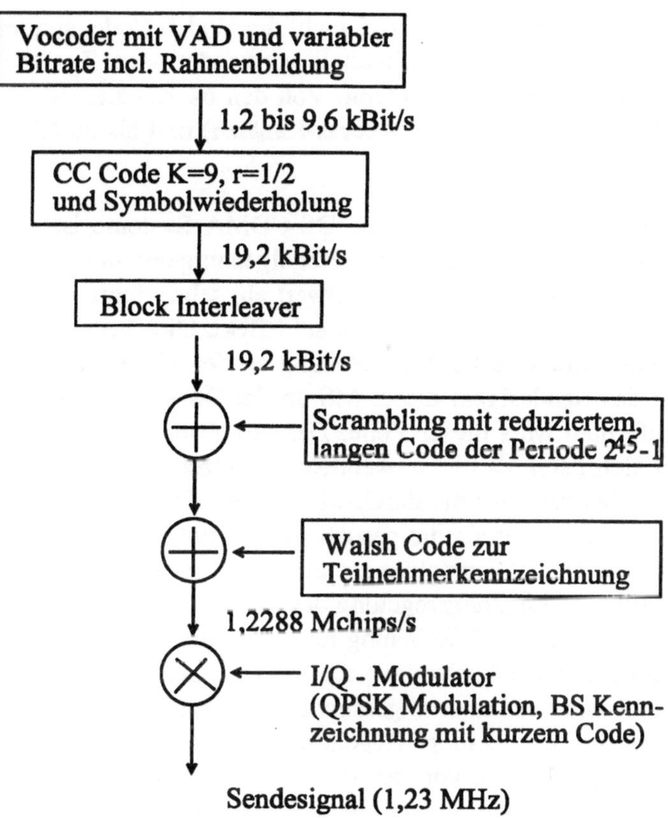

Bild 8.7.2: Vereinfachter Downlink eines Verkehrskanals bei IS-95

8.7.2.2 Der Uplink (Reverse Channel)

Der übertragungstechnisch sehr viel kritischere Uplink besitzt statt $r = 1/2$ eine Coderate des Faltungscoders von $r = 1/3$. Nach Symbolwiederholung erhält man damit eine Bitrate von 28,8 kbit/s. Danach folgen der Block-Interleaver und eine orthogonale Modulation mittels Walsh Codes. Hier werden jeweils 6 Bit zusammengefaßt und einem der 64 Walsh Codes zugeordnet. Es ergibt sich ein Datenstrom von 307,2 kbit/s. Dieser wird anschließend mit der langen, teilnehmerspezifischen PN-Folge (Periode: 2^{42} - 1) orthogonal gespreizt, woraus ein Signal mit 1,2288 Mchips/s resultiert. Das gespreizte Signal wird schließlich dem I/Q-Modulator zugeführt, mit dem selben kurzen Code der BS verknüpft und QPSK-moduliert.

Unterschiedlich zum Downlink ist, daß nicht der Walsh Code, sondern der lange PRBS-Code zur Teilnehmerunterscheidung verwendet wird. Zusätzlich bestehen Unterschiede bei der Leistungsregelung. Von den 64 Kanälen werden 2 als Paging-Kanäle (mit jeweils bis zu 32 Access-Kanälen) und bis zu 62 als Verkehrskanäle genutzt.

Für die in Kapitel 6.4.3 beschriebenen DS-CDMA Systeme ist eine reaktionsschnelle **Leistungsregelung** mit einer Regelgenauigkeit der MS-Ausgangsleistung von ± 1 dB Abweichung vom Idealwert ein sehr wichtiger Punkt. Andernfalls kommt es zum sogenannten "Near-Far" Effekt. Dies bedeutet, daß MSs, die nahe der BS sind, mit weit höherer Leistung senden als eigentlich erforderlich. Dadurch wird das Sendesignal dieser MS an der BS stärker empfangen als das der weiter entfernten MSs dieser Zelle. Der Störabstand innerhalb dieser Zelle verschlechtert sich dann, da die verwendeten Spreizcodes nicht ideal sind (siehe Kapitel 6.4.2). Dies führt für die durchzuführenden Korrelationen zu Problemen, weil die Störsignale größer als die gesuchten Korrelationssignale werden. Damit werden sowohl die QoS (Dienstgüte) als auch die Kapazität deutlich reduziert. In IS-95 ist deshalb eine Leistungsregelung des Uplinks vorgesehen, die sowohl eine sehr schnelle "open loop" Regelung als auch eine langsamere "closed loop" Regelung enthält. Hierbei kontrolliert die zuletzt genannte die erste. Die "open loop" Regelung basiert auf einer angenommenen Reziprozität des Downlinks und des Uplinks. Für die "closed loop" Regelung erhält die MS alle 1,25 ms, also 800 mal pro Sekunde (800 bit/s), von der BS Signale, um die Leistung in Schritten von ± 1 dB anzupassen. Der Dynamikbereich beträgt ± 24 dB. Die "closed loop" Regelung ist so ausgelegt, daß der "Cocktail Party" Effekt vermieden wird: Wenn mehrere MS einer Zelle bei niedrigen Leistungen Verbindungen betreiben und eine MS die Leistung erhöht, um die eigene Verbindung zu verbessern, werden dadurch auch die anderen MS anfangen, die Leistungen proportional zu erhöhen, um "ihre" Verbindungsqualitäten zu erhalten. Es kommt zu einem gegenseitigen "Hochschaukeln" der Leistungen.

In FDMA/TDMA-Systemen besteht nur eine geringe gegenseitige Beeinflussung unterschiedlicher Verkehrskanäle. Wie oben diskutiert, ist dies bei einem CDMA-System inhärent anders, da alle Teilnehmer das gleiche Frequenzband verwenden. Daher ist es notwendig, besondere Vorkehrungen zur "Behandlung" fehlerhafter MS zu treffen. Eine defekte MS, die im Extremfall keine Signalisierungssignale mehr empfängt und auch noch mit maximaler Leistung sendet, könnte die Kapazität bzw. die Verbindungsqualitäten der eigenen und sogar angrenzender Zellen erheblich reduzieren.

Für Mobilstationen gibt es die in Tabelle 8.7.2 aufgeführten drei Leistungsklassen.

Tabelle 8.7.2: Leistungsklassen einer IS-95 Mobilstation

MS-Klasse	maximale ERP
1	8 dBW (6,3 W)
2	4 dBW (2,5 W)
3	0 dBW (1,0 W)

Die Kapazität eines CDMA-Systems wird durch den Störabstand begrenzt. Jeder weitere Teilnehmer erzeugt zusätzliche Interferenzen, so daß es zu einer graduellen Verschlechterung ("graceful degradation") aller anderen Verbindungen kommt. Dies bezeichnet man auch als **"soft capacity limit"**.

Ein weiteres Charakteristikum ist die mögliche Clustergröße von 1. Dies bedeutet, daß eine Frequenzplanung wie bei FDMA/TDMA nicht erforderlich ist. Einzig eine Planung der Pilotkanal-Codes bzw. Codes der Teilnehmerkanäle der einzelnen Zellen ist nötig. Aufgrund der großen Anzahl unterschiedlicher Codes sollte dies kein Problem sein.

Soft-Handover ist typisch für das Qualcomm CDMA-System. Dies bedeutet, daß während des Handovers die Verbindung parallel zu zwei BSs aufgebaut ist und die Verbindung nicht abrupt, sondern kontinuierlich (soft) weitergereicht wird (siehe Kapitel 3.1.3). Bild 8.7.3 skizziert die Situation für vier MS-Positionen. Ein Vorteil des Soft-Handovers ist eine verbesserte QoS (Dienstgüte) während des Handovers. Nachteile ergeben sich allerdings durch die Kosten für die doppelte Infrastruktur (zwei Sendeeinheiten, doppelte Festnetzleitungen und ein "Combiner") für sich im Handover befindende Mobilstationen. Die Notwendigkeit für Soft-Handover ergibt sich aus zwei Gründen: Zum einen ist es nicht wie bei TDMA-Systemen möglich, in nicht aktiven Zeitschlitzen Messungen durchzuführen. Zum anderen sollte eine MS möglichst mit derjenigen BS verbunden sein, die die geringste MS-Ausgangsleistung erlaubt, um das "Near-Far" Problem zu verringern. Bei TDMA-Systemen ist Soft-Handover optional möglich.

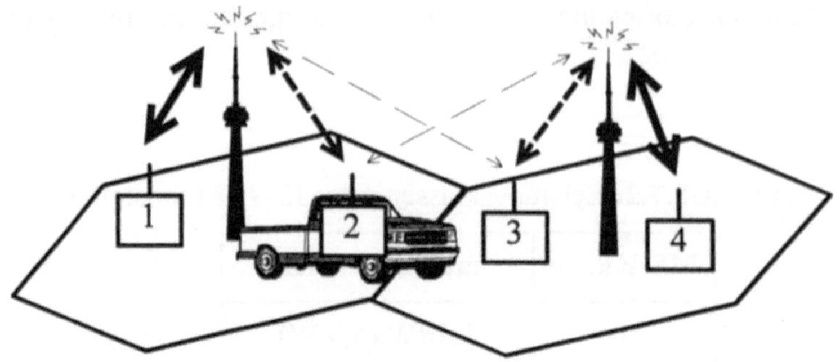

Bild 8.7.3: Veranschaulichung von Soft-Handover

IS-95 nutzt verschiedene Diversity-Möglichkeiten. So ist der oben beschriebene Soft-Handover eine Form von Raum-Diversity. Zusätzlich bietet das im Vergleich zu vielen TDMA-Systemen sehr breitbandige Signal von 1,23 MHz Bandbreite einen gewissen Frequenz-Diversity Gewinn gegen Fast-Fading. Darüber hinaus wird mittels des im folgenden beschriebenen Rake-Receivers Zeit-Diversity genutzt. Ein solcher **Rake-Receiver** (Rake bedeutet in deutsch Harke bzw. Rechen) ermöglicht einen weiteren deutlichen Gewinn durch die Nutzung von Mehrwegesignalen, die mit unterschiedlichen Laufzeitverzögerungen an der Empfangsantenne eintreffen. Dazu wird das von der Antenne kommende Signal im Empfänger in mehreren Pfaden, den sogenannten "Fingern" des Rake-Receivers, verarbeitet. Jeder dieser Finger wird mit optimierter Phasenlage der PN-Folgen auf ein Mehrwegesignal eingestellt. Die MS besitzt mindestens 3 und die BS mindestens 4 solcher Finger. Darüber hinaus gibt es sowohl in der MS als auch der BS mindestens je einen "Suchfinger", der permanent nach stärkeren Mehrwegesignalen sucht. Hat der "Suchfinger" ein solches Signal entdeckt, wird der Finger des schwächsten bisherigen Signals auf das neue Mehrwegesignal optimal eingestellt. Damit können in der MS bis zu 3 und in der BS bis zu 4 der stärksten Mehrwegesignale mit einer Zeitverzögerung von mindestens 0,8 - 1 µs (der Chipdauer) demoduliert und kombiniert (Maximum Ratio Combining) werden.

8.8 Dritte Generation

8.8.1 Einleitung

Bevor die weitere Entwicklung im Mobilfunk dargestellt wird, noch ein kurzer Überblick einiger "verwandter" und relevanter Entwicklungen im Festnetz.

Zunächst gibt es auch dort einen Trend zur Unterstützung von Mobilität. So wird es in Zukunft möglich sein, mittels einer Telekarte in Festnetztelefonen, überall unter einer Rufnummer erreichbar zu sein. Dies ist ein wesentlicher Dienst von UPT (*engl.* Universal Personal Telecommunications). Basis hierfür sind, ähnlich wie in GSM, verschiedene Datenbanken und die Trennung von Vermittlungs- und Dienstefunktionen. Dies wird mit dem IN (*engl.* Intelligent Network) in Zukunft im Festnetz eingeführt. Ein weiterer Trend ist, in Verbindung mit Multimedia, die Forderung nach immer höheren Bitraten, über die 144 kbit/s (2·64 + 16 kbit/s) von ISDN hinaus zu mindestens 2 Mbit/s bis zum Kunden. Die hierzu erforderliche Infrastruktur, das IBCN (*engl.* Integrated Broadband Communications Network) bzw. B-ISDN, basiert auf Glasfasern und ATM (*engl.* Asynchronous Transfer Mode).

Die nächste, dritte Mobilfunkgeneration bzw. UMTS (*engl.* Universal Mobile Telecommunication System) [COS95] wird den mobilen Zugang zum IBCN ermöglichen. Für die Verbindungen auf der Festnetzseite eines UMTS ist ATM zu berücksichtigen. Durch die "broadcast" und "multicast" Funktionalitäten von ATM können sowohl Paging als auch Handover leicht unterstützt werden.

Zusätzlich zu den heute schon bewährten mobilen Applikationen [BOH92]:

- Mobile Sprach- und Datenkommunikation,
- Unterstützung von LKW-Speditionen/ Flottenmanagement,
- Vertriebsunterstützung,
- mobiles Büro,

wird es in der Zukunft eine Reihe weiterer Anwendungen geben:

- Verkehrsleitsysteme und -Informationsdienste: In den letzten Jahren wurden eine Reihe von Entwicklungsprojekten gestartet, um neue Systeme zu entwikkeln. In Europa z.B. PROMETHEUS (*engl.* Programme for a European Traffic with Highest Efficiency and Unprecedented Safety), DRIVE (*engl.* Dedicated

Road Infrastructure for Vehicle Safety in Europe), SOCRATES (*engl.* System of Cellular Radio for Traffic Efficieny and Safety) und SAGEM (System zur automatischen Gebührenerhebung durch GSM-Mobilfunktechnik).

- Mobile Multimedia Applikationen.

Eine weitere wichtige Entwicklung betrifft die Endgeräte - Kunden Schnittstelle, um die Bedienung der Geräte mit Sprachsteuerung [BOH92] und anderen Möglichkeiten (z.B. Menüsteuerungen) zu erleichtern.

Einen Überblick über verschiedene Mobilfunk-Systemarten und Generationen gibt Tabelle 8.8.1. Die erste Generation ist gekennzeichnet durch eine Vielzahl inkompatibler Systeme, eine analoge Übertragungstechnik und oft "hohe" Gebühren- und Endgerätepreise bei relativ geringer Bevölkerungspenetration. Die zweite Generation ist geprägt vom Übergang zu europäischen, digitalen Standards. Damit konnten durchweg höhere Teilnehmerzahlen, geringere Preise und Tarife sowie erweiterte Dienstemöglichkeiten realisiert werden. Noch immer gibt es allerdings eine Vielzahl unterschiedlicher Systeme. UMTS vereinigt diese verschiede Systemarten und bietet darüber hinaus die im folgenden Kapitel dargestellte höhere Leistungsfähigkeit.

Tabelle 8.8.1: Überblick der Mobilfunk-Systemarten und Generationen

Systemart	1. Generation	2. Generation	3. Generation
zellulare Systeme	NMT C-Netz AMPS,...	GSM	UMTS (Universal Mobile Telecommunication System)
schnurlose Telefone	CT1 CT2	DECT	
Funkrufsysteme	Cityruf Euromessage	ERMES	
Bündel- und Datenfunk	MPT Mobitex RD-LAP	TETRA	
Weitere Systeme	Inmarsat A	TFTS Inmarsat B, C, M	

8.8.2 Anforderungen an ein Universal Mobile Telecommunication System (UMTS)

UMTS ist die europäische Bezeichnung und Komponente [RAP95] für Mobilfunksysteme der dritten Generation. Weltweit werden bei der ITU die Bezeichnungen IMT2000 (*engl.* International Mobile Telecommunications) und als älterer Begriff FPLMTS (*engl.* Future Public Land Mobile Telecommunication System) verwendet. UMTS wird IMT2000 implementieren und komplementieren, insbesondere auch was die Kompatibilität mit den europäischen Systemen der zweiten Generation betrifft.

Wie der Name universales mobiles Telekommunikationssystem impliziert, ist das Ziel ein weltweiter, universaler Mobilfunkstandard. Dies schließt auch die Verknüpfung der Anwendungen von bisherigen zellularen Systemen (GSM) mit denen von CT-Systemen (DECT) ein. In Stichpunkten sieht das Anforderungsprofil folgendermaßen aus [PAF93, COS95]:

- Weltweites Roaming,
- umfangreiches und flexibles Dienstespektrum mit Sprach- (in Festnetzqualität), Daten- und Bildübertragung (maximale Datenrate bis 2 Mbit/s). Wesentliche Charakteristika der möglichen Trägerdienste zeigt Tabelle 8.8.2 [URI95, DAV95a].
- "Indoor"- und "Outdoor"-Einsatz,
- Unterstützung von Pico-, Mikro- und Makrozellen,
- "hohe" Teilnehmerkapazität,
- Unterstützung von sehr leichten Handys (weniger 200 g, $\leq 100\ cm^3$),
- es soll sowohl öffentliche (3 pro Gebiet gleichzeitig) als auch private Betreiber (mit einem separaten Spektrum, das ohne Koordination privaten Netzbetreibern zur Verfügung steht) geben.

Tabelle 8.8.2: Charakteristika der möglichen Trägerdienste von UMTS

Dienst	Design Anforderung	Leistungsziel
Sprache	Verzögerung < 30 ms	$MOS^{12} > 4{,}0$ Decodierte BER $< 10^{-3}$ Rahmenfehlerrate < 2 %
Daten mit kleiner Verzögerung	Verzögerung < 30 ms	BER $< 10^{-6}$, fehlerhafte Sekunden < 10 s/Std
Daten mit großer Verzögerung	Verzögerung < 300 ms	BER $< 10^{-6}$, fehlerhafte Sekunden < 10 s/Std
Daten ohne Verzögerungsbeschränkung	Paketverlust $< 10^{-6}$	durchschnittliche Verzögerung < 50 ms 90 % Verzögerung < 100 ms

8.8.3 Entwicklungsstand und zukünftige Tendenzen

Als eine wesentliche Voraussetzung für ein zukünftiges System wurde 1992 auf der WARC (*engl.* World Administrative Radio Conference), der weltweit für Frequenzzuweisungen zuständigen Institution, für Systeme der dritten Generation ein 230 MHz Spektrum bei 2 GHz (genau: 1885 - 2025 MHz und 2110 - 2200 MHz) zugewiesen.

UMTS wird in Europa bei ETSI (SMG 5) und weltweit bei ITU (TG 8/1) standardisiert. Tabelle 8.8.3 zeigt zur zeitlichen Orientierung den Meilensteinplan der Standardisierung [DAV92], der sich allerdings sicher noch zeitlich nach hinten verschieben wird. Demzufolge wäre es frühestens ab 2001 möglich, ein UMTS in Betrieb zu nehmen.

---

[12] Mean Opinion Score, siehe Kapitel 5.4.

Tabelle 8.8.3: Meilensteinplan der Standardisierung für UMTS

Systemdefinition	bis Mitte 1994
Rahmenbeschreibung der Dienste	bis Mitte 1994
Netzwerkarchitektur	bis Ende 1994
Vorauswahl des Zugriffsverfahrens	bis Ende 1995
Vorauswahl der Sprach- und Kanalcodierungsprinzipien	bis Ende 1995
Vorauswahl der Sicherheitsprinzipien	bis Ende 1995
Festlegung der Sprach- und Kanalcodierung	bis Mitte 1996
Struktur der Luftschnittstelle	bis Ende 1996
Protokolle der Luftschnittstelle fertig	bis Mitte 1997
Audio-/Videoaspekte fertig	bis Mitte 1997
Sicherheitsprotokolle fertig	bis Mitte 1997
Sicherheitsalgorithmen festgelegt	bis Ende 1997
Netzwerkprotokolle fertig	bis Ende 1997
Datendienste spezifiziert	bis Ende 1997
Endgeräte Zulassung (Type Approval Specification)	Mitte 1999
Frühest möglicher Start von UMTS	ab ca. 2001

In Europa wird die Entwicklung von UMTS federführend im Rahmen von RACE (*engl.* Research in Advanced Communications for Europe), einem von der EU geförderten Forschungs- und Entwicklungsprogramm unter Beteiligung der führenden Hersteller, Netzbetreiber und Forschungsinstitute, durchgeführt.

Ein weiteres Forschungsprogramm sind die COST- [DAS95] (European Cooperation in the Field of Scientific and Technical Research) Projekte. COST 227 definiert Systeme für die Integration von terrestrischen Netzen und Satelliten. COST 231 studiert digitale Übertragungsverfahren und Ausbreitungsaspekte, etabliert Vorhersagetools und Methoden sowie Breitbanddienste mit Übertragungsraten größer als 10 Mbit/s. COST 244 untersucht biomedizinische Effekte elektromagnetischer Felder.

Im Rahmen von RACE I gab es das Projekt R1043, in dem die verschiedensten Techniken wie Leistungsregelung, Handover, CDMA, etc. erforscht wurden. Aufbauend darauf, wurde 1992 RACE II mit folgenden Projekten gestartet [DAV92], [COS95], [DAS95]:

In **MONET** (Mobile Networks) [BUI95] waren die untersuchten Schwerpunkte die UMTS-Netzarchitektur, insbesondere die Integration in das B-ISDN, Mobilitätsfunktionen, UPT, IN, Funktionalitäten des BSS (Base Station Subsystem) und Sicherheitsaspekte. Bezüglich der Integration können drei Optionen identifiziert werden: Diensteintegration, Verwendung einer einheitlichen Infrastruktur und einheitlicher Protokolle. Alle drei Optionen werden in UMTS angestrebt. Die drei Hauptkomponenten eines UMTS sind das "core-network", IN und das "radio access system" (RAS).

Die Luftschnittstelle betreffend gab es zwei Projekte, die jeweils Ausbreitungsmessungen und Modellierungen, Systemstudien, Systemsimulationen und Prototypbau beinhalten. Im **ATDMA-** (Advanced TDMA) Projekt wurden aufbauend auf TDMA-Luftschnittstellen wie DECT und GSM verschiedenste Verbesserungen entwickelt und untersucht. Zum anderen gab es das **CODIT-** (Code Division Testbed) Projekt, welches als alternative Möglichkeit eines Zugriffsverfahrens das CDMA-Verfahren betrachtete.

Ein drittes "Luftschnittstellen-Projekt" ist **MBS** (Mobile Broadband System) [FER95]. Hier wurden Systeme entwickelt, die Übertragungsraten von 2 bis zu 155 Mbit/s unterstützen können. Damit bietet MBS eine Ergänzung für UMTS hin zu höheren Bitraten. Dies erlaubt Anwendungen wie z.B. schnurloses Büro mit hohen Bitraten, "wireless robotics", "wireless broadcasting", Videoübertragung, einen schnurlosen Zugang zu ATM, CPN (*engl.* Customer Premises Network), LAN etc. Um diese hohen Bitraten mobil zur Verfügung stellen zu können, wird der 60 GHz Bereich mit Zellen von höchstens einigen hundert Metern verwendet werden. Für Zellen größer als 1 km ist an ein Spektrum im 40 GHz Bereich gedacht. Als Vielfachzugriffsverfahren wird TDMA/FDMA mit 4- und 16-QAM-Modulation verwendet. Damit sind bei Modulationsraten bis 40 MBaud/s Bitraten bis 160 Mbit/s möglich. CDMA ist nicht einsetzbar, da für derartige Modulationsraten nach einer Spreizung zuviel Spektrum benötigt würde.

PLATON (Advanced Cell Planning Methods and Tools for UMTS) hatte die Entwicklung von neuen Werkzeugen für die Funknetzplanung zum Ziel.

In **MAVT** (Mobile Audio Visual Terminal) wurden verschiedene Videokompressionsalgorithmen für Bitraten ab 8 kbit/s entwickelt und in einem Terminal realisiert. Daraus soll ein europäischer Vorschlag zum MPEG 4 Videocoder-Standard resultieren. So sollen die Voraussetzungen geschaffen werden, daß in Zukunft neben mobiler Sprach- und Datenübertragung auch Videoübertragung ein wichtiger Dienst werden kann.

SAINT (Satellite Integration in the Future Mobile Network) untersuchte verschiedene Lösungen bzgl. der Integration von mobilen Satellitensystemen in UMTS. Das Ziel war, die Vorteile einer Satellitenkomponente ("wide-area coverage", flexible Ressourcenzuordnung, Ortsbestimmung) mit den Vorteilen eines zellularen Systems (hohe Kapazität, "indoor coverage",...) zu verbinden. Außer der Flughöhe von Satelliten, siehe Kapitel 8.6, gibt es als weiteren wesentlichen Unterscheidungspunkt von Satelliten "transparente" Satelliten oder solche mit Vermittlungsfunktionen.

Das **TSUNAMI** (Technology in Smart Antennas for Universal Advanced Mobile Infrastructure) Projekt hatte die Verwendung von adaptiven Antennen untersucht. Dies umfaßte auch Strahlformungs-Hard- und Software incl. Algorithmen zur Strahlsteuerung.

In **GIRAFFE** (Gigahertz Radio Front End) wurden Empfänger und deren Komponenten wie Mixer, VCO oder PLL entwickelt.

Es folgt eine kurze Darstellung wesentlicher Ergebnisse der beiden Projekte CODIT und ATDMA.

Das **CODIT**-Systemkonzept basiert auf dem in Kapitel 6 beschriebenen DS-CDMA mit variablen Spreizfaktoren, siehe Bild 8.8.1 [TUT94]. Damit man von den Vorteilen von CDMA profitieren kann, muß die Chiprate ausreichend höher sein als die Bitrate. Dies begrenzt die Flexibilität der in Bild 8.8.1 gezeigten Zuordnung. 10 MHz Spektrum können entweder für eine Simplex-Verbindung von 2 Mbit/s oder z.B. für 5 mal 19,2 kbit/s Duplex-Verbindungen verwendet werden.

Ein wesentlicher Nachteil des in Kapitel 8.7 vorgestellten IS-95 Systems ist, daß ein MS initiierter Handover (HO) zwischen verschiedenen Frequenzbereichen, wie es für hierarchische Zellstrukturen erforderlich ist, nicht möglich ist. Es sei denn, es würden in der MS zwei komplette Empfänger vorhanden sein. In CODIT wurde die Methode des "compressed mode" HO entwickelt [AND95]. Dabei wird der Spreizfaktor reduziert und gleichzeitig die Sendeleistung soweit angehoben, daß die QoS unverändert bleibt. Das freigewordene Spektrum kann dann verwendet werden, um Messungen und evtl. einen HO zu anderen Zellen vorzunehmen.

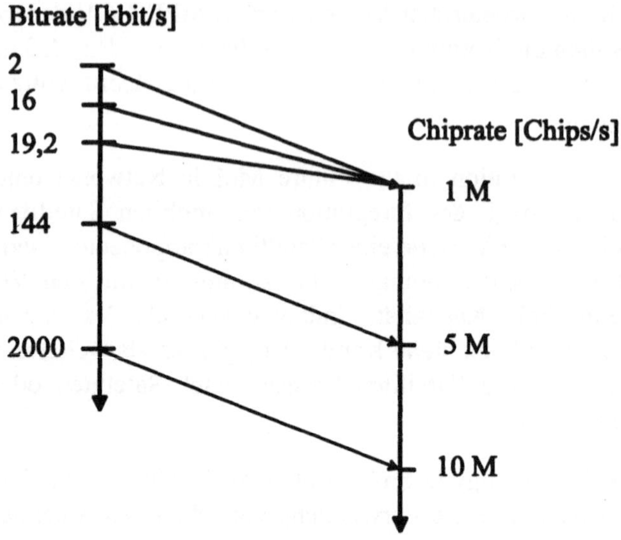

Bild 8.8.1: Abbildung der variablen Bitraten auf die Chipraten von CODIT

Auch ein weiterer wesentlicher Nachteil von IS-95 konnte von CODIT gelöst werden: Die Synchronisationsanforderungen. So sind die BSs nicht untereinander synchronisiert wie bei IS-95. Vielmehr wird im Bedarfsfall, insbesondere für einen Soft-Handover, eine Synchronisation mittels "compressed mode" durchgeführt.

Wie in allen adaptiven Systemen, ist es auch bei CODIT notwendig, einen permanenten Kontrollkanal bekannter Übertragungsparameter zu haben. Bei CODIT ist dies der PCCH (Physical Control Channel) mit einer Bitrate von 2 kbit/s.

Basierend auf Ausbreitungsmessungen wurde in **ATDMA** ein adaptives TDMA-Systemkonzept entwickelt [URI95, DAV95a, -b, DAV96]. Dabei handelt es sich vor allem um die Verwendung von optimierten Übertragungsketten (Modulation, Codierung und Entzerrung), die fortwährend an die aktuellen Erfordernisse des Mobilfunkkanals und der Diensteanforderungen adaptiert werden und dadurch die knappen Funkressourcen optimal nutzen. Das Management dieses Systemkonzeptes basiert auf einem IN-gestützten funktionalen Modell, welches in Bild 8.8.2 abgebildet ist. Man erkennt die Trennung zwischen den Transporttechniken, den optimierten Übertragungsketten und den Kontrollfunktionen:

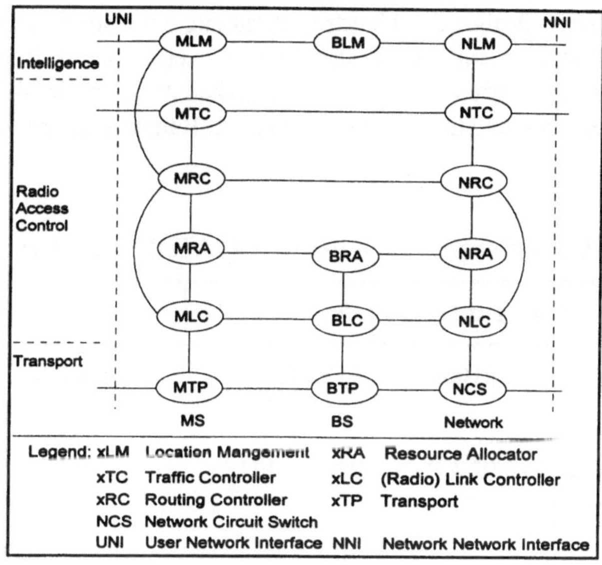

Bild 8.8.2: Das funktionale Model von RACE ATDMA

- Leistungsregelung (APC, *engl.* Adaptive Power Control), ähnlich wie bei IS-95 mit einer schnellen "open loop" Regelung, die von einer langsameren "closed loop" Regelung kontrolliert wird.

- Link Adaptation, eine Technik, die für die Datendienste mit Verzögerungsanforderungen verwendet wird und die die Übertragungskette dynamisch an die Mobilfunkkanaleigenschaften anpaßt. Auch für das zukünftig interessante Gebiet von Sprachcodern mit variabler Bitrate kann Link Adaptation verwendet werden.

- Paketzugriff, das sogenannte PRMA++ (*engl.* Packet Reservation Multiple Access, siehe Kapitel 6.5), welches einen flexiblen Zugriff auf die Zeitschlitze und damit auch auf die zu unterstützende Bitrate erlaubt.

- Dynamische Kanalzuteilung (DCA, *engl.* Dynamic Channel Allocation, siehe Kapitel 3), basierend auf Channel Segregation.

Darüber hinaus werden Handover, Makro-Diversity und für einige Datendienste ARQ unterstützt. Die Signalisierungskanalstruktur ist ähnlich wie bei GSM. Erwähnenswert ist der sogenannte LCCH (Leash Control Channel), der eine laufende Kontrolle einer Verbindung, auch wenn keine Daten übertragen werden, ermöglicht.

Ausgangspunkt zum Design der Übertragungskette sind die in Tabelle 8.8.2 beschriebenen Anforderungen der Trägerdienste, verbunden mit einer genauen Kenntnis der Eigenschaften des Übertragungskanals. Tabelle 8.8.4 zeigt eine mögliche Rahmenstruktur mit einer gemeinsamen Rahmendauer von 5 ms.

Tabelle 8.8.4: Rahmenstruktur der RACE ATDMA-Luftschnittstelle

Zelltyp	long-macro	short-macro	Micro	Pico
Symbolübertragungsrate	360 kBaud	450 kBaud	1800 kBaud	
Trägerabstand	276,92 kHz	276,92 kHz	$4 \cdot 276{,}92$ kHz $=$ 1107,69 kHz	
Zeitschlitze/ Rahmen	15	18	72	
Datensymbole/ Zeitschlitz	76	72 or 76	96	
Trainingsseq./ Zeitschlitz	23	33 or 29	15	
Tail und Guard/ Bits	21	20	14	
Symbole/ Zeitschlitz	120	125	125	
Modulationsverfahren	GMSK	Binary Offset QAM		

Die Verwendung von **TDD-** und **FDD**-Duplex erlaubt eine flexible Verwendung des zur Verfügung stehenden Spektrums, insbesondere auch für die unsymmetrische Frequenzzuweisung der WARC 92 für UMTS.

Als die RACE II Projekte begannen, ging man davon aus, daß UMTS eine eigenständige, neue Systemgeneration sein würde, die die bestehenden Systeme, wie

z.B. GSM, ersetzt [COS95]. Seitdem wurde klar, daß aufgrund der hohen weltweiten Investitionen in GSM das abrupte Umschalten zu einer neuen Generation
keine ökonomische Lösung ist, sondern vielmehr die Evolution hin zu UMTS.
Dafür gibt es mehrere Wege:

- "bottom-up", d.h., die Luftschnittstelle von GSM wird zuerst ersetzt.
- "top-down", die GSM-BTS und -MS werden weiter verwendet, während das
  GSM-Backbone (MSC, BSC und die Register) hin zu UMTS weiterentwickelt wird.

Denkbar sind daneben auch Zwischenstufen zur Unterstützung der Migration
wie:

- Dual Mode GSM/UMTS Endgeräte,
- Kompatibilität der SIM für GSM und für UMTS.

Auch ist eine evolutionäre Entwicklung von GSM hin zu UMTS möglich
[RAP95]. So erfüllen momentane IN-Spezifikationen bereits einige UMTS-
Dienste. Bei ETSI SMG (ETSI Special Mobile Group) wird im Rahmen der
GSM-Phase 2+ an etwa 50 Erweiterungen von GSM gearbeitet. Darunter auch
UMTS relevante Themen, wie z.B. "dual band GSM900/DCS1800 operation",
"enhanced full rate GSM speech codec", "optimum routing", "GSM general
packet radio services (GPRS)", "high-speed circuit switched data (HSCSD)",
"support of operator specific services when roaming" bzw. "customised application for mobile network enhanced logic (CAMEL)" und "DECT access to GSM".

Ende 1995 wurden die RACE-Projekte abgeschlossen [DAS95]. Das Anschluß-
programm Advanced Communications Technologies and Services (ACTS) konzentriert sich auf kundenorientierte Forschung und Entwicklung von Technologien (Transceiver, Planungstools,...), Demonstrations-Plattformen und von neuen
Multimedia-Diensten.

Anhang A8.1

Personal Handy Phone (PHS)

Es folgen einige wesentliche Parameter des japanischen Schnurlostelefon-Standards PHS. Im Gegensatz zu DECT besitzt dieses System sowohl auf dem Up- als auch auf dem Downlink eine Leistungsregelung.

Tabelle A8.1: Übersicht der Systemparameter des PHS-Systems

Frequenzbereich	1900 MHz
Kanalabstand	300 kHz
Gespräche/Kanal	4
Übertragungsart	$\pi/4$-DQPSK, 384 kbit/s
Zugriffsverfahren	TDMA, 5 ms Rahmen
Duplexverfahren	TDD
Sendeleistung (mittlere/max.)	10 mW/80 mW
Sprachcoder	32 kbit/s-ADPCM

Abkürzungen

A

A	Österreich (*engl.* Austria)
AC	Berechtigungszentrum (*engl.* Authentication Centre)
ACC	Area Communication Controller
ACCH	Associated Control Channel
ACK	positive acknowledgement
ACTS	Advanced Communication Technologies and Services
ADF	Average Duration of Fades
ADPCM	Adaptive Delta Pulse Code Modulation
AGCH	Access Grant Control Channel
AM	Amplituden Modulation
AMPS	Advanced Mobile Phone System
API	Application Programmer's Interface
ARQ	Automatic Repeat Request
AS	Aircraft Station
ASK	Amplitude Shift Keying
ATM	Asynchronous Transfer Mode
ATDMA	Advanced TDMA

B

B	Belgien
BCCH	Broadcast Control Channel
BCO	Borrowing with Channel Ordering (DCA-Verfahren)
BER	Fehlerrate (*engl.* Bit Error Rate)
BFI	Bad Frame Indication
Bm	Bearer mobile
BMPT	Bundesminister für Post und Telekommunikation

BOS	Behörden und Organisationen mit Sicherheitsaufgaben
BPSK	Binary Phase Shift Keying
BS	Base Station
BSC	Feststationssteuerung (*engl.* Base Station Controller)
BSIC	Base Station Identity Code
BTS	Feststation (*engl.* Base Transceiver Station)

C

CAI	Common Air Interface
CC	Faltungscode (*engl.* Convolutional Code)
CCFP	(DECT) Central Control Fixed Part
CCH	Control Channel
CDMA	Code Division Multiple Access
CELP	Code excited linear predictive coding
CEPT	Conférénce Européenne des Postes et Télécommunications
CEIR	Central Equipment Identity Register
CH	Schweiz
CI	(DECT) Common Interface
CKSN	Ciphering Key Sequence Number
COST	European Cooperation in the Field of Scientific and Technical Research
CPD	Cummulative probability distribution

CRC	fehlererkennendes Codierverfahren (*engl.* Cyclic Redundancy Check)
CSMA	Carrier Sense Multiple Access
CSPDN	Circuit Switched Public Data Network
CT	Schnurloses Telefon (*engl.* Cordless Telephone)

D

D	BR-Deutschland
DCA	Dynamic Channel Allocation
DCS1800	Digital Communication System 1800 (Systemstandard für z.B. E1)
DCT	Digital Cordless Telephone
DECT	Digital European (neu auch Enhanced) Cordless Telephone
DeTeMobil	Deutsche Telekom MobilNet GmbH (Mobilfunktochter der Telekom)
DK	Dänemark
Dm	Data mobile
DN	Directory Number
DQPSK	Differential QPSK ($\rightarrow$)
DS	Direct Sequence
DSMA	Direct Sense Multiple Access
DTX	Discontinuous Transmission

E

E   Spanien
EIR   Geräte-Identifizierungsre-
           gister (*engl.* Equipment
           Identity Register)
EIRP   Effective Isotropically Ra-
           diated Power
ERMES   European Radio Message
           System
ERP   Effective Radiated Power
ETSI   European Telecommunica-
           tion Standards Institute

F

F   Frankreich
FACCH   Fast Associated Control
           Channel
FCA   Fixed Channel Allocation
FCCH   Frequency Correction
           Channel
FDD   Frequency Division Duplex
FDMA   Frequency Division
           Multiple Access
FEC   fehlerkorrigierende Codier-
           verfahren (*engl.* Forward
           Error Correction)
FER   Frame Erasure Rate
FH   Frequency Hopping
FM   Frequenzmodulation
FN   Frame Number
FP   (DECT) Fixed Part
FPLMTS
           Future Public Land Mobile
           Telecommunication System

FR   Full Rate
FSK   Frequency Shift Keying
FFSK   Fast Frequency Shift
           Keying

G

GEO   Geostationary Earth
           Orbiting Satellite
GMSC   Gateway-MSC
GMSK   Gaussian Minimum Shift
           Keying
GP   Guard Period
GPS   Global Positioning System
GS   Ground Station
GSC   Ground Switching Centre
GSS   Ground Station System
GSM   Global System for Mobile
           Communications (System-
           standard für z.B. D1 und
           D2)

H

HCA   Hybrid Channel
           Assignment (DCA
           Verfahren)
HDLC   High Level Data Link Con-
           trol
HLR   Heimatdatei (engl. Home
           Location Register)
HR   Half Rate
HO   Handover

I

I	Italien
IBCN	Integrated Broadband Communications Network
IMEI	International Mobile Equipment Identity
IMSI	International Mobile Subscriber Identity
IMT 2000	International Mobile Telecommunications 2000
IN	Intelligent Network
INMARSAT	International Maritime Satellite Organization
ISDN	Integrated Services Digital Network
ISI	Intersymbol-Interferenz
ITA	Interim Type Approval
ITU	International Telecommunication Union
IWF	Interworking Function

J

JDC	Japanese Digital Cellular

L

L	Luxemburg
LA	Aufenthaltsbereich (*engl.* Location Area)
LAI	Location Area Identification
LAPD	Link Access Protocol for the D channel
LCR	Level Crossing Rate
LEO	Low Earth Orbiting Satellite
Lm	Low mobile
LOS	Line of Sight
LPC	Linear Predictive Coding
LTP	Long Term Prediction

M

MAC	Medium Access Control Layer
MAP	Mobile Application Part
ME	Mobile Equipment
MEO	Medium Earth Orbiting Satellite
MMO	Mannesmann Mobilfunk
MOC	Mobile Originated Call
MODACOM	Mobile Data Communication
MOPS	Mega Operations Per Second
MOS	Mean Opinion Score
MoU	Memorandum of Understanding
MPEG	Motion Picture Expert Group
MPT	Ministry of Post and Telecommunication
MPX	Multiplex
MS	Mobile Benutzerstation (*engl.* Mobile Station)

MSC	Mobilvermittlungsstelle (*engl.* Mobile Switching Centre)
MSISDN	Mobile Station ISDN Number
MSRN	Mobile Station Roaming Number
MSs	Mobile Stations
MSK	Minimum Shift Keying
MTC	Mobile Terminated Call
MTP	Message Transfer Part

N

N	Norwegen
NACK	Negative Acknowledgement
NL	Niederlande
NLOS	Non Line of Sight
NMC	Network Management Centre
NMT	Nordic Mobile Telephone System
NN	Nearest Neighbour (DCA-) Verfahren
NSS	Network and Switching Subsystem

O

OFDM	Orthogonal Frequency Division Multiplexing
OMC	Betriebs- und Wartungszentrum (*engl.* Operation& Maintenance Centre)
OQPSK	Offset QPSK ($\rightarrow$)
OSI	Open System Interconnection
OSP	On Site Paging

P

PABX	Private Automatic Branch Exchange
PAC	Paging Area Controller
PAD	Paketierung/Depaketierung
PAP	Public Access Profile
PCH	Paging Channel
PCM	Pulse Code Modulation
PCN	Personal Communication Network
PCS	Personal Communication System (oder auch: Services)
PHL	Physical Layer (DECT)
PHS	Personal Handy Phone System
PIN	Personal Identity Number
PLMN	Public Land Mobile Network
PM	Phasenmodulation
PMR	Betriebsfunk (*engl.* Private Mobile Radio)
PNC	Paging Network Controller
PP	(DECT) Portable Part
PRMA	Packet Reservation Multiple Access
POCSAG	Post Office Code Standardisation Advisory Group

PSK	Phase Shift Keying
PSPDN	Packet Switched Public Data Network
PSTN	Public Switched Telephone Network
PUK	PIN Unblocking Key

Q

QAM	Quadrature Amplitude Modulation
QoS	Quality of Service
QPSK	Quadrature Phase Shift Keying

R

RACE	Research in Advanced Communication for Europe
RACH	Random Access Channel
RBER	Residual Bit Error Rate
RD-LAP	Radio Data Link Access Protocol
RDS	Radio Data System
RFP	(DECT) Radio Fixed Part
RIC	Radio Identity Code
RLP	Radio Link Protocol
RPE	Regular Pulse Exitation
RMS	Root Mean Squared
RNC	Radio Network Controller
RNG	Radio Network Gateway
RSS	Radio Sub-System
RX	Empfänger (*engl.* Receiver)

RXLEV	Empfangspegel (*engl.* Received Signal Input Level)
RXQUAL	Empfangsqualität (*engl.* Radio Link Quality/Received Signal Quality)

S

S	Schweden
SACCH	Slow Associated Control Channel
SB	Simple Borrowing (DCA-) Verfahren
SC	Service Centre
SCEG	Speech Coder Expert Group
SCH	Synchronisation Channel
SDCCH	Stand-Alone Dedicated Control Channel
SDMA	Space Division Multiple Access
SEG	Security Experts Group
SF	Finnland
SFH	Slow Frequency Hopping
SID	Silence Descriptor Frames
SIM	Subscriber Identity Module
SMS	Short Message Service
SRES	Signed Response

T

TA	Type Approval

TACS	Total Access Communication System
TAP	Terminal Adaptation Function
TB	Tail Bits
TCH	Traffic Channel
TCH/F	Traffic Channel/Fullrate
TCH/H	Traffic Channel/Halfrate
TDD	Time Division Duplex
TDMA	Time Division Multiple Access
TE	Terminal Equipment
TETRA	Trans-European Trunked Radio
TFM	Tamed Frequency Modulation
TFTS	Terrestrial Flight Telephone System
TMN	Telecommunication Management Network
TMSI	Temporary Mobile Subscriber Identity
TRAU	Transcoder/Rate Adapter Unit
TX	Sender (*engl.* Transmitter)

U

UK	United Kingdom
UPC	Universal Computer Protocol
UPT	Universal Personal Telecommunications
UMTS	Universal Mobile Telecommunication System

V

VAD	Voice Activity Detection
VLR	Besucherdatei (*engl.* Visitor Location Register)

W

WAP	Wide Area Paging
WARC	World Administrative Radio Conference

Literaturverzeichnis

Kapitel 1

[VDI94]   VDI Nachrichten, März 1994

Kapitel 2

[GRA84]   P.R. Gray, R.G. Mayer, "Analysis and Design of Analog Integrated Circuits", 2nd Edition, John Wiley & Sons, New York, 1984

[GSM95]   GSM Technical Specification, ETSI, Sophia Antipolis, 1995

[HAT80]   M. Hata, "Empirical Formula for Propagation Loss in Land Mobile Radio Services", IEEE Transactions on Vehicular Technology, Vol. VT-29, No. 3, August 1980, S. 317 - 325

[HOG69]   D.C. Hogg, "Statistics on Attenuation of Microwaves by Intense Rain", Bell Systems Techn. Journal, Vol. 48, November 1969

[JAK74]   W.C. Jakes, "Microwave Mobile Communications", John Wiley &
            Sons, New York, 1974

[LEE82]   W.C.Y. Lee, "Mobile Communications Engineering", McGraw-Hill
            Book Company, New York, 1982

[LEE93]   W.C.Y. Lee, "Mobile Communications Design Fundamentals", 2.
            Aufl., John Wiley & Sons, New York, 1993

[NAK60]   M. Nakagami, "The m-Distribution — A General Formula of
            Intensity Distribution of Rapid Fading", in W. Hoffman (Hrsg.):
            "Statistical Methods in Radio Wave Propagation", Pergamon Press,
            1960

[OKU68]   Y. Okumura, E. Ohmori, T. Kawano, K. Fukuda, "Field Strength
            and Its Variability in VHF and UHF Land-Mobile Radio Service",
            Review of the Electrical Communication Laboratory, Vol. 16, No.
            9-10, September-Oktober, 1968, S. 825 - 873

[PAP84]   A. Papoulis, "Probability, Random Variables, and Stochastic Pro-
            cesses", 2nd Edition, McGraw-Hill Book Company, New York,
            1984

[PAR92]   J.D. Parsons, "The Mobile Radio Propagation Channel", Pentech
            Press, London, 1992

[SUZ77]   H. Suzuki, "A Statistical Model for Urban Radio Propagation",
            IEEE Transactions on Communications, Vol. 25, No. 7, July 1977,
            S. 673 -679

[VER93]   D. Verdin, T.C. Tozer, "Generating a fading process for the simu-
            lation of land-mobile radio communications", Electronics Letters,
            Vol.29, No.23, Nov. 1993

[ZIN73]   O. Zinke, H. Brunswig, "Lehrbuch der Hochfrequenztechnik", 2.
            Auflage, Band 1, Springer-Verlag, Berlin, 1973

Kapitel 3

[AND73]   L.G. Anderson, "A Simulation Study of Some Dynamic Channel Assignment Algorithms in a High Capacity Mobile Telecommunications System", IEEE Transactions on Communications, Vol. COM-21, No. 11, November 1973, S. 1294 - 1306

[BEC89]   R. Beck, H. Panzer, "Strategies for Handover and Dynamic Channel Allocation in Micro-Cellular Mobile Radio Systems", 39th IEEE Vehicular Technology Conference, Mai 1989, S. 178 - 185

[BEN95a]   T. Benkner, "Ein spektrumneutrales Mikrozellsystem mit Makro-Schirmzellen", ITG-Fachtagung "Mobile Kommunikation", 26.-28.9.1995 in Neu-Ulm, ITG-Fachbericht 135,VDE-Verlag GmbH, 1995, S. 533-542

[BEN95b]   T. Benkner, K. David, "Autonomous Slot Assignment Schemes for PRMA++ Third Generation TDMA Systems", IEEE 3rd Symposium on Communications and Vehicular Technology in the Benelux, Eindhoven, Oktober 1995, S. 13 - 19

[BEN96a]   T. Benkner, K. David, "CS+: A Novel Self-Adaptive Slot Assignment Scheme for ATDMA", Proceedings of the 46th IEEE Vehicular Technology Conference, VTC'96, Atlanta, Georgia, USA, April 28 - May 1, 1996, S. 938 - 942

[BEN96b]   T. Benkner, "Dynamic Slot Allocation for TDMA-Systems with Packet Access", in Jabbari, Godlewski, Lagrange (Editors): "Multiaccess, Mobility and Teletraffic for Personal Communications", Kluwer Academic Publishers, Dordrecht, Niederlande, (Proceedings of the MMT'96, Paris, Frankreich, 20.-22. Mai 1996) S. 103 - 116

[COX72]   D.C. Cox, D.O. Reudink, "A Comparison of Some Channel Assignment Strategies in Large-Scale Mobile Communications Systems", IEEE Transactions on Communications, Vol. COM-20, No. 2, April 1972, S. 190 - 195

[COX73]   D.C. Cox, D.O. Reudink, "Increasing Channel Occupancy in Large-Scale Mobile Radio Systems: Dynamic Channel REassignment",

IEEE Transactions on Communications, Vol. COM-21, No. 11, November 1973, S. 1302 - 1306

[COX82]   D.C. Cox, "Cochannel Interference Considerations in Frequency Reuse Small-Coverage-Area Radio Systems", IEEE Transactions on Communications, Vol. COM-30, No. 1, January 1982, S. 135 - 142

[DON78]   V.H. Mac Donald, "The Cellular Concept", The Bell System Technical Journal, Vol. 58, No. 1, January 1979, S. 15 - 41

[EKL86]   B. Eklundh, "Channel Utilization and Blocking Probability in a Cellular Mobile Telephone System with Directed Retry", IEEE Transactions on Communications, Vol. COM-34, April 1986, S. 329 - 337

[ELN82]   S.M. Elnoubi, R. Singh, S.C. Gupta, "A New Frequency Channel Assignment Algorithm in High Capacity Mobile Communication Systems", IEEE Transactions on Vehicular Technology, Vol. VT-31, No. 3, August 1982, S. 125 - 131

[ENG73]   J.S. Engel, M.M. Peritsky, "Statistically-optimum dynamic server assignment in systems with interfering servers", IEEE Transactions on Vehicular Technology, Vol. VT-22, No. 4, November 1973, S. 203 - 209

[FUR87]   Y. Furuya, Y. Akaiwa, "Channel Segregation, A Distributed Adaptive Channel Allocation Scheme for Mobile Communication Systems", Proceedings of the DMR II, Stockholm, Oktober 1987

[GUE87]   R.A. Guérin, "Channel Occupancy Time Distribution in a Cellular Radio System", IEEE Transactions on Vehicular Technology, Vol. VT-35, No. 3, August 1987, S. 89 - 99

[HAL80]   W.K. Hale, "Frequency Assignment : Theory and Applications", Proceedings of the IEEE, Vol. 68, No. 12, December 1980, S. 1497 - 1514

[HAL83]   S.W. Halpern, "Reuse Partioning in Cellular Systems", 33th IEEE Vehicular Technology Conference, Mai 1983, S. 322 - 327

[HON86]   H. Daehyoung, S. Rappaport, "Traffic Model and Performance Analysis for Cellular Mobile Radio Telephone Systems with Prioritized and Nonprioritized Handoff Procedures", IEEE Transactions on Vehicular Technology, Vol. VT-35, No. 3, August 1986, S. 77 - 92

[KAH78]   T.J. Kahwa, N.D. Georganas, "A Hybrid Channel Assignment Scheme in Large-Scale, Cellular Structured Mobile Communication Systems", IEEE Transactions on Communications, COM-26, No. 4, April 1978

[KLE75]   L. Kleinrock, "Queueing Systems", Volume I : Theory, John Wiley & Sons, New York, 1975

[MAR92]   S.V. Maric, E. Alonso, "Adaptive Borrowing of Ordered Resources for the Pan-European Communication (GSM) System", ICC'92 International Conference on Communications, 1992, S. 1693 - 1697

[NET89]   R.W. Nettleton, G.R. Schloemer, "A high capacity assignment method for cellular mobile telephone systems", 39th IEEE Vehicular Technology Conference, Mai 1989, S. 359 - 367

[SEK85]   H. Sekiguchi, H. Ishikawa, M. Koyama, H. Sawada, "Techniques for Increasing Frequency Spectrum Utilization in Mobile Radio Communication System", ICC'85 International Conference on Communications, 1985, S. 26 - 31

[SIE80]   Tabellenbuch Fernsprechverkehrstheorie, Siemens Aktiengesellschaft, 2. Auflage, 1980

[SUZ77]   H. Suzuki, "A Statistical Model for Urban Radio Propagation", IEEE Transactions on Communications, Vol. 25, No. 7, July 1977, S. 673 -679

[ZAN93]   J. Zander, H. Eriksson, "Asymptotic Bounds on the Performance of a Class of Dynamic Channel Assignment Algorithms", IEEE Journal on Selected Areas in Communications, Vol. 11, No. 6, August 1993, S. 926 - 933

[ZHA89]   M. Zhang, T.P. Yum, "Comparisons of Channel-Assignment Strategies in Cellular Mobile Telephone Systems", IEEE Transactions on

Vehicular Technology, Vol. VT-38, No. 4, November 1989, S. 211 - 215

Kapitel 4

[CAR37]   J.R. Carson, T.C. Fry, "Variable frequency electric circuit theory with application to the theory of frequency modulation", The Bell System Technical Journal, Vol. 16, 1937, S. 513-540

[JAG78]   F. de Jager, C.B. Dekker, "Tamed Frequency Modulation, A Novel Method to Achieve Spectrum Economy in Digital Transmission", IEEE Transactions on Communications, Vol. COM-26, No. 5, Mai 1978, S. 534-542

[KAM96]   K.D. Kammeyer, "Nachrichtenübertragung", 2. Auflage, B.G. Teubner, Stuttgart, 1996

[MUR81]   K. Murota, K. Hirade, "GMSK Modulation for Digital Mobile Radio Telephony", IEEE Transactions on Communications, Vol. COM-29, No. 7, July 1981, S. 1044-1050

[PRO89]   John G. Proakis, "Digital Communications", 2nd Edition, McGraw-Hill Inc., New York, 1989

[WEL67]   Peter D. Welch, "The Use of Fast Fourier Transform for the Estimation of Power Spectra: A Method Based on Time Averaging Over Short, Modified Periodograms", IEEE Transactions on Audio and Electroacoustics, Vol. AU-15, No. 2, June 1967

Kapitel 5

[BOS92]   M. Bossert, "Kanalcodierung", B.G. Teubner, Stuttgart, 1992

[DUN89]   J. Dunlop and D.G. Smith, "Telecommunications Engineering", Van Nostrand Reinhold, 2nd Edition, 1989

[FEH95]   K. Feher, "Wireless Digital Communications: Modulation & Spread Spectrum Applications", Prentice Hall, Upper Saddle River, 1995

[KON95]   A.M. Kondoz, "Digital Speech: Coding for Low Bit Rate Communications Systems", John Wiley & Sons, New York, 1995

[PRO89]   J. Proakis, "Digital Communications", 2nd Edition, McGraw-Hill Inc., New York, 1989

[ROH95]   H. Rohling, "Einführung in die Informations- und Codierungstheorie", B.G. Teubner, Stuttgart, 1995

[SKL88]   B. Sklar, "Digital Communications", Prentice Hall, Englewood Cliffs, 1988

[STE92]   R. Steele, "Mobile Radio Communications", Pentech Press, London, 1992

Kapitel 6

[ABR70]   N. Abramson, "The ALOHA System - Another Alternative for Computer Communications", Proceedings of the Fall Joint Comput. Conf. AFIPS, Vol. 37, 1970, S. 281-285

[BAI96]   P.W. Baier, "A Critical Review of CDMA", Proceedings of the 46th IEEE Vehicular Technology Conference, VTC'96, Atlanta, USA, 1996, S. 6 - 10

[BEN95]   T. Benkner, "Statistisches Multiplexen von Sprache und Daten in TDMA-Mobilfunksystemen der dritten Generation", 40. Internationales Wissenschaftliches Kolloquium, Techn. Universität Ilmenau, 18.-21. September 1995

[BRO91]   I.N. Bronstein, K.A. Semendjajew, "Taschenbuch der Mathematik", 25. Auflage, B.G. Teubner, Stuttgart, 1991

[CHA92]   G.K. Chan, "Effects of Sectorization on the Spectrum Efficiency of Cellular Radio Systems", IEEE Transactions on Vehicular Technology, Vol. 41, No. 3, August 1992, S. 217 - 225

[GOL67]   R. Gold, "Optimal Binary Sequences for Spread Spectrum Multiplexing", IEEE Transactions on Information Theory, Vol. IT-13, Oktober 1967, S. 619 - 621

[GOO88]   D.J. Goodman, R.A. Valenzuela, K.T. Gayliard, B. Ramamurthi, "Packet Reservation Multiple Access for Local Wireless Communications", Proceedings of the 39th IEEE Vehicular Technology Conference, VTC'88, 1988, S. 701 - 706

[GOO91]   D.J. Goodman, S.X. Wei, "Efficiency of Packet Reservation Multiple Access", IEEE Transactions on Vehicular Technology, Vol. 40, No. 1, Feb. 1991, S. 170 - 176

[JAK74]   W.C. Jakes, "Microwave Mobile Communications", John Wiley & Sons, New York, 1974

[JOH87]   A.K. Johnson, R. Myer, "Linear Amplifier Combiner", Proceedings of the 38th IEEE Vehicular Technology Conference, VTC'87, 1987, S. 421 - 423

[KAS66]   T. Kasami, "Weight Distribution Formula for Some Class of Cyclic Codes", Coordinated Science Laboratory, University of Illinois, Urbana Ill., USA, Tech. Report No. R-285, April

[KUD92]   E. Kudoh, T. Matsumoto, "Effects of Power Control Error on the System User Capacity of DS/CDMA Cellular Mobile Radios", IEICE Trans. Commun., Vol. E75-B, No. 6, June 1992, S. 524-529

[KUM91]   A. Kumar, "Fixed and mobile terminal antennas", Artech House Inc., Norwood MA, USA, 1991

[LEE93]   W.C.Y. Lee, "Mobile Communications Design Fundamentals", 2. Aufl., John Wiley & Sons, New York, 1993

[LOR86]   H.P. Lorber, E.C. Zscherpe, "Funktechnische Versorgung in Ballungsräumen", Telcom Report, Nr. 9, Sonderheft "Nachrichtenübertragung auf Funkwegen", Siemens AG, München, 1986

[LÜK92]   H.D. Lüke, "Korrelationssignale", Springer, 1992

[NAR91]   S. Narahashi, T. Nojima, "Extremely low-distortion multi-carrier amplifier - Self-adjusting feed-forward (SAFF) amplifier", Proceedings of the IEEE International Conference on Communications, ICC'91, 1991, S. 1485 - 1490

[PAN79]   W. Pannel, "Frequency Engineering in Mobile Radio Bands", Granta Technical Editions, Cambridge, UK, 1979

[PRO89]   John G. Proakis, "Digital Communications", 2nd Edition, McGraw-Hill Inc., New York, 1989

[SAR80]   D.V. Sarwate, M.B. Pursley, "Crosscorrelation Properties of Pseudorandom and Related Sequences", Proceedings of the IEEE, Vol. 68, May 1980, S. 593-619

[SCH79]   R.A. Scholtz, "Optimal CDMA Codes", 1979 National Telecommunications Conference Record, Washington D.C., USA, Nov. 1979

[SIE80]   Tabellenbuch Fernsprechverkehrstheorie, Siemens Aktiengesellschaft, 2. Auflage, 1980

[URI94]   A. Urie, M. Streeton, C. Mourot, "An Advanced TDMA Mobile Access System for UMTS", Proceedings of the PIMRC'94, 1994

[VIT95]   A.J. Viterbi, "CDMA: principles of spread spectrum communication", Addison-Wesley, Reading, 1995

[WEI94]   B.X. Weis, R. Rheinschmitt, M. Tangemann, "Adaptive Space Division Multiple Access: Systemüberlegungen", Konferenzband des 8. Aachener Kolloquium Signaltheorie, 23.-25.3.1994, RWTH-Aachen, S. 361-368

[ZIN73]   O. Zinke, H. Brunswig, "Lehrbuch der Hochfrequenztechnik", 2. Auflage, Band 1, Springer-Verlag, Berlin, 1973

Kapitel 7

[BIA95]   J. Biala, "Mobilfunk und Intelligente Netze", 2. Auflage, Vieweg, 1994

[BRO95]   I. Brodsky, "Wireless: The Revolution in Personal Telecommunications", Artec House, 1995

[DUP95]   P. Dupuis, "A European View on the Transition Path Toward Advanced Mobile System", IEEE Personal Communications Magazine, S. 60 - 63, Februar 1995

[FUH93]   W. Fuhrmann, V. Brass, U. Janßen, F. Kühl und W. Roth, "Digitale Mobilkommunikationsnetze", ITG/GI-Fachtagung, Kommunikation in Verteilten Systemen, S. 124-181, TU München, 1993

[GSM95]   GSM Technical Specification, ETSI, Sophia Antipolis, 1995

[HAU94]   T. Haug, "Overview of GSM: Philosophy and Results", International Journal of Wireless Information Networks, Vol.1, No.1, S. 7-16, 1994

[KED94]   J. Kedaj und F. Joussen, "Mobilfunk, Das Handbuch der mobilen Sprach-, Text- und Datenkommunikation", Neue Mediengesellschaft Ulm mbH, Sep 94, wird regelmäßig aktualisiert

[KIT94]   L. Kittel, "Einführung in den Digitalen Mobilfunk", Fernuniversität-GH-Hagen, Kurs Nr. 02408, 1994

[LEE89]   W.C.Y. Lee, "Mobile Cellular Telecommunications Systems", McGraw-Hill, New York, 1989

[LOR93]   R.W. Lorenz, "Vergleich der digitalen Mobilfunksysteme in Europa
           (GSM) und in Japan (JDC) unter besonderer Berücksichtigung der
           Wirtschaftlichkeitsaspekte", Der Fernmelde-Ingenieur 47, 1993

[MOU92]   M. Mouly und M.B. Pautet, "The GSM System for Mobile Commu-
           nications", Eigenverlag der Autoren, 1992

[MOU95]   M. Mouly und M.B. Pautet, "Current Evolution of the GSM Sy-
           stem", IEEE Personal Communications Magazine, Oktober 1995

[PÜT95]   S. Pütz, "Neue Lösungsansätze für Authentikation in künftigen
           Mobilfunksystemen", Tagungsband der 2. ITG Fachtagung Mobile
           Kommunikation '95, Neu-Ulm, S. 411-422, 26-28 Sep 1995

[RED95]   S.M. Redl, M.K. Weber, and M.W. Oliphant, "An Introduction to
           GSM", Artech House Publishers, 1995

[PRE94]   Herausgeber H. Preibisch, "GSM-Mobilfunkübertragungstechnik",
           Schiele&Schön, 1994

[RUE92]   R.A. Rueppel und J.L. Massey, "Die Sicherheit von Natel D GSM",
           Bulletin Technique PTT, S. 150-154, 4/1992

[SCH92]   P. Scheele, "Mobilfunk in Europa", 2. Auflage, R.v.Decker's Ver-
           lag, 1992

[TAR88]   D.J. Targett and H.R. Rast, "Handover - Enhanced Capabilities of
           the GSM System", Conference Proceedings, Digital Cellular Radio
           Conference, Hagen, Oktober 1988

Kapitel 8

[AND95]   P.G. Andermo and L.M. Ewerbring, "A CDMA-Based Radio
           Access Design for UMTS", IEEE Personal Communications, S. 48-
           53, Feb 1995

[BOC95]   A. Bockentin-Bottke, "ERMES Vom Standard zum neuen europäischen Pagingsystem", telekom praxis, S. 18-22, 2/1995

[BOH92]   E. Bohländer und W. Gora, "Mobilkommunikation, Technologien und Einsatzmöglichkeiten", DATACOM, 1992

[BRO95]   I. Brodsky, "Wireless: The Revolution in Personal Telecommunications", Artec House, 1995

[BUI95]   E. Buitenwerf, G. Colombo, H. Mitte, and P. Wright, "UMTS: Fixed Network Issues and Design Options", IEEE Personal Communications, S. 30-37, Feb 1995

[BUS93]   T. Bushell, "Telephones take flight", IEE Review, S. 45-48, Januar 1993

[COS95]   J. Cosmas, B. Evans, C. Evci, W. Herzig, H. Persson, J. Pettifor, P. Polese, and R. Rheinschmidt, "Overview of the mobile communications programme of RACE II", IEE Electronics & Communication Engineering Journal, Aug. 1995

[DAS95]   J.S. Dasilva and B.E. Fernandes, "The European Research Program for Advanced Mobile Systems", IEEE Personal Communications, S.14-19, Feb 1995

[DAV92]   K. David und H.D. Florack, "Der Weg zur 3. Generation der Mobilfunksysteme", Kleinheubacher Berichte, S. 309-312, 1992

[DAV95a]   K. David, N. Metzner, and T. Wierlemann, "An Adaptive Air Interface for 3rd Generation Mobile Access - Evaluation via realtime and simulation testbeds -", Tagungsband der 2. ITG Fachtagung Mobile Kommunikation '95, Neu-Ulm, S. 125-132, 26-28 Sep 1995

[DAV95b]   K. David, P. Blanc, J. Irvine, T. Kassing, M. Lopez, R. Maddalena, W. Mohr, and P. Ranta, "First Results of ATDMA´s Test Campaigns", Proceedings RACE Mobile Telecommunications Summit, S. 468-472, Portugal, 22-24 Nov. 1995

[DAV96]   K. David, P. Blanc, T. Kassing, "Performance Evaluation of the RACE/ATDMA System Concept for a 3rd Generation Air Interface by Simulation", 46th IEEE VTC, Atlanta, 1996

[DUE91]   H. Duelli, "Alles über Mobilfunk", Franzis, 1991

[EXN93]   D. Exner, "Die Inmarsat-Satelliten-Mobilfunksysteme", S. 153-164,
            ITG-Fachtagung Mobile Kommunikation, Ulm, September, 1993

[FER95]   L. Fernandes, "Developing a System Concept and Technologies for
            Mobile Broadband Communications", IEEE Personal Communi-
            cations, S. 54-59, Feb 1995

[GER93]   R. Gerhards and P. Dupont, "The RD-LAP Air Interface Protocol",
            INTERCOMM, Vancouver, Feb. 22-25, 1993

[HAD95]   A.D. Hadden, "Personal Communications Networks", Practical
            Implementation, Artech House, 1995

[JAG93]   A. Jagoda and M. de Villepin, "Mobile Communications", John
            Wiley&Sohns, B.G. Teubner, 1993

[KED94]   J. Kedaj und F. Joussen, "Mobilfunk, Das Handbuch der mobilen
            Sprach-, Text- und Datenkommunikation", Neue Medicngcscll-
            schaft Ulm mbH, Sep 94, wird regelmäßig aktualisiert

[KHA95]   M. Khan and J. Kilpatrick, "MOBITEX and Mobile Data Stan-
            dards", IEEE Communications Magazine, S. 96-101, March 1995

[KNE94]   F. Knebelkamp, B. Eylert, W. Schütters, M. Chang, and K. Gilhou-
            sen, "Field Test of a CDMA System", Proceedings of the 44th IEEE
            VTC, S. 1 - 5, Stockholm, June, 1994

[LOB94]   H. Lobensommer, "Die Technik der modernen Mobilkommunika-
            tion", Franzis, 1994

[MAR93]   G. Maral and M. Bousquet, "Satellite Communication Systems",
            2nd edition, John Wiley & Sons u. B.G. Teubner, 1993

[PAE93]   M. Paetsch, "Mobile Communications in the US and Europe: Regu-
            lation, Technology, and Markets", Artech House, 1993

[PAH95]   K. Pahlavan and A.H. Levesque, "Wireless Information Networks",
            John Wiley & Sons, 1995

[PIL92]   U. Pilger, "Struktur des DECT-Standards", Nachrichtentech., Elek-
            tron., Berlin 42, S. 23-29, 1992

[PIL93]   U. Pilger, "Der neue Schnurlos-Standard DECT", S. 104-108, Funkschau, 7/1993

[RAP95]   J. Rapeli, "UMTS: Targets, System Concept, and Standardization in Global Framework", IEEE Personal Communications, S. 20-28, Feb 1995

[SPI93]   K. Spindler, "Telefonieren aus dem Flugzeug", telekom praxis, S. 10-15, 11/1993

[TEL94]   Das Telekom-Buch 93/94

[TIA93]   TIA/EIA INTERIM STANDARD, Mobile Station-Base Station Compatibility Standard for Dual-Mode Wideband Spread Spectrum Cellular System, TIA/EIA/IS-95, Telecommunications Industry Association, July 1993

[TUT90]   W.H.W. Tuttlebee (Ed.), "Cordless Telecommunication in Europe", Springer-Verlag, 1990

[TUT94]   W.H.W. Tuttlebee, "The Role Of CDMA and TDMA in Future Cellular Architectures", IEE Summer School-Tutorial Paper, Sep., 1994

[URI95]   A. Urie, M. Streeton, and C. Mourot, "An Advanced TDMA Mobile Access System for UMTS", IEEE Personal Communications, S. 38-47, Feb 1995

Index

Informationstechnik

Herausgegeben von
Prof. Dr.-Ing. **Norbert Fliege,** Hamburg-Harburg

Systemtheorie
Von Prof. Dr.-Ing. **N. Fliege,** Hamburg-Harburg
1991. XV, 403 Seiten mit 135 Bildern. ISBN 519-06140-6

Kanalcodierung
Von Prof. Dr.-Ing. **M. Bossert,** Ulm
1992. 283 Seiten mit 64 Bildern. ISBN 3-519-06143-0

Nachrichtenübertragung
Von Prof. Dr.-Ing. **K. D. Kammeyer,** Bremen
2., neubearbeitete und erweiterte Auflage.
1996. XVIII, 759 Seiten mit 405 Bildern. ISBN 3-519-16142-7

Multiraten-Signalverarbeitung
Von Prof. Dr.-Ing. **N. Fliege,** Hamburg-Harburg
1993. XVII, 405 Seiten mit 314 Bildern. ISBN 3-519-06155-4

Systemtheorie der visuellen Wahrnehmung
Von Prof. Dr.-Ing. **G. Hauske,** München
1994. XI, 270 Seiten mit 138 Bildern. ISBN 3-519-06156-2

Architekturen der digitalen Signalverarbeitung
Von Prof. Dr.-Ing. **P. Pirsch,** Hannover
1996. IX, 368 Seiten mit 207 Bildern. ISBN 3-519-06157-0

Signaltheorie
Von Dr.-Ing. **A. Mertins,** Hamburg-Harburg
1996. XI, 312 Seiten mit 101 Bildern. ISBN 3-519-06178-3

Digitale Audiosignalverarbeitung
Von Dr.-Ing. **U. Zölzer,** Hamburg-Harburg
1996. IX, 303 Seiten mit 277 Bildern. ISBN 3-519-06180-5

Digitale Mobilfunksysteme
Von Dr.-Ing. **K. David,** Münster, und Dr.-Ing. **Th. Benkner,** Siegen
1996. XIII, 457 Seiten. ISBN 3-519-06181-3

B. G. Teubner Stuttgart · Leipzig